高等学校建筑环境与能源应用工程专业系列教材

建筑环境与能源应用工程概论

Introduction to Built Environment and Energy Engineering

（第二版）

龙恩深　蒋星池　编著

中国建筑工业出版社

图书在版编目（CIP）数据

建筑环境与能源应用工程概论 ＝ Introduction to
Built Environment and Energy Engineering / 龙恩深，
蒋星池编著. -- 2 版. -- 北京：中国建筑工业出版社，
2025. 9. --（高等学校建筑环境与能源应用工程专业系
列教材）. -- ISBN 978-7-112-31350-1

Ⅰ. TU-023

中国国家版本馆 CIP 数据核字第 20258SZ050 号

全书以建筑环境与能源应用工程专业"Built Environment"内涵，定义了一切包含内部空间、需要人工调控环境及能源保障的人造空间，分为固定空间和运动空间；根据内部空间的不同功能及内部环境要求，阐述各种外部边界条件、围护结构材料及特性、内部扰动条件等与人工环境参数的内在联系及环境调控策略。定义内部空间能耗由功能能耗及环控能耗构成；基于热力学定律揭示各类人造空间的功能能耗与环控能耗的转化规律及能源应用、优化匹配方法；充分展示本专业服务国家"双碳"目标及国民经济各领域的重要性。全书基于高中的数理化知识及生活体验的感性认识，深入浅出地系统讲述本专业的理论知识体系及服务国家战略的潜力；结合工业革命史娓娓道来，实际上也是一本通俗易懂的关于近、现代工业革命史中各类人造空间的环境调控与能源应用工程的发展史。

本书虽为新生了解专业全貌的入门教材，但它也可作为大类招生的通识课程的参考教材，还可作为考研综合复习及面试准备的参考书，以及相关从业人员的培训和自学教材。

责任编辑：张文胜　赵欧凡　齐庆梅
责任校对：张　颖

高等学校建筑环境与能源应用工程专业系列教材

建筑环境与能源应用工程概论

Introduction to Built Environment and Energy Engineering

（第二版）

龙恩深　蒋星池　编著

*

中国建筑工业出版社出版、发行（北京海淀三里河路 9 号）

各地新华书店、建筑书店经销

霸州市顺浩图文科技发展有限公司制版

三河市富华印刷包装有限公司印刷

*

开本：787 毫米×1092 毫米　1/16　印张：18½　字数：444 千字
2025 年 8 月第二版　　2025 年 8 月第一次印刷

定价：**58. 00** 元（附数字资源）
ISBN 978-7-112-31350-1
（44871）

第二版前言

本书第一版于 2015 年 8 月出版发行。9 年来,国家发展关注的重点已从土木建筑逐渐转移到绿色低碳、高精尖产业、数字经济及深地深空等领域,建筑环境与能源应用工程专业(简称建环专业、本专业)再次迎来了跨越式发展的绝佳机遇。

为了更好地服务国家战略,培养宽口径的高层次人才,本次修订大大拓展了建环专业的服务领域。首先,根据建环专业人工环境内涵,重新定义了一切包含内部空间、需要人工调控环境及能源保障的空间分为固定空间和运动空间。固定空间包括民用建筑、工农业建筑及地下空间等;运动空间包括交通运输工具、国防军事装备及航空航天器等。其次,内部空间环境从传统民用建筑关注的热、湿、声、光及空气质量,拓展到全面关注室内压力、氧气浓度、颗粒物浓度、微量气体浓度、细菌微生物、放射性元素氡等。最后,空间外环境从传统固定空间仅关注建筑所在地的气候条件,拓展到运动空间可能涉及的太空环境、大地环境、大气环境和水体环境。

为了客观展示建环专业对绿色发展的重要性,此版创新性地定义了内部空间能耗,一切人造空间的能耗都主要由为功能服务的能耗和为内部环控服务的能耗这两部分构成,并基于热力学基本定律阐述了功能能耗与环控能耗的关系。结合不同功能用途的人造空间,分析其功能能耗的强度大小对建筑本体和围护结构及内部环境的安全影响,对功能实现的可靠性、内部环境的影响规律,以及功能能耗与环控能耗的转化关系和能源应用策略。功能能耗一般品质较高,应用过程不可逆耗损大,且自发地影响空间的内、外环境,利用废热对节能减碳意义重大;环控能耗宜优先利用功能能耗的废热、低品位能源及绿色高效能源。固定空间中的民用建筑,第一、第三产业的建筑功能能耗,大多直接影响内部空间环境,故内部空间能耗以环控能耗为主。第二产业中的重工业建筑以工艺能耗为主,轻工业特别是高精尖产品制造业以环控能耗为主。运动空间的功能能耗(动力)随运动速度的增加而导致占比增加,虽环控能耗占比降低,但确保载人运物安全的重要性迅速升高。可见,为人工环境调控服务的建筑能耗和碳排放涵盖了国民经济建设的方方面面,本书实际上是一本"人工环境与能源应用工程概论"。

尽管本次修订对建环专业的服务领域进行了大胆的外延,但完全依据建环专业的核心知识体系而编写。修订时,全书始终围绕建筑、人工环境、围护结构、内部空间、外部环境、室内环境调控、能源转化应用这几个关键词,以大一理工科新生为主要读者对象,通俗易懂地剖析几个关键词及其内在联系,便于老师结合本校专业特色教学。作为专业概论教材,作者不求让学生学到过多具体的专业知识,但求对本专业的全局问题有深刻的领悟。本书实际上也是一本关于近、现代工业革命史中的人工环境与能源应用工程的发展史,其中包括了从量大面广的民用建筑、工业建筑,到蓬勃发展的交通运输工具,再到刚刚兴起的航空航天器、空间站等。旨在以史为鉴,让学生认识本专业未来发展趋势和广阔的就业前景,建立专业自豪感,培养对专业学习研究、回馈社会的激情,培养学生专业能力,助力其职业发展。

由于建环专业人才的知识体系对新时代背景下国家战略具有广泛的适应性，加之开办本专业的高校广布于综合、工业、交通、能源、农林等国民经济建设各领域，因此，在本书修订过程中，既有对专业发展演进的前世今生及未来的宏大叙事，又有对学生思政引领、创新驱动、培根铸魂、启智增慧的潜移默化，以满足《教育强国建设规划纲要（2024—2035 年）》人才培养要求。基于此，本书特设有可为兄弟院校在大类招生宣传、争取优质生源及专业入门教育等环节提供丰富教学素材的章节。对于大类招生的新生"折子戏"课程，若安排 2 学时，可以"从工业革命史看本专业的发展前景"为题，重点讲授绪论的 1.2 节，为专业"铸魂"，对学生"启智"；若安排 4~6 学时，可以"建环专业对国计民生和国家战略的重要性"为题，重点讲授绪论部分，引领学生专业入门，"培根增慧"，增强学生投身本专业的信心。

在修订出版过程中，四川大学蒋星池对新增章节的编写及人员的组织协调等做了大量工作，有力推动了编写工作的顺利完成，为本书的完善和质量提升作出了至关重要的贡献；四川大学成竹、孙弘历，四川农业大学李彦儒，西南科技大学韩如冰、蒋琳，华侨大学黄鹭红，江西理工大学王艳、刘玉兰，武汉理工大学王彩霞，成都大学徐露婷，重庆科技大学向月，重庆电子科技职业大学毛伟，四川轻化工大学李进，广东工业大学颜彪，洛阳理工学院孙克春，陆军工程大学金正浩，成都信息工程大学郭蕾，西华大学郑翰杰、丁佩，四川水利职业技术学院梨姝洵、尹鑫，中创博瑞工程有限公司王方林、杨震，四川大学博士研究生杨云萍、张文涛、贾永红、郭璐瑶、肖世超和硕士研究生胡文欣、王康等全国 16 所高校和 1 家企业的数名师生及工程技术人员参与了相关工作。初稿形成后，清华大学的李先庭教授、哈尔滨工业大学的姚杨教授、天津大学的张欢教授、同济大学的李峥嵘教授、西南交通大学的袁艳平教授、湖南大学的杨昌智教授、重庆大学的付祥钊教授和肖益民教授等在百忙中对本书提出了若干建设性意见和建议，在此一并对编审委员会全体成员的辛勤付出表示衷心感谢！另外，感谢国家自然科学基金面上项目（52078314）和国家自然科学基金青年项目（52408121）提供资助。

由于此版新增内容较多，知识技术体系扩展较大，应用范围拓展到国民经济建设的各主要方面，因此肯定存在不成熟或谬误之处，敬请读者提出宝贵意见，以便使本教材不断完善。

编著者

2025 年 2 月于四川大学望江校区

第一版前言

继 20 世纪 70 年代后期专业名称由"供热与通风"改为"供热通风与空调工程",1998 年又更名为"建筑环境与设备工程",2012 年教育部发布新的本科专业目录再次更名为"建筑环境与能源应用工程"。每次更名的时间间隔在缩短,说明专业日新月异、发展步伐加快;名称更迭反映了时代发展和社会需求,专业的内涵也紧跟国家战略需求在不断拓展。

准确理解专业新名称和新时代背景下的新内涵,对专业知识体系和专业能力培养体系的构建至关重要。本书从建筑发展史和近现代科技史角度剖析了产生建筑环境问题的根源,阐述了专业新内涵与国家发展战略及人类环保诉求的高度一致性。专业学生如能树立服务国家和社会需求的使命感和责任感,个人职业生涯和事业发展就插上了腾飞的翅膀。

围绕专业新内涵,本书首先基于高中数理化知识,从专业角度介绍温度、热的概念,讲解建筑环境和能源转化的物质载体、最基本物质(水和大气)的特性,以及能源转化及应用必须遵循的基本规律等的专业常识;继而从建筑环境特性及调控原理,建筑环境工程概论,建筑环境的健康与安全,建筑能源的生产、交换与输配原理,建筑能源应用,建筑区域能源规划及建筑自动智能化等板块向学生传递专业入门的基本知识。最后回答了大学学习应该重点关注的专业教与学、职业素养修炼等问题。

本书为初涉专业的大一新生或大二学生(大类招生)编写。作者不求让学生学到过多具体的专业知识,但求对本专业的全局问题有深刻的领悟,熟谙各板块专业知识的内在联系,特别是从科学史、城镇化进程、专业发展史角度认识专业未来发展趋势和广阔的发展前景,培养学生专业自豪感,建立对专业学习研究、回馈社会的兴趣和激情,将专业精髓注入学生的职业机体。

四川大学建筑环境与能源应用专业诞生与专业更名巧遇,作者试图将专业新内涵的个人心得注入人才培养体系。本书的内容曾在四川大学 2012 年、2013 年两届学生专业概论课中试授,取得了较好的效果。在编撰出版过程中,全国高校建筑环境与能源应用工程专业评估委员会主任、中国建筑设计研究院潘云钢总工,专业评估委员会委员、中国建筑西南设计研究院戎向阳总工,全国高校建筑环境与能源应用工程专业指导委员会副主任、重庆大学付祥钊教授,全国高校建筑环境与能源应用工程专业指导委员会委员、专业评估委员、东华大学沈恒根教授,重庆大学肖益民教授及中国建筑西南设计研究院徐明顾问总工等对本书提出了若干建设性意见和建议,在此表示衷心感谢!在资料收集和整理过程中,韩如冰、王军、王子云、马立等老师,李彦儒、王彩霞、颜彪等博士生,王索、陈勇、梦宪宏等硕士生做了大量工作,2012 级、2013 级明阳、安康等 10 余位同学分别通读了初稿并提出了意见,在此一并致谢!

作为专业的入门教材,其重要性不言而喻。入门教材需对专业内涵和专业知识体系具有深刻而准确的理解,更需对专业教育和能力培养各个环节有高屋建瓴的提炼升华。作者深知自己才疏学浅,但因四川大学专业教学确需一本能综合反映专业内涵的读本,本人思慎再三,才把不太成熟的所思所想编纂付印,抛砖引玉,以便听取批评,改进完善。书中观点定有不少谬误,恳请读者斧正。

编著者

2015 年于四川大学望江校区

目　录

第 1 章 绪 论

按照教育部对本科专业和学科分类，建筑环境与能源应用工程（Building Environment and Energy Engineering）属于工学土木类本科专业之一，对应的研究生授予学位专业为供热、供燃气、通风及空调工程，主干学科为工学一级学科土木工程。截至 2023 年，全国约有 200 所高校开设了建环专业。尽管在城镇化高速发展的背景下国家将本专业列入土木建筑类学科，但开办该专业的行业背景非常多元，除依托传统的建筑、土木学科外，还有能源动力、机械、化工、交通、航空航天、纺织、冶金、农业、林业等，反映了国民经济各个领域对本专业人才的需求。

为了更好地服务国家战略发展与时俱进的变化和培养宽口径的高层次尖端人才，须对本专业的建筑、建筑环境、能源应用等关键词的内涵更新认识。

1.1 专业研究对象的界定

1.1.1 建筑的内涵

通常地讲，建筑是建筑物与构筑物的总称，是人们利用各种材料人工建造的、为人类不同活动服务的实现其特定功能的特殊产品。可能的材料有：泥土、木材、混凝土、砖瓦石材、玻璃、金属材料、高分子材料、工程塑料等；人类活动包括：居住、工作、学习、生产、商业、载人运物、科研、国防军事等；人工建造体现在围绕不同建筑的使用功能、内部环境要求，运用一定的科学规律、技术手段和美学法则，实现为人类各种活动服务的目标。因此，建筑不仅仅局限于民用建筑和工业建筑，广义上讲，汽车、火车、飞机、轮船、潜艇、装甲车、宇宙飞船等交通工具、军事装备也属于建筑范畴。

1.1.2 内部空间的分类

根据建筑物是否存在特定的内部空间，建筑可分为"空腔"建筑和实体构筑物。"空腔"建筑具有内部空间，用于满足人类活动、生产工艺及动植物生存、物品保藏及物品输送等各种功能需求，如民用建筑（居住、商业、办公、文化、教育、医疗等）、工业建筑（厂房、仓库、车间等）、农业建筑（作物温室、粮仓）、地下空间（商场、人防、地铁）等。实体构筑物则是没有内部空间的构筑物，大如道路、桥梁、广场、纪念碑等，小如各种器件、构件及一些机械设备。本专业涉及的研究对象主要是具有特定空间的"空腔"建筑；对于没有内部空间的实体构筑物，不在本专业研究之列。

根据服务对象不同，内部空间可分为服务于人类活动（如居住建筑、公共建筑、汽车、火车、飞机、轮船）、生产工艺（工业建筑）、动植物生存（圈舍、温室大棚）、物品保藏（粮仓、冻库）及物品输送（冷藏车、火箭、导弹）等各种类型。

根据与地球的相对状态，内部空间可分为固定空间和运动空间。固定空间量大面广，发展相对成熟，如传统的民用建筑、工农业及畜牧业建筑；运动空间以一定速度在地表面、水表面、水中、大气层中、太空中运动，其数量也不少，且处于高速发展阶段，如汽车、货轮、高铁、游轮、飞机、飞船、核潜艇等。

本专业聚焦的内部空间，最典型的特征是均由不同围护结构合围而成。内部空间环境必须满足各种服务对象的差异化要求；而复杂多变的外环境、不断研发的围护结构材料及内部服务对象的复杂特性，是影响内部空间环境变化规律、调控技术及能耗和碳排放高低的边界条件。在外环境、内部扰动及围护结构等因素的耦合作用下，如何以最小的能耗和碳排放为代价，在确保内部空间环境的安全、健康、舒适、高效的前提下实现其特定功能要求，需要专门的知识体系才能解决。

1.1.3　内部空间的外环境与内环境

广义环境是指"围绕主体而存在的一切事物"，而人是地球、城市、人类各种活动空间的主体。人类的环境分为自然环境和社会环境。自然环境包括大气环境、水环境、生物环境、地质和土壤环境以及其他自然环境；社会环境包括居住环境、生产环境、交通环境、文化环境和其他社会环境。通俗地讲，所谓环境，涵盖了每个人在日常生活中面对的一切。大气空间提供给我们呼吸所需要的空气；江河湖泊或地下水，成为可供我们饮用的淡水；餐桌上的瓜果菜粮从土地环境中生长出来。但当我们离开了地球，上述基本生存环境都不具备了，可能面对的是真空、无氧、无水、失重、极热、极冷、致命辐射等极端恶劣环境，进入太空的活动空间及其中的仪器部件及人员，需要人工营造环境，以保障设备的安全可靠运行及人员的基本生存。

内部空间环境是指围绕着内部空间，并对内部空间的存在与发展产生影响的一切外界事物。内部空间环境包括内环境与外环境。内环境主要包括气压、氧浓度、热环境、湿环境、声环境、光环境、洁净度、微量气体浓度、温度场、浓度场、速度场、细菌、微生物、放射性元素（氡）等，不同功能空间的内环境调控的目标不同。对于服务人类的空间，室内环境需满足人类生存、安全、健康、舒适的要求；对于服务于动物养殖的空间，除需满足动物伦理要求外，主要目标是提高产量和品质；对于服务于作物的空间，室内环境要求以提高作物产量为目标；对于服务于物品储存的空间，室内环境以保质、保鲜为目标；而对于工业建筑，室内环境要求以高精度、高纯度和高成品率为目标。随着社会的发展，各类空间的室内环境要求越来越高，越来越精细化。如飞机客舱须调控气压、氧气浓度；高原人居建筑有潜在的供氧需求；芯片生产车间不仅对温湿度的控制精度要求非常高，而且对颗粒物浓度、微量气体浓度要求也很高。不当的室内环境营造调控及应用，轻则影响健康和产品质量，重则危及人员生命。例如，2024年6月15日河南一辆轻型厢式冷藏货车违规载人，导致8人全部死亡。因冷藏货车内部温度较低，密闭性好，车门只能外开，人在车内消耗氧气，氧气浓度降低，二氧化碳浓度不断升高，最终导致人员昏迷窒息而亡。

内部空间的外环境是指空间外部一切影响建筑内部环境的空间和事物。内部空间的外环境包括太空环境、大气环境、大地环境、水体环境等。对于构筑在地球表面上为人类各种活动服务的固定空间（居住建筑、公共建筑、工农畜牧建筑等），外部环境既与所在地的经度、纬度、海拔高度有关，也与所处的气候区有关，还与外景观条件、规划布局等有关。对室内环境影响较大的外部环境因素包括气压、太阳辐射、空气温湿度、风速、降水量及地温等，每时每刻都可能发生变化。随着国家深地、深海、深空开发利用战略的实施，在深地、深海及深空构筑的活动空间，太空环境、大地环境、水体环境对其的影响更明显，如深地空间外部岩体温度很高，气压高；深海空间外部压力巨大，温度低；深空空间的外部气压很低，空气稀薄甚至为真空；这些都会深刻影响内部空间环境。对于建造为人类各种活动服务的"运动空间"，外部环境完全不受传统固定空间的地域条件的限制，对室内环境的营造构成了巨大的挑战，如各种汽车以 50～120km/h 运动，一天之内就可穿越几个不同的气候区；以 200～350km/h 奔驰的动车、高铁，几小时行程的外部环境可能经历春夏秋冬四季交替；以 800～1000km/h 翱翔蓝天的各种飞机，在 0～10000m 的大气层中穿梭飞行，外部大气压、空气密度、温度瞬息万变，随时有雷雨、强气流风险；运送航天员、货物在地球与空间站往返的宇宙飞船，飞行速度在 0～11.2km/s 之间，外部微重力，高真空，温度高低、冷热辐射交替，外环境恶劣。

1.1.4 空间设计与围护结构

空间设计是指空间在建造之前，设计者按照建设任务，把建造过程和使用过程中所存在的或可能发生的问题，事先做好通盘的设想，拟定好解决这些问题的办法、方案，用图纸和文件表达出来。空间设计的核心目标是实现空间的"五性"：安全性、适用性、耐久性、经济性和美观性。任何人类活动空间，第一是确保结构安全，能够承受预期的荷载和外界环境的影响，保护内部人员免受伤害，重要器材运行可靠。第二应满足使用功能的需求，包括空间布局、流线设计等，确保空间能够满足工作、生活、工艺及运人载物等需求。第三是应具有一定的耐久性，能够经受住时间的考验，保持其结构和功能的完整性。第四是在满足上述条件的同时，空间建造和运营成本应合理，具有良好的性价比和经济性。第五是其外观设计、内部装饰及与环境的和谐共存方面，能够给人以美的享受。地标性建筑，对美观性要求高；工业建筑对美观要求较低；高速运动的运载工具，一般具有流线形优美外形，但并非人为追求炫酷，而是从运动力学角度减少流体阻力的科学设计。

要实现空间的"五性"，围护结构是核心。围护结构体系也是人造空间（本专业研究范畴）必须具有的共同特征。围护结构是指围合空间的围护物，包括墙体、壳体、门、窗等；围护结构体系是确保内部空间安全的所有围护物、承重构件（梁、柱、加强筋）及附着物（如保温、隔热、防水、防腐层）。对于服务于人类的活动空间，围护结构体系一般由透明和不透明两种类型组成；对于服务于货物的空间，围护结构体系一般都是由不透明的材料建造，没有窗户（如冻库、货运车等）。按是否与外部环境直接接触，围护结构分为外围护结构和内围护结构，一般外围护结构要求更高。围护结构是内部空间的骨架，是人类利用各种天然和人工材料的伟大发明创造，没有它就没有固定建筑，也没有各种运载工具。

围护结构的第一个作用是抵御各种外部环境的影响，并在确保人造空间安全的前提下，形成独立的、满足各种功能需求的围合内部空间，并为营造合适的室内环境创造必要条件。固定空间的外部环境的安全隐患主要有地震、飓风、雷电、暴雨、洪水等；运动空间的外部环境的安全隐患很多，因空间类型而异。如陆地运动的交通运输工具，除固定建筑的安全隐患都具有外，还有异物碰撞等；空中运动的飞行器具，外部环境的安全隐患主要有低气压、飓风、雷电、暴雨、飞鸟等异物碰撞、摩擦高温等。由于不同类型空间的外部安全隐患显著不同，因此，围护结构体系、使用材料也显著不同。固定建筑以梁柱为主作为安全保障，运载工具则以壳体围护结构为主确保安全；固定建筑的围护材料可以厚重，运载工具的材料必须高强度且轻质，速度越快的器具对轻质要求越高。

围护结构的第二个重要作用在于，将内部空间分隔成不同的功能空间，共同实现的总体功能要求。居住建筑服务于人的居家生活功能（包括睡眠、交流、学习及炊事）；公共建筑服务于各种社会经济活动（如商业、办公、住宿、文体、娱乐等）；工业建筑服务于各种产品的生产、管理等从业人员；农林畜建筑服务于作物、动物；运载工具服务于人员交通、物流运输及军事。如一般居住建筑有卧室、客厅、书房、厨房、卫生间、储物间等；一般工业建筑有原料间、车间、库房、办公室、实验室、会议室、职工宿舍、食堂等；飞机高铁有驾驶室、客舱车厢和卫生间等；太空站一般有实验舱、设备舱和生活舱。因此，复杂功能的人造空间一般具有外围护结构和内围护结构，外围护结构要求更高，须确保内部空间的安全并抵御外部环境的不利影响；而内围护结构具有功能划分的作用并为内部空间环境创造条件。只有在确保安全耐久和满足功能的前提下，采取各种技术手段营造适宜的内部空间环境才具有意义。

1.1.5 内部空间能耗与能源应用

内部空间能耗是指一切内部空间所消耗的能源。任何内部空间，其能源消耗均由为各种功能服务的能耗及为环境调控（以下简称环控）服务的能耗构成。即内部空间能耗由功能能耗与环控能耗构成。

内部空间的功能能耗是刚需，它可能对围护结构及内部环境和外部环境产生不同程度的影响。对于民用建筑，其内部空间的功能能耗主要是为室内人员各种活动服务的能源消耗，如照明、设备、炊事、热水、交通等。由于这些能源转化与消耗过程都是在内部空间发生，因此对外部环境和围护结构本身影响都较小，但对内部环境影响较大，功能能耗大部分转化为环控能耗。对于工业建筑，其内部空间的功能能耗分为生产车间能耗和辅助车间能耗两类。辅助空间能耗的影响与民用建筑类似，但生产车间能耗的影响差异很大。重工业及化学工业车间的内部空间的功能能耗对外部环境、围护结构及内部空间环境的影响都很大，而轻工业及高精尖产业车间的内部空间的功能能耗的影响较弱，与民用建筑相似。对于运载工具，其功能能耗分为运动动力能耗和内部空间的功能能耗。很显然，对于运人载物的运载工具的内部空间的功能能耗的影响与民用建筑类似，但运动动力能耗对外部环境影响较大，对围护结构和内部环境安全的影响也较大，速度越高，影响越大。

空间环控能耗是必然。作为一个独立系统的任何空间，消耗的功能能耗必须遵循能量守恒和能源转化的基本定律。对于输入民用建筑、工业辅助建筑、运载工具内部空间的各种形式的功能能耗（如燃料、热水等），实现功能后对外部环境影响小，绝大部分都会转化为热能释放到内部空间，从而改变室内热环境、对环控能耗产生影响。这是民用建筑不区分功能能耗和环控能耗的原因所在。对于输入重工业生产建筑的各种化石燃料功能能耗，在实现工艺的过程中，部分能量被有效利用，部分不可避免地损失了，也必须遵循热力学基本定律；同时对外部环境产生不可逆转的影响。如火力发电工业，煤炭发电效率不高于40%，因而60%以上的能源损失了，同时对环境产生严重污染；如钢铁工业的高炉，将矿石烧成铁水生产钢材，绝大部分热量以各种形式散失到外部环境中，不仅导致车间环

4

境恶劣，外部环境还被严重污染。这是在生产粗放时期本专业仅关注工业厂房通风和除尘的根本原因。类似地，对于输入运载工具的各种化石燃料或电力等功能能耗，其实也是遵循相关定律的。高铁从发车至目的地，所消耗的动力电，主要用于克服空气阻力、轨道阻力、刹车制动等，摩擦生热除少部分加热机车及传递到内部空间外，大部分散失到大气中，并产生噪声污染。发射人造卫星的火箭，燃料的化学能除少部分转化为卫星进入轨道的运动动能外，绝大部分变成排出的高温烟气内能和空气摩擦热能损失了，且摩擦热能对火箭、卫星及内部设备系统构成极大的安全隐患，环控的重要性更加凸显。

　　功能能耗对空间的内外环境及环控能耗的影响极其复杂。对于民用建筑（居住建筑、公共建筑和第三产业的服务业建筑），其功能是为人类各种活动服务，而人类活动的基本要求主要是保障室内生活和工作条件，其功能能耗主要包括各种电气、照明、通风、空调、生活热水、炊事等，因其中的设备能耗在实现功能后均转化为热能，且大部分释放到内部空间，影响内部空间的热湿环境，因此，建筑能耗主要是环控能耗。第一产业的农业建筑（含林业畜牧业），其功能是为农作物生长、动物饲养服务，基本要求主要是保障室内环境，建筑能耗主要为环境调控能耗。对于第二产业的工业建筑，功能能耗因生产工艺不同而不同，重工业以生产工艺能耗为主，轻工业以室内环境调控能耗为主。越是高精尖产业，环控能耗占比越大。对于运载工具，功能能耗主要用于提供动力，随着速度增大，动力牵引能耗占比增加；虽然环境调控能耗占比降低，但由于部分动力摩擦转化成高热和剧烈振动，环控的重要性更大。服务于不同空间功能的能耗预测相对简单，而内部空间环境调控能耗（特别是热湿环境调控）的预测非常复杂。因为外部环境、围护结构体系、内部各种扰动、功能能耗消耗的高低等，都对内部空间热湿环境形成的机理有耦合复杂的影响，导致室内环境调控方法和技术手段完全不同，进而能耗也不同（相关内容在后续章节详述）。

　　可见，功能能耗与环控能耗没有严格的界限。环控是为内部空间功能服务的，环控能耗本质上也属于建筑功能能耗，但能源应用及环境调控策略完全不同。区分甄别的目的是认清问题的本质，更好地为国家"双碳"目标和前沿尖端领域服务。功能能耗一般对能源的品质要求高，能源种类完全由功能决定。从热力学角度看，功能能耗的主要矛盾在于，其应用必然伴随着不同程度的能量损失和对环境不可逆的影响，须根据不同内部空间的功能特点，分析提高能源利用效率和内外环境调控、保护策略，特别是功能能耗高的重工业及化学工业领域。而内部环境调控一般对能源品质没有特殊要求，可选择性强。环控能耗的主要矛盾在于，如何有效地减小功能能耗对内外环境的不利影响，科学规划设计利用可持续、节能、环保及高效的能源，如优化围护结构，优先回收利用功能能耗的耗损等，其中大有学问。在以能源生产、输配、供应系统建设为主线之一，人类文明高度发达的今天，地表固定建筑（民用与工业）和低速运载工具（交通）的传统能源供应虽日趋完善，但能耗剧增、环境污染、碳排放及可持续问题凸显，急需清洁能源和可再生能源的替代。在太空探索及军事领域，载人及运物的高速、超高速运载工具，内部环境调控及能源供应面临更大挑战。如高速运动的空间站，穿越大气层温度可达数千摄氏度，超重、失重、缺氧，环境调控难度极大，远离地球缺乏能源支撑。这都是本专业可以服务的范畴。

1.2 内部空间环境及能源问题的由来

人类活动离不开各种空间，而人类发展史很大程度上是创造与人类活动各种功能相匹配的空间的历史。人居建筑的起源，手工作坊的兴起，运载工具的推陈出新，概莫能外。根据《中国大百科全书（第二版）》，虽然人类已有 600 万年的历史，但河姆渡遗址发现的干栏式建筑遗迹仅有 7000 年。为什么建筑环境及能耗问题在最近几十年才逐渐暴露出来，而且越来越受到人们的重视呢？这可以从建筑的演进和发展史找到答案。

1.2.1　建筑源于人类生存需求

建筑是人类发展到了一定阶段、逐渐认识到生存空间重要性后才出现的。人类从事建筑活动最原始、最直接的动机是为了居住，满足人的生存、生产活动需要。人类经历了由穴居野处、构木为巢到建造房屋的过程。在远古的巢居、穴居时代，建筑的基本功能是防卫、御寒和遮风避雨。随着社会文明发展与进步，建筑的演进从被动适应到主动采取措施、改善人造空间环境质量、展示建筑的文化品位和艺术风格。

居住建筑是人类适应相对寒冷气候的产物。人类在从低纬度的热带雨林地区向寒带高纬度地区逐渐迁徙的过程中，利用建筑来适应不同气候，是人类适应与抗衡自然环境的最初体现。考古学家发现，人类活动的发展是从低纬度地区向高纬度地区扩展的，越是高纬度地区，出现人类遗址的时间就越晚。随着建筑的出现，人类的活动逐渐向两极移动，直到科技高度发达的今天，人类活动的足迹几乎遍布全球。

人类最早的居住方式是树居和岩洞居。在热带雨林、热带草原等湿热地区的人类主要栖息在树上，以避免外界的侵害，这是人类祖先南方古猿生活方式的延续（图 1-1）。随着人类向温带迁移，人类住所过渡到了冬暖夏凉的岩洞居（图 1-2），以适应该地区年温差和日温差都较大的特点。随着历史的发展，树居和岩洞居演进成为巢居和穴居，成为人类建筑的雏形，也反映了人类改造自然的努力。半穴居方式可获得相对稳定的室内热环境，侧上部及顶部既可采光又可排烟，适应气候的能力更强。而穴居和巢居又在漫长的发展历史过程中，进一步演变为不同的建筑类型（图 1-3）。

图 1-1　树居

图 1-2　岩洞居

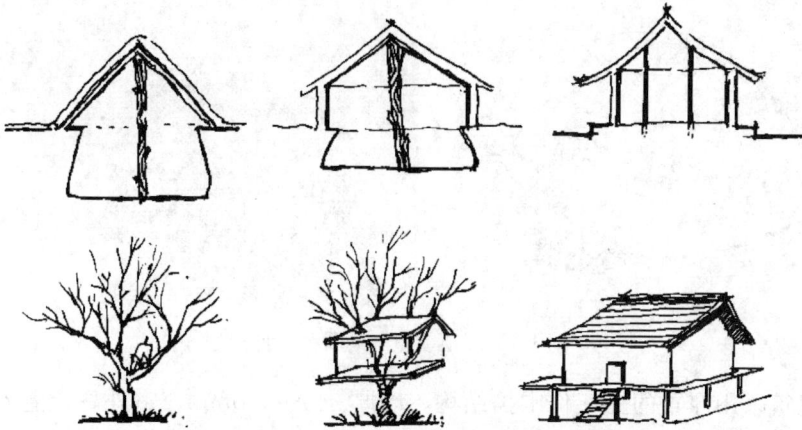

图 1-3　穴居和巢居向不同风格建筑的演变

　　人类在具有一定适应外部环境的建筑知识与技能后，就开始在更大的范围内繁衍生息，进而创造出人类的灿烂文明。世界上比较古老的文明，如中国文明、古印度文明、古巴比伦文明、古埃及文明，都位于气候条件相对较好的南北纬度 20°～40° 之间，即所谓的中低纬度文明带。

1.2.2　居住建筑在适应气候中发展

　　随着人类活动范围进一步向高纬度地区扩大，如何适应更加恶劣的自然环境？因纽特人的建筑智慧给予了我们启示。北美洲高纬度地区常年大风不断，是一片冰天雪地的世界。在酷寒的莽原中，由于气温极低，帐篷难以御寒，所以这一地区的因纽特人建造了有名的圆顶雪屋，迁入半地下居住。建造雪屋的第一步是选择一个开阔、向阳的平地，再确定一个具体的地基，然后用锐利的刀将冰雪切割成各种规格的大雪砖，并进行环状堆砌。随后，每叠加一圈，向内收缩一点，圆圈愈来愈小，最后形成一个封闭的、半球形的圆顶。在南面一方开一小窗，小窗上方伸出一块板形的雪块，既可掩挡雪花飘打窗户，又可折射太阳光线，使其能直照室内，而不是照在北面的大雪砖上。因为冬天北极圈周围的太阳角度太低，光线有时几乎是从南方的地平线上斜照过来，所以窗户上方的这块大雪板正好是一个折光镜，让太阳光把屋内照亮。雪屋是圆形的，不但可以阻挡刺骨的寒风，还能保护屋顶，使它不会融化。雪屋深挖洞、浅筑顶的做法，使得人们冬日居于地下，要比居于地上相对温暖一些。雪屋建成后，为了防风雪、御寒冷，因纽特人往往还要在半球形的屋顶上盖一层厚厚的野草，再覆以一层海豹皮；同时，在屋内螺旋形的墙壁上到处挂满兽皮，亦可御寒。另一御寒方法就是用透明的海兽肠子来遮蔽窗户，这种窗户只透光不透气，很具特色。在雪屋里，因纽特人还生起炉火来驱寒取暖，他们用石块凿成一个石炉子，里面盛满海兽炸出来的油，用兽毛搓成灯芯，点燃起来后，即使室外是零下三四十摄氏度的低温，屋内还是挺暖和的。有些雪屋根本没有门，而是在盖好雪屋后从地下挖掘一条通道作为门，这样室内就更暖和了（图 1-4）。

　　可见，古代建筑是人类与大自然（特别是恶劣气候条件）不断抗争的产物。人们在长期的建筑活动中，结合各自生活所在的地形、气候条件，就地取材、因地制宜地创造了各种风格和形式的建筑。除了圆顶雪屋外，埃及和伊拉克干热地区，由于室外气温高、湿度

7

图 1-4 圆顶雪屋（绘图：方舟）

低，传统建筑采用厚重的土坯作围护结构，墙厚 340～450mm，室外昼夜温差达到 25℃ 时，室内温度波动仅 6℃。在我国寒冷的华北地区，由于冬季干冷、夏季湿热，为了能在冬季保暖防寒、夏季防热防雨以及春季防风沙，就出现了"四合院"，而在我国西北、华北黄土高原地区，由于土质坚实、干燥，地下水位低等特殊的地理条件，人们就创造出来"窑洞"以适应当地的冬季寒冷干燥、夏季有暴雨、春季多风沙、气温年较差大的特点（图 1-5）。生活在西双版纳的傣族人民，为了防雨、防湿和防热，以取得较干爽阴凉的居住条件，创造出了颇具特色的"干阑式"竹楼（图 1-6）。

图 1-5 窑洞建筑

图 1-6 "干阑式"竹楼

1.2.3 工业革命对各种功能空间的影响

200 余年来，历次工业革命对世界方方面面产生了极其深远的影响。对于固定空间，延续数千年的居住建筑形式发生巨变；公共建筑异彩纷呈，城市化至今方兴未艾；工业建筑与时俱进，生产工艺环境要求越来越精细化。人类征服自然的步伐从未停止，各类具有内部空间的运载工具推陈出新，陆地上跑的、天上飞的、水中游的，环境调控与能源保障面临新挑战。

所谓工业革命，是指在手工作坊基础上生产方式的革命性变革。工业革命经历了四个阶段，分别是蒸汽时代、电气时代、钢铁时代和信息技术时代。第一个阶段是蒸汽时代。这个阶段起始于 18 世纪 60 年代的英国，以煤炭作为主要能源，蒸汽机的广泛应用为标志。蒸汽机的广泛应用，使人类的生产力得到了巨大的提升。例如，詹姆斯·瓦特改良的蒸汽机在纺织业中广泛应用，使得纺织品的生产效率大幅提高。同时，蒸汽机也应用于交通运输，比如蒸汽火车和蒸汽轮船的发明，极大地改善了人们的出行方式。第二个阶段是电气时代。这个阶段始于 19 世纪 70 年代蒸汽机大规模发电，以电力和内燃机的广泛应用为标志。电力的出现和应用，使得工业生产进一步自动化和高效化。例如，爱迪生的电灯泡照亮了世界，使得夜间工作成为可能，极大地延长了人们的工作时间。同时，以石油和燃气为能源的内燃机的发明和应用，使得汽车、飞机等新型交通工具得以出现，进一步改变了人们的出行方式。第三个阶段是钢铁时代。这个阶段起始于 19 世纪末到 20 世纪初，以钢铁冶炼技术的发展和大规模生产为标志。钢铁的广泛应用使得工业生产的规模和效率都达到了新的高度。例如，亨利·福特引入的 T 形车生产线，利用大规模生产方式，极大地提高了汽车的生产效率，降低了汽车的价格，使得汽车从奢侈品变成了普通人的消费品。第四个阶段是信息技术时代。这个阶段起始于 20 世纪 70 年代，以微电子技术的发展和计算机、互联网的普及为标志。信息技术的广泛应用使得工业生产更加智能化、网络化。例如，计算机的出现使得数据的处理和分析变得更加高效，互联网的普及使得信息的传播和交流变得更加便捷。这些都极大地推动了社会经济各个领域的发展和变革。

（1）对人居建筑的影响

在工业革命的大背景下，传统建筑的发展变化经历了三次重大的技术革命。第一次是材料和结构技术的革命。工业革命为现代建筑提供了必需的建筑材料，推动了钢铁、混凝土和玻璃在建筑上的广泛应用。在房屋建筑上，钢铁最初应用于屋顶，如 1786 年巴黎法兰西剧院建造的铁结构屋顶以及 1801 年建成的英国曼彻斯特的萨尔福特棉纺厂的 7 层生产车间，首次采用了铁结构工字形的断面。另外，为了采光的需要，钢铁和玻璃两种建筑材料配合应用，在 19 世纪建筑中取得了巨大成就。如巴黎旧王宫的奥尔良廊、第一座完全以铁架和玻璃构成的巨大建筑物——巴黎植物园温室，而最著名的则是 1851 年建造的伦敦"水晶宫"（图 1-7）。框架结构最初在美国得到发展，其主要特点是以生铁框架代替承重墙，外墙不再担负承重的使命，从而使外墙立面得到了解放。

第二次是电气时代的设备技术革命。20 世纪以来，电梯、自动扶梯、人工照明、水处理、人工通风、空调等新技术不断涌现，从 20 世纪 30 年代开始对建筑产生巨大的影响，建筑使用功能与建筑空间的构成模式，都随之发生了根本的变化。这次设备技术的革命，对建筑的影响则由空间造型形态方面转向了功能方面。建筑不再受自然环境的限制，交通、朝向、采光、通风、温湿度调节等都可由人工来处理，建筑的功能组织关系发生了重大的变化。

第三次是信息技术革命。20 世纪 70 年代以后计算机、光纤通信、电子技术和节能技术等高新技术进入建筑领域，自动化的楼宇管理系统、防灾报警系统、保安监控系统的发展，以及可持续发展的建筑观和环境意识的确立，使得当今的建筑朝着智能化和生态化的方向发展。与材料、结构技术的革命相比，信息社会里的高技术对建筑造型的直接作用有限，但其潜在的影响却不容忽视。它对建筑的影响不再是空间造形和功能组织关系，而是改变了建筑的内在中枢。科技的进步，使人类几乎完全"战胜"了自然，任何可以想象出来的建筑都能够建造出来，任何需要的室内环境都可以营造出来（图 1-8）。

图 1-7　伦敦"水晶宫"

图 1-8　CCTV 新总部大楼

（2）对公共建筑及城市化的影响

工业革命背景下，城市化成为人类发展的主旋律。交通方式、机器生产及生产关系的变革，共同推动了城市规模的扩大与繁荣。城市聚集效应凸显，生产力与人口增长互为助力，市场竞争推动生产力发展，城市建设管理随之变革。产业革命催生工厂与村镇，逐渐演变出现代化城市，交通与信息技术的发展让世界城市紧密相连。城市化不仅提升了生产效率，更促进了生活质量的飞跃，塑造了今日全球化的城市格局。然而，城市化进程迅猛，但也伴生了一系列亟待解决的问题。随着交通量激增，城市拥堵、能源消耗与环境恶化日益严重。人口聚集导致基础设施不堪重负，环境污染（如空气、垃圾、噪声等）愈发严重。居住环境质量下降，住宅密度高且舒适性差。此外，自然灾害对城市的冲击也愈发严重。截至 2023 年，我国城市化率已攀升至 65%，但与发达国家相比仍有距离。建筑体量大型化导致材料消耗与能源消耗剧增，加剧了密闭性、空气质量等问题，城市热岛效应凸显，能源紧张。图 1-9 为目前亚洲单体建筑面积最大的建筑——176 余万 m^2 的成都环球

图 1-9　建筑环境极富挑战性的亚洲单体建筑
面积最大的建筑——成都环球中心

中心，占地面积相当于 121 个鸟巢标准足球场，如此巨大的室内空间，建筑环境问题的解决极富挑战性。

（3）对工业建筑的影响

现代中国的工业发展波澜壮阔，但新中国成立前错失了很多机遇。始于 18 世纪 60 年代的英国工业革命带动了西方国家经济的快速增长，创造出丰富的工业产品和先进的武器装备，在全球范围内掠夺资源、开拓市场。1840 年鸦片战争后，西方资本主义入侵中国，在中国设立工厂，迫使满清政府创办工业，直到 1895 年，由中国人自办的工业企业共约195 家。1914 年，第一次世界大战爆发，西方列强转入战时经济，短暂放松了对中国经济的掠夺，民族工业迎来了短暂的发展机会；1931 年，日本发动侵华战争，中国东北沦陷，

揭开第二次世界大战序幕，中华民族工业在帝国主义和官僚资本主义的压迫下，发展缓慢。

中华人民共和国成立后至改革开放前，中国经济建设和工业化整体上取得巨大成绩。通过集中全国力量发展重工业，中国在较短时间内建立起较为完善的工业体系。20世纪70年代中后期，面对趋于缓和的国际政治环境，中国开启了改革开放的宏伟历程。通过利用国际资金、市场和资源，充分发挥劳动力丰富、制造成本低的优势抓住全球产业分工格局重构的机遇，中国工业迎来高速增长期，迅速发展成为世界重要的制造基地。

工业革命使工业建筑从手工作坊、生产车间到现代化厂房迅速发展，产业建筑规模越来越大，新一轮的工业革命浪潮对工业建筑人工环境提出全新要求。随着时代的变迁，对产品品质和生产环境的要求在不断提高。在新中国成立之初，本专业诞生的需求之一是为重工业厂房通风、除尘；20世纪60、70年代随着对纺织产品质量要求的提升，对车间温湿度提出较高的要求。信息、数字化革命，催生高精尖工业建筑，对建筑室内环境从传统民用建筑关注热、湿、声、光及空气质量，到全面关注室内压力、氧浓度、颗粒物浓度、微量气体浓度等提出各种差异化的要求。尽管中国工业产值已跃居世界第一位，但许多高精尖"卡脖子"产品领域与世界发达国家存在较大的差距，主要原因之一是生产工艺环境调控技术落后。如纳米级芯片生产除了对温湿度控制有极高要求外，还对车间的颗粒物粒径和浓度有极高的要求，否则，微米级的颗粒物会使纳米级的印刷电路短路，导致产品质量不合格。

（4）对运载工具的影响

在工业革命的历史进程中，各种运载工具的推陈出新，一直处于各国核心竞争较量的技术前沿，对社会发展及国防军事具有深远影响。蒸汽机的改良，开启了以煤为动力的火车、轮船时代，改善了人们的出行方式，但这时的运载工具的速度极低，内部环境几乎无调控措施，振动噪声大，烟尘污染严重；以石油和燃气为能源的内燃机的发明，使得汽车、飞机等新型运载工具得以出现，尽管室内环境未受过多关注，但随着运载工具的速度提高，人们出行更加方便快捷，加快了社会分工和城镇化进程。运载工具源于人们的社会活动、交通出行需求，其既可民用，又可用于国防军事。工业革命对运载工具的深远影响还在继续，我国高铁已在世界处于领先地位，火箭及空间站建设发展迅猛。民用运载工具的速度一般在10～300m/s，空天军事运载工具的速度高达6800～11200m/s，运动速度越大，动力能源及环控保障要求越高。国家提出国际前沿的深地、深海、深空等开发战略；水陆空交通、载人军事装备，事关国家安全；这些都离不开大量具有内部空间的载人运物的国之重器。在完全有别于常规建筑的险恶外部条件下，要确保运载工具内部空间的人类生存及重器安全，环境调控及所需能源配给都面临新挑战。具有典型运载工具特征的洲际导弹（Missile），是一种携带战斗部，依靠自身动力装置推进，由制导系统导引控制飞行航迹，导向目标并摧毁目标的飞行器。其内部装有涡轮发动机、燃料箱、核弹头及控制器等，在稠密大气层中以6800m/s飞行，射程达8000km，面临摩擦高热和复杂多变的外部环境，如何为其内部的控制系统和燃料系统营造一个适宜环境，确保重器的安全、最终实现精准打击，是极其重要的关键技术之一。

综上所述，人类活动空间起源于抵御外界恶劣环境和猛兽攻击的生存需求，并在适应气候过程中改善室内环境，不断探索、缓慢发展。工业革命引发的能源生产供应和建筑材料变革，大大加速了居住建筑和公共建筑大型化的发展过程，人类所希望的室内环境都可能营造出来（能耗代价），开启了全球波澜壮阔的城镇化进程。工业革命使各类产业建筑如雨后春笋般诞生，生产环境质量提高，产品丰富，商业活跃，贸易发达，激发服务业的活力。城镇化及商贸活动刺激快捷交通运输工具的诞生，运载工具数量的迅猛增长，内部空间环境调控成为刚需。人类探索自然、创造美好生活的愿望不会止步，深地、深海、深空开发战略提上议事日程，各种国之重器内部空间环境调控及能源供给是绕不开的关键问题。

1.3　不断发展的人造空间

如前文所述，本专业研究的是为人类各种需求服务，且需人工营造环境的人造空间，包括各种固定建筑和运动空间。但人类活动及对内部空间环境的需求是多种多样的，并随着时代的不同而变化。为了帮助初入门的读者更好地构建专业知识体系认识基础，本节从地球上、飞离地球、遨游太空的空间维度，介绍人类在谋求生存发展和探索未知世界过程中，不断发展的丰富多彩的人造空间。

1.3.1　地球上的固定建筑

任何物体都是运动的，地球上的固定建筑也不例外。固定建筑随地球绕太阳运动，所谓"坐地日行八万里"。人类文明从在地球不同地方建造固定建筑开始，以遮风避雨和防止被野兽伤害。建筑扩大了人类的生存区域，延长了人类的个体寿命；人类通过工程活动创造了建筑，构建了城市。城市增强了人类的交流合作，加快了人类社会的发展。建筑和城市是人类最伟大的工程创造，记载着人类文明进步的历史。

按照使用功能不同，地球上的固定建筑主要可分为民用建筑、工业建筑和农业建筑三个大类。工业建筑是以工业性生产为主要使用功能的建筑，如生产车间、辅助车间、动力用房、仓储建筑等。农业建筑是以农业性生产为主要使用功能的建筑，如温室、畜禽饲养场、粮食与饲料加工站、农机修理站等。民用建筑是供人们居住和进行公共活动的建筑的总称。民用建筑按使用功能分为居住建筑和公共建筑两大类。居住建筑是供人们居住使用的建筑。居住建筑可分为住宅建筑和宿舍建筑。公共建筑是供人们进行各种公共活动的建筑。其中包括：①教育建筑，如托儿所、幼儿园、学校等。②办公建筑，如机关、企业单位的办公楼等。③科研建筑，如研究所、实验室等。④商业建筑，如商店、商场、菜市场、餐馆、食堂、旅店等。⑤金融建筑，如银行、证券交易所、保险公司等。⑥文娱建筑，如电影院、剧院、音乐厅、影城、会展中心、展览馆、博物馆等。⑦医疗建筑，如医院、诊所、疗养院等。⑧体育建筑，如体育馆、体育场、健身房等。⑨交通建筑，如航空港、火车站、汽车站、地铁站、水路客运站等。⑩民政建筑，如养老院、福利院等。⑪司法建筑，如检察院、法院、公安局、监狱等。⑫宗教建筑，如寺院、教堂等。⑬通信建筑，如电信楼、广播电视台、邮电局等。⑭园林建筑，如公园、动物园、植物园、亭台楼榭等。⑮纪念性建筑，如纪念堂等。

1.3.2　地球上的运载工具

运载工具源于以人、动物和风作为驱动能源的运人载物的交通工具，如轿子、马车、帆船等，它们在人类历史长河中占据了非常漫长的时间。直至詹姆斯·瓦特改良蒸汽机，人类交通工具的发展才进入飞速发展阶段，逐渐演变出具有特定内部空间并可根据需要调控环境的运载工具。随着时代的变化和科学技术的进步，运载能力的迅速提升和速度加快，人们周围的运载工具越来越多，给每一个人的生活都带来了极大的方便。陆地上的汽车、高铁，河流、海洋里的轮船，天空中的飞机等，都大大提高了社会交往及货物流通的效率，运载工具成为现代人生活中不可缺少的一个部分。

与固定建筑相比，运载工具的外部环境变化更大（如飞机升空、降落，潜艇下潜等），对内部空间环境的影响更复杂，环境调控更困难。随着运动速度的增大，动力需求迅速增加，安全隐患也更大，能源保障供应是运载工具的关键。每一次技术革命，都会导致运载工具升级迭代，如以能量守恒定律为基础的蒸汽机发明和改良导致蒸汽火车、蒸汽轮船等的出现，内燃机的发明使汽车进入寻常百姓家；以电与磁相互转化为理论基础的电动机的发明正在开启电动车的新时代。

1.3.3 穿越地球大气层的火箭与导弹

火箭（Rocket）是火箭发动机喷射工质（工作介质）产生的反作用力向前推进的飞行器。火箭一般由壳体结构系统、动力推进系统（火箭发动机）和控制系统构成，具有典型的运动空间特征（图1-10）。根据动量守恒定律，发动机从尾部喷出气体使火箭获得很大的反向动量增速，随着燃料消耗，火箭质量逐渐减小，加速度不断增加；当燃料耗尽时，火箭达到预定速度，沿着预定的空间轨道飞行。火箭发动机的推力与喷出气体的速度和质量成正比，与周围的空气压力无关，因此火箭发动机可以在大气层内外飞行，是实现航天飞行的运载工具。

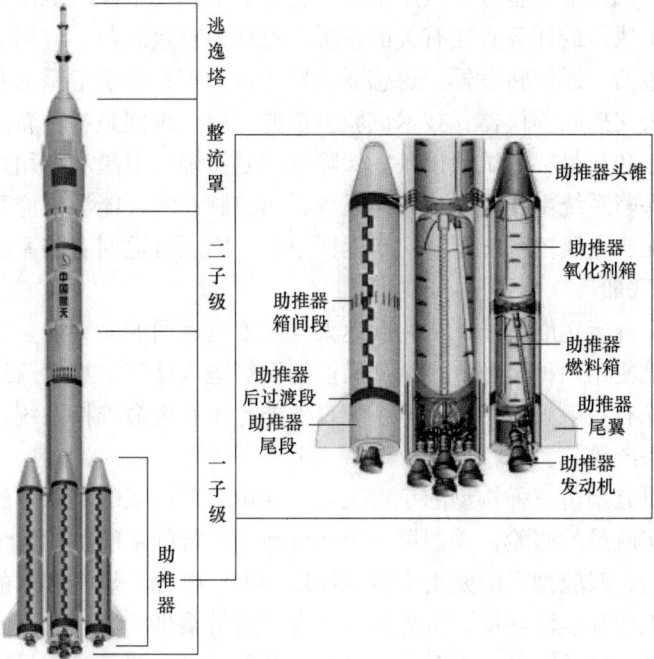

图1-10　火箭示意图

火箭是中国古代的重大发明之一。公元969年，中国已经发明了火药，发明了原理与现代相似的火箭，并广泛地用于战争。13世纪中叶，蒙古人入侵中亚、西亚和欧洲，阿拉伯人侵略西班牙，他们把中国的火箭技术传入了欧洲。欧洲人最早使用火箭兵器，是在1379年意大利的帕多亚战争和1380年的威尼斯之战中。至20世纪初，俄国科学家康斯坦丁·齐奥尔科夫斯基证明了多级火箭可以克服地球引力而进入太空，建立了火箭运动的基本数学方程，指出了液体火箭发动机是航天器最适宜的动力装置，提出了火箭在星际空间飞行的条件和火箭地面起飞条件。美国火箭专家戈达德提出了火箭飞行的数学原理，指出火箭必须具有每秒7.9km的速度才能克服地球引力，同时他研究了利用火箭把载荷送至月球的几种可能方案。1932年戈达德首次用陀螺控制的燃气舵操纵火箭的飞行，1935年他试验的火箭以超声速飞行，最大射程约20km。

1.3.4　人造卫星

卫星，是指在宇宙中所有围绕行星在特定轨道上运行的天体；环绕哪一颗行星运转，就把它叫作那一颗行星的卫星。比如，月亮环绕着地球旋转，它就是地球的卫星。"人造卫星"就是人类"人工制造的卫星"。科学家用火箭或其他运载工具把它发射到预定的轨道，使它环绕着地球或其他行星运转，以便进行探测或科学研究。牛顿在发现万有引力定律时就提出过发射地球人造卫星的设想：从高山顶上以足够大的速度抛出物体，如果没有空气阻力，它就不会落到地面上来，永远围绕地球旋转。人造地球卫星基本按照天体力学规律绕地球运动，但因在不同的轨道上受非球形地球引力场、大气阻力、太阳引力、月球引力和光压的影响，实际运动情况非常复杂。人造卫星是发射数量最多、用途最广、发展最快的航天器。世界上大多数的人造卫星为人造地球卫星。

与地表载物运载工具相似，人造卫星一般由服务于不同功能的专用系统和保障系统组成。按照功能不同，人造卫星分为应用卫星、科学卫星和技术试验卫星三大类。功能专用系统是指与卫星所执行的任务直接有关的系统，也称为有效载荷。应用卫星的专用系统按卫星的各种用途包括：通信转发器、遥感器、导航设备等；科学卫星的专用系统则是各种空间物理探测、天文探测等仪器；技术试验卫星的专用系统则是各种新原理、新技术、新方案、新仪器设备和新材料的试验设备。保障系统是指确保卫星和专用系统在太空安全可靠工作的系统。保障系统主要有围护结构系统、热控制系统、能源供应系统、姿态控制和轨道控制系统、无线电测控系统等，对于返回卫星，则还有返回着陆系统。

1.3.5　太空飞船

宇宙飞船是一种运送航天员、货物到达太空并安全返回的航天器。宇宙飞船可分为一次性使用与可重复使用两种类型。用运载火箭把飞船送入地球卫星轨道运行，然后再进入大气层。飞船上除有一般人造卫星基本系统设备外，还有生命维持系统、重返地球的再入系统、回收登陆系统等。

人类已先后研究制出三种构型的宇宙飞船，即单舱型、双舱型和三舱型。其中单舱式最为简单，只有宇航员的座舱，美国第一个环绕地球飞行的宇航员约翰·格伦就是乘坐单舱型的飞船上天的；双舱型飞船是由座舱和提供动力、电源、氧气和水的服务舱组成，它改善了宇航员的工作和生活环境，世界第一个女宇航员乘坐的苏联"东方号"飞船、世界第一个出舱宇航员乘坐的苏联"上升号"飞船以及美国的"双子星座号"飞船均属于双舱型；最复杂的就是三舱型飞船，它是在双舱型飞船基础上或增加1个轨道舱（卫星或飞船），用于增加活动空间、进行科学实验等，或增加 1 个登月舱（登月式飞船），用于在月面着陆或离开月面，苏联的联盟系列和美国"阿波罗号"飞船是典型的三舱型。2003 年 10 月 15 日，我国神舟五号载人飞船在酒泉卫星发射中心发射升空，这是我国首次进行载人航天飞行。

虽然宇宙飞船是最简单的一种载人航天器，但它还是比无人航天器（例如卫星等）复杂得多。麻雀虽小，五脏俱全。宇宙飞船与返回式卫星有相似之处，但因为需要载人，故增加了许多特设系统，以满足宇航员在太空工作和生活的多种需要。例如，用于空气更新、废水处理和再生、通风、温度、照明和湿度等环境控制和生命保障系统。宇宙飞船再入地球大气层和安全返回技术也至关重要，除了要使飞船在返回过程中的制动过载限制在人的耐受范围内，还应使其落点精度比返回式卫星要高，从而及时发现和营救宇航员。苏联载人宇宙飞船就曾因落点精度差，导致宇航员被困在了冰天雪地的森林中，差点被冻死。

1.3.6 空间站

空间站（Space Station）又称太空站、航天站。是一种在近地轨道长时间运行、可供多名航天员巡访、长期工作和生活的载人航天器，轨道离地高度 300～500km。空间站分为单模块空间站和多模块空间站两种，第四代空间站为多模块，桁架结构和积木式的混合结构，与地表建筑结构相似。单模块空间站可由航天运载器一次发射入轨，多模块空间站则由航天运载器分批将各模块送入轨道，在太空中将各模块组装而成。在单模块空间站的基本组成是以一个载人生活舱为主体，再加上有不同用途的舱段，如工作实验舱、科学仪器舱等。空间站外部必须装有太阳能电池板和对接舱口，以保证站内电能供应和实现与其他航天器的对接。空间站中要有人能够生活的一切设施，空间站不具备返回地球的能力。

礼炮系列空间站是由苏联建造的人类第一个空间站，1971 年至 1985 年期间，一共发射了 7 个。后续项目和平号空间站于 1986 年发射升空，并在接下来的十年间陆续对接了 5 个模块，一直被运用到 2000 年。苏联与美国在这里进行过航天项目的合作，许多不同国家的航天员也曾到访过和平号进行工作。它被废弃后于 2001 年受控在再入大气层中烧毁。天空实验室号是美国的空间站，1973 年由两级的土星 5 号运载火箭发射入轨，同年，先后发射了 3 艘阿波罗号飞船的指挥-服务舱与其交会对接，每次送去 3 名航天员。天宫空间站是我国建设的一个空间站系统，2021 年，长征五号火箭搭载空间站核心舱发射升空。空间站轨道高度为 400～450km，倾角 42°～43°，设计寿命为 10 年，长期驻留 3 人，总质量达 180t。

随着太空站建设规模的扩大，人类在地球外居住生活成为现实，也许在不远的将来，人类可以到太空中去旅行观光。

1.4　人造空间环境的营造方法

对于固定建筑和运载工具，内部空间环境的营造方法有显著的不同。

1.4.1　固定建筑的室内环境营造方法

如前文所述，固定建筑是指一切以固定方式建造在地表或地下的具有内部空间的建筑，包括民用建筑、工业建筑及农业建筑等。由于建造地点固定，外部环境相对确定，为室内环境营造及调控创造了较为有利的条件。固定建筑的环境营造一般有两种方法。

（1）被动式

建筑环境被动式营造方法（以下简称被动式方法）是指从建筑规划设计角度，通过对建筑朝向的合理布置、建筑体形的控制、遮阳的设置、消声吸声技术、自然采光技术、围护结构保温隔热技术的采用、有利于自然通风的建筑开口设计等来实现良好的建筑热、湿、声、光、空气质量环境的营造。被动式方法的核心是因地制宜，目标是建筑适应当地气候条件和资源禀赋。

被动式方法主要包括几个方面。第一是建筑的朝向。对于不受规划条件约束的建筑，应尽量坐北朝南。其实人类的祖先早就在实践中摸索出来了，只是对其中的科学道理不太明了。为什么呢？因为南向冬天得到的太阳能最大，而夏天太阳辐射最小；南侧留出尺度上许可的室外空间，以利于争取较多的冬季日照和过渡季节的通风。这样无需消耗额外能源就可以大大改善室内建筑环境。第二是从建筑立面造型与体形系数考虑。所谓建筑立面造型，是指建筑的外观。在城市里，可以看到形形色色的建筑，有的立面造型简洁，有的却非常复杂。建筑师从美学角度考虑得更多，但从营造更好的室内环境和节能节材角度去考虑，则是去除冗余越简洁越好。为什么呢？这可从人的日常体验来解释。冬天在风中行走，什么地方感觉最冷？是耳朵和鼻子。因为它们是面部最突出的"零件"，最容易被风吹，又增加了面部的表面积，难怪感觉最冷了。在专业上把建筑外表面积与其围合的空间体积之比值称为体形系数，其值越大，就意味着该建筑单位空间对应的外表面越多，当外部很冷时它散发出去的热量就越多，室内温度就越低；夏天炎热时传进去的热量越多，室内温度就越高。因此，建筑师在进行外观设计时注意到了这一点，就对营造更好的室内环境有帮助。第三是建筑外墙的保温，相当于给建筑穿"羽绒服"。如前面提及，冬天在风中行走，如果穿了很厚的"羽绒服"，身体就感觉不冷了，建筑也是一样；但与人不同的是，建筑穿了"羽绒服"，夏天会更凉快，因为外面传进去的热量就少了；建筑需要穿"羽绒服"的地方很多，比如外墙、屋顶、与大气相通的架空楼板等，而且不同的地方穿法大不一样。第四是屋顶和西向的外墙的隔热、外窗的遮阳，相当于给建筑在不同的部位"打伞"，挡住炙热的阳光。不难理解，这些措施肯定也可以使得室内的热环境更好，但它们更适合气候比较炎热的地区建筑，但如果在寒冷地区有太阳的时候，能够把"伞"收起来就更好了。第五是合理的窗墙面积比。窗户是建筑的"眼睛"，绝对不能少。窗户面积越大，室内的视野越好，美景尽收眼底，且可利用自然光减少人工照明；但由于它是建筑外围护结构最薄弱的部位，热量和冷量最容易通过窗户流失，若窗户太大，室内热环境调控能耗会增加，因此窗户大小要适度。

被动式方法是建筑能工巧匠在漫长的过程中凝炼出来的，在小型民用建筑、工业建筑应用较多，如低层民居、手工作坊、温室大棚、牲口圈舍等。其优点在于在建筑使用过程中不消耗额外的能源就可以获得更好的室内环境；即使有的时候不得不使用空调或供暖等人工调控手段，消耗的能源也会大大降低。但是，被动式方法也可能依赖各种优质材料，如烧结多孔砖、保温隔热材料、保温隔热涂料、高性能门窗、Low-E玻璃等，其生产过程也是要消耗大量能源的。此外，随着建筑体量越来越大，室内环境要求越来越高，被动式方法的局限性凸显出来，必要结合主动式方法才能满足要求。

16

（2）主动式

建筑环境主动式营造方法（以下简称主动式方法）是指通过机械电气设备等干预手段为建筑提供供暖、空调、通风、照明、空气净化等技术手段实现预期的建筑环境。主动式技术中以优化的设备系统设计、高效的设备选用来实现室内环境的营造。随着建筑规模越来越大，建筑密闭性加强，除了运用被动式方法之外，还需要主动利用新技术手段来获得良好的建筑环境。例如，建筑空间不可能任何时候都有条件自然采光，对于进深大的建筑，即使白天也需要照明。当室外气温太低，室内需要供暖；室外气温太高或室内热源发热量太大，需要空调降温，如数据中心，全年都需要降温冷却；室外空气太潮湿或室内人员设备散湿量太大，就需要除湿，如一些工厂车间，必须除湿；室内污染物浓度太高，需要送入新风稀释，确保室内空气质量，如现代养殖场，为了避免传染病暴发，圈舍须全年通风消毒，为了提高产量，甚至安装空调、供暖系统调控室内环境。

可见，建筑环境主动式营造方法的代价必然是大量依赖对各种形式能源的应用和消耗。照明、通风一般消耗电力；供暖消耗煤炭、石油、天然气；空调一般消耗电力，也可应用天然气吸收式制冷、制热；除湿可以通过降温的方式，也可以通过溶液吸收除湿，这些建筑环境营造手段的背后都离不开能源消耗，从而导致社会总能耗的攀升。

1.4.2 运载工具内部环境营造的挑战

如前文所述，运载工具是指以一定速度在地表面、水表面、水中、大气层中、太空中运动的人造物。与固定建筑的外部环境相对稳定不同，运载工具的外部环境极其复杂多变，加之具有一定速度的合围体与外部环境相互作用，使得内部空间环境的影响规律异常复杂。由于其外部环境多变，故不具备固定建筑采用被动式方法的条件，营造可靠、安全、舒适的内部空间环境更加困难，内部环境营造面临诸多挑战。

首先，围护结构材质必须满足高强度、轻质、耐高温、抗低温、耐腐蚀等要求。不同应用场景的运载工具，围护结构体系、使用材料也显著不同。传统的固定建筑以梁、柱为主作为安全保障，运载工具则以围护结构材料为主确保安全；固定建筑的围护材料可以厚重，运载工具的围护结构材料必须高强度且轻质，速度越快的建筑轻质要求越高。如陆地上的运载工具，除固定建筑的安全隐患都具有外，还有异物碰撞等；高空中的运载工具，外部环境的安全隐患主要有低气压、飓风、雷电、暴雨、异物碰撞、摩擦高温等；深海中的运载工具，须具有承受高压的能力。只有在确保运载工具围护结构安全耐久的前提下，采取各种技术手段营造适宜的内部空间环境才具有意义。

其次，运载工具的特殊功能性可能使内部空间环境非常恶劣。由于围护结构的高强度、轻质材料要求，通常金属材料的导热系数很大，传热能力强；高速运动既会导致围护结构与外部环境介质（空气、水）的摩擦生热，也会大大强化了传热过程，如太空返回舱穿越大气层时外表温度可达 1000℃以上；运载工具一般都要求空间利用效率高，且非常密闭，对采取技术措施及安装调控设备都是挑战。此外运载工具的外部环境变化极大，有时非常恶劣，如飞机平飞时客舱外气温低达−50℃；月球上白昼温度可高达 180℃，夜晚温度低达−150℃。

最后，是能源来源及供应保障的挑战。固定建筑的能源保障系统成熟稳定，而运载工具往往需要自备能源或自产能源。运动速度越大，动力能源和环控能耗需求更大，能源保障要求更高，能源转化与应用极具挑战性。

1.5 人造空间的能源保障及能耗

能源即能量资源，是指可产生各种能量（如热量、电能、光能和机械能等）或可做功的物质的统称，包括煤炭、原油、天然气、煤层气、水能、核能、风能、太阳能、地热能、生物质能等一次能源和电力、热力、成品油等二次能源。一个国家拥有的能源资源是综合国力的重要指标，而社会总能耗的大小在一定程度反映了国家社会经济发展水平高低。

1.5.1 社会总能耗与人造空间能耗的关系

社会总能耗是指一个国家或地区在社会各个领域的能源消耗情况。国民经济体系的构成根据社会生产活动的历史发展顺序，划分为三个产业。第一产业为农业（包括林业、牧业、渔业等）；第二产业为工业（包括采掘业、制造业、水电气生产行业）和建筑业；第三产业是除第一、第二产业以外的一切服务部门。每个产业的活动绝大部分都在人造空间中进行，各种空间都需要为其功能提供能源保障，内部空间都需要不同的环境调控，进而消耗能源。因此，人造空间能耗在社会总能耗中占比非常大。

然而，由于问题的复杂性及行政管理的诸多原因，能耗研究领域并不是按照三个产业去划分。国际上，通常将社会总能耗分为建筑用能、工业用能和交通用能三大类。实际上，本专业涉及的需要进行内部空间环境调控的人造空间，既包括传统的民用建筑，也包括工业建筑和其他产业建筑，以及一切运动空间（涵盖了所有交通工具），渗透到国民经济的方方面面。由于行业发展历史的原因，工业领域和交通领域的环控能耗数据未受到充分关注，本专业的重要作用未得到足够的重视，专业人才须具有广阔的视野。

在现有体系中，建筑能耗一般是指在建筑生命周期中与建筑相关的能源消耗，包括建筑材料生产用能、运输用能、房屋建造、运行维护和拆除等过程中的用能，以及建筑使用过程中的民用建筑运行能耗，其中也包括建材的工业能耗和交通运输能耗。但按照国际通用的定义，建筑能耗一般是指民用建筑（包括居住建筑和公共建筑以及第三产业服务业建筑）使用过程中的能耗，主要包括建筑供暖、空调、通风、给水排水、照明、炊事、家用电器、电梯等方面的能耗。其中，服务业范围非常广泛，世界贸易组织将其分为11大类、142个服务项目，包括商业服务、数据通信服务、建筑及有关工程服务、销售服务、教育服务、环境服务、金融服务、健康与社会服务、与旅游有关的服务、娱乐文化与体育服务、一切海陆空运输服务。民用建筑的能源以电力为主，目前也消耗石油和天然气。居住建筑能耗密度低，但量大面广；公共建筑数量虽不及居住建筑，但能耗密度大；服务业建筑能耗密度差异大，如数据机房的能耗强度是民用建筑的数十倍，数量也非常多。根据《中国统计年鉴2023》，我国GDP占比第一产业为7.1%，第二产业为38.3%，第三产业为54.6%，可见民用建筑的环境调控及能耗在国民经济中的主要支撑作用。

工业用能是指进行工业生产活动所使用的能源，包括生产工艺系统用能、辅助生产系统用能（动力、供电、机修、供水、供风、供暖、制冷等）、附属生产系统用能（研发中心、职工宿舍、车间浴室、食堂、卫生院等）。粗放式的重工业企业生产工艺系统用能占比较大，精细化的轻工业企业的生产工艺系统用能占比较低，以满足工艺环境控制及服务于人舒适健康的环控能耗越来越高；越是生产高精尖端产品的企业，环控能耗占比越大；从行业发展看，精密电子元器件、芯片，新能源领域的半导体发展迅猛，不管是既有工业升级改造，还是新兴技术的突破，对本专业的人才需求越来越大。从国家经济发展趋势看，第二产业工业领域面临产业结构转型升级，资源消耗型的落后产能面临淘汰，且GDP占比会逐渐降低。目前工业使用的能源，电力、煤炭、石油及天然气多种形式并存，未来将逐渐由可再生低碳能源替代。

交通用能是指传统水陆空交通运输活动中所使用的能源，包括私家车、铁路、航空、城市公交、营运货车、船舶、邮政快递、物流等多个交通运输行业领域。交通运输工具的能耗包括动力能耗及运输工具内部空间的环控能耗，一般来说，动力能耗大于环控能耗，但不同类型的交通运输工具两者的占比差异较大。运送人的交通工具，环控能耗占比比运送货物的更高，如大型游轮比货轮高，客运飞机比货运飞机高。内部空间环控要求越高，交通能耗越高，如海鲜冷藏运输车、运输生鲜的欧洲班列等。交通运输工具的能源形式经历了煤时代，现在是石油、液化气及电力并存，未来将进入可再生能源和新能源时代，本专业的作用不可或缺。如发展速度600km/h以上的高铁，如何克服振动、摩擦生热，营造车厢内热、湿、声、光、空气质量等舒适热环境？对于蓄能、能源高效转换的新能源汽车，如何降低车室内环控能耗，同时提高能源转化利用效率、可靠热管理、减轻汽车重量等，本专业将大有可为，目前已成为专业学生就业的新方向。

综上所述，社会总能耗绝大部分都是在各种功能的人造空间中消耗的。与本专业密切相关的内部空间环境调控能耗，是可持续发展问题的根源所在。

1.5.2 电力生产供应

在所有固定空间中，应用电能是最便捷的方式。那么人造空间中大量消耗的电能是怎么生产的？目前我国电能的5个重要生产途径为：火力发电、水力发电、核能发电、光伏发电和风力发电，如图1-11所示。由于我国从电力生产、高压远距离输电到用户终端的变压配电系统非常成熟，规模化效应的成本低廉，因此，固定建筑（民用建筑、工业建筑及其他种类建筑），都会优先考虑采用电力作为能源。对于大型运载工具，如动车、高铁、地铁等，也实现了电气化。而对于小型的运载工具，如公交车、私家车、货运车及轮船，

图1-11　中国电力的5个重要生产途径

主要以石油、燃气为能源，环境污染大、碳排放高，因此，通过轻型高能密度蓄电装置，实现电气化是未来的发展方向。

图 1-12 是 2022 年我国电力供应结构比例示意图。近十年来，我国电力供应结构发生显著变化，可再生能源发电比重逐年增加，尤其是风电和太阳能发电发展迅速，成为电力供应的重要补充。同时，煤电比重逐渐降低，电力供应结构向更加绿色、低碳的方向转变。然而，由该图可知我国供应的 100kWh 电能中，仍有 52kWh 来自火力发电，绿色供电任重道远。

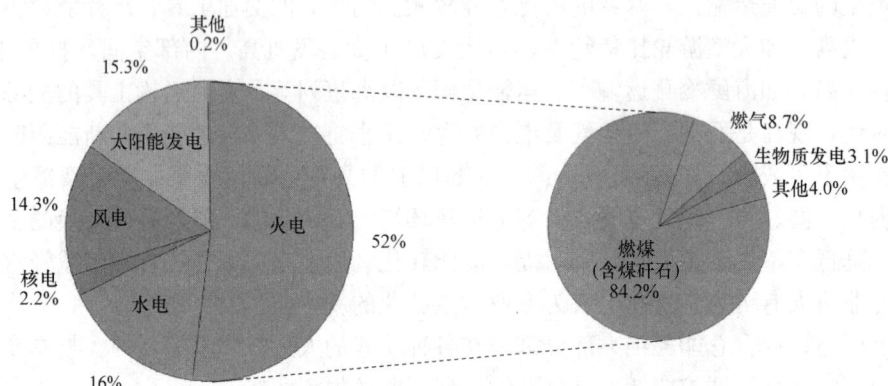

图 1-12　2022 年我国电力供应结构比例示意图

1.5.3　一次能源消费结构

图 1-13 是 2000—2022 年世界一次能源消费结构图，由该图可知，全世界在近十年里

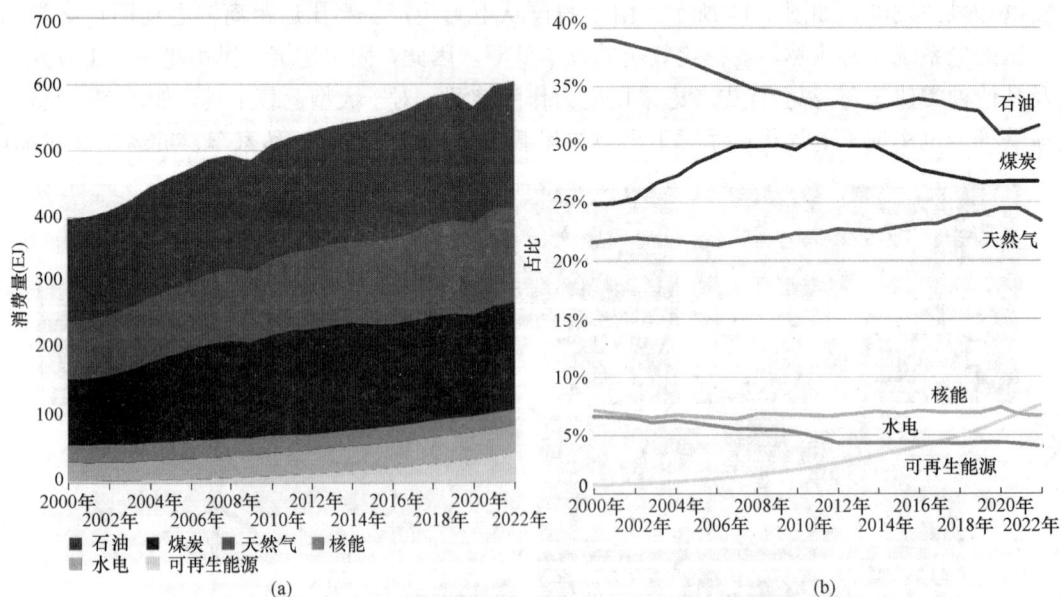

(a)　　　　　　　　　　　　(b)

图 1-13　2000—2022 年世界一次能源消费结构图[①]

（a）全球能源消耗量；（b）全球一次能源消费占比

[①]　摘自《世界能源统计年鉴 2023》。

20

的石油消耗占比呈逐渐降低的趋势，但在 2022 年仍占据了 31％的最大比例；其次是煤炭，2022 年的占比相对稳定在 26％；再次是天然气，在 2022 年的占比为 24％。因此，化石能源仍是全世界的主导能源，三项之和约占 81％。截至 2022 年，核电的占比略有下降，为 4％，而水电相对稳定在 7％。此外，值得关注的是，可再生能源呈现出显著的逐年上升趋势，到 2022 年已达到了 8％。

图 1-14 给出了 2013—2022 年我国一次能源消费结构图。由该图可知，近十年里煤炭在我国的能源消费结构中从占比 67.4％逐年下降至 56.2％，虽然出现了可喜的变化，但在各种能源中其仍处于绝对主导地位；石油所占的比例基本恒定在 18％左右；而天然气占比从 5.3％逐步上涨至 8.5％。2022 年，以上三种化石能源所占比例之和仍高达82.6％。与世界一次能源消费结构图相比，我国能源消费结构较为单一，对煤炭资源的依赖程度很大，这是由我国能源资源禀赋所决定的。与煤炭相比，消耗石油、天然气几乎不排放粉尘、废渣、废水，对环境污染相对较小，故称为清洁的化石能源。

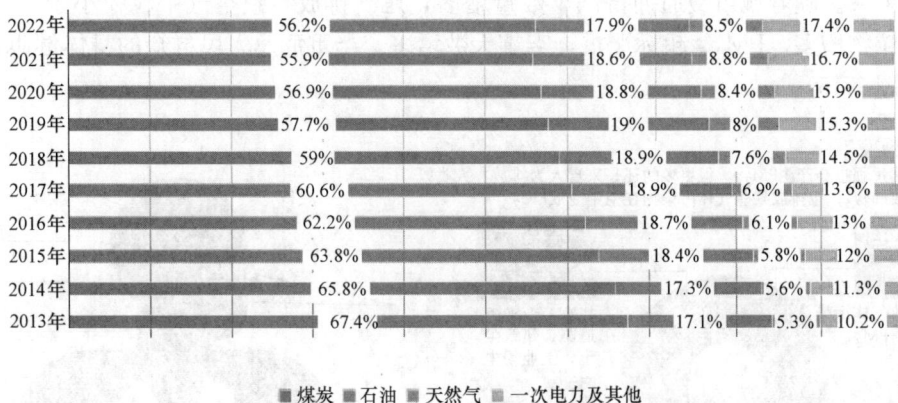

图 1-14　2013—2022 年我国一次能源消费结构图
（数据来源：国家统计局）

需要指出，按照住房和城乡建设部估算，目前我国民用建筑能耗占社会总能耗的比例大约为 28％，这仅是建筑运行和使用过程中的能耗，若加上建筑材料生产能耗，其比例则高达 45％以上。2023 年，全国总能耗为 57.2 亿 tce，其中有 16 亿 tce 消耗于民用建筑使用过程。

1.6　能源消耗与可持续发展

社会总能耗绝大部分用于各类人造空间。能源消耗支撑了国民经济发展和人民生活水平的提高，但能源资源有限，大量化石能源消耗对生态环境造成严重破坏，热量可持续面临严峻挑战。

1.6.1　能源资源禀赋有限

目前全世界能耗（社会总能耗）仍然是以传统的化石能源为主，占比超 80％。地球中蕴含的化石能源是有限的，不断消耗总会枯竭。

可见，地球的能源资源总量有限，我国虽地大物博，但人口众多，为了给子孙后代预留发展生存空间，必须找到可持续发展之路。建筑环境与能源应用领域的不断开拓和发展，我们责无旁贷。

1.6.2 生态环境不可持续

传统化石能源消耗与环境污染是一对"孪生兄弟"。传统化石能源消耗越多，环境污染越大。传统化石能源消耗将产生大量粉尘、废渣、废水、二氧化碳、二氧化硫，污染大气、江河湖泊和土壤。

1. 烟尘污染

近年来，我国城市粉尘污染情况呈现出逐步改善但挑战依然严峻的趋势。随着城市化进程的加速和工业化水平的提高，交通运输、建筑施工、工业生产等活动产生的粉尘颗粒成为城市空气质量的重要污染源。特别的是，在环境中空气动力学当量直径小于或等于 $2.5\mu m$ 的细颗粒物，也称为可入肺颗粒物，它的直径还不到人的头发丝粗细的 1/20。由于粒径小，比表面积大，易吸附大量的有毒、有害物质且在大气中的停留时间长，对人体健康危害大。随着城市交通拥挤汽车数量增多，尾气排放导致空气中粒径小于 $2.5\mu m$ 的极细颗粒物增多，$PM_{2.5}$ 超标严重，雾霾天数增多，严重危及人民群众的身体健康和日常生活（图 1-15）。

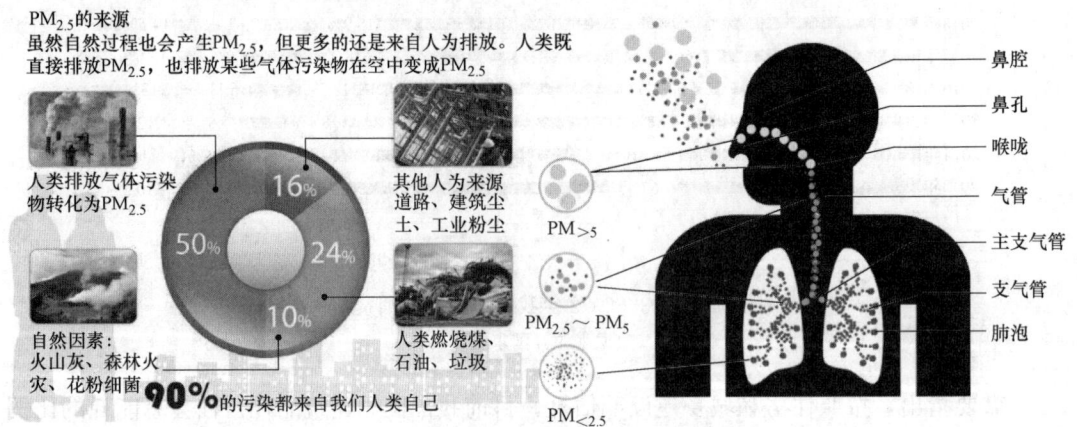

图 1-15　$PM_{2.5}$ 的来源及对人体健康的影响

（资料来源：科学网）

在环保政策的持续推动下，我国城市粉尘污染得到了有效控制。各级政府和环保部门加大了对污染源头的监管力度，对交通运输、建筑施工、工业生产等产生粉尘较多的领域进行了严格管控。例如，在建筑施工领域，推广了围挡、硬化道路、洒水、覆盖等降尘措施，有效减少了施工现场的扬尘污染。同时，城市道路的清扫保洁作业也采用了机械化清扫、冲洗等低尘作业方式，减少了道路扬尘的产生。

然而，尽管取得了显著成效，但城市烟尘污染问题仍然存在。一方面，随着城市规模的不断扩大和人口的增长，交通运输、建筑施工等活动产生的粉尘量也在不断增加。另一方面，一些地区由于经济发展水平相对较低，环保设施和技术水平相对滞后，粉尘污染问题难以得到有效解决。此外，外来沙尘天气也给城市粉尘污染控制带来了巨大挑战。我国北方地区时常受到沙尘天气的影响，这些沙尘颗粒物在长途传输过程中会与城市空气中的其他污染物发生反应，形成复合污染，对城市空气质量造成严重影响（图1-16）。

2. 废渣废水污染

煤炭的燃烧会留下大量的炉渣和粉煤灰，它们堆积如山，不仅吞噬了宝贵的土地资源，更污染了环境。随着城市化的疾驰，建筑垃圾如潮水般涌现，它们成为城市扩张的副产品，无情地侵蚀着良田沃土。而当城市灯火辉煌、人口聚集之时，又衍生出庞大的生活垃圾（图1-17），它们堆积成山，若不及时清理，便会污水四溢，破坏水体（图1-18），破坏人类赖以生存的生态环境。这些垃圾，不仅是城市的负担，更是文明进步的挑战。

图1-16 城市的沙尘污染

图1-17 堆积如山的城市生活垃圾

图1-18 水体污染

3. 温室气体排放

随着全球气候变化的挑战日益严峻，温室气体排放问题已成为国际社会的关注焦点。由于温室气体排放到大气中，会使全球气候变暖，加速极地冰川和冻土融化、海平面上升，使海岛国家和沿海平原地区耕地大量消失、家园被海水淹没；世界上大约有1/3的人口生活在离海岸线小于60km的范围内，如果全球变暖，海平面上升，一些城市和乡村将被淹没。由于气候异常，旱涝灾害的次数可能增加，森林、草原火灾将增多，水资源问题将更为突出，对农业也将产生十分明显的影响。此外全球变暖还可能引起暴雨、泥石流、龙卷风、土地沙漠化等一系列自然灾害和导致生态恶化的可能性增大，因此受到世界各国的关注。

我国在经历了快速工业化和城市化进程后，作为世界第二大经济体，其温室气体排放量位居世界前列（图1-19）。然而，在过去十年里，我国政府积极响应全球气候变化公约，采取了一系列强有力的减排措施，逐步改变了这一局面。进入2023年，我国在温室气体减排方面取得了显著成效。通过优化能源结构、推动绿色技术创新、加强国际合作等措施，我国不仅实现了单位 GDP 能耗的显著降低，还在可再生能源利用方面取得了重大突破，为全球应对气候变化贡献了中国智慧和中国方案。

在国际舞台上，我国积极参与全球气候变化治理，推动构建公平合理、合作共赢的气候治理体系。作为负责任的大国，我国坚持"共同但有区别的责任"原则，推动发达国家加大减排力度，同时帮助发展中国家提升应对气候变化的能力。

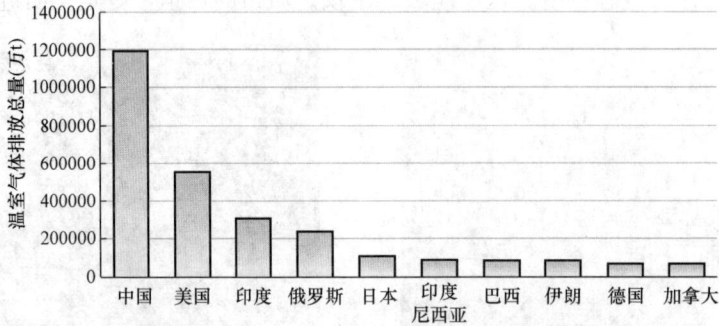

图 1-19　2022 年不同国家温室气体排放总量

4. 酸雨酸雾

煤炭中含有硫，一般含量为 1％～3％，燃烧生成二氧化硫。二氧化硫是产生酸雨的主要物质，酸雨对生态系统的影响很大（图 1-20），它可以直接使大片森林死亡、农作物枯萎；也可以抑制土壤中有机物的分解和氮的固定，淋洗与土壤粒子结合的钙、镁、钾等营养元素，使土壤贫瘠化；它可以使湖泊河流酸化，并溶解土壤和水体底泥中的重金属，使其进入水中，毒害鱼类，使水生生态受到严重破坏，对人体健康也会产生直接的和间接的危害。

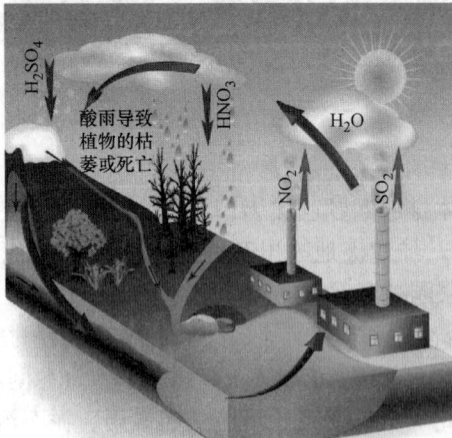

图 1-20　酸雨的形成

此外，资源过度的掠夺性开采，除了破坏生态环境外，也会造成新的安全隐患，如城市、农村的地下被掏空后，一些偶然的因素就会导致塌陷，危及城乡群众生命财产安全。

5. 光化学污染

光化学污染，作为当前社会面临的重要环境问题之一，其复杂性和严重性不容忽视。光化学污染的形成涉及复杂的化学反应过程。氮氧化物和碳氢化合物在太阳紫外线作用下，发生光化学反应，生成臭氧、醛类、硝酸酯类等二次污染物，形成光化学烟雾。这些污染物在大气中可随气流扩散至数百公里，造成大范围污染。光化学烟雾会影响人体健康，例如：刺激眼睛和呼吸道，引起流泪、发红、咳嗽等症状，长期接触还可能导致肺部疾病和神经系统损害。光化学烟雾对植物也有一定影响，其中包含的臭氧和醛类化合物会损害植物叶片，导致叶片枯黄、脱落，甚至死亡。光化学烟雾对大气环境的影响也颇为严重，它会降低大气能见度，影响交通和航空安全。

从科学的角度来看，光化学污染涉及大气化学、环境科学、生态学等多个学科领域，需要综合运用各种理论和方法进行深入研究。其形成机制、影响因素、传播规律以及对人体健康和生态系统的潜在影响等，都是研究的重点。系统性研究要求研究人员不仅关注污染物在大气中的化学转化过程，还需考虑其与气象条件、地形地貌等因素的相互作用，以及污染物的跨区域传输和累积效应。

6. 土壤重金属污染

土壤重金属污染，指的是土壤中含有超出正常水平的重金属元素，如汞、镉、铅、铬、砷①等。这些重金属元素由于不能被土壤微生物所分解，易于在土壤中积累，并可能转化为毒性更大的甲基化合物。这些重金属污染物不仅可能直接对植物的生长和发育造成影响，降低农作物的产量和质量，还可能通过食物链进入人体，对人体健康产生潜在危害。

近年来，我国土壤重金属污染问题日益严重。主要污染来自工业排放、农业活动（如化肥和农药的过度使用）、交通运输等。在一些地区，特别是工业密集区和矿区，土壤重金属含量已经超过国家土壤环境质量标准。例如：珠江三角洲地区是我国经济发达、工业化程度高的地区之一。该地区的土壤重金属污染问题尤为突出。据调查，珠江三角洲部分地区的土壤中，镉、铅、汞等重金属含量均超过广东省土壤背景值。例如，镉含量平均达2.1mg/kg，最严重的地区甚至高达640mg/kg。造成污染的原因是，珠江三角洲地区的土壤重金属污染主要来源于工业生产过程中的废气、废水排放以及农业活动中的化肥和农药使用。此外，汽车尾气排放和交通运输也是该地区土壤重金属污染的重要来源。为了减轻这一问题，目前，当地政府已经采取了一系列措施，如加强工业污染治理、推广环保农业技术等。

环境污染和生态恶化的状况十分严峻，对人类生存的威胁不容忽视。根据国际权威环保机构报告显示，耕地以每分钟约 45hm² 、每年约 2400 万 hm² 的速度在减少，这一趋势显示出农业用地持续缩减的严峻形势。森林则以每分钟约 23hm² 、每年约 1200 万 hm² 的速度在消失，森林砍伐和非法砍伐活动仍然猖獗。每分钟约有 12hm² 、每年约有 650万 hm² 的土地正在沙漠化，干旱和过度放牧等因素加剧了这一趋势。每分钟有约 90 万 t、每年约有 4800 亿 t 的污水被排入江河大海，水体污染问题愈发严重，对水生生态系统造成巨大压力。每分钟约有 30 人、每年约有 1600 万人因环境污染而死亡……这些数字令人震惊，环境保护和可持续发展的任务非常紧迫，需要全球范围内的共同努力和行动，以减缓环境污染和生态恶化的速度，保护人类共同的地球家园。

1.7 本专业服务国家战略的潜能

综上所述，本专业研究对象是一切人造空间的环境调控及能源应用；理论知识体系是在各种外部环境边界条件、围护结构特性及内部空间各种扰动作用下，内部空间的热、

---

① 砷的化学性质与重金属相似，在较高浓度下砷也会对土壤产生污染风险。因此学者们通常将其与重金属共同研究。

湿、声、光、气压、气固组分、浓度等环境参数的变化规律及环境调控能耗模拟预测；技术体系是当内部空间的环境参数不满足安全耐久、健康舒适、生产工艺及特种功能的要求时，通过对围护结构合理设计、围护材料及结构优化、高效设备系统的科学匹配等措施，调控内部空间环境，使其实现综合性能要求；而环境调控必须有先进的材料、可靠的能源作保障，代价是大量的能源资源消耗。由于人类社会经济活动90％以上在室内进行，因此，本专业培养的人才具有服务国民经济各个领域的潜质。

1.7.1 服务"双碳"目标

能源资源是国民经济发展不可或缺的重要支撑，能源消耗污染环境，导致全球气候变化和不可持续发展。因此，国家提出"双碳"目标。所谓"双碳"目标，是指我国二氧化碳排放力争于2030年前达到峰值（即碳达峰），努力争取2060年前实现碳中和。这要求我国在国民经济的各个领域，采取全面措施，切实减少温室气体排放。一是节约优先，秉持节能是第一能源理念，不断提升全社会用能效率。二是能源安全，做好化石能源兜底应急，妥善应对新能源供应不稳定，防范油气能源以及关键资源对外依存风险。三是非化石能源替代，在新能源安全可靠逐步替代传统能源的基础上，不断提高非化石能源比重。四是再电气化，以电能替代和发展电制原料燃料为重点，大力提升重点部门电气化水平。五是资源循环利用，加快传统产业升级改造和业务流程再造，实现资源多级循环利用。六是数字化，全面推动数字化降碳和碳管理，助力生产生活绿色变革。

国家要求围绕产业结构、能源、电力、工业、建筑、交通等方面稳步推进。由于国民经济的第一、第二、第三产业绝大部分在内部空间进行，离不开能源保障及环境调控，人造空间中的能耗在社会总能耗中占比非常高，因此在节能提效和能源安全领域中本专业将继续发挥重要作用。采用非化石能源替代传统化石能源，提升重点部门电气化水平，资源循环利用等措施，必须以满足生产工艺及人的舒适健康环境营造为前提，内部空间环境调控的相关理论及技术需要更新，本专业的核心作用更会日益凸显。

1.7.2 服务高精尖及新兴产业领域

产业强，则国强。尽管我国制造业的总体规模多年保持全球第一，但大多是以资源能源消耗和劳动密集类低端产品为主，资源消耗少、附加值高、精密制造的高端产品经常被西方发达国家"卡脖子"。在国家"双碳"目标背景下，必须优化工业领域的产业结构，降低资源能源消耗大的重工业及低端制造业的比重，提高节能环保经济效益好的高精尖及新兴产业的占比，推动传统产业向高质量发展转型。为此，国家发展改革委、工业信息化部、财政部等部门先后出台了包括《国家发展改革委等部门关于严格能效约束推动重点领域节能降碳的若干意见》《绿色高效制冷行动方案》在内的一系列节能工厂设计文件。在落后产能转型升级过程中，大量产业建筑的工艺功能能耗降低，随着生产环境改善、产品品质提升，环境调控要求提高，工厂绿色节能减碳迈上新台阶，在这个漫长过程中，本专业可以发挥优势、大有作为。

除此之外，新能源、电子芯片等高精尖领域及人工智能、信息化、数字经济等新兴产业为我国经济发展注入了新的活力。这些产业建筑资源消耗少，对建筑车间环境要求极高，环境调控对产品质量保障极为重要。随着数字化、智能化技术的广泛应用，内部环境的调控变得更为复杂和精细，这也导致了环控能耗成为这类产业建筑的主导。比如，为了保证数据中心的高效运行，需要消耗大量的电力来维持其恒温恒湿的环境；而在高端制造业中，对于生产环境的温度、湿度、洁净度等要求更为严格，这也需要消耗更多的能源来达成。因此，这要求在建筑环境与能源应用工程领域进行更深入的研究和探索，寻求更为高效、环保的能源利用方式，以化解能源紧张与环境污染的"魔咒"，实现经济与环境的和谐共生。

1.7.3 服务传统建筑民生领域

与民生直接有关的传统建筑包括居住建筑、公共建筑以及服务业的所有建筑（第三产业建筑）。2023 年我国 GDP 仅第三产业占比达 54.6%，随着产业转型升级，第三产业未来占比还会增加。而以服务为核心的第三产业建筑，服务对象大多为人，建筑室内环境健康舒适要求高，环控系统性强，因此对本专业人才需求强烈。尽管在新的时代背景下，传统的民用建筑领域（居住建筑和公共建筑）新建项目增长趋势减缓，人才需求有所降低；但是，2023 年我国既有建筑规模达 650 亿 m^2，其中 65% 都是高能耗、高碳排放建筑。建筑主体结构寿命为 50～70 年，而环境调控设备的寿命仅 15～20 年，在"双碳"目标下，设备系统节能改造升级任务十分艰巨。此外，国家确立了以人民为中心的发展思想，就要求建环专业人才培养不忘初心，继续为既有民用建筑改造、运维营造更安全、健康、舒适的室内环境。

可见，本专业高度体现了广泛的人民群众的利益。专业理论技术创新对于提高建筑的安全性、舒适性和健康性，对转变城乡建设模式，破解能源资源瓶颈约束，改善群众生产生活条件，发展节能环保、新能源等战略性新兴产业，具有十分重要的意义和作用。而本专业的内涵正是与此不谋而合。这些国家战略及相关政策，已经为本专业搭建好了施展拳脚的平台。只要我们认清这个大局，服务国家战略需求，满足人民的美好生活需要，专业发展前景就会越来越宽广，个人事业发展就会大有作为。

思 考 题

1. 什么是建筑？本专业研究的人造空间具有什么特征？
2. 建筑内环境包括哪些？为什么内部空间环境调控在国民经济各方面不可或缺？
3. 围护结构对建筑有什么重要作用？为什么它是人类伟大的创造？
4. 什么是外环境？对于固定建筑和运载工具的内环境安全，哪些外环境因素最重要？
5. 建筑的功能用途、建筑外环境、围护结构特性对建筑内部环境有何影响？对建筑能耗有何影响？
6. 什么是建筑能耗？国民经济中各种建筑的功能能耗与环控能耗的占比有何特征？
7. 人类建筑是如何发展演进的？工业革命对建筑、建筑环境及能源应用有何影响？
8. 建筑环境营造方法有哪两种？它与建筑能耗有何必然联系？
9. 社会总能耗由哪些方面的能耗构成？建筑能耗与社会总能耗有何关系？
10. "双碳"目标是在什么背景下提出的？建筑环境与能源应用工程专业可做什么？
11. 本专业服务国家战略的潜能何在？

第 2 章　建筑环境与能源应用的基础常识

在地球上或太空中的任何物体，都绕不开冷热与温度这两个基本环境要素。在一切内部空间环境中，人类的要求是最高、最全面的，而精密仪器设备个性化差异大。内环境主要包括热（湿）环境、光环境、声环境及空气质量等方面；而能源应用的动因在于根据人类活动的各种需求提供能源保障、调控内环境。那么，与人感受最密切、最重要的环境要素是什么呢？环境变化与能源转化的物质载体具有哪些普遍特性、遵循的基本规律是什么？在利用人工能源调控内部空间环境过程中，最基本的"媒介"物质是什么？它们具有什么特性和有趣的现象？在内部环境自然变化和人工调控过程中，能源转化和利用必须遵循的基本规律是什么？本章基于高中数理化知识，从日常生活冷热感受出发，介绍一些将伴随执业生涯和学术生涯的基本常识，开启进入建筑环境与能源应用领域浩瀚的知识海洋的大门。

2.1　空间热环境的基本表征——温度

温度是宇宙中伴随一切物质的自然属性。大到各种星体，小到微生物，都是有温度的，并受外部环境影响而变化。人类认识温度是从感知环境的冷热开始。温度跟人们的生活有着非常密切的联系。比如电视、报纸上每天所报道的天气预报，都有气温。气温是指空气的温度，是以数值的形式告诉人们大气的冷与热。如果有感冒发烧的现象，医生首先会测量体温。体温就是身体的温度，发烧的话体温就会上升。实际上，体温高了是在提醒人们身体机能出现了问题。

2.1.1　温度的度量

人对环境冷热程度的感受是与生俱来的，早在现代文明产生之前就已经具备了这方面的能力。但是要把冷热程度的高低定量化，人类却经历了漫长的过程。

在刀耕火种的原始社会，在日出而作、日落而息的农业社会，根本没有对冷热度量的社会需求。到 18 世纪，在西欧兴起的启蒙运动使科学意识"感染"到社会的各个层面；特别是可提供热动力的蒸汽机技术的广泛应用，新兴产业对提高其性能的迫切需求，刺激了对冷热度量等基础科学问题的研究，成为工业革命之滥觞，造就了一批至今仍然闪耀的科学泰斗。

1. 温度测量原理

绝大多数物质都具有热胀冷缩的特点，因此，最早的温度测量仪器就是根据这一原理设计制作的。

1603 年，伽利略制作的世界上第一支温度计——空气温度计，就是根据空气的热胀冷缩原理创造发明的。如图 2-1 所示，一个细长颈的球形瓶倒插在装有红色葡萄酒的容器中，从其中抽出一部分空气，酒面就上升到细颈内。当外界温度改变时，细颈内的酒面因玻璃泡内的空气热胀冷缩而随之升降，致使细管中的红色液面清晰可见，就可直观显示温度的高低。

这种温度计的缺点在于无法迅速地反映出温度的变化，且温度和气压都会发生改变，测量所得数值也不太准确。但作为历史上第一套测量温度的工具，伽利略所发明的空气温度计在当时备受瞩目。后来人们改用性能更加稳定的水银、水、酒精等作介质，至今都还有应用。

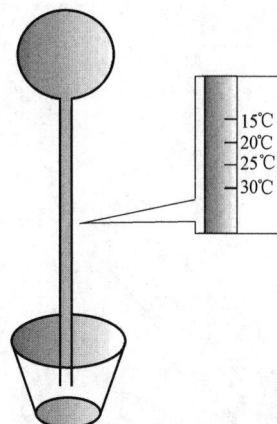
图 2-1　伽利略制作的第一支空气温度计

2. 温标

根据热胀冷缩原理，可以在某种可视的元件上直观地看出冷热程度的高低，但是，如何在该元件上标出刻度数字，这就是所谓的温度"标尺"。温标就是按照一定标准划分的温度标志，就像测量物体的长度要用长度标尺一样，它是一种人为的规定，或者叫作一种单位制。为了让不同的人群都能对温度高低标度更容易理解，最初选择了最常见物质水的特殊状态点（如冰点、沸点）作为刻度的依据，对温度的高低进行标度。

1724 年，德国人华伦海特制定了华氏温标，他把纯水的冰点温度定为 $32℉$，把标准大气压下水的沸点温度定为 $212℉$，中间分为 180 等份，每一等份代表 1 度，这就是华氏温标，用符号 $℉$ 表示。

1742 年，瑞典的安德斯·摄尔西乌斯提出了另一种温度标度方法，即摄氏温标。摄

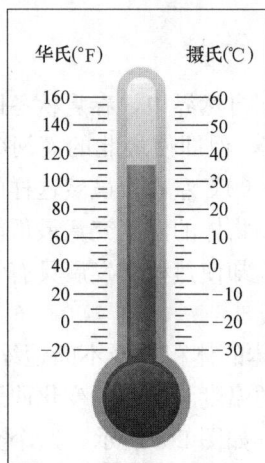
图 2-2　华氏温度与摄氏温度

氏温标以水沸点（标准大气压下水和水蒸气之间的平衡温度）为 $100℃$ 和冰点（标准大气压下冰和水之间的平衡温度）为 $0℃$ 作为温标的两个固定点。摄氏温标采用玻璃汞温度计作为内插仪器，假定温度和汞柱的高度成正比，即把水沸点与冰点之间的汞柱的高度差等分为 100 格，每 1 格对应 $1℃$。国际上华氏温标（$℉$）和摄氏温标（$℃$）都有使用，科技领域以摄氏温标使用居多（图 2-2）。

3. 测温仪器

测温仪器是用来检测物体温度高低的手段，在医疗卫生、工业生产、科学研究中应用非常广泛。日常生活中使用最广泛的是酒精温度计和水银温度计（图 2-3、图 2-4）。两种温度计都是由玻璃制成，下端有一个小球体，上面连接着一根细长的玻璃管。在玻璃中间的空心部分灌有水银或是酒精。酒精和水银都具有热胀冷缩的性质，人们正是利用它们的这种性质，将其灌入玻璃管后密封起来，在玻璃管上适当的部位标上刻度，最终得以制作出沿用至今的酒精温度计和水银温度计。

其实，测温仪器随着科学技术的发展，种类在不断推陈出新，进而推动科技进步。早在 1735 年，就有人尝试利用金属棒受热膨胀的原理，制造温度计；到 18 世纪末，出现了双金属温度计；1802 年，查理斯定律确立之后，气体温度计也随之得到改进和发展，其精确度和测温范围都超过了水银温度计。1821 年，德国的塞贝克发现了热电效应；同年初，

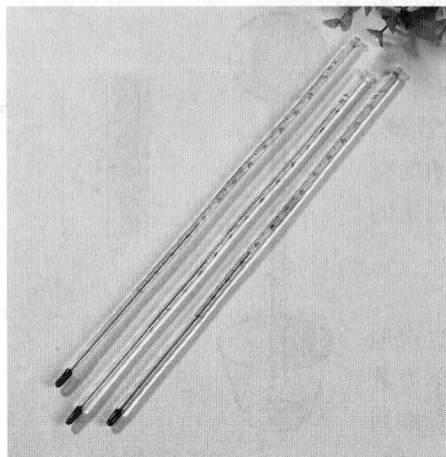

图 2-3　酒精温度计

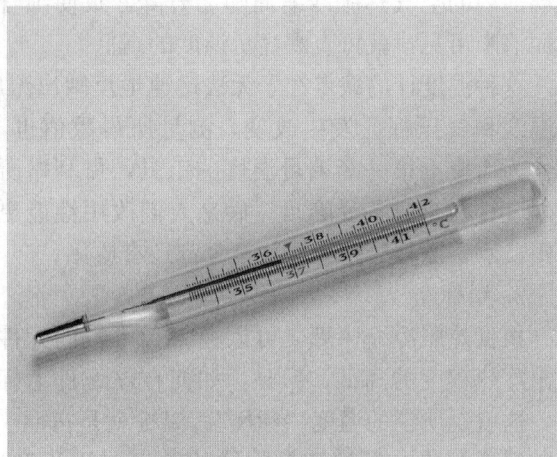

图 2-4　水银温度计

英国的戴维发现金属电阻随温度变化的规律，这以后就出现了热电偶温度计和热电阻温度计。1876 年，德国的西门子制造出第一支铂电阻温度计。辐射温度计和光学高温计是 20世纪维恩定律和普朗克定律出现以后，才真正得到实用。从 20 世纪 60 年代开始，由于红外技术和电子技术的发展，出现了利用各种新型光敏或热敏检测元件的辐射温度计（包括红外辐射温度计），从而扩大了它的应用领域。可见，温度计的演变也从侧面反映了专业科技的发展进步。这些知识现在点到为止，将在后续建筑环境与能源测量等专业课程中详细介绍。

2.1.2　温度的极限与绝对温度

地球表面不同位置温度差异很大，赤道炎热，两极最冷；在自然界中，春夏秋冬四季交替，温度各季不同。我国北方的冬天"千里冰封、万里雪飘"，但即使最北的漠河冬季最低也只有−53℃；地球上最冷的南极、北极，其最低温度在−90℃左右，虽然这样的低温鲜有人亲身体验过，但总归是地球上实际存在的温度。那么，物体的温度究竟最低能达到多少摄氏度呢？这个问题看似天真，但科学地回答这个问题，却使热科学发展具有划时代的意义。

科学家在对气体进行冷却的时候发现，如果温度降低，气体的体积也会不断地缩小。这种现象与气体的种类无关。非常有趣的是，如果把所有气体的温度与体积的变化曲线负向延长，那么，所有曲线一定会跟温度轴在同一个交点上相会，如图 2-5 所示。这个交点恰恰是−273.15℃。理论上这就意味着，只要大气压强不变，所有气体都会在−273.15℃的时候体积变为 0，即气体的消失，这显然是违背物质不灭定律的——尽管气体实际上不可能达到那个温度，因为在达到那个温度之前，肯定都转化成了液体或固体。

那么，物质温度存不存在上限呢？从图 2-5 不能看出有上限的存在，就目前的研究也没有发现温度有上限。如太阳表面温度可达 6000K，地球中心温度可达 10000K，太阳内部可达千万开尔文，而中子星内部可达 1 亿 K 以上。

科学研究进一步表明，物质的温度没有上限，但最低只能降到−273.15℃，这是物质温度不可逾越的最低极限。在 1854 年，英国著名物理学家开尔文提出建立热力学温标，以此温度作为温标的起点，称为绝对零度（Absolute Zero），单位为开尔文（K）。

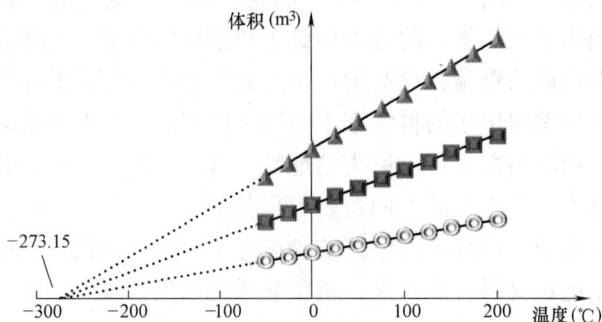

图 2-5　绝对零度

摄氏温度（C）与开尔文温度（K）换算：

$$K = C + 273.15 \qquad\qquad (2\text{-}1)$$

开尔文提出建立热力学温标已经是在华氏温标和摄氏温标 100 多年以后了，而开尔文建立的热力学温标，得到广泛接受并被确认为科学上的国际标准温标，是在 1954 年第 10 届国际计量大会，恰好也在 100 年之后，可见科学的进步是何等不易！

2.1.3　温度本质的发现

现代分子动力学的发展对物体温度的本质有了更科学的阐释。根据麦克斯韦-玻尔兹曼分布，任何（宏观）物理系统的温度都是组成该系统的分子和原子的运动的结果。这些粒子有一个不同速度的范围，而任何单个粒子的速度都因与其他粒子的碰撞而不断变化。然而，对于大量粒

扫码查看
"开尔文的故事"

子来说，处于一个特定的速度范围的粒子所占的比例却几乎不变。粒子动能越高，物质温度就越高。理论上，若粒子动能低到量子力学的最低点时，物质即达到绝对零度，不能再低。

可见，温度（Temperature）是大量分子热运动的集体表现，是以数值的方式衡量物体冷热程度的物理量。从分子运动论观点看，温度是物体分子运动平均动能的标志，是物体分子热运动的剧烈程度的表征。温度只能通过物体随温度变化的某些特性来间接测量。

2.2　能源的常见形式——热

热源有天然热源和人工热源之分。对人类最重要的天然热源是太阳。人类的工业文明发端于人类对热的自然现象的思考。可以说没有人类对热的本质认识的基础，就不会引发工业革命；没有对热量产生及传递规律的认识，就不可能发生四次工业革命浪潮。无论是固定建筑、运载工具，还是太空站的空间中，热和热量传递都是离不开的。

2.2.1　什么是热？

人类自从发现了火，便开始了对热的利用。人类用热的历史与人类自身的历史一样漫长。地球上的所有生命体几乎都依赖太阳的热而生存，植物凭借太阳而生长，动物靠吃植物或捕食那些以植物为生的动物而得以生存。

科学家们系统研究热是从 17 世纪开始的。最初认为，热是一种人类肉眼无法看见的

微粒在活动，称作热素（卡路里，Calorie）。热素可以从一定程度上解释热的性质，如热从高温传向低温，相当于从热素多的地方传到了热素少的地方。随着物体的温度上升，意味着热素的增加，但物体的重量并没有增加，因此当时有许多人并不相信存在热素这种特别的物质，其中就包括美国出生的科学家本杰明·汤普森。当时汤普森在为德国巴伐利亚王室监制大炮，他利用马的力量带动钻头钻炮膛，炮身竟然烫得可以让水沸腾，究竟是从哪儿冒出这么多热量呢？令当时的人们百思不得其解。

焦耳通过实验回答了汤普森的问题。实验设计了一个下落的砝码带动扇叶旋转搅拌烧杯中的水，而烧杯用绝热材料包裹起来，避免热量的散失。通过实验发现，随着扇叶的旋转，水温会略微上升；经过反复多次的实验，焦耳终于测出来了砝码下落做功与水温上升的定量关系。即发现了功可以转化为热的规律。

焦耳实验对认识热的内涵起到了非常重要的作用。人们知道了热所代表的并非移动的热素，而是一种运动的能量。例如，反复敲击金属或摩擦时，温度会升高，物质内部的分子或原子运动加快。因此，实际上热就是物质分子或原子活跃程度变化过程中能量输入或输出的一种表现。热总是从高温物质（部分）向低温物质（部分）转移，高温物质的分子原子运动速度减低，表现出失去热能，而低温物体的分子或原子的运动速度加快，表现出获得热能。科学家进一步发现，物质获得的热量大小与该物体的质量成正比；温升越大，获得的热量越多；也与该物体的吸热能力（比热容）有关。弄清这些道理，对理解专业中大量水、空气流动的能量转换本质很有帮助。

2.2.2　物体的热特性：比热容

不同酒杯的容积大小不同，主要是因为酒杯的直径和高度等几何结构不一样；向不同酒杯掺入相同液体时，液位上升高度差异是非常大的，这些日常生活中的看得见、摸得着的现象不说大家也懂。其实，在热科学中，向不同物质转移相同的热量时，其温度上升差异也非常大，小则差一两倍，多则十倍，甚至百千倍，那是因为不同物质的分子、原子结构差异很大。为了客观评价不同物质的热特性，科学家定义了比热容。

比热容（Specific Heat Capacity）又称比热容量，简称比热（Specific Heat），是指单位质量的某种物质当温度升高1℃所需要吸收的热能，用符号c表示，国际单位为J/(kg·K)或J/(kg·℃)，J是指焦耳，K是指热力学温标，此处与摄氏度（℃）相等。对热特性进一步阐释如下：

（1）根据以上定义，某物体在特定热过程中吸收或放出的热量可由下式计算：

$$Q = cm\Delta T \tag{2-2}$$

其中，Q为吸收的热量；c是比热容，m是物体的质量，ΔT是吸热（放热）后温度所上升（下降）值。这个公式虽高中物理就学过，但在专业中会广泛地应用，举一反三很重要。

（2）根据式（2-2），对同样质量的两个物体提供同样热量时，

$$Q = c_1 m \Delta T_1 = c_2 m \Delta T_2$$

即：

$$\frac{\Delta T_1}{\Delta T_2} = \frac{c_2}{c_1} \tag{2-3}$$

物体的温升与其比热容成反比，物体的比热容越小，其温度变化则越大。

（3）同一物质的比热容一般不随质量、形状的变化而变化。如一杯水与一桶水，它们

的比热容相同。

（4）对同一物质，比热容与物态有关，同一物质在同一状态下的比热容是一定的，但在不同的状态时，比热容是不相同的，例如水的比热容与冰的比热容不同。容易吸收热量意味着分子的运动特别活跃，因此温度也上升得快。

在常见物质中，水的比热容最大，它约是水蒸气、冰的 2 倍，空气的 4.2 倍，铝的 4.6 倍，沙与砖的 5.5 倍，钢铁的 8 倍，铜的 11 倍，铂与金的 35 倍。停在太阳下的汽车外壳为什么发烫？为什么城市水泥道路很热？草坪温度较低？而越靠近水边越凉爽？那是因为水的比热容与别的物质相比相对大一些，因此水的温度不易发生变化。图 2-6 是人在海滩玩耍时中午与傍晚的热体验漫画图，应用水与沙的比热容差异就可很好解释这一物理现象。知道了水的这一独特性质，就可以科学地解释很多日常观察到的热现象，并且对今后学习理解专业技术知识有很大的帮助。

图 2-6　人在海滩玩耍时中午与傍晚的热体验漫画图

2.2.3　热是如何传递的？

如前文所述，在热传递过程中，物质并未发生迁移，只是高温物体放出热量，温度降低，内能减少（确切地说，是物体内部的分子做无规则运动的平均动能减小），低温物体吸收热量，温度升高，内能增加。因此，热传递的实质就是能量从高温物体向低温物体转移的过程，这是能量转移的一种方式。热传递转移的是能量，而不是温度。物质的种类很多，那么热量传递的方式有哪些呢？

热的传递方式有三种，分别是热传导、热对流和热辐射。但在实际生活中所发生的热传递，并非只局限于其中某一种，大多数情况下，都是三种方式结合出现的。

1. 热传导

热传导是热通过物体之间的直接接触而进行的传递。两种物体本来在温度上有一定的差别，通过接触在一起而形成了热（热量）的转移，这种方式叫作热传导。

热传导是介质（气体、液体、固体或者混合物）内无宏观运动时的传热现象，其在固体、液体和气体中均可发生。但严格而言，只有在固体中才是纯粹的热传导，而流体即使处于静止状态，其中也会由于温度梯度所造成的密度差而产生自然对流，故在流体中热对流与热传导同时发生。综上所述，热传导主要发生在固体内部、两个不同固体、固液之间、固气之间、液气之间，它们之间在热传递时，人眼看不到有宏观运动出现。

每种物质传递热的能力是不同的。物质传递热的能力用热传导率表征。表 2-1 是部分常用材料的密度和热传导率。

部分常用材料的密度和热传导率 表 2-1

类别	材料名称	密度(kg/m³)	热传导率[W/(m・K)]
常见材料	水(4℃)	1000	0.58
	冰	800	2.22
	空气(20℃)	1.29	0.023
	钢	7850	58.2
	不锈钢	7900	17
	陶瓷	2700	1.5
外墙	钢筋混凝土	2500	1.74
	加气混凝土	700	0.22
	水泥砂浆	1800	0.93
	保温砂浆	800	0.29
绝热材料	矿棉、岩棉	70 以下	0.50
	水泥膨胀蛭石	350	0.14
	聚苯乙烯泡沫塑料	30	0.042
建筑板材	胶合板	600	0.17
	石膏板	1050	0.33
	硬质聚氯乙烯(PVC)板	1400	0.16
玻璃	平板玻璃	2500	0.76
	玻璃钢	1800	0.52
	有机玻璃(PMMA)	1180	0.18
集料	粉煤灰	1000	0.23
	浮石、凝灰岩	600	0.23
	膨胀蛭石	200	0.10
	膨胀珍珠岩	80	0.058
其他	橡木、枫树	700	0.17
	松木、云杉	500	0.14
	夯实黏土	2000	1.16
	建筑用砂	1600	0.58
	大理石	2800	2.91
	防水卷材	600	0.17

由表 2-1 可知，金属比木头、塑料的传热更快，所以相对来说热传导率也非常高。人们通常把跟金属一样、热传导率高的物体叫作热的良导体。大部分金属传热的性能都很突出，基本都属于良导体。相反，把热传导率较低的物体叫作热的绝缘体或热的不良导体。熨斗和水壶的把柄用塑料来制作，正是因为塑料本身的传热性能不强，所以算是一种隔热材料（图 2-7）。

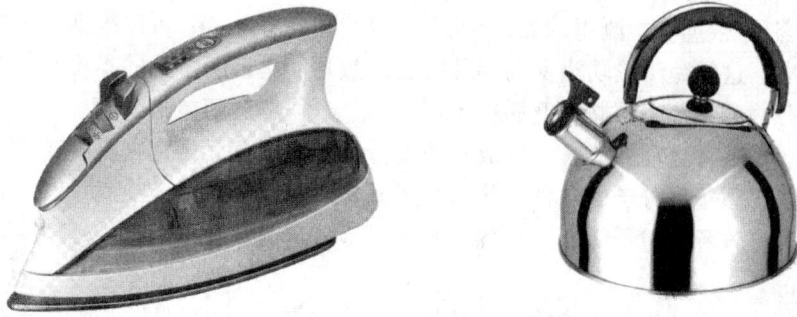

图 2-7　热传导率的应用

2. 热对流

热对流（简称对流）是物体之间以流体（流体是液体和气体的总称）为介质，利用流体的热胀冷缩和可以流动的特性传递热能。对流是靠液体或气体的流动，使内能从温度较高部分传至较低部分的过程。对流是液体或气体热传递的主要方式，气体的对流比液体明显。对流可分自然对流和强迫对流两种。自然对流往往自然发生，是由于温度不均匀引起的。强迫对流是由于外界的影响对流体搅拌而形成的。

其实所有流体都会产生对流。因为流体一旦温度升高，体积就会膨胀，密度会变小，继而会形成向上流动的态势，而温度降低的话，则会形成下降的态势。

风其实是大气对流而产生的现象。因为各个地区地面情况不同，吸收太阳热量的能力也相应地有所区别，因此，每个地区空气的温度也是不同的。正是由于这一点，才出现了大气的对流现象，这就是人们所说的"风"。

3. 热辐射

物体因自身的温度而具有向外发射能量的本领，这种热传递的方式叫作热辐射。作为传递热量的方式，热辐射不需要任何媒介，正因如此，太阳光才能透过无垠的宇宙直接传递到地球上来。

所有物质只要不处于绝对零度的状态，都会发射辐射能量。一切可以依靠辐射来传递的能量，都叫作辐射能量。辐射能量以电磁波的形式存在。物体温度较低时，主要以不可见的红外线进行辐射（长波），在 500℃ 以至更高的温度时，则顺次发射可见光以至紫外线。太阳能热水器、太阳灶、微波炉等都是利用热辐射来工作的。

2.2.4　温度与热运动

焦耳实验是 1850 年焦耳首先发明的测定热功当量的实验（图 2-8）。盛在绝热容器内的水，由于砝码的下落带动桨叶旋转，而使水温升高。如果砝码下落所做的功为 ΔW，使容器

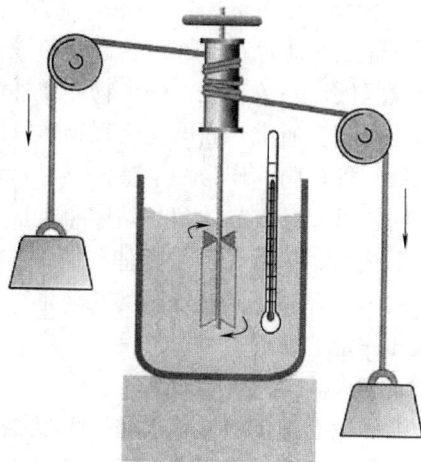

图 2-8　焦耳实验

中质量为 m 的水升高温度为 ΔT，那么与 ΔW 相当的热量 ΔQ 应为 $\Delta Q = cm\Delta T$（式中，c 是水的比热容）。根据实验测得的 ΔT，可将 ΔQ 计算出来；ΔW 可以根据砝码的质量和下落的距离算出。这就是测热功当量的焦耳实验。焦耳实验证明了热的本质及热与功的转化规律，在能源输配系统中都必须遵循这个规律。

可见，热是一种运动的能量，构成物质的分子或原子并无规律，温度越高，它们的运动则更为活跃。原子和分子的这种与热有关的运动叫作热运动。热运动是构成物质的大量分子、原子等所进行的不规则运动。热运动越剧烈，物体的温度越高。

扫码查看"路德维希·玻尔兹曼的故事"

温度是用量的形式表现出构成物质的原子或分子热运动的程度。如果温度高的话，则热运动很活跃，如果温度低，则热运动很缓慢。

当两个物体彼此接触，达到热能够传递的程度时，此时的状态叫作热接触状态。此时，热移动是单纯地从温度高的地方向温度低的地方移动。

2.3 物态变化与蓄热放热

不管什么人造空间，都由各种材料（物质）构成。空间的围护结构一般是由固体构成，其内部空间一般充满各种气体和固体颗粒物（储物运货建筑内部则固、液、气都可能）。建筑和人造空间的功能实现离不开各种物质载体。不管是固定空间还是运动空间，外部冷热环境传热会引起各种材料和内部空间物质的物态变化。人们要调控环境，就得利用能源，而能源的输送与转化也必须借助物质的状态变化，因此了解有关常识是很有必要的。

2.3.1 物质的种类

任何物质均由分子、原子或离子构成。以分子为例，分子不停地做无规则运动，它们之间又存在相互作用力。分子的作用力使分子聚集在一起，分子的无规则运动又使它们分散开来。这两种作用相反的因素决定了分子的三种不同的聚集状态——三类物质：固态、液态和气态。在常温常压下人眼能够看到的都是固体或液体物质，如金、银、玻璃、石材、水、油、气体物质，而如氧气、二氧化碳是看不到的。

1. 固体

固体是物质存在的一种状态。与液体和气体相比，固体有比较固定的体积和形状、质地比较坚硬。一般来说，一个物体要达到一定的大小才能被称为固体，但对这个大小没有明确的规定。通常，固体是宏观物体，除一些特殊的低温物理学的现象（如超导现象、超液现象）外，固体作为一个整体不显示量子力学的现象。

固体可以分成晶体和非晶体两类。在常见的固态物质中，石英、云母、明矾、食盐、硫酸铜、糖、味精等都是晶体（图 2-9），玻璃、蜂蜡、松香、沥青、橡胶等都是非晶体（图 2-10）。晶体都具有规则的几何形状，且有一定的熔点；而非晶体则没有规则的几何形状和一定的熔点。

2. 液体

液体没有确定的形状，往往受容器影响。液体具有一定体积，液体的体积在压力及温度不变的环境下，是固定不变的（图 2-11）。液体很难被压缩成为更小体积的物质。

装有水、酒精等液体的杯子放置很久之后，杯子中的液体会减少。这种液体在空气中渐渐减少消失的现象叫作挥发（图 2-12）。液体往空气中蒸发的快慢根据液体的不同种类会有很大差异。

图 2-9　晶体（金刚石）

图 2-10　非晶体（玻璃）

图 2-11　不同种类的液体可以装入形状各异的器皿中

图 2-12　液体的挥发

3. 气体

气体是指无形状、可变形可流动的流体。与液体不同的是气体可以被压缩（图 2-13）。假如没有限制（容器或力场）的话，气体可以扩散，其体积不受限制。气态物质的分子或原子相互之间可以自由运动。气态物质的分子或原子的动能比较高，气体形态可通过其体积、温度和压强所影响。

图 2-13　氢气球与气体消防灭火罐

气体有实际气体和理想气体之分。理想气体被假设为气体分子之间没有相互作用力，气体分子自身没有体积，当实际气体压力不大，分子之间的平均距离很大，气体分子本身的体积可以忽略不计，分子的平均动能较大，分子之间的吸引力相比之下可以忽略不计。

实际气体的性质十分接近理想气体的性质，一般可当作理想气体来处理。

（1）自然界最轻的气体：氢气

1766年，英国的一个百万富翁叫亨利·卡文迪什（Henry Gavendish）发现一种无色气体——氢气。这种气体比空气轻14倍，即$1m^3$仅重0.09kg，是自然界已知的密度最小的气体。它是一种极为优越的新能源，每千克氢气燃烧后的热量，约为同等质量汽油的3倍、酒精的3.9倍、焦炭的4.5倍。氢气燃烧的产物是水，对环境无公害；氢气可以由水电解制取，氢燃料已用于汽车及航空航天器，未来有可能成为最重要的二次能源。氢在国防军事（如氢弹）和精密制造（如芯片加工的氢离子注入技术）等领域发挥重要作用。

（2）自然界最重的气体：氡气

1900年，德国人恩斯特·多恩（Ernst Dorn）发现一种气体——氡气。这是从镭盐中释放出来的气体。这种气体比氢气重111.5倍，即$1m^3$重10kg。氡气是无色、无臭、无味的惰性气体，具有放射性。当人吸入体内后，可对人的呼吸系统造成辐射损伤，引发肺癌。建筑材料是室内氡气的最主要来源。如花岗石、砖砂、水泥及石膏之类，特别是含放射性元素的天然石材，最容易释出氡气。但氡气也可用作气体示踪剂，用于研究石油、天然气管道泄漏；通过测定地下水中氡气含量的增加可以预测地震。在医疗领域，氡气可用于肺功能测试、放射性治疗和关节炎等炎症性疾病的治疗。

（3）在水中溶解度最大的气体：氨气

许多气体都能够溶解在水中。但各种气体在水里的溶解度是不同的。通常情况下，1体积的水能够溶解1体积的二氧化碳。氨气是溶解度最大的气体。它是一种有刺激性气味的气体，在1个大气压和20℃时，1体积水约能溶解700体积氨气。氨气是制造化肥的重要原料，如尿素、硝酸铵、磷酸铵等。氨气也被用作制冷剂，如用于大型制冷系统（如冷库）中的液氨制冷，此外，还用于生产各种含氮的有机化合物，如合成纤维、塑料、染料、炸药等。

2.3.2 物态变化

从表观上看，任何物质都有固相、液相、气相三种形态；但从专业角度来看，任何物质的状态都可用温度、压力、密度等参数来描述。状态参数不同，物质的形态可能不同。如常压下的同一物质H_2O，当温度在0℃以下，以固态冰的形式存在；当温度在0～100℃之间则以液态水的形式存在；当温度大于100℃时则成为水蒸气；而当温度为0℃时则为冰水混合物，100℃则为汽水混合物。只要物质被加热或冷却，物态就要发生改变；当达到一定程度时，物相出现由量变到质变的转变。

1. 固体和液体之间

将冰慢慢加热，冰会融化成水，这时测量冰水的温度为0℃。不仅是冰，如果温度持续增长，金属也会变成液体。将固体加热的话，构成固体的粒子的动能增加，当达到一定温度后，即成为流动性的液体。针对以上现象，物体由固态变为液态的过程叫熔化。晶体熔化时的温度叫熔点，并且不同晶体的熔点不同。

一般来说，水在一个标准大气压、0℃的状态下会生成冰。同样，如果让液体不断冷却，分子的运动变缓，最终，分子会受彼此间引力的作用融合在一起。此时分子以一定位置为中心振动从而形成固体。物质从液态变为固态的过程叫作凝固。物体从液体凝固为晶体时的温度叫作凝固点，同一种物质的凝固点和它的熔点相同。

2. 气体和液体之间

将装有水的容器放置一段时间之后，会发现水变少了。这是因为在液体表面发生了液体变为气体的现象。在液体表面进行的汽化现象叫蒸发（也称为挥发）。

将装有水的容器加热后，蒸发现象慢慢加快，随后水的内部会发生汽化现象。在加热过程中，容器底部会产生气泡，当水全部达到 100℃ 时，气泡升至水面，飞散到空气中变成水蒸气。这就是沸腾（图 2-14）。沸腾是指液体受热超过其饱和温度时，

图 2-14　加热使水沸腾

在液体内部和表面同时发生剧烈汽化的现象。液体沸腾的温度叫沸点。不同液体的沸点不同。气体压强增大，液体沸点升高；气体压强减小，液体沸点降低。

气体变为液体的现象叫作凝结。凝结和蒸发是两个互逆的过程。当气体分子返回到液体分子中的时候，也会产生凝结现象。当无规则运动的气体分子和液体表面发生碰撞的同时，就会释放出运动能量，因为液体分子会对气体分子产生一种引力，将气体分子拉入液体中。

图 2-15　空气中的水蒸气在玻璃上凝华形成冰花

3. 气体和固体之间

冬天放在室外冰冻的衣服会变干，放在衣橱里的樟脑丸会变小甚至消失，这些现象叫升华。物质从固态直接变为气态的现象叫升华。

物质从气态直接变为固态的现象叫凝华。生活中最常见的凝华现象就是寒冷冬天玻璃窗内表面出现的冰花（图 2-15）。

2.3.3　状态变化的规律

1. 热量转移规律

物质状态变化可感知的是温度的变化，但本质是能量的转移。其中固体熔化或升华、液体汽化，是因为吸收了热量（蓄热）；而液体凝固，气体凝华或液化是因为热量的释放。

物质发生相变的状态变化时，其物相变化的转折点温度（熔点、凝固点、沸点、凝结点）一般是特定的，并且伴随着热量的吸收或放出。每千克物质相变过程中吸收或放出的热量称为相变热，一般是常量。

当物相不变，仅发生温度变化时，其获得或失去的热量可以按式（2-2）计算。

这样，若以某种物质作为环控的能源载体，当其状态温度从 T_1 变化到 T_2 时，可根据其是否存在相变，精确计算出获得或释放热量的大小，进而设计能源系统。

2. 体积与密度变化规律

作为环境与能源载体的物质，当物态变化后，体积和密度可能发生变化，这将对其输配系统产生重要影响，因此，必须了解其变化规律。

对于物质不发生相变的状态变化时，物质的形状、体积和密度也会改变。对于固体、

液体物质，体积和密度变化都较小，工程上可做不变的近似处理。

但对于气体，则可近似当成理想气体，并满足理想气体状态方程。

理想气体状态方程（也称理想气体定律、克拉佩龙方程）是描述理想气体在处于平衡态时，压强、体积、物质的量、温度间关系的状态方程。

对于理想气体，其状态参量压强 p、体积 V 和绝对温度 T 之间的函数关系为：

$$pV=(mRT/M)=nRT \tag{2-4}$$

式中　M、n——理想气体的摩尔质量、物质的量；

　　　　R——气体常量；

　　　　P——气体压强，Pa；

　　　　V——气体体积，m^3；

　　　　n——气体的物质的量，mol；

　　　　T——体系温度，K。

对于混合理想气体，其压强 p 是各组成部分的分压强 p_1、p_2、…之和，故：$pV=(p_1+p_2+\cdots)V=(n_1+n_2+\cdots)RT$，式中 n_1、n_2、…是各组成部分的物质的量。

综上所述，物质状态变化过程实际上是其蓄热或放热过程，能量转移是可以精确计算的，通常伴随着物质的温度、压力或体积的变化。进一步强化这些高中数理化基本知识，对学好传热学、热质交换、暖通空调、冷热源等专业课程可起到如虎添翼的功效。

2.4　环控基本载体：水与大气

地球上之所以有生命是因为有水和空气。离开地球后，没有水和氧气，就得通过各种方法制造水和氧气，以满足宇航员在太空中的基本生存需求。水和大气是地球上最常见的两种物质，也是建筑环境与能源应用工程最重要的两种物质载体。因此，了解并运用好它们的基本性质，将贯穿专业学习的全过程。

2.4.1　水的性质

1. 水的物理性质

水（化学式 H_2O）是由氢、氧两种元素组成的无机物，在常温常压下为无色无味的透明液体。水，包括天然水（河流、湖泊、大气水、海水、地下水等）和人工制水（通过化学反应使氢氧原子结合得到水）。水是地球上最常见的物质之一，是包括人类在内所有生命生存的重要资源，也是生物体最重要的组成部分。水在生命演化中起到了重要作用。它是一种可再生资源。

水在海拔为 0m，气压为 1 个标准大气压时的沸点为 100℃，凝固点为 0℃。水在 4℃时达到最大相对密度（$1000kg/m^3$）。

因为冰的密度比水小，当温度降低，河水结冰后冰层浮在水面，形成一层保温层，所以河水总是从上往下结冰。

2. 水的反常膨胀

一般物质由于温度影响，其体积为热胀冷缩。但也有少数热缩冷胀的物质，如水、锑、铋、液态铁等，在某种条件下恰好与上面的情况相反。实验证明，0℃的水加热到 4℃时，其体积不但不增大，反而缩小。当水的温度高于 4℃时，它的体积才会随着温度的升高而膨胀。因此，水在 4℃ 时的体积最小，密度最大。湖泊里水的表面，当冬季气温下降，若水温在 4℃ 以上时，上层的水冷却，体积缩小，密度变大，于是下沉到底部，而下层的暖水就升到上层来。这样，上层的冷水跟下层的暖水不断地交换位置，整体水温逐渐降低。这种热的对流现象只能进行到所有水的温度都达到 4℃ 时为止。当水温降到 4℃ 以下时，上层的水反而膨胀，密度减小，于是冷水层停留在上面继续冷却，一直到温度下降到

图 2-16　水的反常膨胀现象：漂浮的冰山

0℃ 时，上面的冷水层结成了冰为止（图 2-16）。以上阶段热的交换主要形式是对流。当冰封水面之后，水的冷却就完全依靠水的热传导方式来进行。由于水的导热性能很差，因此湖底的水温仍保持在 4℃ 左右。这种水的反常膨胀特性，保证了水中的动植物能在寒冷季节内生存下来。

大家可以设想一下，若水没有这种特性，地球的水生系统会怎样？寒冷地区江河湖泊中的水生物每年冬季岂不遭受灭顶之灾吗？

3. 水的比热容特性应用

水的比热容大，建环专业可以充分利用这一特性，改善城市或小区热环境，提高能源应用效率。

（1）调节气候

地球表面约有 70.8% 被水覆盖，水的比热容较大，因此地球表面及大气圈的温度变化相对于其他星球要小得多。水的这个特征对沿海和内陆地区气候影响很大，白天沿海地区比内陆地区温升慢，夜晚沿海温度降低少，为此一天中沿海地区温度变化小，内陆温度变化大，一年之中夏季内陆比沿海炎热，冬季内陆比沿海寒冷。同理，在小区中适度规划人工湖或水景，也可改善小区微环境。

（2）缓解热岛效应

城市及周边的水体面积的增加，也可调节城市的微气候，缓解热岛效应。专家测算，一个中型城市环城绿化带树苗长成浓荫后，绿化带常年涵养水源相当于一座容积为 $1.14 \times 10^7 m^3$ 的中型水库。成都市在绕城环线建设 1000m 宽的湿地公园和"绿腰带"，旨在改善城市热环境减缓热岛效应。据相关媒体消息，三峡水库蓄水后，这个世界上最大的人工湖将成为一个天然"空调"，使重庆的气候冬暖夏凉。据估计，夏天气温可能会因此下降 5℃，冬天气温可能会上升 3~4℃。效果是否如媒体报道的那么显著？读者可以做相应的调查。

（3）设备冷却

在生产领域，人们很早就开始用水来冷却发热的机器设备，如电脑 CPU 散热，可以用水代替空气作为散热介质，水的比热容远远大于空气，通过水泵将内能增加的水带走，组成水冷系统。这样 CPU 产生的热量传输到水中后水的温度不会明显上升，散热性能优于上述直接利用空气和风扇的系统。制冷系统的压缩机、大型风机、汽车的发动机、发电厂的发电机等冷却系统也用水作为冷却液，也是利用了水的比热容大这一特性。

（4）用作冷热媒

质量相同的水与其他大部分物质相比，降低或升高相同的温度时，水放出或吸收的热量更多，所以炎热地区的空调系统的冷冻和冷却，寒冷地区的供暖，一般用水作为冷热媒。

4. 水的蒸发

水的蒸发是因为水受热以后分子变得活跃而产生的。水要蒸发，就需要来自外部的一定能量，因此人们在发烧时，用湿毛巾反复擦拭额头和面部，物理降温效果显著。

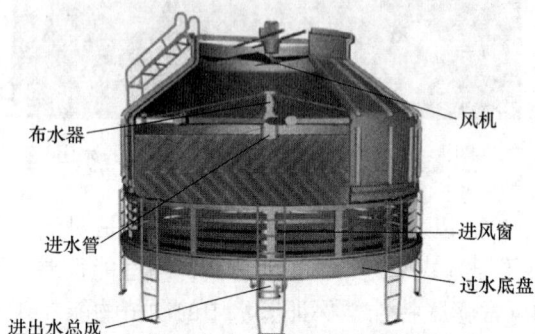

图 2-17　圆形逆流式冷却塔

利用水的蒸发特性进行工作的冷却塔在本专业领域有广泛的应用。如图 2-17 所示，冷却塔是利用空气同水的接触来冷却水的设备，空气靠顶部风机的动力从下侧进风窗进入，需要冷却的水通过上部布水管均布到填料层中，最大限度与空气接触蒸发，热量被空气带走，被冷却的水在下部汇集后再回到系统中循环使用。

利用水的蒸发特性人们还开发出了一种环保、高效、经济的蒸发冷却空调技术。与湿毛巾退烧的原理相似，若将风机吹出的空气与喷嘴喷出的水雾相遇，水蒸发使空气降温，这就是冷风机的原理。由于它简便、节能、局部降温效果显著，上海世博会期间为长时间排队等候入场的观众缓解炎热难耐感受立下了汗马功劳。

5. 水蒸气的凝结

水蒸气凝结在建筑环境与能源应用领域有大量利用，如蒸汽供暖、余热回收等。其中，蒸汽供暖利用的是以蒸汽为热媒的供暖系统，蒸汽凝结放热后凝结成水，凝结水经过疏水器后或集中排放或回收。

6. 水的凝固——冰的融化

冰在融化时会吸收热量，这也就是为什么冰雪融化的时候最冷。在空调系统中，冰蓄冷是利用夜间电网多余的谷荷电力继续运转制冷机制冷，并以冰的形式储存起来，在白天用电高峰时将冰融化提供空调服务，减少电网高峰时段空调用电负荷及空调系统装机容量，从而避免空调争用白天的高峰电力。

2.4.2　大气的性质

大气是指在地球周围聚集的一层很厚的大气分子，称之为大气圈。像鱼类生活在水中一样，人类生活在地球大气的底部，并且一刻也离不开大气。大气为地球生命的繁衍和人类的发展提供了理想的环境。它的状态和变化无时无刻不在对人类的活动与生存产生影响。

大气无色、无味，主要成分是氮气和氧气，还有极少量的氦气、氖气、氖气、氩气、氪气、氙气等稀有气体和水蒸气、二氧化碳和尘埃等。在海平面、0℃情况下，一个标准大气压为 1.013×10^5 Pa，空气密度为 1.293g/L；大气中氮气占 78.08%，氧气占 20.95%。随着海拔升高，大气中的氧气含量减少，空气变得更稀薄，大气压也逐渐降低。

自地球表面向上，大气层延伸得很高，可到几千公里的高空。整个地球大气层按其成分、温度、密度等物理性质在垂直方向上的变化，世界气象组织把它分为五层，自下而上依次是：对流层、平流层、中间层、电离层（暖层）和散逸层（图2-18）。对流层是地球大气中最低的一层（0～11000m）。云、雾、雨雪等主要大气现象都出现在此层。对流层是对人类生产、生活影响最大的一个层次。地球表面最高点珠穆朗玛峰海拔8848.86m，但人类活动主要在4000m以下，绝大部分固定建筑建在这个范围。对流层有一个主要特征：气温随高

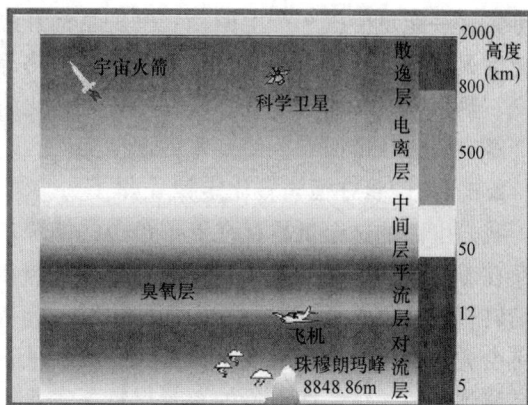

图2-18 大气层示意图

度增加而降低：由于对流层主要是从地面得到热量，因此气温随高度增加而降低。一般高度每增加100m，气温则下降约0.65℃。对流层顶部区域大气温度低至−56.5℃。

大气环境对运载工具的功能、安全及环境调控影响至关重要。例如，大气压力及密度的变化对飞机性能有显著的影响。不同飞行高度，多变的外部环境对机舱内部环境影响显著。飞机起飞的升力必须通过机翼周围的空气流动才能产生，如果机场海拔高、空气稀薄，就需要更大的速度来获得足够的起飞升力，因此，地面滑跑距离就会更长。为了降低大气强对流造成的安全隐患，减少大气阻力，降低能耗，飞机一般在万米高空飞行，但外部环境温度极低。由于各类空中高速运载工具都存在升空和着陆过程，其壳体与大气摩擦生热极大地影响其寿命，因此一般尽量飞行在大气极稀薄的高度。用于通信的地球同步卫星轨道高度为35786km，这种卫星运行在大气层外，寿命长；用于地球资源技术的中高轨道卫星高度在2000～20000km，大气影响较小，寿命通常可以达到一年左右；用于军事侦察和情报收集的低轨道卫星高度一般在200～2000km，这些卫星受到的大气影响较大，因此寿命相对较短，为7～21d。

但为什么空间站大多在离地约400km高度的轨道上运行？无论是我国的天宫一号、天宫二号空间实验室，还是其他国家仍在轨运行的国际空间站，以及我国建造的中国空间站。主要是因为空间站是一种在近地轨道长时间运行，可供多名航天员巡访、长期工作和生活的载人航天器，不仅要考虑空间站满足近真空的环境、无云层遮挡的望远镜观测优势、近乎无重力的实验条件等，还须避开"范艾伦辐射带"对太空舱等重器的破坏，确保宇航员工作、居住环境的安全健康舒适要求。太空探索，人最重要，在恶劣外部环境下，能源保障、环境调控等是一项极其复杂的系统工程，因此需要强大的科技与国力做后盾。

扫码查看"大气压与压水井的故事"

2.5 能源转化与应用的基本定律

人造空间中需要各种形式的能源为其不同功能用途及环境调控提供保障。不管是固定建筑还是运载工具中，都有大量能源形式转换和能量传递问题。比如为高铁动力提供的电能，既可转化成为机车的动能使其提速，也可转化为与铁轨的摩擦热能、与空气的摩擦热

能等，这些能量使机车产生振动、围护结构升温、内环境改变；为火箭提供的燃料化学能转化为火箭运动的动能、烟气的内能、摩擦热等；为供热锅炉提供的化学能，既可转化为蒸汽、热水、空气的热能有效利用，也可转化为烟气的热能损失掉。那么，人造空间环境与能源应用必须遵循哪些最基本的规律呢？

2.5.1 能量守恒与转化定律

我们生活的这个世界存在形形色色的能源，如机械能、位能、化学能等。在物质内部也存在着各种形态的能量。在物质内部的能量统称为"内能"。如前文所述，物态变化是能量转移的结果，意味着物质内能的增减。能量转换与守恒定律的通俗表达形式为：能量既不会凭空产生，也不会凭空消失，它只会从一种形式转化为另一种形式，或者从一个物体转移到其他物体，而能量的总量保持不变。

从热力学角度能量守恒定律可以表述为：一个系统的总能量的改变只能等于传入或者传出该系统的能量的多少。总能量为系统的机械能、热能及除热能以外的任何内能形式的总和。如果一个系统处于孤立环境，即不可能有能量或质量传入或传出系统。对于此情形，能量守恒定律表述为：孤立系统的总能量保持不变。能量守恒和转化定律也通常称为热力学第一定律。

对于封闭系统，热力学第一定律可表达为：

$$Q = \Delta U + W$$

$$或 \delta Q = dU + \delta W$$

它表明向系统输入的热量 Q，等于系统内能的增量 ΔU 和系统对外界做功 W 之和。

对于民用建筑中的任何高温物体（如热水箱、餐具、高温环境运到室内的货物），都可以视为封闭系统。物体在室内温度自然降低，内能减少，它没有对外做功，故物体内能减少量必然等于其向室内散失的热量，也即等于房间温度升高的内能增加量。如果把运动建筑火箭视为封闭系统，火箭发动机燃料燃烧的化学能，一部分转化为高速烟气的动能，反推火箭加速运动做功，另一部分转化成高温烟气的内能损失掉，还有一部分通过大气摩擦转化为火箭各部件升温内能，但总体上必须遵循能量守恒定律。这是设计各种固定建筑和运动空间的功能保障能源、环境调控能源匹配系统的科学依据。

扫码查看
"永动机
的故事"

图 2-19　蒸汽动力火车

可别小看这一发现，该定律是科学先驱们在漫长研究过程中发现的科学真理。其科学地位建立后，促使第一次工业革命的爆发。如发明了以燃料内能转化为蒸汽热能做功的机器——热力机，蒸汽机动力火车就是典型的热力机（图 2-19），它推动了人类社会划时代的变革。

1842 年，荷兰科学家迈尔提出能量守恒和转化定律；1843 年英国科学家詹姆斯·焦耳提出热力学第一定律，他们从理论上证明了能够凭空制造能量的第一类永动机是不能实现的。正因为这个科学发展史背景，热力学第一定律才有其独特的表述方式：第一类永动

机不可能实现。旨在告诫人们别为此枉费心机。作为本专业从业人员，任何时候都不应犯这类原则错误，这非常重要。

2.5.2　热力学第二定律

热力学第二定律是热力学的基本定律之一。这一定律的历史可追溯至尼古拉·卡诺对于热机效率的研究，及其于 1824 年提出的卡诺定理。该定律有许多种表述，其中最具代表性的是克劳修斯表述（1850 年）和开尔文表述（1851 年），这些表述都可被证明是等价的。定律的数学表述主要借助鲁道夫·克劳修斯所引入的熵的概念，具体表述为克劳修斯定理。

这一定律本身及所引入的熵的概念对于物理学及其他科学领域有深远意义。定律本身可作为过程不可逆性及时间流向的判据。而路德维希·玻尔兹曼对于熵的微观解释——系统微观粒子无序程度的量度，更使这概念被引用到物理学之外诸多领域，如信息论及生态学等。

1. 克劳修斯表述

克劳修斯表述以热量传递的不可逆性为出发点，表述为：热量总是自发地从高温热源流向低温热源；或不可能把热量从低温物体传递到高温物体而不产生其他影响。

在固定空间与运动空间能源应用领域，有着广泛的应用。例如：太空中匀速运动的运载工具，高温的太阳必然会向面对太阳一侧的表面传递热量，使其内能增加；而背向太阳一侧的外表面又会向低温的宇宙传递热量，使其内能降低。根据能量守恒定律，净内能的大小取决于传热获得与失去热量之差，并决定内部温度高低，当内部温度不满足宇航员及航空重器安全时，必须进行精准调控。又如，对于民用建筑室内空间，夏季虽然可以借助制冷机使热量从室内（低温热源）排到室外（高温热源），但这过程必须要外界对制冷机做功才能实现，即消耗电力，电力转化成无用的热排到室外（即产生了其他影响）。

2. 开尔文表述

开尔文表述是：不可能从单一热源吸收能量，使之完全变为有用功而不产生其他影响，或第二类永动机不可能实现。第二类永动机是指可以将从单一热源吸热全部转化为功，但大量事实证明这个过程是不可能实现的。事实上，开尔文表述也是在大量证伪过程中发现的科学规律，故表述也很独特。

对于人造空间的能源保障与环境调控领域，该定律告诉人们两个方面的基本常识。一方面，功能够自发地、无条件地全部转化为热（如电热转换）。比如高铁使用的电力是功，它使列车加速，到达目的地后停下来，整个过程最终都转化为各种形式的热能（与轨道摩擦生热、制动刹车摩擦生热、与空气摩擦生热，传热使机车部件和内部空间升温等），而这些自发耗散的热不可能再可逆地转化为功。另一方面，热转化为功是有条件的，而且转化效率有最高的限制。比如，燃料产生的高温烟气发电，目前最高不超过 40％，其他都损失掉了，而且是不可避免的，因此研究如何接近最高上限，一直是经久不衰的研究热点；如何有效利用不可避免的损失，在"双碳"目标下越来越受重视。

能量守恒定律表明，能量不可能自生自灭，在能量转化与应用过程中，获得与损失的能量是相等的；热力学第一定律从数量上说明功和热量对系统内能改变在数量上的等价性；热力学第二定律揭示了热量与功的转化，及热量传递的不可逆性。这两个基本规律能源应用领域从业者当铭记于心。

扫码查看
"第二类永动
机的故事"

45

思 考 题

1. 宇宙的温度在什么范围？最高、最低温度是多少？

2. 什么是温度？温度怎么度量？为什么人类对温度本质的认识是第一次工业革命的基础？

3. 什么是热？热的传递形式有哪些？

4. 地表建筑室内人员和空间站中的宇航员的传热方式有何不同？

5. 水有哪些特性？如何从日常生活经验领会温度和热的概念？

6. 大气有何特点？地表建筑所在地的海拔高度不同，对室内人员有何影响？

7. 大气对运载工具有何影响？太空站的宇航员如何生存？

8. 内部空间的建筑围护结构的物态变化有什么原因引起？固定建筑和运载工具有何不同？

9. 能源载体物质的物态变化由什么原因引起？火箭和燃气热水器有何不同？

10. 能量守恒与转化定律是什么？什么是热力学第二定律？

11. 为什么没有对能源转化规律的认识，就没有第二次工业革命？

第3章 内部空间的外环境

内部空间的外环境是指其外部一切影响围护结构内部空间环境的事物。因此，不管是构筑在地球表面上为人类各种活动服务的固定建筑，还是为各种人类活动制造出来运人载物、完成特殊使命的运载工具，外部环境主要包括太空环境、大气环境、岩土环境及水体环境等。

3.1 太空环境

人类建造的各种活动空间相对于宇宙太渺小了。无论是地球表面的建筑，还是在大气层中或远离地球的运载工具，都深受其所在位置外部冷热环境及辐射波的影响。本节简单介绍太阳系、地球。

3.1.1 太阳系

宇宙浩瀚无垠，但对地球影响最大的太空环境是太阳系。太阳系是指以太阳为中心并受其引力使周边天体维持一定规律运转所形成的天体系统。太阳系包括太阳、8个行星、近500个卫星和至少120万个小行星。地球是太阳系的八大行星之一（图3-1）；月球是围绕地球旋转的卫星，也对地球有一定程度的影响。人类生活在地球上，由于地球存在自转，感觉太阳周而复始地围绕地球运转，日出为昼，日落入夜。当夜晚仰望星空的时候，人类其实看到的是无垠的宇宙；我们的祖先早就注意到天上许多星星的相对位置是恒定不变的（因为它们在距离更遥远的银河系），但有5颗亮星却在众星之间不断地移动。古代中国人给各行星起了名字，即：水星、金星、火星、木星和土星。月球虽然体积远小于太阳系的八大行星，但离地球最近，因此在地球上看起来最大，而天王星、海王星离地球遥远，肉眼不容易观察到。

图3-1 太阳系八大行星示意图

3.1.2 地球

地球直径约1.3万km，距离太阳约1.5亿km。地球的表面大约29.2%是由大陆和岛屿组成的陆地，剩余的 70.8％ 大部分被海洋、海湾和其他咸水体覆盖，也被湖泊、冰川、河流和其他淡水体覆盖，尤其冰川覆盖最多，它们共同构成了水圈。地球的大部分极地地区都被冰覆盖。

地球的内部结构主要由地核、地幔和地壳三部分组成，形成一个同心状圈层构造。地壳是地球的最外层，厚度为 5～70km，主要由岩石组成。地壳分为大陆地壳和海洋地壳，大陆地壳的平均厚度约为 35km，而海洋地壳的厚度则较薄，在 5～10km 之间。地幔位于地壳之下，厚度约为 2900km，主要由硅酸盐矿物组成。地幔是地球内部的一个巨大层次，其外部与地壳相接，内部则与地核相接。地核是地球的中心部分，分为外核和内核。外核主要由液态铁和镍组成，而内核则主要由固态铁和镍组成。地壳由几个刚性构造板块，它们在数百万年的时间里在地表迁移，而其内部仍然保持活跃，应力集中不断产生地震。地震波在地球内部不同深度传播速度的变化，特别是纵波和横波的传播特性，帮助科学家们确定了地球内部的这些分层结构。

地球的大气层由 78.08％ 的氮气、20.95％ 的氧气、混合微量的水蒸气、二氧化碳以及其他的气态分子所构成。热带地区接收的太阳能多于极地地区，并通过大气和海洋环流重新分配。温室气体在调节地表温度方面也发挥着重要作用。一个地区的气候不仅由纬度决定，还由海拔和与该地区和海洋的接近程度等因素决定。地球表面的平均气压为 101.325kPa，大气标高约 8.5km。对流层的高度随着纬度的变化而异，位于赤道附近的对流层高度则高达 17km，而位于两极附近的对流层高度仅 8km，对流层的高度也会随着天气及季节因素而变化。

地球的引力会与太空中的其他物体相互作用，尤其是月球，它是地球唯一的天然卫星。地球绕太阳公转一周大约需要 365.25d。地球的自转轴相对于其轨道平面倾斜，从而在地球上产生季节。地球和月球之间的引力相互作用引起潮汐，稳定地球在其轴上的方向，并逐渐减慢其自转速度。

由于地球水源丰富、氧气充足、温度适宜，因此是人类已知的唯一孕育和支持生命的天体。热带气旋、雷暴、热浪等恶劣天气多发于广大地区，对生活影响较大。

3.2　太阳辐射与宇宙温度

众所周知，地球表面的固定建筑的冷热受太阳辐射和天空影响很大；当一切人造器具在穿越大气层和在太空滞留过程中，太阳辐射和宇宙温度环境对运载的物体及人员的影响巨大。因为太空环境远比地球上的环境恶劣，不采取任何热控措施，运动部件、设备所处的温度范围可能在零下一百多摄氏度到零上一百多摄氏度。人类目前可以制造出的任何材料都有一定的温度耐受范围，仪器设备要维持一定的温度区间才能正常工作，特别是人要在太空中生存，对氧气、水、压力、温湿度等要求，温度控制和环境调控极其重要，因此了解太阳辐射和宇宙温度特性十分必要。

3.2.1　太阳辐射

太阳是一个直径约相当于地球 110 倍的高温气团，其表面温度约为 6000K，内部温度则高达 $2×10^7$K。太阳表面不断以电磁辐射形式向宇宙空间发射出巨大的能量，其辐射波长范围为 0.1μm 的 X 射线到 100m 的无线电波。

表 3-1 给出了太阳系八大行星的直径、与太阳的距离及温度情况。因各行星距离太阳的远近不同，它们获取的太阳辐射能量差异很大，加之各行星的大气层厚度和成分等因素导致的极端温度差异。从该表可以看出，水星离太阳最近，其表面温度最高的时候可以达到 427℃，最低温度可低至零下 173℃，昼夜温差高达 600℃。而八大行星的表面温度最高的不是离太阳最近的水星，而是金星，最低温度都比水星最低温度高 553℃。因为在金星上面有大气层，而大气层成分主要是二氧化碳，二氧化碳属于温室气体，所以就导致金星表面的热量不容易散失，让金星维持一种高温的状态。从海王星上看太阳，太阳只是一个闪亮的光点，它从太阳上所接收到的光和热，只有地球从太阳得到的几万分之一，海王星上十分阴冷且黑暗，其表面平均温度仅为−220℃（约 53K）。

太阳系八大行星的直径、与太阳距离及温度情况　　　　　　　　表 3-1

行星名称	直径(km)	与太阳距离 (×10⁴ km)	最高温度(℃)	最低温度(℃)	表面平均温度 (℃)
水星	4880	5791	427	−173	179
金星	12103	10820	527	380	464
地球	12742	14960	60	−89	−15
火星	6779	22794	20	−143	−63
木星	139822	77833	−108	−200	−145
土星	116464	142700	−140	−200	−145
天王星	50724	287099	因高度而异	−224	−200
海王星	49244	450400	不明确	不明确	−220

太阳系八大行星的体量如此巨大，但为什么大部分行星的最低温度都在 0℃ 以下，甚至在−200℃以下呢？那是因为受宇宙温度的重要影响。

3.2.2　宇宙温度

宇宙温度是指整个宇宙范围内所有物质的温度总称。上至宇宙大爆炸的十亿摄氏度高温、下至绝对零度，都属于宇宙温度的范围。在整个宇宙当中，温度无处不存在。正因为宇宙中各行星的冷热不同，才决定着生命的存在与否。例如，太阳表面温度是 6000℃，如果人类要到太阳去，还没到达早已化为灰烬了；而处于太阳系里离太阳较远的冥王星的表面温度却只有−230℃，如果人类要到阴冷的冥王星去，恐怕人的第一次呼吸还没完成就早已在寒冷的温度当中被冰冻。传说中的牛郎星与织女星，在夜里的星空中，它们只是闪烁的小亮点，而怎能让人一下子想到牛郎星的表面最高温度竟达 8000℃，织女星的表面最高温度竟达 10000℃，真可谓是"热恋之星"。人类在地球上生活，通常比较熟悉的温度范围是 −50～60℃ 的地球表面的气温变化范围。其实，在宇宙中，从最冷的−273.15℃（绝对零度）到最热的 5 亿℃以上都可能存在。

绝对零度，即相当于−273.15℃，当达到这一温度时所有的原子和分子热量运动都将停止。这是一个只能逼近而不能达到的最低温度。人类在 1926 年得到了 0.71K 的低温，1933 年得到了 0.27K 的低温，1957 年创造了 0.00002K 的超低温记录。目前，人们甚至已得到了距绝对零度只差三千万分之一开尔文的低温，但仍不可能得到绝对零度。人类所能产生的最高温是 5.1 亿℃，约比太阳的中心热 30 倍，该温度是美国新泽西的普林斯顿等离子物理实验室于 1994 年创造的。

宇宙微波背景辐射温度，是"宇宙大爆炸"所遗留下的布满整个宇宙空间的热辐射，反映的是宇宙年龄在只有 38 万年时的状况，其值为接近绝对零度的 3K（－270.15℃）。在地球大气层外飞行的人造卫星、航天飞船、空间站，将直接面对宇宙辐射背景温度，但在地球上的固定建筑和地表运载工具，宇宙温度的影响将因大气层中的水蒸气、云雾等出现不同程度的减弱，存在天空背景温度和"宇宙辐射窗口"不同特征。

绕太阳飞行的巨大行星的表面温度都受宇宙背景温度的巨大影响，毫无例外，在太空中运动的任何人造器具，其温度也会受到太阳辐射及宇宙低温辐射的双重影响，它们遵循辐射传热的基本规律。

3.2.3　地表建筑的太阳辐射

地球接收到的太阳能约为 $1.7×10^{14}$ kW，仅占其辐射总能量的二十亿分之一左右，即使这样，它也相当于全世界总能耗的 1 万倍，可见其巨大。在无遮挡的条件下，由于物体获得的太阳辐射能量与两者的距离成反比，在大气层外的近地运载工具（如人造地球卫星、空间站等），太阳辐射基本为常数（1350～1370W/m²）。对于在大气层中的运载工具（如飞机、导弹等）和地表建筑，太阳辐射受大气层和地表影响很大。当天空晴朗无云的条件下，地表太阳辐射也可接近地球的太阳辐射常数，因为相对于地球与太阳的距离，离地表几百千米的运动范围影响甚微。

由于反射、散射、吸收的共同影响，使到达地球表面的太阳辐射被削弱，辐射光谱也发生了变化，即大气层外的太阳辐射在通过大气层时，除一部分被吸收与阻隔外，到达地面的太阳辐射由两部分组成，一部分是太阳直接照射到地面的部分，称为直射辐射；另一部分是经过大气散射后到达地面的，称为散射辐射。直射辐射与散射辐射之和就是到达地面的太阳辐射能总和，称为总辐射，如图 3-2 所示。但实际上到达地面的太阳辐射能还有一部分，即被大气层吸收掉的太阳辐射会以长波辐射的形式将其中一部分能量送到地面，不过，这部分能量相对于太阳总辐射能量来说很小。

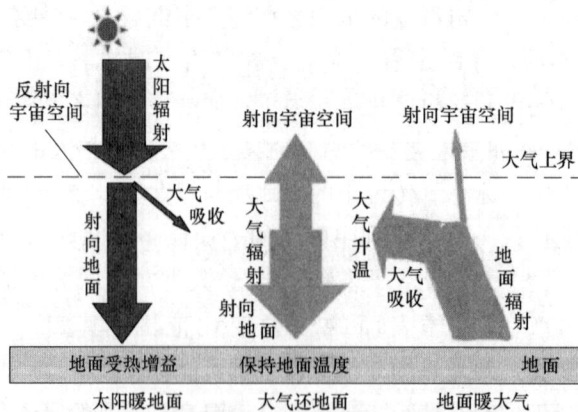

图 3-2　到达地球表面的太阳辐射能量

到达地面的太阳辐射照度大小取决于地球对太阳的相对位置（太阳高度角和路径）以及大气透明度。太阳高度角为太阳照射方向与水平面的夹角。大气透明度是衡量大气透明

50

程度的标志。水平面上太阳直射辐射照度与太阳高度角、大气透明度呈正相关。一般来说，在低纬度地区，太阳高度角大，阳光通过的大气层路径更短，因而太阳直射照度较大。高纬度地区太阳高度角低，大气层路径更长，因此太阳直射辐射照度较小。又如，在中午太阳高度角大，太阳射线穿过大气层的射程短，直射辐射照度就大；早晨和傍晚的太阳高度角小，行程长，直射辐射照度就小。

图 3-3 给出了北纬 29.35° 全年各月水平面，南向垂直表面，北向垂直表面和东、西向垂直表面的太阳总辐射强度。从该图中可以看出，对于水平面来说，夏季太阳总辐射强度达到最大；而南向垂直表面（南墙）在冬季的太阳总辐射强度为最大，感觉最温暖；东、西向垂直表面夏季得到的太阳辐射最多，冬季最小，夏季需防西晒；北向外墙一年四季得到的太阳辐射最少，冬季阴冷，处于北半球的我国多以坐北朝南方式修建建筑，以营造更好的室内环境。

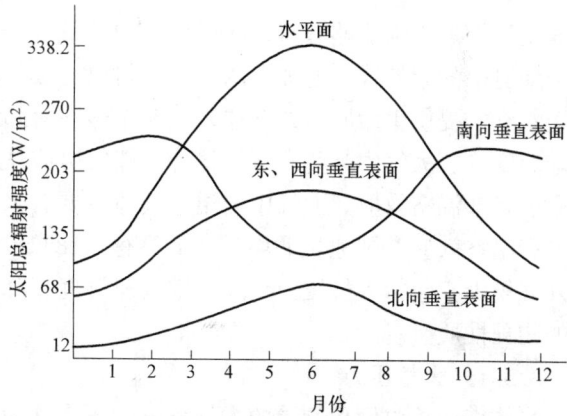

图 3-3　北纬 29.35°全年各月水平面，南向垂直表面，北向垂直表面和东、西向垂直表面的太阳总辐射强度

3.2.4　我国太阳辐射分区

我国的太阳辐射分区主要依据太阳能资源的多少和地理分布进行划分，这些分区反映了不同地区接收太阳能辐射的强度和频率。根据太阳能资源的不同，可以将全国大致分为以下几类地区：

（1）一类地区：全年日照时数在 3200～3300h 之间，太阳辐射量高达 670～837kJ/$(cm^2 \cdot a)$，主要包括青藏高原、甘肃北部、宁夏北部和新疆南部等地。

（2）二类地区：全年日照时数为 3000～3200h，太阳辐射量为 586～670kJ/$(cm^2 \cdot a)$。这些地区包括河北西北部、山西北部、内蒙古南部、宁夏南部、甘肃中部、青海东部、西藏东南部和新疆南部等地。

（3）三类地区：全年日照时数为 2200～3000h，太阳辐射量为 502～586kJ/$(cm^2 \cdot a)$。涵盖山东、河南、河北东南部、山西南部、新疆北部、吉林、辽宁、云南、陕西北部、甘肃东南部、广东南部、福建南部、江苏北部和安徽北部等地。

（4）四类地区：全年日照时数为 1400～2200h，太阳辐射量为 419～502kJ/$(cm^2 \cdot a)$。主要分布在长江中下游以及福建、浙江和广东的一部分地区，这些地区春夏季多阴雨，秋冬季太阳能资源尚可。

（5）五类地区：全年日照时数为 1000～1400h，太阳辐射量为 335～419kJ/$(cm^2 \cdot a)$。主要包括四川、贵州两省，这些地区是我国太阳能资源最少的地区。

这些分区反映了我国太阳能资源的地理分布情况，对于合理开发和利用太阳能资源具有重要意义。

3.3 大气环境

地球周围的大气层，是一切地表固定建筑、运载工具和试图飞离地球和再入地球的航天器所要面对的外部环境之一，对其的运行安全及内部环境均有至关重要的影响。

大约在 27 亿年前，光合作用开始产生氧气，最终形成主要由氮、氧组成的大气。这一变化使好氧生物能够繁殖，随后大气中的氧气转化为臭氧，形成臭氧层。臭氧层阻挡了太阳辐射中的紫外线，地球上的生命才得以存续。对生命而言，大气层的重要作用还包括运送水汽，提供生命所需的气体，让流星体在落到地面之前烧毁保护地球，大气还可调节地球温度等。大气中某些微量气体分子能够吸收从地表散发的长波辐射，从而升高地球平均温度，即温室效应。大气中的温室气体主要有水蒸气、二氧化碳、甲烷和臭氧。如果地球没有温室效应，则地表平均温度将只有 $-18℃$，生命就很可能不存在。影响室内环境的室外气候因素包括大气压力、风、空气温湿度、降水等，这些都是由太阳辐射以及地球本身的物理性质决定的。

3.3.1 大气压力

物体表面单位面积所受的大气分子的压力称为大气压强或大气压。大气压与气体分子数成正比。在重力场中，空气的分子数随高度的增加而呈指数减少，所以气压大体上也是随高度按指数降低的。由于空气密度与温度成反比，因此在陆地上的同一位置，冬季的大气压力要比夏季高，但变化范围仅在 5% 以内。

当地海拔越高，大气层中空气堆积厚度越小，大气压越低。图 3-4 为我国不同海拔城市多年平均大气压分布。北京海拔为 43m，大气压力为 101kPa；珠穆朗玛峰海拔为8848.86m，大气压力为 31kPa。前者的大气压力为后者的 3 倍以上。

大气压的变化对人体健康有所影响，具体主要体现在以下几个方面：

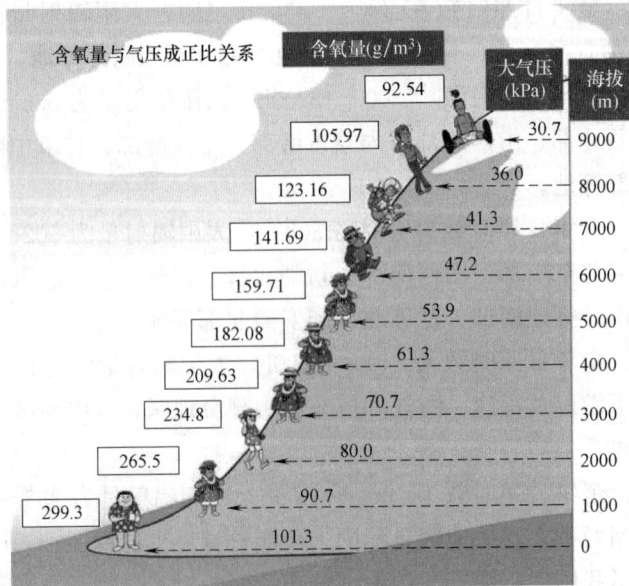

图 3-4 我国不同海拔城市多年平均大气压分布

（1）影响氧气供应：大气压降低时，空气中的氧气分压也随之降低，导致血红蛋白不能被充分氧饱和，出现血氧不足的情况。这可能导致人体出现缺氧症状，如头晕、头痛、恶心、呕吐和无力等，严重时还可能发生肺水肿和昏迷。

（2）影响血液循环：在低压环境中，人体为补偿缺氧会加快呼吸及血液循环，出现呼吸急促、心率加快的现象。这种生理反应在从低地登到高山或从平原赶到高原时尤为明显。

（3）影响神经系统：大气压降低还会影响人体的神经系统，导致神经系统发生障碍，尤其是在从高压环境迅速回到标准气压环境时，脂肪中积蓄的氮气，有一部分会停留在人体内，并膨胀形成小的气泡，阻滞血液和组织，易形成气体栓塞而引发相关病症，严重时可能危及生命。

（4）影响心理状态：气压的变化还会影响人的心理状态，使人产生压抑、郁闷的情绪。例如，低气压下的阴雨和下雪天气常使人感到抑郁不适，进而影响心理健康。因此，了解和适应气压变化对维护人体健康具有重要意义。

3.3.2 风与风能

风，对于地表固定建筑和运载工具，既有有利于其室内环境改善、降低能耗的正面影响，又有不利于围护结构安全、内部环境、增加其功能能耗（阻力）的负面影响。此外，它也可能被作为巨大的可再生能源被开发利用。

1. 风

风是指由于大气压差所引起的大气水平方向的运动。由于大气压差与温度呈反相关，所以地表增温不仅是引起大气压差的主要原因．也是风形成的主要成因。

风可以分为大气环流与地方风两大类。由于照射在地球上的太阳辐射不均匀，造成赤道和两极间的温差，由此引发大气从赤道到两极和从两极到赤道的经常性活动叫作大气环流，大气环流也是造成各地气候差异的主要原因。由于地表水陆分布、地势起伏、表面覆盖等地方性条件不同所引起的风叫作地方风，如海陆风、季风、山谷风、庭院风及巷道风等。海陆风与山谷风是由于局部地方受热不均而引起的，所以其变化以一昼夜为周期，风向产生日夜交替变化。季风是由于海陆间季节温差而引起的，冬季大陆被强烈冷却，气压增高，季风从大陆吹向海洋，夏季大陆强烈增温，气压降低，季风从海洋吹向大陆。因此季风的变化是以年为周期的。我国东部地区，夏季湿润多雨而冬季干燥，就是因为受强大季风的影响。我国季风大部分来自热带海洋，影响区域基本是东南和东北的大部分区域，夏季多为南风和东南风，冬季多为北风和西北风。风对于运载工具的安全可靠性影响甚大，但传统建筑环境与能源应用工程专业更多关注其对地表环境的影响。

气象站一般以距平坦地面 10m 高处所测得的风向和风速作为当地的观测数据。在城市工业区布局及建筑物个体设计中，都要考虑风速、风向的影响。风速过大，可能危及建筑安全，若在城区上风向规划污染物排放大的产业区，则对城市环境影响很大。风对建筑的影响主要体现在风荷载、建筑风环境、气流对建筑物的影响等方面。

风荷载是风对建筑物的动力作用，包括建筑物在迎风面受到的压力和背风面形成的吸力，以及建筑物表面与空气流动的摩擦力。这些压力和吸力随着建筑物体型、面积和高度不同，风速、风向及湍流结构的变化而不停地改变，对建筑物具有一种随机的作用力，其影响主要体现在以下几个方面：

（1）压力和吸力作用：建筑物在流动的风场中，迎风面受到一定的压力，而背风面形成一定的旋涡产生吸力。这些压力和吸力在整个建筑物表面并不是均匀分布的，它们随着建筑物体型、面积和高度不同，以及风速、风向及湍流结构的变化而不停地改变着。

（2）风速和方向的影响：近地面的风速和方向与建筑物的外形、尺度，建筑物之间的相对位置，以及周围地形地貌有着很复杂的关系。由于风荷载的大小与风速的平方成正比，这意味着风速的微小增加都会导致风荷载显著增大。在强对流天气过程中，建筑物周围某些地区会出现强风，导致悬挂物坠落或将行人刮倒。

（3）对建筑物结构的威胁：随着城市化进程的加快，建筑物的高度和数量逐渐增加，风力荷载对建筑物结构的影响也日益显著。风力荷载会对建筑物的外墙、屋顶造成压力和牵引力，如果建筑物的结构设计不合理，无法抵御风力荷载，整个建筑物可能发生倾斜、倒塌等严重的问题。为了保护建筑物免受风力荷载的威胁，建筑师和工程师们提出了一系列解决方案，包括合理的建筑设计，选择强度高、耐风性好的建筑材料，定期检查和维护建筑物等。

图 3-5　上海中心大厦

因此，风载荷对建筑的影响是多方面的，既包括对建筑结构的直接影响，也包括对建筑外观和装饰的损害。在建筑设计和维护过程中，必须充分考虑风载荷的影响，采取相应的措施来确保建筑的安全和稳定。例如：上海中心大厦，建筑高度达 632m，外形设计过程中采取了多种防风措施（图 3-5）。采用核心筒和巨型框架相结合的结构体系，极大地提高了建筑的抗侧向刚度。建筑外形设计成螺旋上升的流线型，有效减少风荷载和涡激振动。在顶部安装了重达 1000t 的调谐质量阻尼器，显著减少了风引起的振动。

建筑风环境主要涉及行人的安全和舒适、小区气候和居民健康、绿色建筑与节能、污染物的扩散与空气自净等问题。不良的建筑风环境会对周边行人的安全带来潜在威胁，如在高层建筑附近，由于"峡谷效应"，往往在某些位置风速会陡然加大，不仅会造成人们行走或是活动的不适，甚至导致行人受到伤害。此外，不良的室外风环境在夏季可能阻碍建筑室内外自然通风的顺畅进行，增加空调的负荷；在冬季又可能会增加围护结构的渗透风而提高供暖能耗。气流对建筑物的影响包括风压作用引起的建筑物附近的涡流可以通过模拟分析（图 3-6）。当风吹到建筑物上时，在迎风面上由于空气流动受阻，速度降低，风的部分动能变为静压能，使建筑物迎风面上的压力大于大气压，在迎风面上形成正压区。在建筑物的背风面、屋顶和两侧，由于在气流曲绕过程中形成空气稀薄现象，因此该处压力将小于大气压，形成负压区，形成涡流。因此，在建筑设计和城市规划中，需要充分考虑风的特性及其对建筑的影响，以确保建筑的功能性、安全性和环境友好性。

图 3-6　建筑室外风环境 Fluent 模拟

2. 风能

风能是空气流动所产生的动能，是太阳能的一种转化形式，因此是可再生的清洁能源。由于太阳辐射造成地球表面各部分受热不均匀，引起大气层中压力分布不平衡，在水平气压梯度的作用下，空气沿水平方向运动形成风。风能的大小决定于风速和空气的密度。风能资源的总储量巨大，全球的风能约为 2.74×10^9 MW，其中可利用的风能为 2×10^7 MW，比地球上可开发利用的水能总量还要大 10 倍。但风能的局限性在于其能量密度低（只有水能的 1/800），且不稳定，风能资源地区分布极不平衡。东南沿海及其岛屿，是我国最大风能资源区，其次是内蒙古和甘肃北部，再次是黑龙江和吉林东部，青藏高原风能资源较好，适合建设风电场。

3.3.3　室外气温与空气能

对于地表固定建筑，外环境气温及其蕴含的空气能是影响室内环境调控及能源应用的最重要的因素之一。

1. 室外气温

室外气温主要指距地面 1.5m 高、背阴处的空气温度。一天内气温的最高值和最低值之差称为日较差。我国各地气温的日较差一般从东南向西北递增。例如青海省的玉树，夏季日较差达到 12.7℃；而山东省的青岛，夏季日较差只有 3.5℃。夏天日较差较大的地方，虽然白天气温较高，但夜晚凉爽，建筑易被冷却，感觉较为舒适；而日较差较小的地方，白天、晚上都感觉炎热难耐。建筑为了适应气候，不同地区人们创造的建筑形式差异很大。我国多数地区夏季日较差在 5～10℃ 的范围内。一般在晴朗天气下，气温一昼夜的变化是有规律的，如图 3-7 所示。从该图可看出，气温日变化有一个最高值和最低值。最高值通

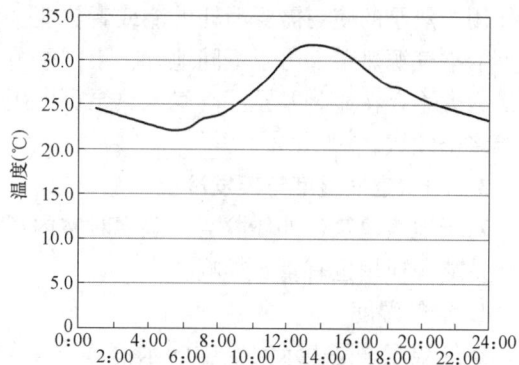

图 3-7　典型的室外空气温度日变化

55

常出现在 14：00 左右，而不是正午太阳高度角最大时刻；最低气温出现在日出前后，而不在午夜。这是由于空气与地面间因换热而增温或降温，都需要经历一段时间。

一年内最冷月和最热月的月平均气温差称为年较差。我国各地气温年较差自南到北，自沿海到内陆逐渐增大。华南地区和云贵高原年较差为 10～20℃，长江流域年较差增加到 20～30℃。华北地区和东北南部地区年较差为 30～40℃，东北的北部和西部年较差则超出了 40℃。年较差越大，反映冬、夏季气候差异越大。

空气温度是影响传热过程的重要因素。根据热力学原理，温度的变化直接影响空气的物理性质和化学反应。温度升高会导致气体膨胀，体积增大，而温度降低则导致气体收缩，体积减小。这是因为温度的变化改变了气体分子的平均动能，进而影响分子之间的相互作用力。此外，根据理想气体定律，温度升高会导致气体的压力增加，而温度降低则导致气体的压力减小。这些物理现象在自然界和日常生活中普遍存在，例如，随着海拔的增加，温度逐渐下降，这是地球表面的加热作用导致的。

人对温度的适应性是指人体能够在一定范围内调节自身的生理状态以适应环境温度的变化。人体能够适应的温度范围一般在 18～26℃之间，在这个温度范围内，人体的生理状态和功能都能保持较为舒适和正常的状态。当室内温度低于 18℃时，人体可能会感到寒冷，需要增加衣物或采取其他保暖措施来提高体温；而当室内温度高于 26℃时，人体可能会感到炎热，需要采取降温措施，比如开启空调或增加通风来调节温度。人体对温度的适应性受到多种因素的影响，包括空气温度、相对湿度、空气流速、辐射温度、着装厚度以及活动强度等。其中，空气流速能够影响人体对温度的感知，较大的空气流速会让人感到凉爽，而较小的空气流速则会让人感到闷热。着装厚度和活动强度同样会影响人体对温度的感知，穿着较多的衣物或进行较大的活动会让人感到热，反之则会让人感到凉爽。每个人的适应温度范围可能有所不同，因为性别、年龄和健康状况等因素都会影响到适应能力。

2. 空气能

空气能，是指空气中所蕴含的低品位热能量。空气能来自地表吸收太阳辐射热量后加热附近的空气，使空气温度升高。因此它是取之不尽的可再生能源。根据热力学第二定律，热量不可能从低温热源传到高温热源而不引起其他变化。所以，在不消耗外界能量的基础上，空气是不能够被利用的。热泵可以实现从空气中吸收热量并传到高温物体或环境的作用。热泵的使用需要消耗电能或者热能。例如，当家里的空调用于冬季制热时，就是典型的空气源热泵。由于不同地方、不同季节和不同时刻的空气温度都不同，空气能利用的潜力大小存在显著差异。空气源热泵可以用于民用建筑及工农业建筑的制热、供暖、烘干等多个领域。

3.3.4 空气湿度与蒸发冷能

对于地表建筑，外环境空气湿度对室内环境健康、舒适、安全影响显著，对室内环境调控及能源应用也有重要影响。

1. 空气湿度

空气湿度，是表示空气中的水蒸气含量和潮湿程度的物理量。常用水汽压、相对湿度、露点温度来表示湿度的大小。在一定的温度下单位体积的空气里含有的水汽越少，则空气越干燥；水汽越多，则空气越潮湿。

大气中的水蒸气主要是太阳辐射使下垫面的水蒸发产生，其大小主要受建筑所在地太阳辐射强弱和下垫面情况影响。影响绝对湿度的因子很多，主要取决于水汽的来源、输送与空气保持水汽的能力等。因此，影响水汽供应的因子如降水、水体的存在、土壤水分的高低和蒸发条件等，影响水汽输送的条件如风、垂直气流等，以及影响空气保持水汽能力的条件如气温等，都可能影响绝对湿度。一般热带海洋气团比极地海洋气团绝对湿度高；一年中的绝对湿度是雨季高于旱季。一日中绝对湿度的变化，在沿海地区和秋冬季节是午后最大，清晨最小，呈单峰形变化；对其他地区，则多呈双峰型，两个高点分别出现在9：00～10：00和日落前后，两个低点出现在日出前和午后。空气绝对湿度的垂直分布随高度增加而减少。相对湿度一方面决定于绝对湿度，另一方面决定于空气温度。在寒冷的地区和季节，空气湿度容易达到饱和，在绝对湿度或水汽压并不太高的情况下，相对湿度可能较高。在同样的绝对湿度条件下，温暖地区和季节的相对湿度往往偏低。我国大陆年平均相对湿度分布的总趋势是自东南向西北递减，山区高于平原。相对湿度的年变化，一般是内陆干燥地区冬季高于夏季；华北、东北地区春季最低，夏季高于冬季；江南各地年变化较小。

空气的湿度与呼吸之间的关系密切。一般人在45%～55%的相对湿度下感觉最舒适。过热而不通风的房间里的相对湿度一般比较低，这可能对皮肤有不良影响和对黏膜有刺激作用。湿度过高会影响人调节体温的排汗功能，人会感到闷热。总的来说，人在高温但低湿度的情况下（比如沙漠）比在温度不太高但湿度很高的情况下（比如雨林）的感觉要好。

空气相对湿度对人体健康和舒适度有着显著的影响，在一定的湿度下，氧气比较容易通过肺泡进入血液。适宜的室内空气相对湿度一般为40%～60%。对人体健康的影响：适宜的湿度有助于维持人体的水分平衡，过高或过低的湿度都可能对人体健康产生不利影响。例如，高湿度环境下，细菌和真菌容易繁殖，增加了感染疾病的风险，同时可能引起皮肤问题如湿疹和皮炎。此外，高湿度还可能导致人体感到闷热、不舒服，引发头痛、乏力等不适症状。相反，低湿度环境可能导致皮肤干燥，影响呼吸道健康，引起感冒、喉咙发炎等症状。此外，在建筑设计和维护中，考虑空气湿度对围护结构的影响也很重要。例如，高湿度可能导致建筑材料膨胀、变形、结露发霉，影响建筑物的结构和美观。因此，合理的建筑设计和维护策略应考虑到湿度的调节和管理，以确保建筑物的持久性和居住者的舒适度。

对于一些特殊产品生产车间，空气湿度影响生产安全和产品质量。空气越干燥越易产生静电，相对湿度对表面积累电荷的性能产生直接影响，相对湿度越高，物体储存电荷的时间就越短，当相对湿度增加，空气的电导率也随之增加。在空气逐渐干燥时，产生静电的能力增强。在相对湿度10%（很干燥的空气）时，在地毯上行走时，就能产生35kV的电荷，但在相对湿度为55%时将锐减至7.5kV。一般的工作环境的相对湿度的最佳范围为25%～50%。一些清洁场所一般要求相对湿度为50%，对湿度较敏感的器件，需要较低的相对湿度，而对于纺织车间，要求湿度较高。对于储物展览空间，空气湿度环境也很重要。在存放水果的仓库里湿度决定水果的成熟快慢和保鲜。在存放金属的仓库里湿度过高可能导致腐蚀。化学药剂、烟、酒、香肠、木、艺术品、集成电路等也必须在较低湿度或在湿度为零的条件下存放。因此在许多仓库、博物馆、图书馆、计算机中心和一定的工厂（比如微电子工业）中都有空调装置来控制室内的湿度。

2. 水蒸气的潜热

由于大气中的水蒸气是由水分吸收了太阳能量转换而来，因此它本身具有潜热。如果空气中的水蒸气过多，不满足室内环境要求，需要除掉部分水蒸气，就必须付出额外的能耗代价；如果空气中的水蒸气过低，不满足室内环境要求，需要增加水蒸气含量，也必须付出额外的能耗代价。

由于大气中的空气含量非常大，不同地方下垫面中蒸发条件差异大，周期变化的太阳辐射很难使大气中的水蒸气达到饱和（即相对湿度 100%）。人类利用这一自然资源特性，消耗少量的水，使其蒸发吸热，实现对环境的冷却调控功能，蒸发 1kg 水大约可获得 2500kJ 的冷量。例如，冷却塔的冷却水依靠自身一小部分在空气中蒸发而被冷却；纺织厂中要求空气湿度大，常用喷淋循环水来冷却空气（温度降低、含湿量增加）。干热气候区（如西北部地区等），夏季空气的干球温度高，含湿量低，其室外干燥空气不仅可直接利用来消除空调区的湿负荷，还可以通过间接蒸发冷却等来消除空调区的热负荷。在新疆、内蒙古、甘肃、宁夏、青海、西藏等地区，应用蒸发冷却技术可大量节约空调系统的能耗。

3.3.5　降水与水资源

降水对地表建筑围护结构防水、承重及安全，对室内环境健康、舒适都有主要影响；水也是人居建筑的基本保障和环境调控的主要介质。

1. 降水

降水是指大地蒸发的水分进入大气层。凝结后又回到地面，包括雨、雪、冰雹等。我国降水量大体是由东南向西北递减。因受季风的影响，雨量都集中在夏季，变化率大，数量可观。华南地区的降水从 5~10 月，长江流域从 6~9 月。梅雨是长江流域夏初气候的一个特殊现象，其特征是雨量缓而范围广，持续时间长，雨期为 20~25d。珠江口和台湾地区南部地区由于受西南季风和台风影响，在 7、8 月间多暴雨，特征是雨量大、范围小、持续时间短。我国的降雪量在不同地区有很大差别，在北纬 35°以北到 40°地段为降雪或多雪地区。雨水多的地区，围护结构防水、防潮要求更高。

雨水对建筑物的影响首先体现在其建造和结构上。建筑物的外墙应采用防水材料来防止雨水渗透，保护内部结构和设备不受湿润影响（图 3-8）。屋顶设计应具备良好的排水系统，确保雨水顺利排出，避免积水导致楼顶负荷过大。长期暴露在雨水中，建筑物的外部表面容易受到腐蚀和损坏，因此定期检查和维修工作是必要的，以确保建筑物的结构和外观能够长时间保持稳定和美观。此外，如果防水措施不当，雨水可能会渗透到建筑物的内部，导致墙壁和地板的潮湿，进而引发霉菌和腐蚀问题（图 3-9）。雨水渗透到建筑物内部，可能会导致室内环境潮湿，进而引发霉菌生长，影响室内空气质量，引起过敏反应或呼吸道疾病。在极端降水情况下，如洪水或长时间的大量降水，可能会导致围护结构受到破坏，如道路和桥梁的损坏。这是因为长期暴露在雨水中，道路和桥梁的沥青路面容易受到侵蚀，导致路面的坑洼和损坏。

因此，降水对建筑物的影响是多方面的，包括建筑防雨、防水、渗漏、围护结构破坏以及室内霉变影响健康等。因此，在设计和施工过程中，必须充分考虑降水的影响，采取相应的防水和排水措施，以确保建筑物的结构安全和居民的健康。

2. 水资源

水资源是指可资利用或有可能被利用的水源，这个水源应具有足够的数量和合适的质

图 3-8　建筑屋面防水工程

屋面雨水口收口不规范，找坡错误、导致渗漏

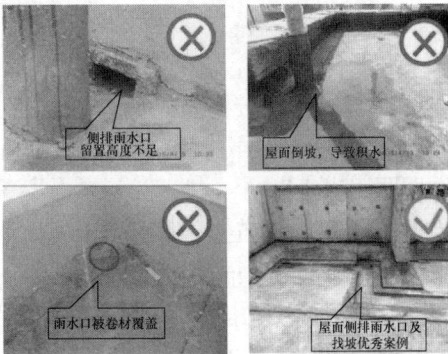

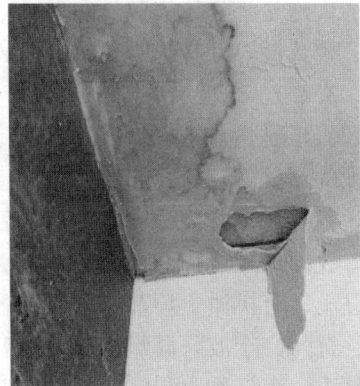

图 3-9　防水措施不当及危害

量，并满足某一地方在一段时间内具体利用的需求。天然水资源包括河川径流、地下水、积雪和冰川、湖泊水、沼泽水、海水。按水质水资源则可划分为淡水和咸水。淡水主要是地表水，由经年累月自然的降水和下雪累积而成。海水是咸水，不能直接饮用，所以通常所说的水资源主要是指陆地上的淡水资源，如河流水、淡水、湖泊水、地下水和冰川等。陆地上的淡水资源只占地球上水体总量 2.53% 左右，其中近 70% 是固体冰川，即分布在两极地区和中、低纬度地区的高山冰川，还很难加以利用。人类比较容易利用的淡水资源，主要是河流水、淡水湖泊水，以及浅层地下水，储量约占全球淡水总储量的 0.3%。我国水资源在区域上分布不均匀。总的说来，东南多、西北少；沿海多、内陆少；山区多、平原少。在同一地区中，不同时间分布差异性很大，一般夏多冬少。

3.3.6　我国气候分区

我国幅员辽阔，地形复杂。各地由于纬度、地势和地理条件不同，气候差异悬殊。根据气象资料表明，我国东部从漠河到三亚，最冷月（一月份）平均气温相差 50℃ 左右；

相对湿度从东南到西北逐渐降低,一月份海南岛中部为87%,拉萨仅为29%,七月份上海为83%,吐鲁番为31%;年降水量从东南向西北递减,台湾地区年降水量多达3000mm,而塔里木盆地仅为10mm;北部最大积雪深度可达700mm,而南岭以南则为无雪区。

不同的气候条件对地表建筑提出了不同的要求。为了满足炎热地区的通风、遮阳、隔热,寒冷地区的供暖、防冻和保温的需要,明确建筑和气候两者的科学联系,我国的《民用建筑热工设计规范》GB 50176—2016从建筑热工设计的角度出发,将全国建筑热工设计分为5个分区,其目的就在于使民用建筑(包括住宅、学校、医院、旅馆)的热工设计与地区气候相适应,保证室内基本热环境要求,符合国家节能方针。因此用累年最冷月(一月)和最热月(七月)平均气温作为分区主要指标,累年日平均温度不高于5℃和不低于25℃的天数作为辅助指标,将全国划分成五个区,即严寒、寒冷、夏热冬冷、夏热冬暖和温和地区。

了解太阳辐射分区和气候分区,对于地表建筑设计(包括运动建筑的车站、码头、发射基地等)、可再生能源应用具有重要意义。

3.4 大 地 环 境

大地是一切地表建筑和地下空间的基础及与之共存的外部环境,它直接影响建筑稳固性、耐久性,间接影响建筑室内环境和能源应用方式。

3.4.1 岩土特性

岩土是指对组成地壳的任何一种岩石和土的统称。岩土可细分为坚硬的(硬岩)、次坚硬的(软岩)、软弱联结的、松散无联结的和具有特殊成分、结构、状态和性质的五大类。我国习惯将前两类称岩石,后三类称土,统称之谓"岩土"。

我国地域辽阔、岩土类别多、分布广。以土为例,软黏土、黄土、膨胀土、盐渍土、红黏土、有机质土等都有较大范围的分布。如我国软黏土广泛分布在天津、连云港、上海、杭州、宁波、温州、福州、湛江、广州、深圳、南京、武汉、昆明等地。人们发现上海黏土、湛江黏土和昆明黏土的工程性质存在较大差异。以往人们对岩土材料的共性,或者对某类土的共性比较重视,而对其个性深入系统的研究较少。对各类、各地区域性土的工程性质开展深入系统研究是岩土工程发展的方向。探明各地区域性土的分布也有许多工作要做。岩土工程师们应该明确:只有掌握了所在地区土的工程特性才能更好地为经济建设服务。

岩土体的力学性质是指岩土体在外力作用下所表现的性质,主要是其强度性质、变形性质和稳定性。当岩土体作为建筑物地基时,在荷重作用下就会产生压缩变形,从而引起建筑物基础的沉降,当沉降量过大或产生不均匀沉降时,可能影响建筑物的正常使用,甚至引起建筑物开裂或倒塌。

3.4.2 地质条件与固定建筑安全

地质条件对建筑物稳定性的影响主要体现在地质条件对建筑物基础的稳定性、抗震能力以及与地下水位的关系上。地质条件直接决定了地表的承载力、坚固程度和稳定性。例如,在软弱的土壤层中,建筑物的基础可能会下沉或倾斜,导致建筑物的损坏甚至倒塌。相反,当地质条件非常坚硬和稳定时,建筑物的基础可以获得更好的支撑,从而提高建筑物的稳定性。此外，地质条件还与地下水位息息相关，对建筑物的稳定性有重要影响。高地下水位会增加土壤的饱和度，导致土壤稳定性下降，可能引起地基沉降和结构变形，对建筑物的稳定性构成威胁。

岩土地质特征对土木工程的影响主要体现在基础设计、施工过程、运营和维护方面。岩土地质特征包括岩土层的性质、分布、强度等，这些特征直接影响到土木工程基础设计的可行性和稳定性（图3-10）。例如，如果地基层为软弱的泥质，容易引起较大的沉降，从而影响工程的正常使用。而如果地基层为坚硬的岩石，其抗沉降能力较强，可有效避免沉降问题的发生。此外，岩土地质特征还会对土木工程的运营和维护产生影响，不同的岩土地质特征对工程的稳定性和安全性有直接的影响。

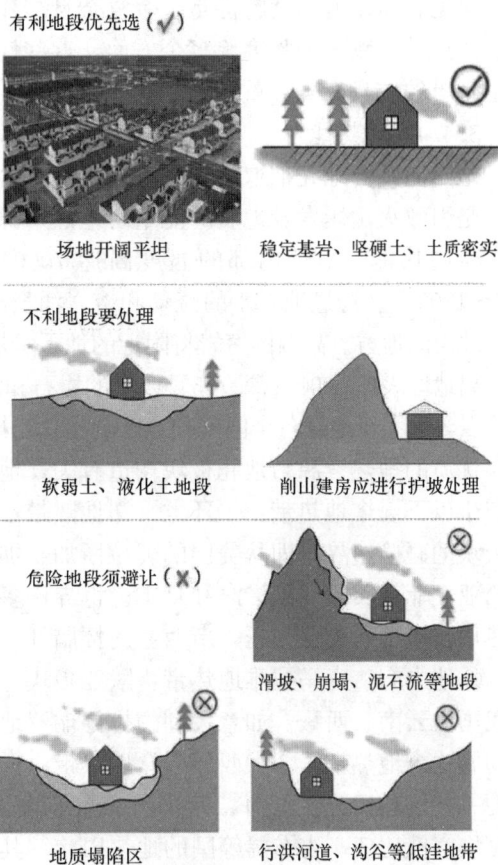

有利地段优先选（✓）

场地开阔平坦　　　　稳定基岩、坚硬土、土质密实

不利地段要处理

软弱土、液化土地段　　削山建房应进行护坡处理

危险地段须避让（✗）

滑坡、崩塌、泥石流等地段

地质塌陷区　　　　行洪河道、沟谷等低洼地带

图3-10　建筑物地段选择条件及处理方式

3.4.3　岩土温度特性

岩土的温度特性涉及多个方面，包括冻结温度、未冻水含量、导热性、渗透性、刚度和强度等物理力学特性，以及在高温条件下的岩石力学特性。

1. 冻结温度和未冻水含量

当温度降低至土的冻结温度以下时，土中水冻结成冰，此时的土被称为冻土。冻结温度，又称起始冻结温度或冻点，是指土中水刚开始冻结的温度。与纯水不同，即使土冻结以后，土中仍然有一部分液态水没有冻结，这部分水被称为未冻水。未冻水含量反映了土的冻结程度，冻土的一系列物理力学特性，如导热性、渗透性、刚度和强度等，都与冻土未冻水含量有关。

2. 导热性和渗透性

岩土的导热性和渗透性是岩土工程中重要的物理性质，它们直接影响着地热交换效率和地下水的流动。导热系数是衡量岩土传导热量能力的指标，而渗透系数则反映了岩土允许水通过的能力。这些性质对于地热能开发、地下水管理等领域具有重要意义。

3. 刚度和强度

岩土的刚度和强度是其抵抗变形和破坏的能力，这些性质对于建筑基础设计、地质灾害预防等方面至关重要。岩土的刚度和强度受多种因素影响，包括矿物成分、颗粒大小、结构等。

4. 高温条件下的岩石力学特性

干热岩是一种温度高于180℃的岩体，其热能在当前技术经济条件下可以利用。研究干热岩的高温和应力耦合下的岩石力学特性和变形特征，对于干热岩的勘探开发具有重要意义。干热岩的深度可达5000m以上，温度可达350℃以上，因此其高温条件下的岩石力学特性是一个重要的研究方向。

可见，岩土的温度特性是一个复杂且多样的领域，涉及冻结温度、未冻水含量、导热性、渗透性、刚度和强度等多个方面，这些性质的研究对于岩土工程、地热能开发、地下水管理等领域具有十分重要的意义。

3.4.4 地热能

地热能是由地壳抽取的天然热能，这种能量来自地球内部的熔岩，并以热力形式存在，是引致火山爆发及地震的能量。地热来源主要是地球内部长寿命放射性同位素热核反应产生的热能。地球内部的温度高达7000℃，而在80～100km深度处，温度会降至650～1200℃。透过地下水的流动和熔岩涌至离地面1～5km的地壳，热力得以被转送至较接近地面的地方。高温的熔岩将附近的地下水加热，这些加热了的水最终会渗出地面。据测算，离地球表面5000m深、15℃以上的岩石和液体的总含热量，相当于4948万亿吨标准煤的热量，远大于地球各个国家和地区全年总能耗，因此它是取之不尽的可再生能源。

优质的地热资源与地壳板块构造有关，地理位置分布非常不均衡。世界地热资源主要分布于以下5个地热带：①环太平洋地热带：世界最大的太平洋板块与美洲、欧亚、印度洋板块的碰撞边界，即从美国的阿拉斯加、加利福尼亚到墨西哥、智利，从新西兰、印度尼西亚、菲律宾到我国沿海和日本。世界许多地热田都位于这个地热带，如美国的盖瑟斯地热田，墨西哥的普列托，新西兰的怀腊开，我国台湾的马槽和日本的松川、大岳等地热田。②地中海、喜马拉雅地热带：欧亚板块与非洲、印度洋板块的碰撞边界，从意大利直至我国的云南、西藏。如意大利的拉德瑞罗地热田和我国西藏的羊八井及云南的腾冲地热田均属这个地热带。③大西洋中脊地热带：大西洋板块的开裂部位，包括冰岛和亚速尔群岛的一些地热田。④红海、亚丁湾、东非大裂谷地热带，包括：肯尼亚、乌干达、扎伊尔、埃塞俄比亚、吉布提等国的地热田。⑤其他地热区：除板块边界形成的地热带外，在板块内部靠近边界的部位，在一定的地质条件下也有高热流区，可以蕴藏一些中低温地热，如中亚、东欧地区的一些地热田和我国的胶东、辽东半岛及华北平原的地热田。

地热能的利用可分为地热发电和直接利用两大类。对于200～400℃的地热资源，可直接发电及综合利用；对于100～200℃的地热资源，可用于双循环发电、制冷、供暖、工业干燥、脱水加工、回收盐类、加工罐头食品等；对于30～100℃的地热资源，可用于直接供暖、营造温室、沐浴、水产养殖、饲养牲畜、土壤加温、脱水加工等；对于不受地壳板块影响、量大面广的常温地热，可以付出少量的能源代价，运用热泵提升品质就近利用于各种地表建筑的室内环境调控。

3.5 水体环境

水体是一切水中固定空间和运动空间与之共存的外部环境，它直接影响空间运行安全，间接影响内部环境和能源应用方式。

3.5.1 水体

水体，即水的集合体。根据《中国大百科全书（第二版）》所述，水体是江、河、湖、海、地下水、冰川等的总称，是被水覆盖地段的自然综合体。它不仅包括水，还包括水中溶解物质、悬浮物、底泥、水生生物等。人类大规模的活动对水圈中水的运动过程有一定的影响。按水体所处的位置，可粗略地将其分为地面水水体、地下水水体和海洋等。它们之间是可以相互转化的。在太阳能、地球表面热能的作用下，通过水的三态变化，水在不同水体之间不断地循环着。地面的江河、湖泊和海洋是水上运载工具的外环境。

3.5.2 水压与围护结构安全

水压变化规律对水下人造空间（图 3-11）中的人和设备的威胁主要体现在对围护结构稳定性的影响。水压变化规律对水下围护结构稳定性构成威胁。地下水位的变化直接影响地基的稳定性。当地下水位上升时，地基会因为受到水的浸润而失稳，导致产生倾斜或沉降，保证水下建筑的安全性和稳定性，需要密切关注地下水位的变化规律，并采取相应的措施来应对。这包括但不限于加强围护结构的防渗措施、定期检查和围护结构稳定性，以及在设计和施工过程中考虑到地下水位的可能变化等因素。

图 3-11　比利时建筑师 Vincent Callebaut 的未来主义建筑设计：水下生态村计划

3.5.3 水体温度特性

水体的温度特性主要涉及水温的时空分布特征，这些特性受到多种因素的影响，包括水流速度、水深、水体大小以及地理位置等。例如：修建水库会减缓水流速度，增加水深和水体体积，从而引起热量分布的改变，这对水质以及库区和下游环境都会产生影响。在地理学中，水温代指地下水的温度。一般讨论的地下水温度指的是地壳层的水温。广阔的热带洋面，特别是海水表面温度高于 26.5℃，且在 60m 深的一层海水里水温超过这个数值，这样的环境是形成台风的必要自然环境。逆分层水域的水温温差没有正分层那么悬殊。例如，冰面温度为 0℃，下降 5m 时水温上升至 2℃，下降到 10m 时水温为 3℃，10m

以下到 15m 水温为 4℃，再往下水温不会上升，一直保持 4℃。冬季，北方的静止水域为逆分层水体，深水底层较温和，有利于鱼类生存。

扫码查看"水体对地表水水源热泵性能的影响"

思 考 题

1. 为什么太阳系的八大行星表面的最高、最低温度差别那么大？

2. 当人类发射运载工具到不同行星去绕飞或着陆，外环境对内部空间、运载仪器和人有何影响？

3. 什么是宇宙温度？为什么它对体量巨大的行星的温度影响那么大，而对地球上的建筑却小得多？

4. 为什么目前空间站只能建设在离地球约 400km 的轨道运行？

5. 大气环境包括哪些因素？大气环境对地表建筑的室内环境有何影响？

6. 大气环境中对穿越大气层的运载工具的安全及内部环境有何影响？

7. 大气环境中有哪些天然资源可被利用？

8. 大地环境对地表固定建筑的安全和室内环境有何影响？大地中有哪些能源可直接用于建筑？

9. 水体环境包括哪些因素？水体环境对水中运载工具的安全和内部环境有何影响？

第4章　内部空间环境及调控原理

对于任何功能的固定空间和运动空间，都是一个为实现某种目标任务的独立系统，围护材料与结构体系是实现综合目标最重要的安全屏障。内部空间环境是进一步实现功能的基本保障。建筑设计是一项系统工程，安全优先，结构设计遵循力学基本规律。内部空间环境受外部环境、围护材料与结构、内部扰动条件等要素的耦合影响，并且遵循工程热力学、传热学、流体力学等基本规律。当内部环境不满足功能要求时，再采取科学合理的调控措施，匹配能源保障系统。本章介绍最基本的内部空间环境特性及其调控的基本原理。

4.1　内部空间环境的影响因素

4.1.1　室内环境参数

室内环境主要包括气压、氧浓度、热环境、湿环境、声环境、光环境、颗粒物浓度、微量气体浓度、细菌微生物、静电、放射性物质（氡）等。对于不同功能用途、不同服务对象、不同外部环境的内部空间，其室内环境要求的侧重点有所不同。对于人居空间，侧重于健康、舒适的参数；对于动物养殖建筑空间，侧重于防瘟疫和提高产量的参数；对于农业温室，侧重于有利作物生长的参数；对于储存空间，侧重于保质、保鲜的参数；对于精密器件生产车间，侧重于提高产品质量和合格率的参数；而对于太空中的空间，环境调控须以宇航员生存和重器安全可靠优先。

对于任何内部环境参数，它都可能受到外部环境、建筑围护结构特性及内部扰动等因素的综合影响，其变化遵循某种客观规律。要精准地调控内部环境，首先必须要弄清楚需重点关注的每个环境参数的形成机理及内在变化规律，其次再通过调控设备系统的优化设计（或以需求为导向的新设备新技术研发），科学地匹配可靠性高、技术经济合理、能源消耗和碳排放少（或零碳）的环境调控系统，进而优选能源应用保障供应系统，确保内部空间的所有服务功能的实现。对于上述本专业宏大的知识体系，后续将有系列课程加以介绍，这里仅介绍入门知识。

4.1.2　外部环境的影响

对于具有不同用途的内部空间，外部环境的影响非常复杂。太空环境对所有功能的内部环境都有不同程度的影响，其中对穿越地球和飞离地球的运载工具影响最大；对在大气层中飞行、在地球表面升空着陆的运载工具次之，对于地表固定建筑和运载工具影响再次之，但太阳辐射除外。大气环境对在穿越地球和飞离地球的运载工具影响最大，对地球上的固定建筑和运载工具次之，对于太空中的内部空间再次之。大地环境对地表固定建筑和运载工具影响最大，其余次之。水体环境对水上或水中运载工具影响最大，其余次之。

4.1.3　围护结构材料与结构的影响

围护结构是所有内部空间必须具有的共同特征，其作用是抵御不利环境的影响，在确保内部空间安全的前提下，形成独立的、满足各种功能需求的围合内部空间，并为营造合适的室内环境创造必要条件。室内环境深受围护结构材料与结构的影响。材料的热传导性、隔声效果及透气性直接决定了室内的温度、湿度与声环境。良好的保温隔热材料能有效减少室外温度变化对室内的影响，维持舒适温度；而高效的隔声材料则能隔绝外界噪声，营造宁静的居住空间。同时，围护结构的密封性也至关重要，它关乎到室内空气质量，防止灰尘、有害气体及昆虫的侵入。因此，在设计与建造过程中，合理选择围护材料与结构，是创造健康、舒适室内环境的关键。

固定建筑的外部环境的安全隐患主要有地质稳定性、地震、飓风、雷电、暴雨、洪水等；运载工具的外部环境的安全隐患很多，因类型而异。如陆地运动的运载工具，除固定建筑的安全隐患都具有外，还有异物碰撞等；空中运动的运载工具，外部环境的安全隐患主要有低气压、飓风、雷电、暴雨、异物碰撞、摩擦高温等。由于不同类型内部空间的外部安全隐患显著不同，因此，围护结构材料与结构也显著不同。固定建筑以梁、柱为主作为安全保障，运载工具则以围护结构为主确保安全；固定建筑的围护材料可以厚重，运载工具的材料必须高强度且轻质，速度越快、轻质要求越高。所有内部空间必须把安全放在首位，而围护结构是基本保障。

4.1.4 内部扰动条件的影响

内部扰动，主要是指内部空间中的人员、设备等向室内释放的热量，水分，固体、气体组分污染物，放射性辐射等，从而直接或间接地对室内各环境参数造成的影响。内扰与内部空间的用途有关，内部空间功能不同，内部扰动条件不同。对于居住建筑，内扰包括人员、设备、照明、炊事等。对于公共建筑，人员、设备、照明负荷大，不同类型的公共建筑也存在较大差异，如公寓、宾馆建筑接近于居住建筑，办公建筑设备负荷大，购物中心人员、照明负荷大，餐饮娱乐中心人员、设备热湿负荷大等。对于工业建筑，人员、设备、照明等扰动负荷大，其中设备的热湿污染物负荷最大；对于农业、畜牧业建筑，农作物及养殖牲畜会向室内释放热量、水分影响室内热环境，某些农作物和牲畜还会影响室内空气质量，若对室内热湿环境有特殊要求的，还涉及相应设备的负荷；对于载人的运载工具，人员、人行为及设备等扰动负荷大；对于运物的运载工具及仓储建筑，若对室内热湿环境有特殊要求的，则涉及相应设备的负荷。

内部空间的内扰对室内环境的影响主要体现在空气质量、能源消耗、噪声和室内环境舒适度等方面。例如：使用者的日常行为，如抽烟、不定期清洁和更换空气过滤器，会影响室内空气质量。烟草燃烧产生的有毒物质会对室内空气质量造成污染。未更换或不定期清洁的空气过滤器会积累微尘和有害物质，降低空气过滤效果，导致室内空气质量下降。除此之外，使用者的能源消耗行为也会对室内环境产生影响。离开房间时未关闭灯具和电器设备会造成能源的浪费。过度使用供暖和空调设备会导致能源消耗过高，增加室内环境的负担。内部设备如装修阶段的切割机、电锯等产生的噪声，以及材料运输车辆产生的噪声，也都会对室内环境造成影响。通过合理安排施工工序和施工时间，可以减少噪声对室内环境的影响。此外，使用者的行为方式和习惯直接影响室内环境的舒适度。例如，对室内温度和湿度的满意度会影响空间使用者的行为，不满意可能导致频繁调整供暖和空调设备的温度，增加能源消耗。不舒适的室内照明可能导致在室人员开灯时间过长，带来不必要的能源浪费。

4.2 内部空间的热湿环境特性及调控

所有服务于人的内部空间，热湿环境是室内环境中最主要的内容，主要反映在空气环境的热湿特性中。室内热湿环境形成的最主要的原因是各种外扰和内扰的影响。外扰主要包括室外气候参数如室外空气温湿度、太阳辐射、风速、风向变化，以及邻室的空气温湿度，均可通过围护结构的传热、传湿、空气渗透使热量和湿量进入到室内，对室内热湿环境产生影响。内扰主要包括室内设备、照明、人员等室内热湿源。

4.2.1 湿空气的特性

完全不含水蒸气的空气称为干空气。干空气的主要成分为氮气、氧气、氩气、氖气及其他惰性气体和少量二氧化碳等。

湿空气，指含有水蒸气或湿度较大的空气。湿空气是构成空气环境的主体，也是空调的基本工质。在实际工程中计算中，将湿空气的压力、温度和体积的相关性按理想气体来对待，其精度是足够的。由于干空气和水蒸气组成的湿空气中，水蒸气的含量虽少，但其作用颇大，在某种意义上来说，空气调节的任务之一就是对空气中水蒸气量的调节。

在湿空气中，由于水蒸气的分压力很低，所以湿空气可以看作理想气体混合物，但是，水蒸气还受到饱和温度和饱和压力对应的制约，也就是湿空气中水蒸气的分压力不能超过与湿空气温度对应的饱和压力，因此空气有饱和及未饱和之分，有吸湿能力高低的区别，从而就有相对湿度、含湿量等这样的参数。对湿空气处理过程的求解，就是求解水蒸气和干空气的质量守恒方程以及处理过程的能量方程构成的方程组，特别要强调的是若用焓湿图确定湿空气参数，必须确保总压力与使用的图的总压力一致，且保持不变。

4.2.2 热湿环境调控原理

热湿环境调控是指对室内温度或湿度进行调节控制，它可以是对单一参数调控，也可是对两个参数同时进行调控。其实，大家对热湿环境调控并不陌生。夏天你有过打开窗户透气、打开换气扇通风、启动空调降温的经验吗？冬天你有过使用暖风机的经历吗？这就是比较简单的热湿环境调控！

根据空间功能和要求不同，热湿环境调控的技术措施、调控过程及能耗代价也是不同的。如开窗排除了余热，有明显的降温效果；供暖可以提升室内温度，改善室内舒适性，它们都是单一调节温度的。而分体式空调主要是降温，附带也有一定除湿效果，属于比较简单的热湿调控方式。

若要同时调节空气温度和湿度，必须采用复杂的技术手段和调控过程才能实现。其基本要求是，将室外空气（新风）、回风及送风混合，达到室内预期的温湿度设计工况。

1. 基本概念

新风：从室外引进的空气。新风的作用是提供室内所需要的氧气，稀释室内污染物，保证人体正常生活与健康的基本需要。其实，在环境污染日益严重的今天，新风并不是指新鲜，仅代表室外空气。

回风：从室内引出的空气，经过热质交换设备的处理再送回室内的环境中。

送风状态点：指的是为了消除室内的余热余湿，以保持室内空气环境要求，送入房间的空气的状态。

室内设计工况：根据我国的《民用建筑供暖通风与空气调节设计规范》GB 50736—

2012，舒适性空调（夏季）室内计算参数为：温度为 24～28℃；相对湿度为 40％～65％。冬季室内计算参数为：温度为 18～22℃（18～24℃）；相对湿度为 40％～60％。这是期望达到的室内调控状态。

冷（热）负荷：房间在外部气候和围护结构热工性能综合作用下，要维持预期的室内设计工况，外界需提供的冷（热）量的大小；而新风冷负荷则是指要把室外空气调节到室内工况所需要提供的冷量大小。

2. 热湿环境的调控原理

夏季典型热湿环境调控系统原理图如图 4-1 所示，通常，回风与新风混合后进行热质交换、并通过再热调节处理，达到送风状态 i_0，再送入房间与吸收了室内的余热和余湿的空气混合，其状态也由送风状态点变为室内工况 i_N，然后多余的室内空气排出室外（排风），从而保证室内空气环境为所要求的状态。调控原理本质上是空气质量平衡和能量守恒定律。

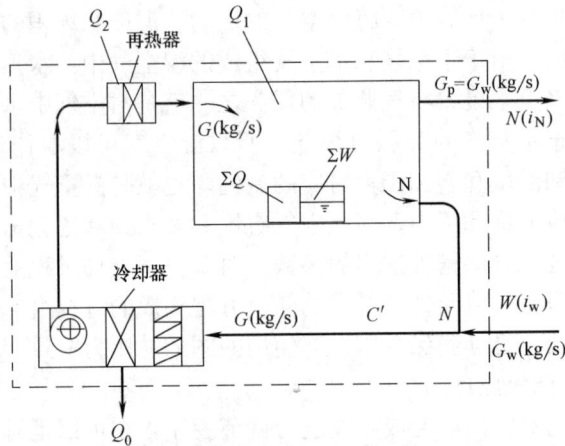

图 4-1　夏季典型热湿环境调控系统原理图

（1）调控系统的空气质量平衡

室外引进的新风量 G_w＝房间排风量 G_p；新风量 G_w＋回风量＝系统送风量 G

（2）调控系统的热平衡

房间冷负荷 Q_1＋再热量 Q_2＋新风冷负荷 Q_3＝系统去除热量 Q_0＝系统供冷量

其中，房间冷负荷 Q_1 的大小由室外气象、室内热源湿源、设定条件及围护结构特性优劣决定（在暖通空调课程中介绍）；再热量 Q_2 由热质交换过程决定，因为单一的热质交换过程很难达到需要的送风状态点；新风冷负荷 Q_3 取决于新风量和室内外空气的焓差 $Q_3 = G_w(i_w - i_N)$。

需要指出：①在空调系统中，为得到同一送风状态点，可能有不同的调控途径。至于究竟采用哪种途径，则需结合冷源、热源、材料、设备等条件，经过技术经济分析比较才能确定。②因为室外空气状态偏离室内工况较远，新风量越大，调控系统供冷能耗越高，合理确定新风量至关重要。③若全部采用新风，回风量为零，能耗将会很高。④在保证室内卫生前提下，尽量多地利用回风有利于节能。⑤为了保证室内空气质量，适当排出室内污浊空气（但温湿度是设定工况），对排风进行热回收，有利于能源的有效利用。

可见，热湿环境调控是按照需求分层次的，能够调节单参数的，没有必要调控两个参数，宜简不宜繁。这正是本专业之供暖、通风、空调解决不同环境调控问题的关键所在。

4.3 内部空间的空气质量及调控

4.3.1 室内空气质量的定义

室内空气质量是指室内空气中各种成分的含量，室内空气污染指室内各种气体成分的含量的多少。影响室内空气质量的不良因素包括物理、化学和生物因素。室内空气污染主要是人为污染，其中又以化学性污染最为突出。在室内空气质量参数中，污染物参数居多，按不同参照标准参数略有不同，但主要参数还是相同的。室内空气质量污染物参数主要有甲醛、苯及其同系物、总挥发性有机化合物（TVOC）、氨、氡、二氧化碳、一氧化碳、可吸入颗粒物（PM_{10}）、苯并［a］芘、微生物、臭氧、氮氧化物、二氧化硫。

为保护人体健康，预防和控制室内空气污染，国家市场监督管理总局发布了《室内空气质量标准》GB/T 18883—2022。

4.3.2 室内空气质量的重要性

在内部环境中，室内空气质量是最重要的一个方面，与居民健康密切相关。人可以在缺少食物和水的环境下生活相当长的时间，而缺少空气 5min 就会窒息而死。当遇水污染时，人们可暂时避开受污染的水，饮用纯净水；但面临空气污染时，却不可不呼吸。所以，空气污染是人类面临的最严重的污染，据世界卫生组织统计，现代人类疾病的 80% 都与空气污染有关。

空气污染分为室外空气污染和室内空气污染。第二次世界大战结束后，随着全球工业化进程加快，室外空气污染在全球得到了广泛的重视。但室内空气污染却直到 1980 年后才引起人们的注意。现在，由于人们对室内空气污染的认识加深，室内空气污染已经引起全球各国政府、公众和研究人员的高度重视，这主要是因为：

（1）室内环境是人们接触最频繁、最密切的环境。在现代社会中，人们约有 80% 以上的时间是在室内度过的，与室内空气污染物的接触时间远远大于室外。

（2）室内空气中的污染物的种类和来源日趋增多。由于人们生活水平的提高，家用燃料的消耗量、食用油的使用量、烹调菜肴的种类和数量等都在不断地增加；随着化工产品的增多，大量的能够挥发出有害物质的各种围护结构材料、装饰材料、人造板家具等民用化工产品进入室内。因此，人们在室内接触的有害物质的种类和数量比以往明显增多。据统计，至今已发现的室内空气中的污染物就有 3000 多种。

（3）围护结构密封程度的增加，使得室内污染物不易扩散，增加了室内人群与污染物的接触机会。随着世界能源的日趋紧张，包括发达国家在内的许多国家都十分重视节约能源。例如，许多内部空间都被设计和建造得非常密闭，以防室外的过冷或过热空气影响了室内的适宜温度；另外，使用空调的房间也尽量减少新风量的进入，以节省能量，这样严重影响了室内的通风换气。室内的污染物如果不能及时排出室外，在室内造成大量聚集，且室外的新鲜空气也不能正常地进入室内，除了严重地恶化室内空气质量外，对人体健康也会造成极大的危害。

至今，室内空气污染问题已成为许多国家极为关注的环境问题之一，室内空气质量的研究已经形成为建筑环境科学领域内的一个新的重要的组成部分。

4.3.3 调控原理与技术

为了有效控制室内污染、改善室内空气质量，需要对室内污染全过程有充分认识。

1. 污染物源头治理

从源头治理室内空气污染，是治理室内空气污染的根本之法。污染源头治理有以下几种：

（1）消除室内污染源

最好、最彻底的办法是消除室内污染源，比如，一些室内装修材料含有大量的有机挥发物，研发具有相同功能但不含有害有机挥发物的材料可消除装修材料引起的室内有机化学污染；又如，一些地毯吸收室内化学污染后会成为室内空气二次污染源，因此，不用这类地毯就可消除其导致的污染。

（2）减小室内污染源散发强度

当室内污染源难以根除时，应考虑减少其散发强度。譬如，通过标准和法规对室内装饰材料中有害物含量进行限制就是行之有效的办法。我国制定了《室内装饰装修材料 人造板及其制品中甲醛释放限量》GB 18580—2017，该标准规定了室内装饰装修材料中甲醛释放限量要求，对于建筑物在装饰装修方面材料使用做了一定的限定，同时也对装饰装修材料的选择有一定的指导意义。

（3）污染源附近局部排风

对一些室内污染源，可采用局部排风的方法。例如，厨房烹饪污染可通过采用抽油烟机解决，厕所异味可通过采用排气扇解决。

2. 通新风稀释和合理组织气流

通新风是改善室内空气质量的一种行之有效的方法，其本质是提供人所必需的氧气并用室外污染物浓度低的空气来稀释室内污染物浓度高的空气。

美国供暖、制冷与空调工程师学会（ASHRAE）和欧洲标准化委员会（CEN）相关标准中，给出了感知空气质量不满意率和新风量的关系，见图4-2。可见，随着新风量加大，感知空气质量不满意率下降。考虑到新风量加大时，新风处理能耗也会加大，因此，针对不同工程采用的新风量会有所不同。

3. 空气净化

空气净化是指从空气中分离和去除一种或多种污染物，实现这种功能的设备称为空气净化器。使用空气净化器，是改善室内空气质量、创造健康舒适的室内环境十分有效的方法。空气净化是室内空气污染源头控制和通风稀释不能解决问题时不可或缺的补充。此外，在冬季供暖、夏季使用空调期间，采用增加新风量来改善室内空气质量，需要将室外进来的空气加热或冷却至舒适温度而耗费大量能源，使用空气净化器改善室内空气质量，可减少新风量，降低供暖或空调能耗。

目前空气净化的方法主要有：过滤器过滤、吸附净化法、纳米光催化降解VOCs、臭氧法、紫外线照射法、等离子体净化和其他净化技术。图4-3为显微镜下过滤器纤维和颗粒物照片。

过滤器按照过滤效率的高低可分为粗效过滤器、中效过滤器、高效过滤器和静电集尘器。图4-4是几种常见过滤器的示意图。

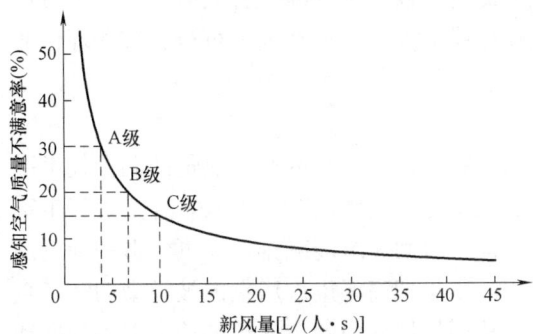

图 4-2 感知空气质量不满意率和新风量的关系

图 4-3 显微镜下过滤器纤维和
颗粒物照片

(a)

(b)

(c)

(d)

图 4-4 几种常见过滤器的示意图
（a）粗效过滤器；（b）中效过滤器；（c）高效过滤器；（d）静电集尘器

4.4 内部空间的通风及调控

对于所有固定的建筑，或低速运动的运载工具，通风具有重要的环境调控作用。一年四季中，内部空间所处的外环境变化很大，因其功能各有不同，任何单一的调控方式都有一定的适用范围。如空调只适合于室外炎热或寒冷的时候；室外凉爽宜人时开启空调费用高又不利于节能减排；某些工厂车间余热余湿粉尘排放大，应选择经济可行、节能环保的技术手段营造车间室内环境和改善工作条件。

4.4.1 内部空间通风的作用

所谓通风，就是把室外空气通过某种方式引入室内，改善室内空气质量的调控技术手段。其作用之一是，若室外空气温湿度处于舒适范围且较为清洁时，引入室外空气带走室内余热余湿，置换室内污浊空气，既可减少空调运行时间、节能减排，又可营造一种更加亲和自然、卫生、健康的居住环境。其另一作用，则是把高污染厂房室内被污染的空气直接或经净化后排至室外，把新鲜空气补充进来，从而保持室内的空气环境符合卫生标准和满足生产工艺的需要。

一般的民用建筑和一些发热量小而且污染轻微的小型工业厂房，通常只要求保持室内的空气清洁新鲜，并在一定程度上改善室内的小气候——空气的温度、相对湿度和流动速度。为此，一般只需采取一些简单的措施，如通过窗孔换气、利用穿堂风降温、使用电风扇提高空气的流速等。在这些情况下，无论对进风或排风，都不进行处理。

在工业生产的许多车间中，伴随着生产过程释放出大量的热、湿、各种工业粉尘以及有害气体和蒸汽。这种情况下如不采取防护措施，势必恶化车间的空气环境，危害工人的健康，影响生产的正常进行，损坏机具设备和围护结构；而且，大量的工业粉尘和有害气体排入大气，又必然导致大气污染，不仅影响周边群众的健康，也危及其他动物以及植物；何况有许多工业粉尘和气体又是值得回收的原材料。这时通风的任务，就是要对工业有害物采取有效的防护措施，以消除其对工人健康和生产的危害，创造良好的劳动条件，同时尽可能对它们回收利用，化害为利，并切实做到防止大气污染。这样的通风叫作"工业通风"。

可见，通风不仅是改善室内空气环境的一种手段，而且也是保证产品质量、促进生产发展和防止大气污染的重要措施之一。

4.4.2 调控类型及原理

1. 自然通风

自然通风是借助于自然压力——"风压"或"热压"促使空气流动的。

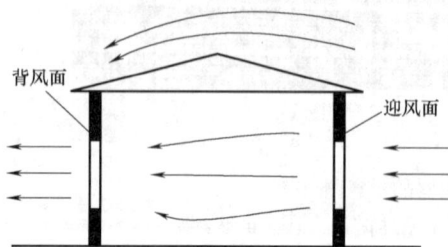

图4-5 利用风压所形成的"穿堂风"
进行全面通风的示意图

所谓风压，就是由于室外气流（风力）造成室内外空气交换的一种作用压力。在风压作用下，室外空气通过围护结构迎风面上的门、窗孔口进入室内，室内空气则通过背风面及侧面上的门、窗孔口排出。图4-5是利用风压所形成的"穿堂风"进行全面通风的示意图。

热压是由于室内外空气的温度不同而形成的重力压差。当室内空气的温度高于室外时，室外空气的密度较大，便从房屋下部的门、窗孔口进入室内，室内空气的密度小，则从上部的窗口排出。

在自然通风方式中，空气是通过围护结构的门、窗孔口进、出房间的，可以根据设计计算获得需要的空气量，也可以通过改变孔口开启面积大小来调节风量，因此称为有组织的自然通风，通常就简称自然通风。利用风压进行全面换气，是一般民用建筑普遍应用的一种通风方式。我国南方炎热地区的一些高温车间，很多也是以利用穿堂风为主来进行通风降温的。

同时利用风压和热压（图4-6）以及无风时只利用热压进行全面换气，是对高温车间防暑降温的一种最经济有效的通风措施，它不消耗电能，而且往往可以获得较大的换气量，应用非常广泛。

自然通风的突出优点是不需要动力设备，因此比较经济，使用管理也比较简单。缺点是：其一，由于作用压力较小，对进风和排风都较难进行处理；其二，由于风压和热压均受自然条件的约束，换气量难以有效控制，通风效果不够稳定。

2. 机械通风

机械通风是依靠风机产生的压力强制空气流动。机械通风可分为局部机械通风和全面机械通风。

图4-7表示在产生有害物的房间设置局部机械送风系统，而进风来自不产生有害物的邻室和由本房间自然进风。这样，通过机械排风造成一定的负压，可防止有害物向卫生条件较好的邻室扩散。在寒冷地区，冬季为保证室内要求的卫生条件，自然进风所消耗的热量应由供暖设备来补偿。如果该项热负荷较大，致使增设的供暖设备过多而在技术经济上不合理时，则应设置有加热处理的机械送风系统。这时为防止有害物向邻室扩散，可使机械进风量略小于机械排风量。

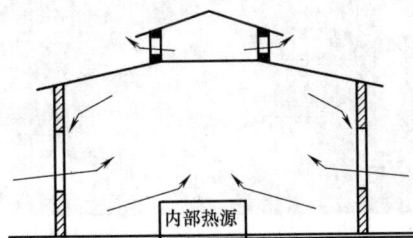

图4-6 利用风压和热压的自然通风　　　　图4-7 局部机械排风系统

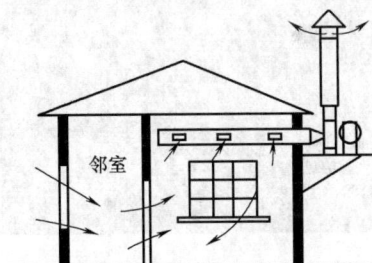

机械通风由于作用压力的大小可以根据需要确定，而不像自然通风受到自然条件的限制，因此可以通过管道把空气送到室内指定的地点，也可以从任意地点按要求的吸风速度排向被污染的空气，适当地组织室内气流的方向；并且根据需要可以对进风或排风进行各种处理；此外，也便于调节通风量和稳定通风效果。但是，风机运转时消耗电能，风机和风道等设备要占用一定的面积和空间，因而工程设备费和维护费较大，安装和管理都较为复杂。

应该指出，根据能量守恒与转化定律，机械送风的风机所消耗的电能，最终将会转化为空气的热能和动能排入大气损失掉。根据热力学第二定律，回收它要付出高昂代价，得不偿失，经济上不可行。对待工程问题，需要从正反两个方面辩证分析。

4.5 内部空间的光环境特性及调控

在信息年代，人们每天接收的信息成千上万，其中80%以上是靠眼睛获得的。舒适的光环境不仅可以减少人的视觉疲劳、提高生产效率，对人的身体健康特别是视力健康也有好处。但是，若光线不足、采光不合理则会导致工作效率的下降，甚至是事故的发生。因此，具备一定的光学基本知识是建筑环境与能源应用工程专业人员所必须的。

4.5.1 视觉与光环境的重要性

视觉就是辐射进入人眼所产生的光感觉而产生的对外界的认识理解，所以这个过程不仅需要外界条件对眼睛神经系统的刺激，而且需要大脑对由此产生的脉冲信号进行分析和判断。因此视觉不是简单的"看"，它包含着"看与理解"。视觉的形成既依赖眼睛的生理机能和大脑的视觉经验，又和照明状况密切相关。人的眼睛和视觉，就是长期在自然光照射下演变进化的。

舒适光环境的意义在于：对人的精神状态和心理感受都产生积极的影响。例如对于生产、工作和学习的场所，良好的光环境能振奋精神，提高工作效率和产品质量；对于休息、娱乐的公共场所，适宜的光环境能创造舒适、优雅、活泼生动或庄重严肃的气氛（图4-8）。

图4-8 营造的舒适内部空间光环境

舒适光环境的主要影响因素包括：照度、亮度、光色、周围亮度、视野外的亮度分布、眩光、阴影。

4.5.2 光环境的特性

1. 光的性质

光是一种电磁辐射形式的能源。这种能源是不同物质的原子结构作用而辐射出来的，并且这种能源在广泛的范围内起着作用。光是一种特殊的电磁辐射，它能被人的视觉所感知，但能够被人眼所感知的电磁辐射范围在整个电磁辐射光谱中只是非常狭窄的一部分，如图4-9所示。

2. 光通量

辐射体以电磁辐射的形式向四面八方辐射能量。单位时间内辐射的能量被称为辐射功率或者辐射通量 Φ。光通量是光源的辐射通量中可被人眼感觉的可见光能量，说明光源发光能力的基本量，单位为流明（lm）。它是描述光源基本特性的参数之一。如 100W 普通白炽灯发出的光通量为 1250lm，40W 日光色荧光灯发出的光通量为 2000lm。

3. 发光强度

光通量只是说明了光源的发光能力，并没有表示出光源所发出光通量在工件分布情况。例如同样是 100W 普通白炽灯，带有灯罩和不

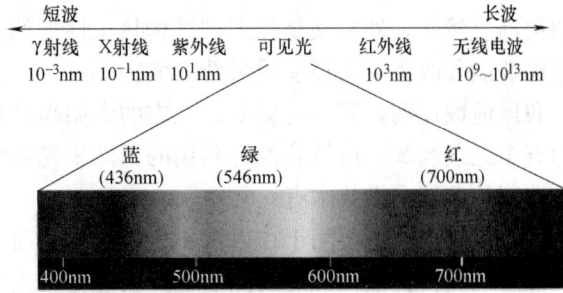

图 4-9 电磁辐射光谱

带灯罩在室内形成的光分布是完全不同的。因此，仅仅知道光源光通量是不够的，还必须了解表示光通量在空间分布状况的参数。

光源在某一方向的发光强度定义为光源在这方向上单位立体角内发出的光通量，单位为坎德拉（cd）。发光强度和光通量均是描述光源特性的参数，二者缺一不可。一只裸露的 40W 白炽灯发出的光通量为 350lm，它的平均发光强度为 $350/4\pi \approx 28cd$；若在其上加一白色搪瓷灯罩，灯的正下方发光强度能提高到 70~80cd；若配上一个聚焦合适的镜面反射灯罩，则灯下方的发光强度可以高达数百坎德拉。在后两种情况下，光源的光通量没有任何变化，只是光通量在空间的分布更为集中。

4. 照度

对于被照面而言，常用落在其单位面积上的光通量的数值表示它被照射的程度，这就是常用的照度，记作 E，表示被照面上的光通量密度。

照度的常用单位为勒克斯（lx），等于 1lm 的光通量均匀分布在 $1m^2$ 的被照面上。照度可以直接相加，几个光源同时照射被照面时，其上的照度为单个光源分别存在时形成的照度的代数和。

晴天中午室外地平面上的照度为 80000~120000lx；阴天中午地平面照度为 8000~20000lx；在装有 40W 白炽灯的台灯下看书，桌面照度平均值为 200~300lx；而月光下的照度只有几勒克斯。

5. 亮度

亮度是将某一正在发射光线的表面的明亮程度定量表示出来的量。在光度单位中，它是唯一能引起眼睛视感觉的量。虽然在光环境设计中经常用照度及照度分布（均匀度）来衡量光环境优劣，但就视觉过程说来，眼睛并不直接接受照射在物体上的照度的作用，而是通过物体的反射或透射，将一定亮度作用于眼睛。亮度又分为物理亮度和主观亮度。

4.5.3 光环境的调控技术

什么样的光环境能满足视觉的要求，是确定设计标准的依据。良好光环境的基本要素可以通过使用者的意见和反映得到。舒适光环境要素包括几方面：适当的照度或亮度水平、合理的照度分布、舒适的亮度分布、宜人的光色、避免眩光干扰、光的方向性和立体感。

1. 天然采光的调控技术

对于固定建筑，天然采光是对自然能源的利用，是实现可持续建筑的途径之一；天然

采光更能满足室内人员对于室外的视觉沟通的心理需求，从而更有利于工作效率和产品质量的提高。然而，外窗又是外围护结构热工性能的薄弱环节，所以利用自然光调控应该综合考虑节能和改善室内环境质量两方面。

我国地域辽阔，同一时刻南、北方的太阳高度角相差很大，为此在采光设计中将全国划为五个光气候区，可见各地可利用的天然采光资源差异巨大。

典型的天然采光技术有：

（1）单侧窗：适合用于在进深不大，仅有一面外墙的房间，以居住建筑居多。

（2）双侧窗：在相对两面侧墙上开窗能将采光增加一倍，同时缓和实墙与窗洞间的亮度对比。相邻两面墙上都开侧窗，在缓和墙与窗的对比上效果更加显著，但采光进深增加有限。

（3）矩形天窗：在单层工业厂房中，矩形天窗应用很普遍。矩形天窗实质上相当于提高位置的成对高侧窗（图4-10）。在各类天窗中，它的采光效率（进光量与窗洞面积的比）最低，但眩光小，便于组织自然通风。矩形天窗的采光效率决定于天窗与房间剖面尺寸，如天窗跨度、天窗位置的高低与天窗的间距、倾斜度。

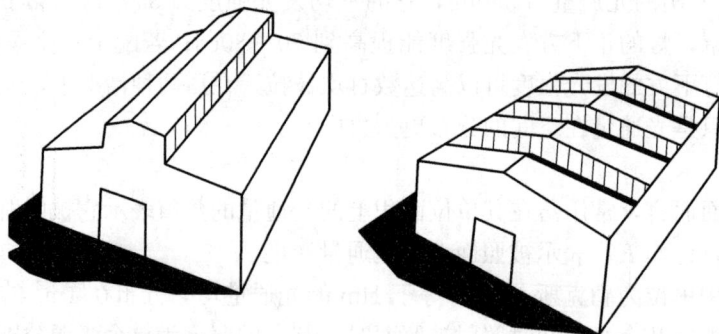

图4-10　矩形天窗的透视简图

（4）平天窗：平天窗的形式很多，其共同点是采光口位于水平面或接近水平面（图4-11）。因此，它们比所有其他类型的窗子采光效率都高得多，为矩形天窗的2～2.5倍。平天窗采用透明的窗玻璃材料时，日光很容易长时间照进室内，不仅产生眩光，而且夏季强烈的热辐射会造成室内过热，所以，热带地区使用平天窗一定要采取措施遮蔽太阳直射辐射，加强通风降温效果。

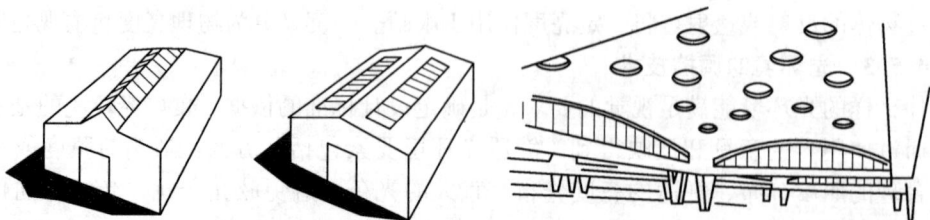

图4-11　平天窗

（5）采光新技术：近年来，研究人员对将昼光引进室内的新技术进行了许多研究，并出现了一些设计工程案例。其意义在于：第一，增加室内可用的昼光量；第二，提高离窗远的区域的昼光比例；第三，使原来不可能接收到天然光的地方也能接收天然光。

采光方法大体有三类：①利用镜反射表面，将日光反射到需要的空间。②通过设在屋顶上的定日镜跟踪太阳，将获取的日光汇集成光束，经过光学系统的多次反射、折射后，引入需要的空间，再经过漫射供室内环境照明。这种方法已在美国明尼苏达大学土木矿业馆作为试点，用作地下室的天然采光（图 4-12）。③通过光导纤维或导光管，将日光传送到需要照明的空间，甚至可以借助光导纤维"看"到室外景物。这种光导纤维，要能有效地长距离传送高度集中光通量才行。

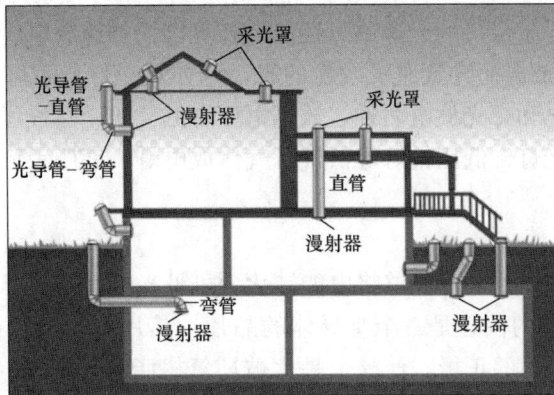

图 4-12　太阳光学系统为地下室提供天然光照明

2. 人工照明的调控

天然光具有很多优点，但它的应用受到时间和地点的限制。内部空间不仅在夜间必须采用人工照明，在某些场合，白天也需要人工照明。人工照明的目的是按照人的生理、心理和社会的需求，创造一个人为的光环境。人工照明主要可分为工作照明（或功能性照明）和装饰照明（或艺术性照明）。前者主要着眼于满足人们生理上、生活上和工作上的实际需要，具有实用性的目的；后者主要满足人们心理、精神上和社会上的观赏需要，具有艺术性的目的。在考虑人工照明时，既要确定光源、灯具、安装功率和解决照明质量等问题，还需要同时考虑相应的供电线路和设备。

人工光源按其发光机理可分为热辐射光源、气体放电光源及 LED 光源。

（1）热辐射光源

热辐射光源靠通电加热钨丝，使其处于炽热状态而发光。代表性的热辐射光源有：①普通白炽灯：白炽灯是一种利用电流通过细钨丝所产生的高温而发光的热辐射光源。它的灯丝亮度很高，易形成眩光。白炽灯也具有其他一些光源所不具备的优点，如：无频闪现象；高度的集光性，便于光的再分配；良好的调光性，有利于光的调节；开关频繁程度对寿命影响小；体积小，构造简单，价格便宜，使用方便等。所以普通白炽灯仍是一种广泛使用的光源。②卤钨灯：为避免普通白炽灯透光率下降的缺点，将卤族元素（如碘、溴等）充入灯泡内，它能和游离态的钨化合成气态的卤化钨。这种化合物很不稳定，在靠近高温的灯丝时会发生分解，分解出的钨重新附着在灯丝上，而卤族又继续进行新的循环，这种卤钨循环必须在高温下进行，要求灯泡内保持高温，因此，卤钨灯要比普通白炽灯体积小得多。

人工光源发出的光通量与它消耗的电功率之比被称作该光源的发光效率，简称光效，单位为 lm/W，是表示人工光源节能性的指标。白炽灯的光效不高，仅为 12～20lm/W，97％以上的电能都以热辐射的形式损失掉了。卤钨循环作用消除了灯泡的黑化，延缓了灯丝的蒸发，将卤钨灯的发光效率提高到 20lm/W 以上，寿命也延长到 1500h 左右。

（2）气体放电光源

气体放电光源是利用气体放电产生的气体离子发光的原理制成的（图 4-13）。弧光灯适用的填充气体范围从氢气到氙气，包括汞-氩气和钠-氩气；汞弧光是非常有效的紫外源，其大部分输出在紫外波段（特别接近 254nm）；氢和氘灯在紫外波段能产生强连续光谱，短波输出主要受限于窗口的光源透过性能；外界电场加速放电管中的电子，通过气体（包括某些金属蒸气）放电而导致原子发光的光谱，如荧光灯、汞、钠、金属卤化物灯气体放电有弧光放电和辉光放电两种，放电电压有低气压、高气压和超高气压三种。弧光放电光源包括：荧光灯、低压钠灯等低气压气体放电灯，高压汞灯，高压钠灯，金属卤化物灯。

（3）LED 光源

LED（发光二极管）是一种能够将电能转化为可见光的固态的半导体器件，它可以直接把电转化为光。LED 的核心是一个半导体的晶片，晶片的一端附在一个支架上，一端是负极，另一端连接电源的正极，使整个晶片被环氧树脂封装起来。其主要特点是节能、环保。白光 LED 的能耗仅为白炽灯的 1/10、节能灯的 1/4，不含铅、汞等污染元素，对环境没有任何污染；纯直流工作，消除了传统光源频闪引起的视觉疲劳，寿命可达 10万 h 以上（图 4-14）。

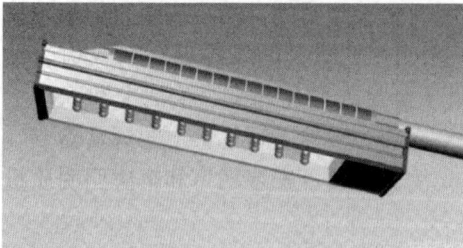

图 4-13　气体放电光源

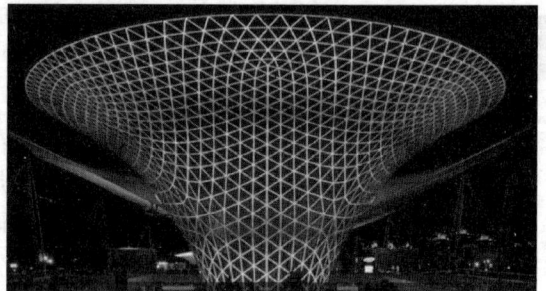

图 4-14　LED 光源的应用

4.6　内部空间的声环境特性及调控

4.6.1　声环境特性

1. 声音的基本特性

人耳能听到的声波频率范围为 20～20000Hz，低于 20Hz 的声波称为次声波，高于 20000Hz 的称为超声波。次声波和超声波都不能被人耳听到。它的基本特性由以下几个方面表征。

（1）声功率 W

声功率是指声源在单位时间内向外辐射的声能，单位为 W 或 μW。声源声功率有时指的是在某个频带的声功率，此时需注明所指的频率范围。一般人讲话的声功率是很小的，稍微提高嗓音时约 50μW；即使 100 万人同时讲话，其功率大小也只是相当于一个 50W 电灯泡。

（2）声强 I 与声压

声强是衡量声波在传播过程中声音强弱的物理量，单位是 W/m^2。声场中某一点的声强，是指在单位时间内，该点处垂直于声波传播方向上的单位面积所通过的声能。

人耳对声音是非常敏感的，人耳刚能听见的下限声强为 $10^{-12}W/m^2$，下限声压为 $2\times10^{-5}Pa$，称作可听阈；而使人能忍受的上限声强为 $1W/m^2$，上限声压为 20Pa，称作烦恼阈。可以看出，人耳的容许声强范围为 1 万亿倍，声压相差也达 100 万倍。同时，声强与声压的变化与人耳感觉的变化也是与它们的对数值近似成正比，因此引入了"级"的概念。

（3）级与声压级

所谓级是作相对比较的量。如声压以 10 倍为一级划分，声压比值写成 10^n 形式，从可听阈到烦恼阈可划分为 $10^0\sim10^6$，共七级。n 就是级值，但又嫌过少，所以以 20 倍之，把这个区段的声压级划分为 $0\sim120$dB。

（4）声源的指向性

声源在辐射声音时，声音强度分布的一个重要特性为指向性。当声源的尺度比波长小得多时，可以看作无方向性的"点声源"。当声源的尺度与波长相差不多或更大时，它就不能看作是点声源，而应看成由许多点声源组成，因而具有指向性。声源尺寸比波长大得越多，指向性就越强。

2. 听觉特性

尽管人对声音的主观要求是十分复杂的，与年龄、身体条件、心理状态等因素有着密切的关系。但最低的要求则是比较一致的，即想听的声音要能听清，不需要的声音则应降低到最低的干扰程度。

（1）人耳的频率响应

人耳对声音的响应并不是在所有频率上都是一样的。人耳对 $2000\sim4000$Hz 的声音最敏感；在低于 1000Hz 时，人耳的灵敏度随频率的降低而降低；而在 4000Hz 以上，人耳的灵敏度也随着频率的升高而逐渐降低。也就是说，相同声压级的不同频率的声音，人耳听起来是不一样响的。

（2）掩蔽效应

人耳对一个声音的听觉灵敏度因为另一个声音的存在而降低的现象叫"掩蔽效应"，听阈所提高的分贝数叫"掩蔽量"，提高后的听阈叫"掩蔽阈"。因此，声音能被听到的条件是这个声音的声压级不仅要超过听者的听阈，而且要超过其所在背景噪声环境中的掩蔽阈。一个声音被另一个声音所掩蔽的程度，即掩蔽量，取决于这两个声音的频谱、两者的声压级差和两者达到听者耳朵的时间和相位关系。

（3）双耳听闻效应（方位感）

同一声源发出的声音传至人耳时，由于到达双耳的声波之间存在一定的时间差、位相差和强度差，使人耳能够知道声音来自哪个方向，双耳的这种辨别声源方向的能力被称作方位感。方位感很强的声音更能吸引人的注意力，即使多个声源同时发声，人耳也能分辨出它们各自所在的方向。因此，往往声源方位感明显的噪声也更容易引起人心理上的烦躁，而无明确方位感的噪声则易被人忽略。所以，在利用掩蔽效应进行噪声控制时，应尽量弱化掩蔽声源的方位感。

（4）听觉疲劳和听力损失

人们在强烈噪声环境里经过一段时间后，会出现听阈提高的现象。即听力有所下降。如果这种情况持续时间不长，则在安静环境中停留一段时，听力就会逐渐恢复。这种听阈暂时提高，即听力下降，事后可以恢复的现象称为听觉疲劳。如果听力下降是永久性不可恢复的，则称为听力损失。一个人的听力损失通常用他的听阈比公认的正常听阈高出的分贝数表示。

4.6.2 噪声的分类与评价

1. 噪声源的分类

噪声按声音的频率可分为：小于 350Hz 的低频噪声、400～1000Hz 的中频噪声及大于 1000Hz 的高频噪声。

噪声按时间变化的属性可分为：稳态噪声、非稳态噪声、起伏噪声、间歇噪声以及脉冲噪声等。噪声有自然现象引起的，有人为造成的，故也分为自然噪声和人造噪声。

生活中的噪声来源如图 4-15 所示。

图 4-15 生活中的噪声来源

噪声按类型可分为：

（1）交通噪声：包括机动车辆、船舶、地铁、火车、飞机等发出的噪声。由于机动车辆数目的迅速增加，使得交通噪声成为城市的主要噪声来源。

（2）工业噪声：工厂设备产生的噪声。工业噪声的声级一般较高，对工人及周围居民带来较大的影响。

（3）施工噪声：主要来源于施工器具发出的噪声。其噪声的特点是强度较大，且多发生在人口密集地区，因此严重影响居民的生活。

（4）生活噪声：包括人们的社会活动和家用电器、音响设备发出的噪声。这些噪声级虽然不高，但由于和人们的日常生活联系密切，使人们在休息时得不到安静，尤为让人烦恼，极易引起邻里纠纷。

图 4-16 为噪声与健康的关系，并给出了常见场景下的分贝数。

2. 噪声的评价

噪声评价是对各种环境条件下的噪声做出影响评价，并用可测量计算的评价指标来表示影响的程度。

（1）A 声级 L_A（或 L_{pA}）

A 声级由声级计上的 A 计权网络直接读出，用 L_A 或 L_{pA} 表示，单位是 dB（A）。A

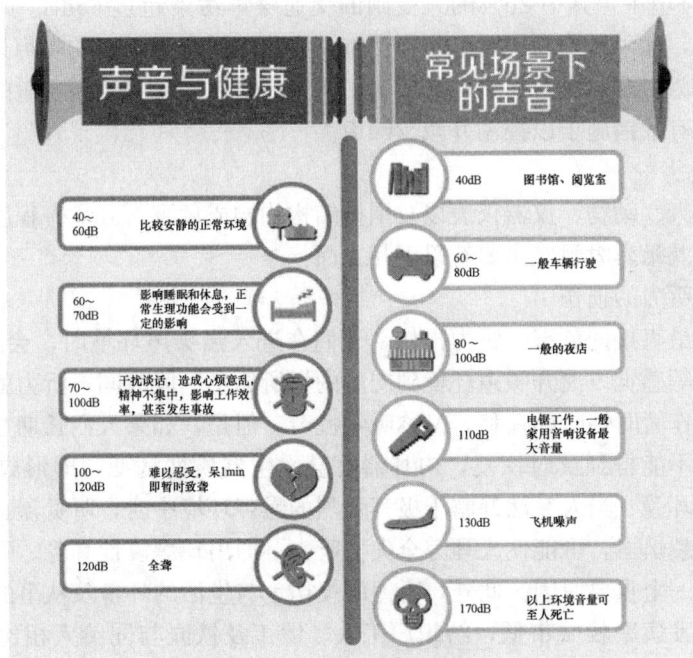

图 4-16　噪声与健康的关系

声级反映了人耳对不同频率声音响度的计权，此外 A 声级同噪声对人耳听力的损害程度也能对应得很好，因此是目前国际上使用最广泛的环境噪声评价方法。

（2）等效连续 A 声级

建立在能量平均概念上的等效连续 A 声级，被广泛地应用于各种噪声环境的评价，但它对偶发的短时的高声级噪声不敏感。一般噪声在晚上比白天更容易引起人们的烦恼。相关研究结果表明，夜间噪声对人的干扰约比白天大 10dB。

（3）累积分布声级 L

实际的环境噪声并不都是恒定的。对于随时间随机起伏变化的噪声（如城市交通噪声）如何评价呢？累积分布声级就是用声级出现的累积概率来表示这类噪声的大小。累积分布声级 L_x 表示 $X\%$ 测量时间的噪声所超过的声级。例如 $L_{10}=70dB$，表示有 10% 的测量时间内声级超过 70dB，而其他 90% 时间的噪声级低于 70dB。

4.6.3　噪声的控制与治理方法

随着近代工业的快速发展，全球环境污染也随之产生，噪声污染作为环境污染的一种，已经成为对人类的一大危害。噪声污染与水污染、大气污染被看成是世界范围内三个主要环境问题。物理上噪声是声源做无规则振动时发出的声音。在环保的角度上，凡是影响人们正常的学习、生活、休息等的一切声音，都称之为噪声。

1. 噪声污染现状

近年来，噪声污染在全球范围内都是有增无减。世界卫生组织 2023 年就全世界的噪声污染情况进行了调查，结果显示，美国等发达国家的噪声污染问题越来越严重，在美国，生活在 85dB 以上噪声污染环境中的居民人数在近 20 年来上升了数倍；在欧盟中的发达国家，40% 的居民几乎全天受到交通运输噪声污染的干扰，这些居民相当于每天生活在 55dB 的噪声环境中，其中 20％的人受到的交通噪声污染超过 65dB。此外，在发展中国家的一些城市，噪声污染问题也已相当严重，有些地区全天 24h 的噪声达到 75～80dB。世界卫生组织认为，全球噪声污染已经成为影响人们身体健康和生活质量的严重问题，呼吁各国积极采取有效措施予以控制并减少噪声。

2. 噪声的危害

噪声污染对人、动物、仪器仪表以及围护结构均构成危害，其危害程度主要取决于噪声的频率、强度及暴露时间。主要有以下几方面：

（1）噪声对听力的损伤

噪声对人体最直接的危害是听力损伤。人们在进入强噪声环境时，会感到双耳难受，甚至会出现头痛等感觉。离开噪声环境到安静的场所休息一段时间，听力就会逐渐恢复正常。这种现象叫作暂时性听阈偏移，又称听觉疲劳。但是，如果人们长期在强噪声环境下工作，听觉疲劳不能得到及时恢复，内耳器官会发生器质性病变，即形成永久性听阈偏移，又称噪声性耳聋。当人突然暴露于极其强烈的噪声环境中时，听觉器官会发生急剧外伤，引起鼓膜破裂出血，可能使人耳完全失去听力，即出现爆震性耳聋。噪声污染也是引起老年性耳聋的一个重要原因。此外，听力的损伤也与生活的环境及从事的职业有关，如农村老年性耳聋发病率较城市低，纺织厂工人、锻工及铁匠与同龄人相比听力损伤得更严重。

（2）噪声能诱发多种疾病

高强度的噪声，不仅损害人的听觉，而且对神经系统、心血管系统、内分泌系统、消化系统以及视觉、智力等都有不同程度的影响。因为噪声通过听觉器官作用于大脑中枢神经系统，以致影响到全身各个器官，故噪声除对人的听力造成损伤外，还会给人体其他系统带来危害。由于噪声的作用，使人急躁、易怒，产生头痛、脑胀、耳鸣、失眠、全身疲乏无力以及记忆力减退等症状。长期在高噪声环境下工作的人与低噪声环境下的情况相比，高血压、动脉硬化和冠心病的发病率要高 2～3 倍。

可见，噪声会导致心血管系统疾病。噪声也可导致消化系统功能紊乱，引起消化不良、食欲不振、恶心呕吐，使肠胃病和溃疡病发病率升高。此外，噪声对视觉器官、内分泌机能及胎儿的正常发育等方面也会产生一定影响。在高噪声中工作和生活的人们，一般健康水平逐年下降，对疾病的抵抗力减弱，易引发一些疾病，但也和个人的体质因素有关，不可一概而论。

（3）噪声对正常生活和工作的干扰

噪声对人的睡眠影响极大，导致多梦、易惊醒、睡眠质量下降等，突然的噪声对睡眠的影响更为突出。噪声会干扰人的谈话、工作和学习。实验表明，当人受到突然而至的噪声一次干扰，就要丧失 4s 的思想集中。使劳动生产率降低 10％～50％，分散人的注意力，导致反应迟钝、容易疲劳、工作效率下降、差错率上升，还会掩蔽安全信号，如报警信号和车辆行驶信号等，以致造成事故。

（4）噪声对动物的影响

噪声会对动物的听觉器官、视觉器官、内脏器官及中枢神经系统造成病理性变化。噪声对动物的行为有一定的影响，可使动物失去行为控制能力，出现烦躁不安、失去常态等现象，强噪声会引起动物死亡。鸟类在噪声中会出现羽毛脱落、产卵率下降等。

① 噪声对动物行为的影响和声致痉挛

实验证明，动物在噪声场中会失去行为控制能力，不但烦躁不安而且失却常态。如在165dB噪声场中，大白鼠会疯狂蹿跳、互相撕咬和抽搐，然后就僵直地躺倒。

② 噪声对动物听觉和视觉的影响

豚鼠暴露在150～160dB的强噪声场中，它的耳廓对声音的反射能力便会下降甚至消失。对在强噪声场中暴露后的豚鼠的中耳进行解剖表明，豚鼠的中耳和卵圆窗膜都有不同程度的损伤，严重时甚至可以观察到鼓膜轻度出血和裂缝状损伤。在更强噪声的作用下，豚鼠鼓膜甚至会穿孔和出现锤骨柄损伤。动物暴露在150dB以上的低频噪声场中，会引起眼部振动，造成视觉模糊。

③ 噪声引起动物的病变

豚鼠在强噪声场中体温会升高，心电图和脑电图明显异常。外观、皮下和四肢并无异常状况，但通过解剖检查却可以发现，几乎所有的内脏器官都受到损伤。两肺各叶均有大面积瘀血、出血和瘀血性水肿。在胃底和胃部有大片瘀斑，严重的呈弥漫性出血甚至胃黏膜破裂，更严重的则是胃部大面积破裂。盲肠有斑片状或弥漫性瘀血和出血，整段盲肠呈紫褐色。其他脏器也有不同程度的瘀血和出血现象。

④ 噪声引起动物死亡

大量实验表明，强噪声场能引起动物死亡。噪声声压级越高，动物因此死亡的时间越短。170dB的噪声大约6min就可能使半数受试的豚鼠致死。

（5）特强噪声对仪器设备和围护结构的危害

实验研究表明，特强噪声会损伤仪器设备，甚至使仪器设备失效。当噪声级超过140dB时，对轻质围护结构开始有破坏作用。例如，当超声速飞机在低空掠过时，轻质围护结构会受到不同程度的破坏，如出现门窗损伤、玻璃破碎、墙壁开裂、抹灰震落、烟囱倒塌等。由于轰声衰减较慢，因此传播较远，影响范围较广。此外，在建筑物附近使用空气锤、打桩或爆破，也会导致围护结构的损伤。

当噪声级超过150dB时，会严重损坏电阻、电容、晶体管等元件。当特强噪声作用于火箭、宇航器等机械结构时，由于受声频交变负载的反复作用，会使材料产生疲劳现象而断裂，这种现象叫作声疲劳。图4-17为智慧工地噪声扬尘监测系统示意图和实时监测图。

3. 噪声的防治

噪声对人的影响和危害跟噪声的强弱程度有直接关系。我国心理学界认为，控制噪声环境，除了考虑人的因素之外，还须兼顾经济和技术上的可行性。必须考虑噪声源、传声途径、受声者所组成的整个系统。控制噪声的措施可以针对上述三个部分或其中任何一个部分。

（1）噪声控制的内容

1）降低声源噪声，工业、交通运输业可以选用低噪声的生产设备和改进生产工艺，或者改变噪声源的运动方式（如用阻尼、隔振等措施降低固体发声体的振动）。

2）在传音途径上降低噪声，控制噪声的传播，改变声源已经发出的噪声传播途径，如采用吸声、隔声、声屏障、隔振等措施，以及合理规划城市和建筑布局等。

3）受声者或受声器官的噪声防护，在声源和传播途径上无法采取措施，或采取的声

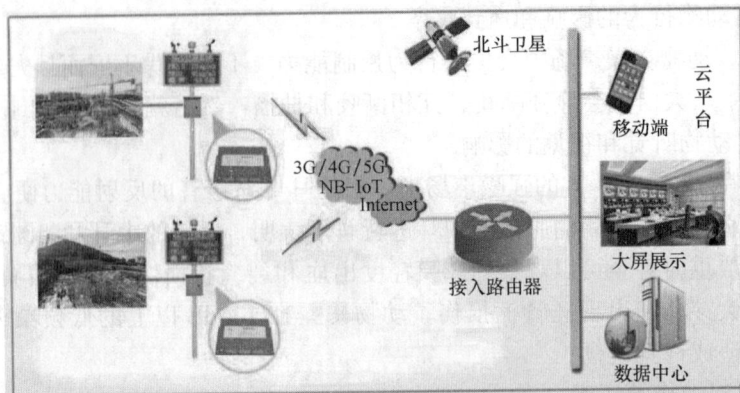

(a)

(b)

图 4-17　智慧工地噪声扬尘监测系统示意图和实时监测图

(a) 示意图；(b) 实时监测图

学措施仍不能达到预期效果时，就需要对受声者或受声器官采取防护措施，如长期暴露在噪声环境中的工人可以戴耳塞、耳罩或头盔等护耳器。

噪声控制在技术上虽然现在已经成熟，但由于现代工业、交通运输业规模很大，要采取噪声控制的企业和场所为数甚多，因此在防止噪声问题上，必须从技术、经济和效果等方面进行综合权衡。当然，具体问题应当具体分析。在控制室外、设计室、车间或职工长期工作的地方，噪声的强度要低；库房或少有人去车间或空旷地方，噪声稍高一些也是可以的。总之，对待不同时间、不同地点、不同性质与不同持续时间的噪声，应有一定的区别。

（2）防治噪声污染的一些办法

为了减小噪声而采取的措施主要是隔声和吸声。隔声就是将声源隔离，防止声源产生的噪声向室内传播。

1）声在传播中的能量是随着距离的增加而衰减的，使噪声源远离需要安静的地方，可以达到降噪的目的。

2）声的辐射一般有指向性，处在与声源距离相同而方向不同的地方，接收到的声强度也就不同。因此，控制噪声的传播方向（包括改变声源的发射方向）是降低噪声尤其是高频噪声的有效措施。

3) 建立隔声屏障，或利用天然屏障（土坡、山丘），以及利用其他隔声材料和隔声结构来阻挡噪声的传播。在围护结构中将多层密实材料用多孔材料分隔而做成的夹层结构，能起到很好的隔声效果。

4) 应用吸声材料和吸声结构，常用的吸声材料主要是多孔吸声材料，如玻璃棉、矿棉、膨胀珍珠岩、穿孔吸声板等。材料的吸声性能决定于它的粗糙性、柔性、多孔性等因素。

5) 在城市建设中，采用合理的城市防噪声规划。此外，对于固体振动产生的噪声采取隔振措施，以减弱噪声的传播。

6) 在马路两旁种树，对两侧住宅就可以起到隔声作用。固定建筑周围的草坪、树木等也都是很好的吸声材料，所以种植花草树木，不仅美化了人们生活和学习的环境，同时也防治了噪声对环境的污染。

思 考 题

1. 内部空间的环境包括哪些参数？不同功能用途的内部空间有何重要差异？

2. 内环境与外环境、围护结构特性及内部扰动条件有何关系？它们如何与社会总能耗及碳排放关联？

3. 内部扰动条件与内部空间的功能用途有何关联？

4. 热湿环境由哪些要素构成？空气的热湿环境的调控原理是什么？

5. 什么是内部空间的空气质量环境？调控的方法有哪些？

6. 通风对于调控哪些环境要素有帮助？通风的方式有哪些？

7. 光环境有哪些特点？光环境调控的方法和技术有哪些？

8. 声环境有哪些特点？

9. 声环境与围护结构、设备系统有何关系？调控的方法和技术有哪些？

第5章 人造空间的热湿声光环境调控工程

人类活动绝大部分在人造空间中进行，因此满足人类活动对内部环境的基本需要是本专业最重要的任务。人造空间冷热环境调控工程的基本内容包括空调工程、供暖工程、声光调控工程等。首先简单讲解人的热感觉和舒适感。

5.1 人的热感觉与舒适感

所谓热感觉，是指人对环境温度高低和冷热的感受；舒适感包括了热、光与声环境舒适感。

5.1.1 人对温度的感觉

人体皮肤组织结构复杂，存在一个缜密的为人体安全、健康服务的预警系统。外界作用在人的皮肤上会产生4种感觉：触感、痛感、冷感和温感；对应的感觉点分别为压点、痛点、冷点和温点（图5-1）。其中痛点最多最密，每 $1cm^2$ 的皮肤上平均有 $90\sim150$ 个痛点；其次是压点，每 $1cm^2$ 的皮肤上有 $6\sim23$ 个压点；再次是冷点，每 $1cm^2$ 的皮肤上有 $1\sim7$ 个冷点；温点的数量最少，每 $1cm^2$ 的皮肤上平均只有 $0\sim3$ 个温点。感觉点布局的多少体现了对人体安全的重要性，人类进化的自然选择可谓巧夺天工！

人类之所以可以通过皮肤感觉到外界环境的冷热，正是因为温度感觉点的大量存在。冷点感受到低于身体的温度时，向神经系统发出冷的信号，人这时就有冷感；温点感受到高于身体的温度时，向神经系统发出热的信号，人这时就有热感。其实根据身体部位的不同，冷点和温点的数量有着很大的差别。手掌上每 $1cm^2$ 的皮肤上平均有 $1\sim5$ 个冷点、0.4 个温点。但是在腿上，每 $1cm^2$ 却有 $6\sim17$ 个冷点、$0.3\sim0.4$ 个温点。

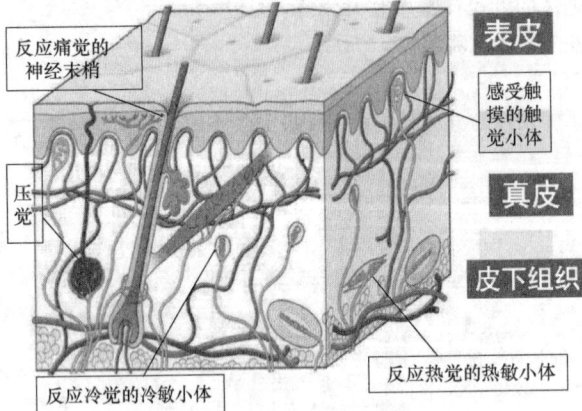

图 5-1 人皮肤上冷点和温点

读到这里，结合你的切身感受，你悟出什么了呢？对！冬天更怕冷。每当天气转凉的时候，人们就开始唠叨着"天气真冷"，比起炎热来说，人们对寒冷更为敏感。这不仅因为冷点比温点多，而且冷点比温点更接近皮肤表面，所以人们就对寒冷更加敏感。

5.1.2 人的热感觉

人是一种高度复杂的恒温动物，体温一般维持在 36.5℃左右。人对冷、热的感觉是由体表冷、热细胞感知，并向大脑中枢传送神经信号。图5-2为不同室温下人体温度分布情况。

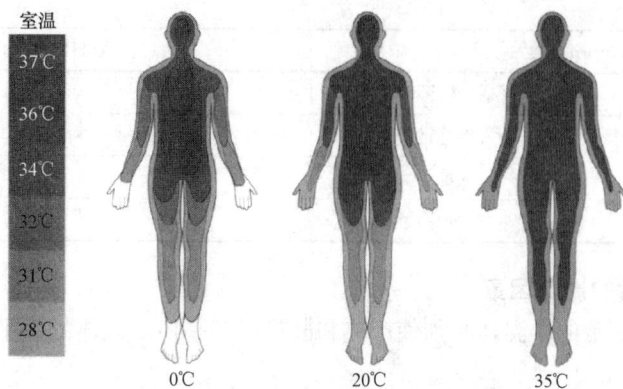

图 5-2　不同室温下人体温度分布情况

大脑接收热冷信号后，人体对热环境会做出相应的生理反应、生理调节、行为调节，以尽快适应环境。

(1) 生理调节：体内温度升高时，血液循环和心跳加快，皮肤表层血管膨胀，分泌汗液蒸发降温。体内温度降低时，皮肤表层血管收缩、减少出汗，以防止热量散失。人体所出的汗，是由汗腺分泌的，正常人约有两百万条汗腺（每平方厘米约 410 条汗管）。出汗分为：无感出汗（每天 0.6L 水）、有感出汗和泌离汗腺排汗。

(2) 行为调节：当人体生理调节仍然满足不了人体的要求时，人们可通过行为调节来适应热环境，包括增减衣服、开窗、开空调或暖气等。

尽管人体可通过生理调节来适应热环境，但调节具有一定的局限性。当体温升高到 40℃时，头脑开始不清楚，42℃时，皮肤有疼痛感。而体温下降到 33℃左右时，人体开始打寒颤，28℃开始失去知觉。人体在干热的空气中，可靠出汗维持生存；在空气温度为 100℃的环境中只可生存近 30min。需要指出，但凡需要靠生理调节，大脑就会有环境热不舒适的条件反射了。

5.1.3　人的热舒适

人体体内不断新陈代谢，不断发出热量。如果这种热量不能通过热传导、热对流和热辐射而及时散热的话，人体温度就会升高，从而让人感到不同程度的热。如果这种热量小于通过热传导、热对流和热辐射的散热量，人体温度就会下降，从而让人感到不同程度的冷。

人体通过自身的热平衡和感觉到的环境状况，综合起来获得是否舒适的感觉。舒适感觉是生理和心理上的。根据 ASHRAE 标准，热舒适被定义为人体对热环境表示满意的意识状态。Bedford 的七点标度把热感觉和热舒适合二为一，Gagge 和 Fanger 等均认为"热舒适"指的是人体处于不冷不热的"中性"状态，即认为"中性"的热感觉就是热舒适。表 5-1 为 Bedford 标度和 ASHRAE 标度。

Bedford 标度和 ASHRAE 标度　　　　　　　　　　　　　　　　表 5-1

Bedford 标度		ASHRAE 标度	
7	过分暖和	+3	热
6	太暖和	+2	暖
5	令人不舒适的暖和	+1	稍暖

Bedford 标度		ASHRAE 标度	
4	舒适(不冷不热)	0	中性
3	令人舒适的凉快	−1	稍凉
2	太凉快	−2	凉
1	过分凉快	−3	冷

5.1.4 热舒适的影响因素

人体为了维持正常的体温，必须使产热和散热保持平衡。人体的热平衡可以用式（5-1）表示：

$$M-W-C-R-E-S=0 \tag{5-1}$$

式中　M——人体能量代谢率，决定于人体的活动量大小，W/m^2；

　　　W——人体所做机械功，W/m^2；

　　　C——人体外表面向周围环境通过对流形式散发的热量，W/m^2；

　　　R——人体外表面向周围环境通过辐射形式散发的热量，W/m^2；

　　　E——汗液蒸发和呼出的水蒸气所带走的热量，W/m^2；

　　　S——人体蓄热率，W/m^2。

影响人体热舒适的主要因素包括以下几个方面：

（1）空气温度

空气温度是影响人体热舒适的主要因素，它直接影响人体通过热对流及热辐射的显热交换。人体对温度的感觉相当灵敏，如夏天气温高 2℃，人体就会明显感觉比前一天热多了。

（2）空气湿度

空气湿度增加，一方面会导致皮肤表面的汗液蒸发能力较弱，人体热量不易散发；另一方面人体单位表面积的蒸发换热量下降会导致蒸发换热的表面积增大，从而增加人体的湿表面积，即增加了皮肤的湿润度，被感受为皮肤的"黏着性"的增加从而导致了热不舒适感。

（3）空气流速

在炎热环境中，空气流动能为人体提供新鲜的空气，并在一定程度上加快人体的对流散热和蒸发散热从而增加人体的冷感，提供冷却效果，使人体达到热舒适。显然，在寒冷环境中，空气流速的增加会带来极不舒适感。空气流速除了影响人体与环境的显热和潜热交换速率外，还影响人体的皮肤触觉感受，人们把这种气流造成的不舒适感觉叫作"吹风感"。

（4）辐射温度

温度在绝对零度以上的一切物体都发出辐射，人在室内与室内各物体之间存在着辐射热交换。对于大多数房间来说，环境辐射温度都会或多或少有一些不均匀。例如，由于窗的保温一般比墙体保温差，所以坐在窗前的人，会明显地感到身体局部受到来自窗户表面的冷热辐射。若读者有机会到帐篷之类的内部空间里去感受一下炙烤的感受，理解就更加深刻了。

（5）大气压力

大气压力既影响对流换热又影响蒸发速率。当环境压力下降时，其对流换热量略有减少，故满足舒适要求的环境温度可能有所下降；除此之外，按质传递理论，低气压有利于蒸发，故满足舒适要求的环境温度略有上升。具体的人体舒适温度的变化是二者综合作用的结果。

（6）人体的能量代谢率

人体的能量代谢率即人体新陈代谢反应过程中能量释放的速率。人体的能量代谢率受到多种因素的影响，如肌肉活动强度、环境温度、性别、年龄、神经紧张程度、进食后时间的长短等。其中肌肉活动强度对代谢率起决定性的影响。当人进行1000m长跑时，为什么会大汗淋漓？因为这时人体的代谢率达到了3MET以上，只有通过排汗来排出热量。

（7）服装热阻

通过增减衣服、改变着装类型可以适应环境，这是每个人的生活常识。在皮肤和人体最外层衣服表面之间的热传递很复杂，它包括介于空间内部的热对流和热辐射过程，以及通过衣服本身的热传递，因此衣服热阻也是影响人体热舒适性的重要因素。一般用服装热阻（单位：clo）来说明着装人体通过皮肤向衣服外层散热的总传热阻力，1clo的定义是一个静坐者在21℃空气温度、空气流速不超过0.05m/s、相对湿度不超过50%的环境中感到舒适所需要的服装热阻，相当于内穿衬衣外穿普通外衣时的服装热阻，即$0.155m^2 \cdot K/W$。夏季服装一般为0.5clo，冬季一般为1.5～2.0clo。

（8）其他因素

还有一些因素普遍被人们认为会影响人体的热舒适感。例如年龄、性别、季节、人种等。

5.1.5 视觉与听觉的舒适

1. 视觉舒适

视觉健康舒适度是通过生理指标，客观评价光和光介质对人体视觉系统影响的评价体系。其目标是使人体视觉系统能够维持预定的工作状态，保持生理机能正常，使光设计和光应用满足人体在生理与心理方面的健康安全需求。

在任何环境中，人们安全舒适地做好任何工作是必要的。从简单的安全行走，到进行一些视觉要求较高的活动都是如此。如博物馆复原工作，文字和色彩精度很重要。为更好"看"，就需要充足的光线，但又不能太强。视野范围内很强的光源会导致眩晕，以致视觉不适甚至失明。

空间内部照明提供几项功能：使工作进行、人员安全行动，也可以用来引起注意或是制造气氛。尽管如此，对空间视觉的主观反应取决于更多的因素，就像形容光照空间的词汇一样多种多样："明亮""昏暗""阴沉""低亮度"和"高亮度"。

2. 听觉舒适

人对外部世界信息的感觉，大约30%是通过听觉得到的。在营造理想的居住或工作环境时，听觉舒适是不可忽视的一环。除了视觉上的美观与功能的便捷，一个和谐宁静的听觉氛围能显著提升居住者的心情与健康。通过采用隔声材料可以减少外界噪声干扰，如交通声、施工声等，同时巧妙运用自然声元素（如潺潺水声、轻柔风声等）作为背景音，可以营造一种宁静而又生机勃勃的听觉体验。此外，适宜的音量控制与音乐播放，既能调节情绪，又能促进工作与学习的效率，让人们在繁忙之余也能享受一份心灵的宁静与舒适。

5.2 空调工程

5.2.1 空气调节

空气调节简称空调，指在某一特定空间或房间内，对空气温度、湿度、洁净度和空气流动速度等进行调节与控制，以满足人们工作、生活和工艺生产过程的要求。而空调系统是指为了达到一定温湿度等参数要求而需要采用空调技术的室内空间及其所使用的各种设备和管网的总称。

空气调节应用于以人为主的室内环境调节称为"舒适性空调"，而应用于工业、医疗及科学实验过程一般称为"工艺性空调"。

工艺性空调是为生产工艺过程或设备运行创造必要环境条件的空调系统。由于工业生产类型及各种高精度设备运行条件不同，因此工艺性空调的功能、系统形式等也有很大差别，如：以高精度、恒温、恒湿为特征的精密机械及仪器制造业的生产过程，为避免元器件由于温度变化产生胀缩及湿度过大引起表面锈蚀，一般严格规定环境的基准温度和相对湿度。而在电子工业中，除有一定的温湿度要求外，尤为重要的是保证室内空气的清洁度。

舒适性空调是为室内人员创造舒适健康环境的空调系统。其室内空气计算参数是根据满足人体热舒适的需求确定，对空调精度没有严格的要求，如民用建筑、飞机、列车、汽车等场合的空调系统。

5.2.2 空调发展史

伴随着科技的进步，建筑由初期简单的庇护所逐步发展成舒适性建筑、节能型建筑、健康建筑、可持续性建筑以及绿色建筑——在建筑的全寿命周期内，最大限度地节约资源，保护环境和减少污染，为人们提供健康、适用和高效的使用空间，与自然和谐共生的建筑，空调的发展也可分成三个历程：

（1）早期空调方法

通风：靠建筑能工巧匠凭经验设计获得自然通风。

制冷：1815 年，美国波士顿的 Frederic Tudor 开始用船向温暖地区运天然冰。1864年该业务遍布南美地区，以及中国、菲律宾、印度和澳大利亚等国家。

（2）机械空调出现

机械空调的出现主要经历了以下发展历程：

1805 年，蒸汽压缩制冷被提出；

1834 年，出现了蒸汽压缩制冷机械模型；

19 世纪 50 年代初，做了进一步的蒸汽压缩制冷实验；

1867 年，在圣安东尼奥建成蒸汽锅炉驱动的制冷装置；

19 世纪 90 年代，出现最早的电动压缩机；

19 世纪 90 年代，蒸汽发动机成为制冷和通风（离心风机）的动力系统；

19 世纪 90 年代，制作成了由风机和喷水室组成的空调系统；

1900 年，已经正式使用并制作出机械冷却空气的系统；

1900 年以后，热风系统出现，与冷风系统合并；

1900—1909年，美国印刷厂采用风机和喷水室组成的空调系统，应用于工业建筑。

1902年，美国人开利（Willis Haviland Carrier）为萨克斯·威廉斯印刷出版公司安装了世界上第一台空气调节系统。

1921年，美国工程师威利斯·开利研制出了第一台离心式冷水机组，适用于大型空间的制冷。1925年，纽约市百老汇的Rivoli电影院首次将空调应用于剧院，提升了观众的热舒适体验（图5-3）。当时，人们对科技进步惊叹不已，纷纷排队购票体验在人造清凉环境中欣赏电影艺术的美妙感受。

图5-3 观众排队进入装有空调的Rivoli电影院

（3）现代空调技术

现代空调技术的发展经历了几次洗礼：①20世纪50年代，高层建筑热；②20世纪70年代，石油危机；③20世纪80年代，新技术革命（第三次浪潮）；④20世纪90年代，信息革命。空调工程已经渗透到社会各个领域的内部空间中，如：

工业建筑：电子、精密仪器、纺织、烟草、音像制品、制药、化工、生物等工业产品生产所需的工业建筑，需要空调系统进行工艺环控（图5-4）。

图5-4 工业建筑中的空调与能源需求

商用建筑：商场、影剧院、体育馆、酒店、餐馆等建筑需要提高人群的舒适性，并提升环境品位，吸引顾客（图5-5）。

居住建筑：宾馆客房、住宅、医院病房、幼儿园——为了居住者的舒适。

运载工具：飞机、船舶、火车、地铁、汽车等——为了乘客的舒适与健康（图5-6）。

图 5-5　星级酒店大堂

图 5-6　机场大厅

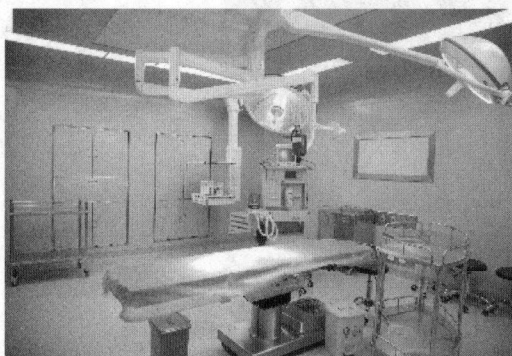

图 5-7　医疗手术室——需要洁净度极高的空气环境

特殊用途建筑：手术室、实验室、果菜储藏室、温室，以及宇航、军事、核能等领域的建筑需要满足特殊用途和环控要求（图 5-7）。

5.2.3　空调工程的系统类型

目前空调系统种类繁多，常用分类有两种方法，根据空气处理设备的集中程度可分为集中式、半集中式和分散式空调系统。根据负担室内负荷所用的介质种类可分为全空气系统、全水系统、空气-水系统和冷剂系统。每种系统都有各自优势、不足之处和适应范围，随着应用对象不同有不同的形式。一个典型的空调系统应由空调冷热源、空气处理设备、空调风系统、空调水系统及空调自动控制和调节装置五大部分组成（图 5-8），更系统的知识由后续课程介绍。

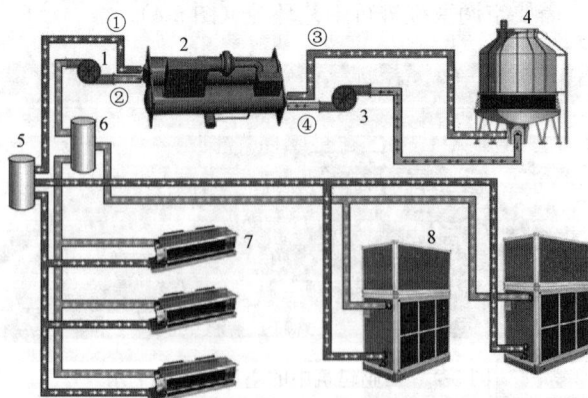

1—冷冻水泵；　2—中央空调主机；　3—冷却水泵；　4—冷却塔；
5—分水器；　6—集水器；　7—风机盘管；　8—空气处理机；
①—冷冻水供水(7℃)；　②—冷冻水回水(12℃)；
③—冷却水回收(37℃)；　④—冷却水供水(32℃)

图 5-8　集中式空调系统工作原理图

5.3 供暖工程

供暖又称采暖，是指向内部空间供给热量，以保持一定的室内温暖环境。

5.3.1 建筑供暖的发展史

用火取暖，早在原始社会初期就有（图5-9、图5-10）。火种的发明，一是为了烧煮食物，二是为了冬天取暖。古人为了随意挪动火堆、保存火种，便把火种放在烧制的陶器里，这个陶器就叫"炉"或"灶"。古时人们取暖多用木炭，一般人家都有炭盆，比较讲究的炭盆是用铜或铁制成的，普通的是用泥土烧制的炭盆。

图5-9　原始时代生活取暖

图5-10　古希腊人的供暖方式

到了唐代，人们用金属制成的"手炉"和"脚炉"取暖。"手炉"呈椭圆形，里面放木炭或尚有余热的灶炭，炉外加罩，可以放在袖子里取暖。"脚炉"即"暖足瓶"，俗称"汤婆子"，里面灌上热水，睡觉时放在被窝里。宋代黄庭坚有"千金买脚婆，夜夜睡天明"的诗句，指的就是这种暖具。

至于"火炕"，其历史已有2000年以上了，《诗经·小雅》记载："炕火曰炙"意思是举物放在火上烤炙，但与后世的火炕不尽相同。火炕源于古代的"火窝子"，也叫"烧地卧土"。因为古人在农垦、耕种、游牧、狩猎时，常常在野外露宿，就地掘土挖炕，炕内点燃柴草，待柴草燃尽炕受热后，铺上兽皮、草叶睡觉。这样，"火窝子"既可取暖，又可防止野兽偷袭。因为野兽看见土坑，疑是陷阱，畏退不前。《汉书》中记载：苏武在匈奴牧羊十九年，凿地为坑，置火度日，睡的就是"火窝子"。以后，随着人们住所的安定，"火窝子"就跟着人们进了村舍。

"火窝子"演变为火炕，可能经历了漫长的过程。因为当时生产力低下，人们与"火"相依为命，时时离不开它，所以就想办法研究改进：第一阶段人们垒土为洞，支撑天然石板，防止火光外溢，免得酿成火灾；第二阶段和做饭的锅灶相连；第三阶段火炕后端加上烟囱，防止烟气呛人；第四阶段给火炕前后两端加了"落火膛"，增加了燃料二次燃烧和防止倒烟的设施，这时火炕已基本完备（图5-11）。

在古时候的北方，不仅平民百姓睡火炕，就是皇宫中也使用火炕。北京故宫的储秀宫是慈禧太后曾经居住的地方，屋里就建有火炕。火炕除供取暖睡觉外，还有医治风湿性关节炎的理疗作用，并可应用到农业生产上。最早的暖窖，就与火炕有关。用火炕培育地瓜

图 5-11　火炕

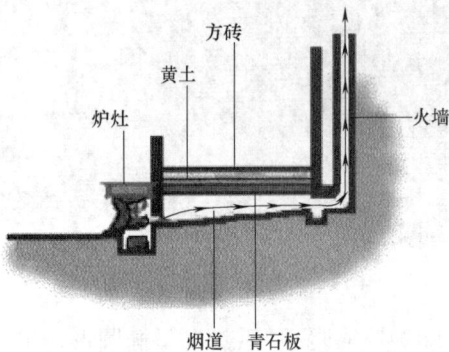

图 5-12　火墙及其构造

秧苗的方法，在辽宁、山东、河南等地至今仍很流行。火墙及其构造则见图 5-12。

提到暖气，人们以为是从西方传进我国的，其实，早在 100 多年前，我国就用暖气来取暖了。清代《野语》一书中曾有记载：武林（杭州）有公馆一座，中有暖宫两楹，地铺方砖，其下承以锡槽，天寒则自外注灌热水，暖气上达，举座皆温。书中所说的暖气，取暖原理与今天的暖气基本相同。

1909 年，时任中国地学会首任会长的张相文从自然地理分区角度，提出将秦岭-淮河作为中国南北的分界线。它是中国地理气候的分界带，秦岭对冷热空气有阻挡作用，南方处于温带季风与亚热带季风气候，冬天最低气温不低于－5℃，且低温时间持续较短。划这条分界线的初衷，是为当地建筑和农作物种植作参考。20 世纪 50 年代，在"能源奇缺"背景下，我国以秦岭-淮河为界，划定北方地区为集中供暖区域。

每到冬季，我国北方地区（尤其东北、西北、华北地区）天气寒冷且持续时间较长，为保障人民群众的正常生活和工作必须对室内供暖。因此，北方地区冬季供暖多以集中供热方式为主（图 5-13），而南方地区冬季供暖多以家用空调、电暖器制热为主（图 5-14）。随着经济的发展和人民生活水平的提高，南方地区冬季供暖越来越普遍，且出现了一些集中空调和供暖乃至生活热水一体化供应的大型工程。

5.3.2　集中供热工程

集中供热工程的系统由热源、热网和热用户三部分组成。

1. 热源

集中供热系统的热量主要由燃料燃烧产生，将热媒（水或蒸汽）加热后向热用户供热。锅炉是集中供热系统中的热源设备，根据供热介质不同，可分为热水锅炉及蒸汽锅炉（图 5-15）。此外，热源也可利用太阳能、核能、电能及工业余热。在供热系统中，热源设备相当于人的"心脏"。

图 5-13　集中供热系统

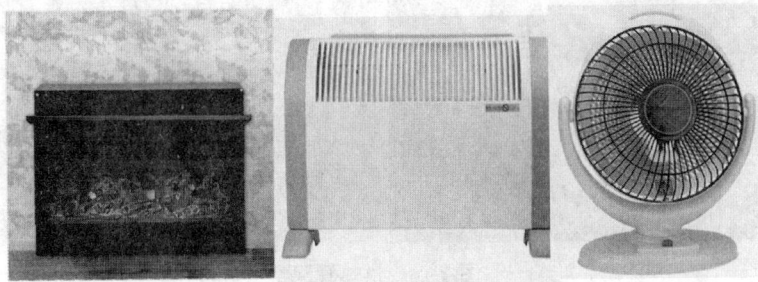

图 5-14　不同形式的电暖器

图 5-15　供热热源

2. 热网

热网由输热干线、配热干线/支线等组成。输热干线从热源引出，一般不接支线；配热干线从输热干线或直接从热源引出，通过配热支线向用户供热，其作用是通过管路源源不断地向热用户输送热量，它们相当于人的"动脉及毛细血管"。供热管有地下敷设和地上敷设两种方式（图 5-16）。

图 5-16　供热管网

3. 热用户

集中供热系统的热用户有供暖、通风、热水供应、空气调节、生产工艺等用热系统。散热器向房间散热以补充房间的热损失从而保持室内所要求的温度。它将供暖系统的热媒（蒸汽或热水）所携带的热量，通过散热器壁面传给房间。目前，市场常见的散热器类型为铸铁散热器、钢制散热器、铝制散热器（图 5-17～图 5-19）。

不同形式集中供热系统（连接方式）示意图见图 5-20～图 5-23。

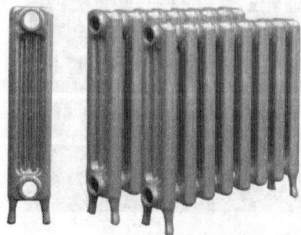

图 5-17　铸铁散热器　　　　图 5-18　钢制散热器　　　　图 5-19　铝制散热器

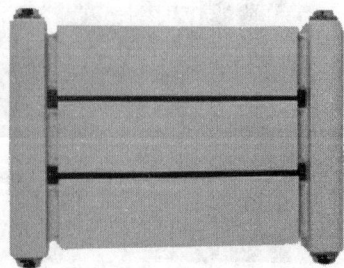

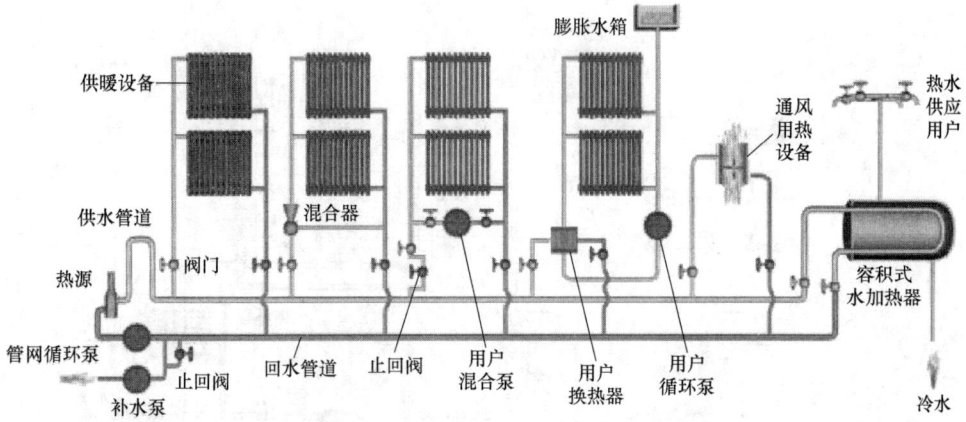

图 5-20　热水管网与用户的连接方式

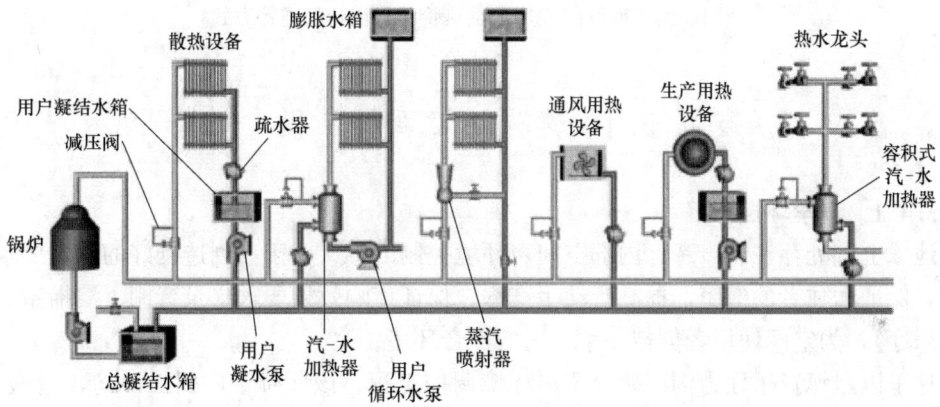

图 5-21　蒸汽供热管网与用户的连接方式

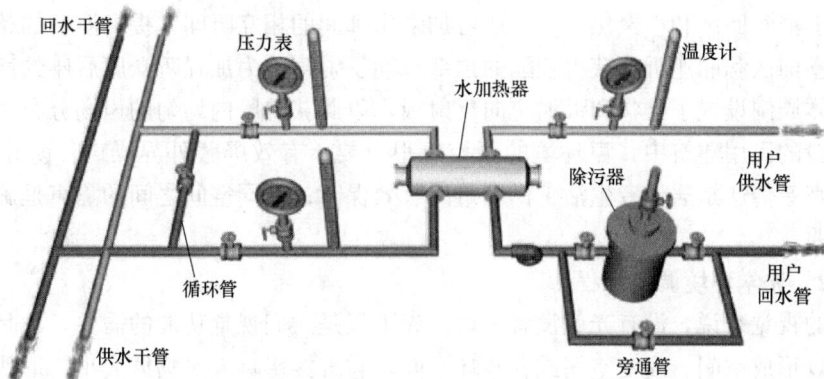

图 5-22　设水-水加热器的间接连接方式

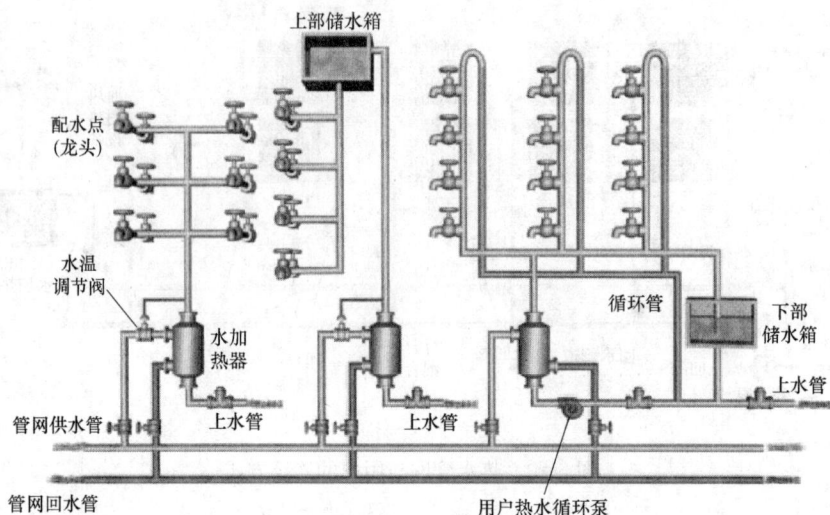

图 5-23 双管闭式热水供热管网与用户的连接方式

5.4 声光环境调控工程

5.4.1 声学环控工程

地球上到处存在着声音。内部空间声环境控制的意义在于：创造良好的满足要求的声环境，保证居住者的健康，提高劳动生产率，保证声响效果要求（录音棚、演播室、高保真音乐厅），为空间使用者创造一个合适的声音环境。

这里以星海音乐厅为例简要介绍声环境调控工程。该厅位于广州二沙岛，造型奇特，犹如江边欲飞的天鹅，与蓝天碧水浑然一体。交响乐大厅是星海音乐厅的主体，大厅采用"葡萄园"形的配置方式，在演奏台四周逐渐升起的部位设置听众席，缩短了后排听众至演奏台的距离，确保在自然声演奏的条件下，有足够强的声响度。为了营造更好的声环境，在演奏台上悬吊了 12 个弦长 3.2m、曲率半径为 2.6m 的球切面反射体（图 5-24），其目的除了消除回声和声聚焦以外，还可加强乐师间的相互听闻，提高演奏的整体性。同时也使堂座前区和厢座听众获得较强的顶部早期反射声。为加强听众席后座的声强，在球切面反射体周围设置了锥状和弧形定向反射板，以此获得厅内均匀的声场分布。

在一般的民用建筑中，声环境的调控也很重要。有效屏蔽外界噪声，防止建筑中设备、管道声音传递是居住者生活工作质量的有效保障；不同空间之间的隔声是确保私密性的基本需要。

5.4.2 光学环境调控工程

就人的视觉来说，没有光就没有一切。光不仅是人们视觉功能的需要，也是审美的载体。光可以形成空间、改变空间或者破坏空间，它直接影响人对物体大小、形状、质地和色彩的感知。

上海金茂大厦在光环境设计上就有其独特的考虑。其中的金茂君悦大酒店拥有高达

98

图 5-24 演奏台悬吊 12 个球切面反射体

152m 的中庭，也是世界上最高的中庭之一，身临其境，向上仰望，层层优雅地被金黄色灯光勾勒出的呈 360°弧形、叠叠上升的线条，犹如古代的宝塔，给人祥和吉庆之感，令人叹为观止（图 5-25）。

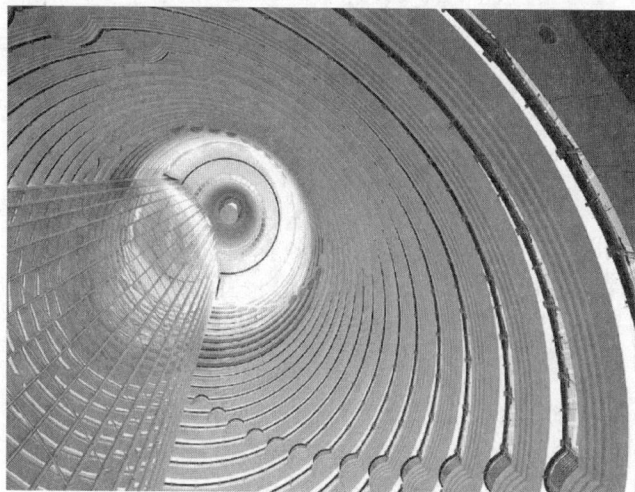

图 5-25 金茂君悦大酒店中庭

内部空间光环境营造技术有两种，一是自然采光，二是人工照明。天然光源光谱连续、亲和力强、生态环保，可满足人的心理和生理需要。人工光源可控性好，但能源消耗大。由于建筑需要全天候使用，且现代建筑体量越来越大，纯粹的自然采光很难满足光环境的需求，往往需要两种技术相结合。

因此，营造令人满意的室内光环境，需要充分利用自然采光，合理设计高效节能的人工照明系统，避免过高的能源消耗，这是一门很深的学问，有待深入学习。

思 考 题

1. 为什么热湿声光环境调控是最基本的？空间站是否需要？
2. 人为什么对冷特别敏感？
3. 人在什么状态下会向中枢神经发出热不舒适的条件反射？
4. 人适应环境的生理调节和行为调节方式有哪些？
5. 空间站中的宇航员的人体热平衡方程与在地球上的建筑中的有何不同？
6. 影响热舒适的因素有哪些？
7. 现代空调包括哪些类型？
8. 集中供热工程由哪些主要部分组成？
9. 大型声光调控工程对于哪些建筑最有必要？

第6章 人工环境的健康与安全工程

在人类固定建筑漫长的发展演进过程中，随着建筑的体量越来越大，密闭性越来越好，建筑围护材料越来越丰富，人类活动对其依赖度越来越高，内部环境的健康与安全问题逐渐暴露出来。在无数次人类生命、财产付出惨痛代价的过程中，固定建筑室内环境的健康与安全问题才日益受到重视。在固定建筑发展的历史长河中积累的经验，为近百年迅猛发展的、速度越来越快、运人载物的空间体积越来越大、离地球越来越远的运载工具，在人工环境安全方面提供了前车之鉴。

6.1 人工环境的健康

6.1.1 室内空气质量与健康

室内空气质量一般以室内各种污染物浓度指标高低来衡量。现代建筑采用的大量装饰材料，各种涂料、油漆，办公家具和工作设施等，都会散发大量污染物。室内污染物主要有游离甲醛、苯、氨和 TVOC（有机挥发物）等。由于现代空调供暖空间密闭性好，污染物排出困难、浓度不断升高，加之通风系统的二次污染、交叉扩散，人们长时间在这样的环境生活工作，就会产生严重的健康问题，一般可分为 2 大类：病态建筑综合征和建筑并发症。

1. 病态建筑综合征

病态建筑综合征（Sick Building Syndrome，SBS）是发生在建筑物中的一种对人体健康的急性影响，由建筑物的运行和维持期间与它的最初设计或规定的运行程序不协调所引起的。不良的室内空气质量，再加上工作所带来的社会心理的压力，使得生活在中央空调房间的人容易患上病态建筑综合征。病态建筑综合征的有关症状包括：眼睛不适、鼻腔及咽喉干燥、全身无力、容易疲劳、经常发生精神性头痛、记忆力减退、胸部郁闷、间歇性皮肤发痒并出现疹子、头痛、嗜睡、难以集中精神和烦躁等。但当患者离开该建筑时，其症状便会有所缓和，有的甚至会完全消失。

导致病态建筑综合征的原因多种多样。其中，不良的室内空气质量是一个非常重要的因素。室内存在着各种各样的室内空气污染源：首先，最主要的是建筑材料，包括砖石、土壤等基本建材，以及各种填料、涂料、板材等装饰材料，它们能产生各种有害有机物、无机物，主要包括甲醛、苯系物及放射性元素氡；其次，室内设备、用品在使用过程中释放出来的有害气体，如复印机等带静电装置的设备产生的臭氧，燃料燃烧及烹调食物过程中产生的烟气，使用清洁剂、杀虫剂等所产生的有机化学污染物；最后，人体自身的新陈代谢及人类活动的挥发成分。例如：夏天易出汗，会把皮肤中的污物带入空气中；冬天空气干燥，人体会生成较多的皮屑和头屑；入夜安睡后卧室里充满了 CO_2。上述污染物在室内空气中的含量通常是很低的，但如果逐渐积累形成一种积聚效应，就会诱发病态建筑综合征。

中央空调的使用，导致室内污染物循环积累，增加病态建筑综合征发生的概率。据统计，在有空调的密闭室内，5～6h 后，室内氧气下降 13.2%，大肠杆菌升高 1.2%，红色霉菌升高 1.11%。白喉杆菌升高 0.5%，其他呼吸道有害细菌均有不同程度的增加。

虽然病态建筑综合征不会危害生命或导致永久性伤残，但其对受影响的居民，以及他们所工作的机构均有着重大的影响。病态建筑综合征往往会导致较低的工作效率和较高的缺勤率，并会导致员工的流失率增加。此外，公司需要增拨更多资金来解决有关的投诉及劳资关系。

2. 建筑并发症

建筑并发症（Building Related Illness，BRI）是指特异性因素已经得到鉴定并具有一致临床表现的症状。这些特异的因素包括过敏原、感染原、特异的空气污染物和特定的环境条件（如空气温度和湿度）。常见的建筑并发症包括：肺炎、湿疹、哮喘、过敏性鼻炎和感冒、过敏性反应、军团病、石棉肺等。建筑并发症最著名的例子就是 1976 年美国退伍军人大会期间发生的军团病事件。经临床诊断，这些疾病的起因都与建筑内空气污染物有关，都可以准确地归咎于特定或确证的成因。

除民用建筑存在危及居住者健康的污染物外，还有一些特殊建筑（如工厂），因生产工艺等原因，伴随有大量粉尘、废气等有害物质产生，也会影响操作人员健康。

降低室内污染物浓度、改善室内空气质量、保护室内人员健康的有效方法之一是加强室内通风。通风的方式有自然通风和机械通风之分。自然通风不需要外界动力，不消耗人工能源，靠外界风压力或室内的热压力把室内污染物排出去；机械通风是靠风机提供动力使室外新鲜空气进入室内稀释降低污染物浓度。根据不同情况又可分为机械送风、机械排风（图 6-1），如污染物产生较集中，则可采用局部通风。

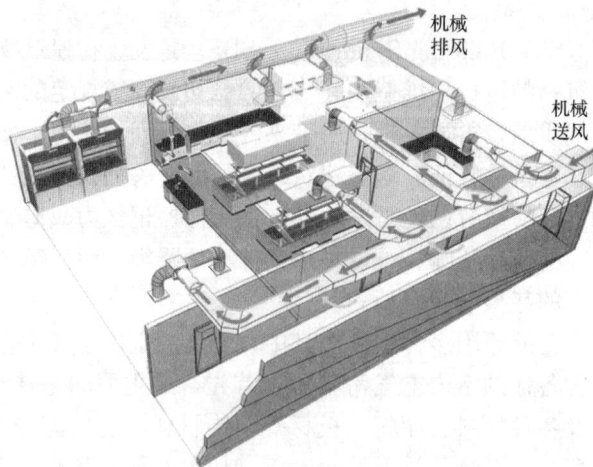

图 6-1　机械送/排风

6.1.2　空间声环境与健康

空间声环境对人体的影响主要体现在三个方面：短暂的噪声干扰，会对睡眠、交谈、通信、思考及判断造成不好的影响，以及对心理造成影响；较长时间的噪声环境，可引起心血管系统和中枢神经系统的疾病，引发心律不齐、血压升高、消化不良等症状；极强的噪声，还会影响胎儿发育、妨碍儿童智力发展，甚至直接造成人员的死亡。图6-2为利用乔木降噪的原理图。

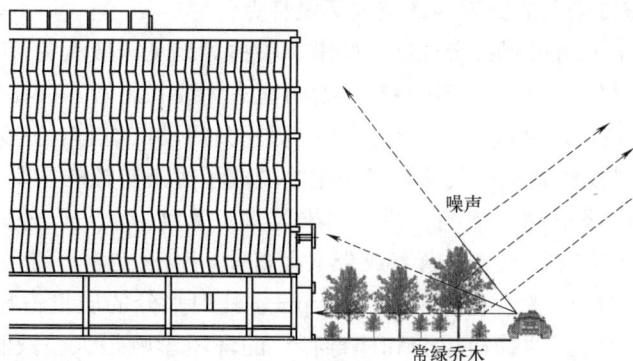

图6-2 利用乔木降噪的原理图

6.1.3 空间光环境与健康

空间光环境包括四个要素：照度、亮度比、色温与显色性、眩光。从生理上说，长期生活在强光照耀环境中，光可以改变人体内生物钟，能使人头晕目眩，引发失眠、食欲下降、心悸、身体乏力等症状，严重时甚至会引发癌变。从心理上说，光污染会使人心情郁闷、情绪烦躁，甚至诱发神经质和神经衰弱。

6.1.4 热湿环境与健康

这方面的健康问题，主要发生在特殊环境下生活和工作的人群。如游牧民族长期生活在帐篷中，逐水草而居；建筑工人或野外工作者，长期生活在简易的工棚和临时营地；某些工厂的特殊环境，如冶炼车间等。此外，长期暴露在高温环境中，容易造成热伤风、虚脱、中暑；长期暴露在高湿环境中，易患风湿关节炎；长期暴露于低温环境中，易感冒；长期暴露于低湿环境中，易造成皮肤开裂、呼吸道干燥等。

6.2 呼吸道传染病流行期间的人工环境与健康

在过去的几十年里，全球范围内呼吸道传染病的周期性流行给人们带来了深刻的警示。这些大规模的传染病不仅给人们的健康和生命安全带来了巨大威胁，也对全球经济和社会发展造成了深远的影响。

这些传染病的特点在于其传播速度快、感染范围广、防控难度大，对公共卫生体系构成了严峻考验。特别是在传染病高峰期间，医院、学校、商场等民用建筑成为防控的重点场所。然而，民用建筑通常拥有超过50年的使用寿命，这些建筑往往在使用年限内会遭遇多次传染病的暴发，这使得人们不得不重新审视和关注传染病流行期间的室内环境健康问题。首先，建筑环境对于传染病的控制和传播具有重要影响。其次，一个良好的建筑室内环境设计能够有效减少病毒在空气中的传播，降低感染风险。例如，合理的通风系统设计可以提供充足的新鲜空气，降低室内病毒浓度；高效的过滤系统可以过滤掉空气中的细菌和病毒，减少感染源；合理的室内布局和人流控制可以减少人员聚集和接触，降低传播风险。除此之外，传染病流行期间的建筑内环境健康需要综合考虑多种因素。除了建筑设计本身的因素外，还需要考虑室内空气质量、湿度、温度等环境因素对人员健康的影响。在此背景下，传染病流行期间的建筑内环境质量成为人们不得不面对的重要议题。

6.2.1 呼吸道传染病流行期间的室内环境特点

呼吸道病原体主要通过感染者说话、咳嗽、喷嚏等以飞沫液滴的形态释放到室内环境中；呼吸道传染病暴发期间，任何民用建筑都可能有无症状患者，存在潜在的呼吸道病原体。人们90％时间在室内度过，室内空间是一切社会活动的载体，这为传染病扩散创造了条件。因此，传染病流行期间飞沫液滴污染物变成了污染防控的主要矛盾。相关研究表明，飞沫液滴中的呼吸道病原体的存活（感染风险）受到液滴内、外的各种环境要素影响。液滴内部主要参数有：水分、营养成分（无机盐、微量元素、维生素、碳水化合物、脂肪、氨基酸、蛋白质、激素和生长因子）、pH，其中水分的质量占比约98.5％，水分变化对飞沫液滴内部的其他物质组分和病毒存活的环境影响最大。液滴外部的环境主要有：温度、湿度、气流、紫外线、辐照和表面材料等，耦合影响异常复杂。由于与室内环境调控有关的主要是温度、湿度及气流，且对病毒存活所必需的水分、营养物组分及pH等变化影响最大，因此，室内环境的科学调控对居住者健康和控制呼吸道传染病传播极其重要。

首先，人们需要认识到室内污染物在传染病流行期间所扮演的复杂角色。当谈到室内污染物时，人们不仅要考虑常见的颗粒物、化学气体等无生命的污染物，还要特别关注具有生物活性的呼吸道病原体，如病毒、细菌和支原体。这些微生物具有生存和繁殖能力，其传播方式和影响远超过传统污染物。病毒和细菌可以附着在飞沫或气溶胶中，在空气中传播，或通过接触表面间接传播。因此，仅仅通过降低污染物的浓度来保障室内空气质量可能并不足够，还需要针对这些生物活性污染物的特性采取特定的防控措施。

其次，室内的温湿度和气流对呼吸道病原体的活性和传播能力具有重要影响。呼吸道病毒通常在体液中繁殖，并在特定的温湿度条件下保持活性。一些研究表明，较低的湿度可能会延长病毒在空气中的存活时间，因为它们需要一定的水分来维持其结构和功能。而温度和湿度的变化还会影响飞沫的蒸发速率、病毒的稳定性以及病原体在表面上的存活时间。因此，通过合理调节室内温湿度，可以显著降低病毒传播的风险。

最后，气流组织也对病原体的传播具有重要影响。合理的气流组织可以减少飞沫和气溶胶在室内空气中的扩散范围，从而降低感染风险。例如，通过采用上送下回的气流组织方式，可以将新鲜空气直接送入室内人员呼吸区域，同时迅速排除含有污染物的空气。此外，设置空气幕、增加新风量和排风量等措施也可以有效减少飞沫和气溶胶的扩散。

因此，合理的室内环境控制对于防止病毒传播具有重要意义。需要通过高效的通风系统、温湿度控制设备以及空气净化技术，来创造一个能够抵御传染病传播的健康室内环境，保护人们的健康安全。

6.2.2 室内呼吸道病毒防控技术措施

在应对民用建筑中呼吸道病毒的防控方面，技术措施可以分为三个主要类别，每个类别都针对特定的防控目标而设计。

第一类是新风稀释，这种方法通过增加室外新鲜空气的流入，来降低室内污染物的浓度。这不仅可以减少病毒颗粒的数量，还能改善室内空气质量，为居住者提供更安全的呼吸环境。

第二类是过滤清除，这涉及使用高效能的空气过滤器来直接捕捉和去除悬浮在空气中的病原体。这些过滤器通常需要符合特定的标准，如 HEPA（高效颗粒空气）过滤器，它们能够捕获到极小的颗粒，包括多数病毒。

第三类是避免混合交叉，这要求通过精心设计的空气流动方案来防止空气在内部的不同区域之间的交叉污染。这可能包括使用物理隔断、优化空调系统的风道布局，或者实施区域控制，以确保空气流向有助于减少污染物的传播。

这三种措施在实际应用中往往需要相互配合，以达到最佳的防控效果。例如，新风稀释可以降低室内污染物的总浓度，而过滤清除则可以针对性地去除那些已经进入室内的病原体。同时，避免混合交叉的措施可以进一步确保通过前两种方法处理过的空气不会再次被污染。在设计和实施这些技术措施时，还需要考虑建筑的具体功能和使用人群的特点，以及可能的经济和操作成本，以确保这些措施既有效又可行。

6.2.3 呼吸道传染病流行期间的室内环境调控系统

在呼吸道传染病流行期间的背景下，室内环境的热、湿、污染等因素经常会呈现出新的特点和挑战，这对室内环境调控系统提出了前所未有的要求。

首先，环控系统的运行安全性显得尤为重要。随着社会的不断进步和空调通风设备的广泛应用，室内环境的热湿度、声光效果以及空气质量的调控已成为现代建筑和人造空间不可或缺的组成部分。如果现有的居住和公共建筑的环控系统在室内环境安全方面受到业界或公众的质疑，那么一旦传染病暴发，所有的民用建筑都有可能被视为传染病传播的媒介，进而引发市场关闭、工作停摆和学校停课的严重后果。

其次，环控系统在确保运行安全的同时，还需要兼顾健康、舒适和节能三方面的要求。考虑到呼吸道传染病每年都有发生的可能，且其持续时间较长，因此保障在室人员的健康和舒适不仅对传染病防控至关重要，也是实现国家"双碳"目标的关键因素。在设计和运行环控系统时，必须综合考虑这些因素，以确保系统能够在不同情况下都能有效地运作，同时最大限度地减少能源消耗，为环境保护和可持续发展做出贡献。

1. 传染病流行期间室内环境调控的差异

传染病流行期间室内环境调控的差异主要体现在多个方面，这些差异与传染病流行期间的特殊需求紧密相关。

（1）目标差异

平时主要关注室内环境的舒适度，如温度、湿度、空气质量的调节，以满足居住或工作需求。而在传染病流行期间，在保障舒适度的同时，特别强调减少病毒、细菌等病原体的传播，保护人员健康安全。

（2）控制参数差异

平时主要关注温度、湿度、空气质量（如 $PM_{2.5}$、甲醛等）等常规参数。在传染病流行期间，除了常规参数外，特别关注微生物污染物的控制，如病毒、细菌等。同时，对室内气流组织、通风换气效率等参数也有更高要求。

（3）技术手段差异

平时主要采用常规的空调、通风、加湿、除湿等设备和技术手段。在传染病流行期间，除了常规手段外，还需要采用空气净化技术（如 HEPA 滤网、紫外线消毒、臭氧消毒等）来去除空气中的病毒和细菌。同时，加强对室内表面和物品的清洁消毒，以降低接触传播的风险。

这些差异反映了传染病流行期间室内环境调控的特殊要求，需要采取相应的措施来保障人员的健康安全。

2. 传染病流行期间室内环境调控要求

传染病流行期间室内环境调控系统是一个综合性的系统，旨在通过一系列技术手段和设备，对室内环境参数进行精确调控，以保障室内环境的舒适度、安全性和健康性（图6-3）。

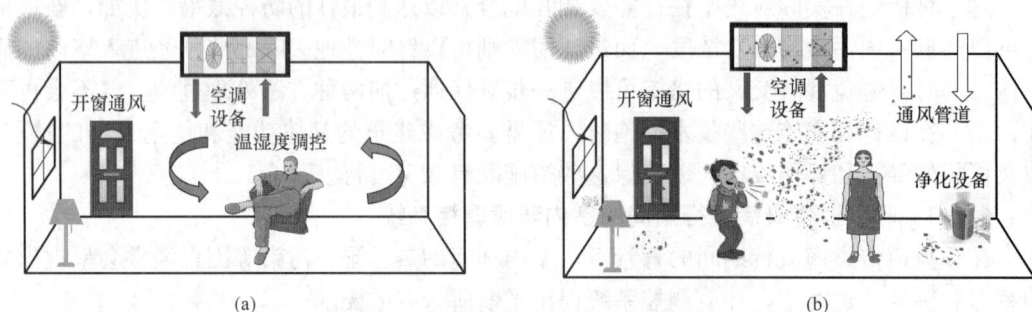

图6-3　不同时期的室内环境调控差异
（a）平时；（b）传染病流行期间全域防控

（1）温度调控

温度是影响室内舒适度和人体健康的重要因素。在传染病流行期间，合理的温度调控不仅可以提高人们的舒适度，还有助于抑制病毒和细菌的生长。室内环境调控系统通过温度传感器实时检测室内温度，并根据预设的温度范围和当前温度值，自动调节空调机组、加热器或冷却器的工作状态，使室内温度维持在一个适宜的范围内。

（2）湿度调控

在传染病流行期间，适当的湿度可以降低病毒和细菌在空气中的存活时间，降低传播风险。室内环境调控系统通过湿度传感器检测室内湿度，并根据需要启动加湿或除湿设备，以维持室内湿度的稳定。一般来说，室内湿度应控制在40%～60%，这样既可以保证人体舒适度，又可以降低病毒和细菌的传播风险。

（3）空气质量调控

空气质量是传染病流行期间室内环境调控的核心。室内环境调控系统通过空气过滤、新风引入和排风等手段，改善室内空气质量。具体而言，系统采用高效过滤材料（如HEPA滤网）对进入室内的空气进行过滤，去除空气中的灰尘、花粉、细菌等有害物质；同时，系统还设置新风引入系统，将室外的新鲜空气引入室内，补充室内氧气；此外，系统还通过排风系统将室内的污浊空气排出室外，保持室内空气的清新。

在传染病流行期间，室内环境调控系统还需要特别关注对病毒和细菌的过滤和灭活。为此，系统可以配备紫外线消毒设备、臭氧消毒设备等，对室内空气进行定期消毒处理。同时，系统还可以采用负氧离子发生器等技术手段，提高室内空气质量，降低病毒和细菌的传播风险。

（4）气流组织

合理的气流组织对于减少病毒和细菌的传播至关重要。室内环境调控系统通过合理设计送风口和排风口的位置、数量和风速等参数，实现室内空气的均匀分布和有效循环。例如，系统可以采用上送下回的气流组织方式，将新鲜空气直接送入室内人员呼吸区域，同时迅速排除含有污染物的空气；此外，系统还可以设置空气幕、增加新风量和排风量等措施，进一步减少飞沫和气溶胶在室内空气中的扩散范围。

6.3 建筑火灾与烟气控制

建筑火灾是在时间和空间上失去控制的燃烧所造成。建筑火灾是多发的，对人民的生命财产是一种严重的威胁。火灾不仅容易导致巨大的经济损失和大量的人员伤亡，甚至对政治、文化也会造成巨大影响，产生无法弥补的损失。国家消防救援局所公布的2000—2020年因火灾死亡、受伤人数和火灾造成的直接财产损失如图6-4所示。

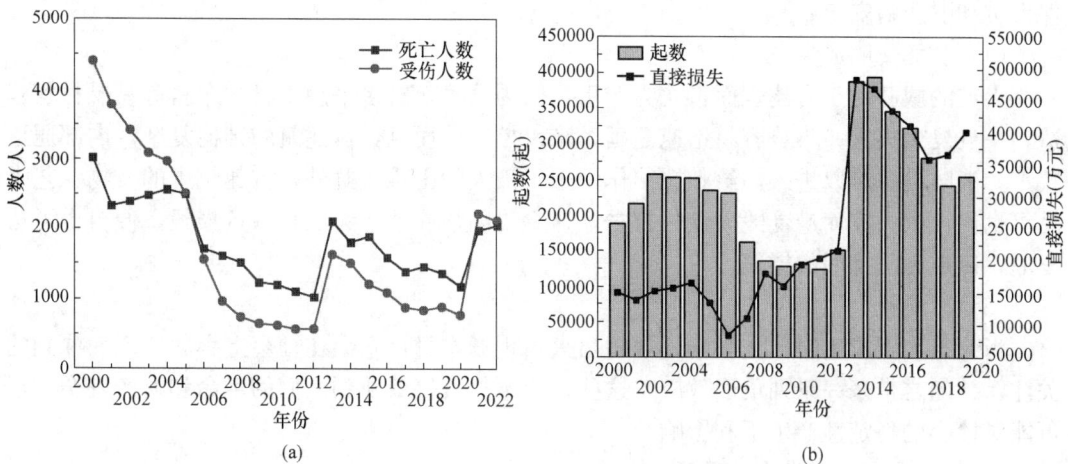

图 6-4 2000—2020 年火灾数据统计
（a）火灾死亡、受伤人数统计；（b）火灾造成的直接财产损失统计

6.3.1 建筑火灾特性及危害

1. 建筑火灾特性

建筑火灾是一种灾害性的现象，它的发生和发展规律具有随机性和确定性的双重特点。建筑火灾的随机性是指：火灾在何时、何地发生是不确定的。而建筑火灾的确定性是指当某建筑发生火灾后，火灾会按照基本确定的过程发展，即火灾燃烧、烟气流动等，这些都遵循流体流动、传热传质和质量守恒的规律。

2. 建筑火灾危害

火灾对人类社会造成了许多破坏，现在仍是人类所面临的最主要灾害之一。建筑火灾的危害主要体现为 5 个方面：

（1）危害人员生命安全

建筑物火灾会对人的生命安全构成严重威胁。一场大火，可能会危及几十人甚至几百人的生命。建筑物火灾对生命的威胁主要来自以下几个方面；首先，建筑物采用的许多可燃性材料，在起火燃烧时产生高温、高热，对人造成严重伤害，甚至致人休克、死亡。据统计，因燃烧热造成人员死亡的数量约占整个火灾死亡人数的1/4。其次，建筑内可燃材料燃烧过程中释放出的一氧化碳等有毒烟气，人吸入后会产生呼吸困难头痛、恶心、神经系统紊乱等症状，威胁生命安全。在所有火灾遇难人员中，约有 3/4 的人是吸入有毒、有害烟气后直接导致死亡的。最后，建筑经燃烧，达到甚至超过了承重构件的耐火极限，导致建筑整体或部分构件坍塌，造成人员伤亡。

（2）造成大量经济损失

建筑火灾不仅会烧毁建筑物内大量财物，火灾产生的高温、高热也会造成围护结构的破坏，甚至引起建筑物整体倒塌，造成大量直接经济损失。此外，火灾发生后，因建筑修复重建、人员善后安置、生产经营停业等，也会造成巨大的间接经济损失。

（3）引发爆炸

火灾与爆炸密切相关，在使用或存放爆炸物品较多的场合，火灾与爆炸是相伴发生的。因此，在使用或存放爆炸物品较多的场合，必须高度重视火灾和爆炸的防控工作，确保人员和财产的安全。

（4）破坏文明成果

火灾的威胁对于古建筑而言尤为严重，因为这些建筑多采用木材、布料等易燃材料建造，一旦发生火灾，火势容易迅速蔓延，难以控制。而且，古建筑的结构复杂，内部通道狭窄，消防设备难以进入，给救援工作带来了极大的困难。此外，古建筑中的文物、艺术品等也往往因火灾而遭受毁灭性的打击，这些物品往往独一无二，一旦损毁，便再也无法复原，造成无法挽回的损失。

（5）影响社会稳定

当建筑火灾发生时，其影响远远超出火灾现场本身，它会在社会上引起广泛而深刻的关注，并随之带来一系列负面效应，这些效应不仅直接威胁到人们的生命和财产安全，还可能对社会的稳定性产生不利影响。

6.3.2　建筑火灾发生的原因

人居住在由大量可燃、易燃材料合围的建筑空间中，一些偶然因素会导致建筑环境产生突变，迅速危及居住者的安全，火灾就是最常见的。建筑物起火的原因归纳起来大致可分为六类：

1. 生活和生产用火不慎

我国城乡居民家庭火灾绝大多数为生活用火不慎引起。属于这类火灾的原因，大体有：吸烟不慎、炊事用火不慎、取暖用火不慎、灯火照明不慎、儿童玩火、燃放烟花爆竹不慎、宗教活动用火不慎等。

生产用火不慎有：用明火熔化沥青、石蜡或熬制动、植物油时，因超过其自燃点，着火成灾。在烘烤木板、烟叶等可燃物时，因升温过高，引起烘烤的可燃物起火成灾。对锅炉中排出的炽热炉渣处理不当，引燃周围的可燃物。

2. 违反生产安全制度

由于违反生产安全制度引起火灾的情况很多。如在易燃易爆的车间内动用明火，引起爆炸起火；将性质相抵触的物品混存在一起，引起燃烧爆炸；在用电、气焊焊接和切割时，没有采取相应的防火措施，而酿成火灾。在机器运转过程中，不按时加油润滑，或没有清除附在机器轴承上面的杂物、废物，而使机器这些部位摩擦发热，引起附着物燃烧起火；电熨斗放在台板上，没有切断电源就离去，导致电熨斗过热，将台板烤燃引起火灾；

化工生产设备失修，发生可燃气体、易燃可燃液体跑、冒、滴、漏现象，遇到明火燃烧或爆炸。

3. 电气设备设计、安装、使用及维护不当

电气设备引起火灾的主要原因有，电气设备过负荷、电气线路接头接触不良、电气线路短路；照明灯具设置使用不当，如将功率较大的灯泡安装在木板、纸等可燃物附近；将荧光灯的镇流器安装在可燃基座上，以及用纸或布做灯罩紧贴在灯泡表面上等；在易燃易爆的车间内使用非防爆型的电动机、灯具、开关等。

4. 自然现象引起

（1）自燃

所谓自燃，是指在没有任何明火的情况下，物质受空气氧化或外界温度、湿度的影响，经过较长时间的发热和蓄热，逐渐达到自燃点而发生燃烧的现象。如大量堆积在库房里的油布、油纸，因为通风不好，内部发热，以致积热不散发生自燃。

（2）雷击

雷电引起的火灾原因，大体上有三种。一是雷直接击在建筑物上发生的热效应、机械效应作用等；二是雷电产生的静电感应作用和电磁感应作用；三是高电位沿着电气线路或金属管道系统侵入建筑物内部。在雷击较多的地区，建筑物上如果没有设置可靠的防雷保护设施，便有可能发生雷击起火。

（3）静电

静电通常是由摩擦、撞击而产生的。因静电放电引起的火灾事故屡见不鲜。如易燃、可燃液体在塑料管中流动，由于摩擦产生静电，引起易燃、可燃液体燃烧爆炸；输送易燃液体流速过大，无导除静电设施或者导除静电设施不良，致使大量静电荷积聚，产生火花引起爆炸起火；在有大量爆炸性混合气体存在的地点，身上穿着的化纤织物的摩擦、塑料鞋底与地面的摩擦产生的静电，引起爆炸性混合气体爆炸等。

（4）地震

发生地震时，人们急于疏散，往往来不及切断电源、熄灭炉火以及处理好易燃、易爆生产装备和危险物品等。因而伴随着地震常常会有各种火灾发生。

5. 纵火

纵火分刑事犯罪纵火及精神病人纵火，纵火造成的危害更大，如公共汽车、地铁车站、人流密度高的公共建筑等，需要特别防范。

6. 建筑布局不合理，建筑材料选用不当

在建筑布局方面，防火间距不符合消防安全要求，没有考虑风向、地势等因素对火灾蔓延的影响，往往会造成发生火灾时火烧连营，形成大面积火灾。在建筑构造、装修方面，大量采用可燃构件和可燃、易燃装修材料都大大增加了建筑火灾发生的可能性。

6.3.3 火灾烟气的危害

由于火灾过程中的不完全燃烧，几乎所有火灾中都会产生大量的烟气。而火灾烟气中含有多种有毒物质，如一氧化碳、氮化氢、氰化氢等。研究表明，在火灾初期，当热的威胁还不甚严重时，有毒气体已成为对人员安全的首要威胁。统计数据显示，火灾导致的死亡案例中，直接因火焰灼烧或跳楼而丧生的仅占少数，而令人震惊的是，约 3/4 的遇难者的死因与火灾产生的有毒烟气紧密相关，如一氧化碳中毒、烟气中毒、缺氧、窒息。因

此，火灾产生的烟气危害性巨大。

1. 对人体的危害

一氧化碳被人吸入后和血液中的血红蛋白结合，成为一氧化碳血红蛋白，从而阻碍血液对氧气的输送。当一氧化碳和血液中 50％ 以上的血红蛋白结合时，便能造成脑和中枢神经严重缺氧，继而使人失去知觉，甚至死亡。即使一氧化碳的吸入在致死量以下，也会因缺氧而发生头痛无力及呕吐等症状，最终仍可导致人员不能及时逃离火场而死亡。

木材制品燃烧产生的醛类、聚氯乙烯燃烧产生的氢氯化合物都是刺激性很强的气体，甚至是致命的，例如烟中含有 5.5mg/L 的丙烯醛时，便会对上呼吸道产生刺激症状；若在 10mg/L 以上时，就会引起肺部的变化，数分钟内即可致人死亡。烟中丙烯醛的允许质量浓度为 0.1mg/L，而木材燃烧的烟中丙烯醛的质量浓度已达 50mg/L 左右，加之烟气中还有甲醛、乙醛、氢氧化物、氢化氰等毒气，对人都是极为有害的。随着新型建筑材料及塑料的广泛使用，烟气的毒性也越来越大。

在着火区域的空气中充满了一氧化碳等有毒气体，加之燃烧需要大量的氧气，这就造成空气的含氧量大大降低。发生爆炸时甚至可能降到 5％ 以下，此时人体会受到强烈的影响而死亡，其危险性也不亚于一氧化碳。高层建筑中大多数房间的气密性较好，有时少量可燃物的燃烧也会造成含氧量降低较多，使缺氧现象更加严重。

火灾时人员可能因头部烧伤或吸入高温烟气而使口腔及喉头肿胀，以致引起呼吸道阻塞窒息。此时，如不能得到及时抢救，就有被烧死或被烟气毒死的可能性。

在烟气对人体的危害中，以一氧化碳的增加和氧气的减少影响最大。但在实际中，这些因素往往是相互混合地共同作用于人体的，这比各有害气体的单独作用更具危险性。

2. 对疏散的危害

在着火区域的房间及疏散通道内，充满了含有大量一氧化碳及各种燃烧成分的热烟，甚至远离火区的部位及其上部也可能烟雾弥漫，这对人员的疏散带来了极大的困难。烟气中的某些成分会对眼睛和鼻、喉产生强烈刺激，使人视力下降且呼吸困难。浓烟可能会造成"心理恐怖"，使人失去行动能力甚至产生异常行为。

除此之外，由于烟气集中在疏散通道的上部空间，通常使人们掩面弯腰地摸索行走，速度既慢又不易找到安全出口，甚至还可能走回头路。火场的经验表明，人在烟中停留一二分钟就可能昏倒，四五分钟即有死亡的危险。

综上所述，烟气对安全疏散具有非常不利的影响，这也说明在疏散通道进行防排烟设计具有极为重要的意义。

3. 对扑救的危害

消防队员在进行灭火与救援时，同样要受到烟气的威胁。烟气不仅有引起消防队员中毒、窒息的可能性，还会严重妨碍他们的行动：弥漫的烟雾影响视线，使消防队员很难找到起火点，也不易辨别火势发展的方向，灭火战斗难以有效地开展。同时，烟气中某些燃烧产物还有造成新的火源和促使火热发展的危险；带有高温的烟气会因气体的热对流和热辐射而引燃其他可燃物。上述情况导致火场的扩大，给扑救工作加大了难度。

6.3.4 建筑火灾烟气控制

本专业如何保证建筑环境安全、减少火灾造成的人员伤亡呢？建筑一旦发生火灾，就有大量的烟气产生，这是造成人员伤亡的主要原因。避免烟气蔓延，这就需要一个防排烟系统来控制火灾发生时烟气的流动，及时将其排出，在建筑物内创造无烟（或烟气含量极低）的疏散通道或安全区，以确保人员安全疏散，并为救火人员创造条件。建筑物内设置防排烟系统不是为了稀释烟气的浓度，而是要使火灾区的烟气向室外流动，使烟气不侵入疏散通道或使疏散通道中的烟气流向室外，即人为地控制烟气流动。只有掌握了烟气特性、扩散、流动的规律，才可能设置合理的防排烟系统，使烟气按设计路线流向室外。

1. 烟气流动规律

建筑发生火灾时，烟气流动的方向通常是火势蔓延的一个主要方向。建筑火灾中烟气在热浮力作用下向上流动，遇到水平楼板或顶棚时，改为水平方向继续流动，形成烟气的水平扩散。这时，如果烟气温度不降低，那么上层是高温烟气，而下层是常温空气，这样就形成明显的、分离的两个层流在流动。实际上，烟气在流动扩散过程中，一方面总有冷空气掺混另一方面受到楼板、顶棚等围护结构的冷却，温度逐渐下降。沿水平方向流动扩散的烟气碰到四周围护结构时，进一步被冷却并向下流动。逐渐冷却的烟气和冷空气流向燃烧区形成了室内的自然对流，导致火势增强。烟气在水平方向的扩散流动速度较小，在火灾初期为 0.1～0.3m/s，在火灾中期为 0.5～0.8m/s。

当建筑火灾发生在竖直通道中，或者当着火房间烟气流出进入竖直通道后，会形成烟气的竖向扩散。在垂直方向的扩散流动速度较大，通常为 1～5m/s。在楼梯间或管道竖井中，由于烟囱效应产生的抽力，烟气上升流动速度增大，可达 6～8m/s，甚至更大。

当建筑发生火灾时，烟气在其内的流动扩散一般有三条路线：第一条，也是最主要的一条为：着火房间→走廊→楼梯间→上部各楼层→室外；第二条为：着火房间→室外；第三条为：着火房间→相邻上层房间→室外。引起烟气流动的因素很多，如烟囱效应、浮力作用、热膨胀、风力作用、通风空调系统等。

2. 烟气控制理论与方法

（1）机械送风防烟

机械送风防烟技术在现代建筑设计中扮演着至关重要的角色，其防烟机理主要基于两种科学原理。首先，通过精密设计的风机系统，机械送风防烟能够在防烟分割物的两侧形成显著的压差。这种压差能够有效地控制烟气的流动，防止其从一个区域蔓延到另一个区域，从而确保人员在火灾等紧急情况下的安全疏散。

其次，另一种机械送风防烟的机理是直接利用空气流阻挡烟气。这种方法主要依赖于送风系统产生的强大气流。当火灾发生时，送风系统会迅速启动，并产生一股强大的气流。这股气流能够直接冲向火源区域，将烟雾吹散并推向远离安全区域的方向。通过这种方式，机械送风系统能够有效地减少烟雾在安全区域内的浓度，提高疏散通道的可见度，从而帮助人员更加安全、迅速地撤离。

（2）自然排烟

自然排烟是一种利用火灾产生的热烟气与周围冷空气之间的密度差异和温度差异，通过自然对流运动将烟气排出建筑物的方式。这种方法不需要额外的能源或机械设备，因此是一种经济、环保且易于实施的排烟策略。

在火灾发生时，热烟气由于温度较高，其密度较周围冷空气低，从而产生向上的浮力。当这种浮力足够大，能够克服其他可能阻碍烟气流动的驱动力（如建筑结构的阻力、外部风压等）时，烟气就能够自然上升到建筑物的顶部，并通过排烟窗、排烟井或排烟口等开口排出。

（3）机械排烟

机械排烟是利用风机造成的流动来进行排烟。在建筑中，机械排烟可以单独应用，也可与自然排烟配合运用。一般有 3 种组合形式：正压送风与自然排烟组合、负压排烟与自然补风组合、负压排烟与机械补风组合（图 6-5）。

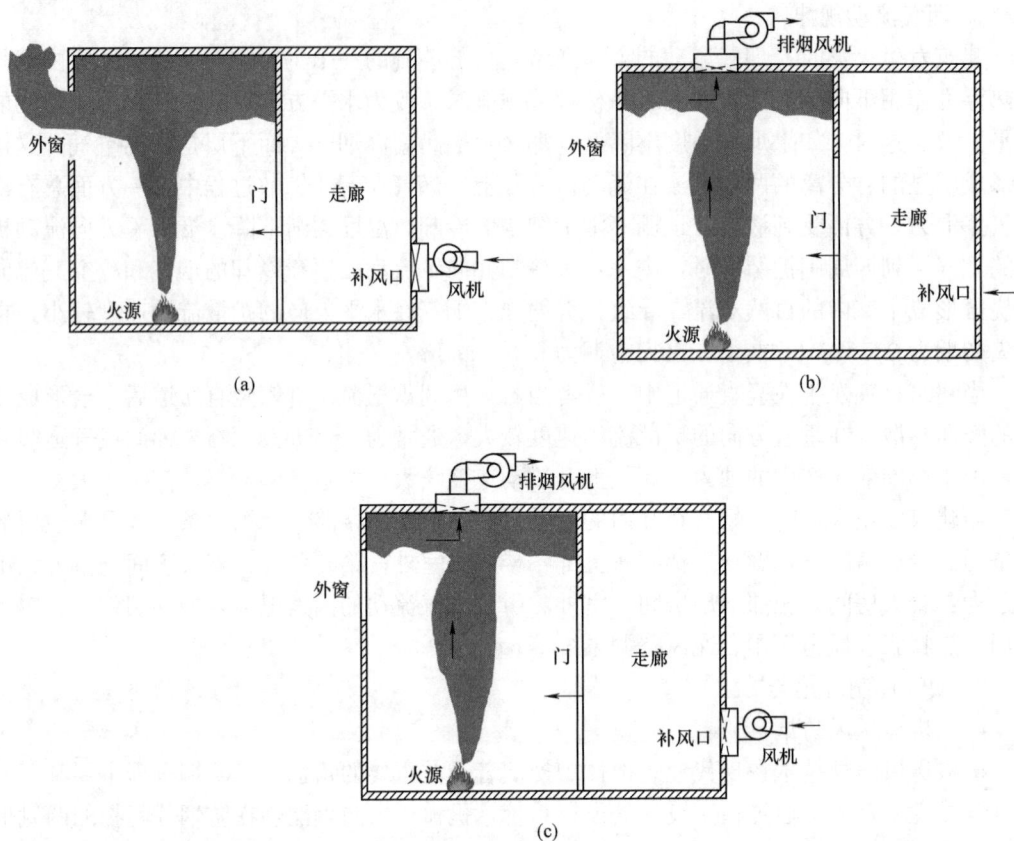

(a)

(b)

(c)

图 6-5　机械排烟示意图

(a) 正压送风与自然排烟组合；(b) 负压排烟与自然补风组合；(c) 负压排烟与机械补风组合

3. 建筑防烟总体规定与要求

高层建筑内部功能复杂，如有办公室、客房、会议室、餐厅、商场、厨房、舞厅、锅炉房、机房、变配电房、各种库房等。这些部位均有大量火源和可燃物，若使用或管理不当容易引发火灾。室内一旦发生火灾，可燃物着火最初限于着火物周围的环境，然后蔓延到室内家具、内装修至整个房间，此时温度急剧上升，燃烧产生的烟气会从开口部位很快喷射出来，烟气可通过房间进入走廊，火势有向建筑物内部扩展的危险。

为了保证火灾初期建筑物内人员的疏散和消防队员的扑救，在建筑设计中，不仅需要设计完善的消防系统，而且必须慎重研究和处理防烟问题。根据《建筑防火通用规范》GB 55037—2022，封闭楼梯间、防烟楼梯间及其前室、消防电梯的前室或合用前室、避难层、避难间、避难走道的前室和地铁工程中的避难走道这些部位应采取防烟措施。

4. 建筑中设置排烟的部位

（1）建筑面积大于 $300m^2$，且经常有人停留或可燃物较多的地上丙类生产场所，丙类厂房内建筑面积大于 $300m^2$，且经常有人停留或可燃物较多的地上房间。

（2）建筑面积大于 $100m^2$ 的地下或半地下丙类生产场所。

（3）除高温生产工艺的丁类厂房外，其他建筑面积大于 $5000m^2$ 的地上丁类生产场所。

（4）建筑面积大于 $1000m^2$ 的地下或半地下丁类生产场所。

（5）建筑面积大于 $300m^2$ 的地上丙类库房。

（6）设置在地下或半地下、地上第四层及以上楼层的歌舞娱乐放映游艺场所或设置在其他楼层且房间总建筑面积大于 $100m^2$ 的歌舞娱乐放映游艺场所。

（7）公共建筑内建筑面积大于 $100m^2$ 且经常有人停留的房间。

（8）公共建筑内建筑面积大于 $300m^2$ 且可燃物较多的房间。

（9）中庭。

（10）建筑高度大于 32m 的厂房或仓库内长度大于 20m 的疏散走道，其他厂房或仓库内长度大于 40m 的疏散走道，民用建筑内长度大于 20m 的疏散走道。

（11）除敞开式汽车库、地下一层中建筑面积小于 $1000m^2$ 的汽车库、地下一层中建筑面积小于 $1000m^2$ 的修车库可不设置排烟设施外，其他汽车库、修车库应设置排烟设施。

（12）建筑中下列经常有人停留或可燃物较多且无可开启外窗的房间或区域应设置排烟设施：建筑面积大于 $50m^2$ 的房间；房间的建筑面积不大于 $50m^2$，总建筑面积大于 $200m^2$ 的区域。

6.3.5 火灾案例

1. 新央视大楼火灾

2009 年 2 月 9 日 20 时 27 分，北京市朝阳区东三环中央电视台新址园区在建的附属文化中心大楼工地发生火灾（图 6-6），熊熊大火在三个半小时之后才得到有效控制，在救援过程中造成 1 名消防队员牺牲，6 名消防队员和 2 名施工人员受伤。建筑物过火、过烟面积 $21333m^2$，其中过火面积 $8490m^2$，楼内十几层的中庭已经坍塌，位于楼内南侧演播大厅的数字机房被烧毁。造成直接经济损失 16383 万元。

图 6-6 新央视大楼火灾

这起火灾系超高层建筑外墙装饰材料立体燃烧、逆向蔓延迅速的特殊火灾，在国内外此案例尚属罕见，其特点：一是建筑物结构特殊。该建筑是一栋规模庞大的超高层、外形为"靴"状的异形建筑，设有中庭，每层都是马蹄形走廊；建筑内部通道曲折，竖向管井多，布局复杂，房间及楼道堆放有家具等可燃物。二是建筑外墙装饰材料特殊。该楼南北侧为玻璃幕墙，东西立面为钛锌板装饰材料。钛锌板是种新型进口装饰材料，熔点仅为 418℃；钛锌板下层为聚氨酯泡沫、挤塑板等可燃保温材料。大火使钛锌板受热熔化流淌，保温材料受热大面积燃烧，产生大量有毒烟气。三是火灾蔓延方式特殊。此起火灾起火部位位于大楼顶部西侧中间位置，火势自上而下、由外而内迅速逆向蔓延，燃烧速度之快、蔓延方式之特殊，在国内尚不多见。四是报警时间晚。20：00 时开始燃放礼花弹，大约 10min 后楼顶端就开始冒烟，但到了 20：27，消防人员才接到报警，消防人员到场时，已形成猛烈燃烧，在一定程度上错过了控制火势的最佳时机。

2. 河南省平顶山市鲁山县康乐园老年公寓火灾

2015 年 5 月 25 日 19 时 30 分许，河南省平顶山市鲁山县康乐园老年公寓发生特别重大火灾事故，造成 39 人死亡、6 人受伤，过火面积 745.8m²，直接经济损失 2064.5 万元（图 6-7）。

图 6-7　康乐园老年公寓火场废墟

康乐园老年公寓位于河南省平顶山市鲁山县琴台街道办事处贾王庄村三里河转盘西南、紧邻南北向鲁平大道。该老年公寓占地面积 40 亩（0.027km²），建筑物总面积 2272m²，设有不能自理区 1 个（东西向单排建筑），半自理区 1 个、自理区 2 个（南北向建筑），另有办公室、厨房、餐厅等附属设施。不能自理区建筑为聚苯乙烯夹芯彩钢板房，其他区域建筑均为砖墙、夹芯彩钢板屋顶。所有建筑均为单层。事故发生前有常住老人 130 人左右、工作人员 25 人（管理人员 7 人、护工 14 人、其他人员 4 人）。火灾发生时，不能自理区共住有 52 名老人、4 名护工。

2015 年 5 月 25 日 19 时 30 分许，康乐园老年公寓不能自理区女护工赵某、龚某在起火建筑西门口外聊天，突然听到西北角屋内传出异常声响，两人迅速进屋，发现建筑内西墙处的立式空调以上墙面及顶棚区域已经着火燃烧。赵某立即大声呼喊救火并进入房间拉起西墙侧轮椅上的两位老人往室外跑，再次返回救人时，火势已大，自己被烧伤，龚某向外呼喊求助。由于大火燃烧迅猛，并产生大量有毒有害烟雾，老人不能自主行动，无法快速自救，导致重大人员伤亡、不能自理区全部烧毁。

经火灾调查确定，火灾发生的原因是老年公寓不能自理区西北角房间西墙及其对应吊顶内，给电视机供电的电器线路接触不良发热，高温引燃周围的电线绝缘层、聚苯乙烯泡沫、吊顶木龙骨等易燃可燃材料，从而造成火灾。造成火势迅速蔓延和重大人员伤亡的主要原因是建筑物大量使用聚苯乙烯夹芯彩钢板（聚苯乙烯夹芯材料燃烧的滴落物具有引燃性），且吊顶空间整体贯通，加剧火势迅速蔓延，导致整体建筑短时间内垮塌损毁；不能

114

自理区老人无自主活动能力，无法及时自救，最终该场事故造成重大人员伤亡。

3. 湖南省长沙市某大楼火灾

2022 年 9 月 16 日，位于湖南省长沙市某大楼发生火灾（图 6-8）。此次火灾共造成外墙过火面积约 3600m²、室内过火面积约 400m²，无人员伤亡，统计直接财产损失 791.36 万元。

经调查认定，本次火灾事故的直接原因是未熄灭的烟头引燃电信枢纽楼北侧第七层室外平台的瓦楞纸、朽木、碎木、竹夹板等可燃物，进而引燃建筑外墙装饰铝塑板造成火灾。火灾蔓延扩大的原因则为外墙的易燃可燃施工辅助施工材料。电信枢纽楼第七层至第三十九层外墙装饰材料为铝塑板，其整板属于难燃材料，黑色夹芯材料属于易燃材料，此外还使用了黑色胶条、白色泡沫等易燃可燃材料辅助施工。外墙施工时竖向未做防火隔断，外墙空腔结构上下贯通形成烟囱效应使得火焰迅速蔓延。该事故反映出该大楼在消防方面存在的部分问题。

图 6-8　某大楼火灾现场

一是安全隐患排查整改制度落实不到位，没有及时整改和消除相关的火灾隐患。二是企业制定的安全应急预案不切实际等。

作为超高层建筑，该建筑在救援方面也面临以下困难：一是蔓延快，超高层建筑内有电梯井、管道井等，有些建筑外部有保温材料，火势极易从内、外部向上迅速蔓延，形成立体火灾；二是疏散难，疏散主要走楼梯，但超高层建筑竖向疏散距离更长，建筑中人员密集，易造成踩踏、窒息、中毒；三是供水难，超高层建筑消防用水量较大，自身供水可能难以满足需要；四是登高难，有些超高层建筑超过了举高消防车辆的高度极限。此外，超高层建筑大多有地下楼层，消防车通道路面承重力下降，登高作业场地受限。

6.4　特殊人造空间的火灾烟气控制与安全

除了民用建筑，还有一类特殊人造空间对国民经济建设非常重要，如城市地下空间、地铁车站、特长特大交通隧道等。这些空间的兴起极大地改善了人们的生活质量，但其火灾控制与消防安全问题也更加突出，而这些也与本专业密切相关。

6.4.1　城市地下空间

城市地下空间的综合开发利用是解决城市人口、环境、资源三大难题的重大举措。地下空间的大面积开发利用，最引起人们关注的当属消防安全问题，由于地下空间的特殊性，其潜在的危险因素远远多于地面建筑，尤其是地下公众聚集场所，一旦发生火灾，由于避难和扑救的难度远大于地面，造成的损失也将大大高于地面。因此，深入分析地下空间火灾的特性、成因，研究防火对策，是目前加强地下空间消防工作的一个重大课题。

1. 地下空间火灾的特点和危害

（1）地下空间的狭小与封闭性加大了火灾时的发烟量，烟气更容易充满地下空间。

（2）地下空间火灾发生时烟气扩散对人员疏散构成了极大的威胁。

（3）地下空间火灾发生时信息传递比较困难。

（4）地下空间着火后扑救非常困难。

（5）地下空间的封闭性使得火灾散热困难，容易较快发生轰燃。

2. 地下空间火灾的防火对策

（1）加强地下空间规划的编制；强化对地下空间建设的指导，完善地下空间的防灾设计，使地下空间的建设得以有序发展，形成科学合理的地下空间网络体系。

（2）强化适应大规模地下空间的疏散通道与灭火救援通道的设置，安装事故照明及疏散诱导设施。

（3）严格控制地下空间的分区设置。

（4）严禁使用可燃装修材料。

（5）强化火灾探测与灭火系统的设计。

（6）严格对地下建筑使用功能的管理；加强对地下空间中存放物品的管理和限制。

（7）设置有效的烟气控制设施。

随着地下空间的大面积开发，消防安全越来越受到人们的关注，保证地下空间的安全是开发利用地下空间的先决条件。在加强地下空间规划编制和防火设计工作的同时，人们应该加大对已建或在建的地下空间项目的消防安全管理工作，应以预防为主，做好平时的防火安全管理。

6.4.2 地下停车场

在现代都市的繁华背后，地下停车场作为城市基础设施的重要组成部分，承担着车辆停放、保障交通顺畅的关键职能。然而，随着车辆数量的激增与停车需求的日益增长，地下停车场的消防安全问题也日益凸显。由于其特殊的封闭环境、密集的车辆布局以及复杂的空间结构，一旦发生火灾，其火势蔓延之迅猛、疏散之困难、扑救之艰巨，往往远超人们的想象。因此，深入了解地下停车场火灾的特点与危害，加强预防与应对措施，确保人民生命财产安全，已成为当前城市安全管理中不可忽视的重要课题。

1. 地下停车场火灾特点

（1）火势蔓延迅速

地下停车场内可燃物集中，主要可燃物为车辆及其燃料，如汽油、柴油等，这些物质燃烧后火势极易扩大。一辆汽车着火后，由于车辆间的间距小，高温和火焰会迅速引燃周围的汽车，导致火势在短时间内蔓延至整个停车场。汽车火灾产生的热辐射还能在短时间内引燃毗邻的可燃建筑物，进一步加剧火势。

（2）车辆疏散困难

地下停车场通常只有少数几个疏散出口，且疏散路线长而曲折，难以支持多辆汽车同时疏散。除此之外，驾驶员停车后一般会切断电源、拉紧手制动、锁上车门等，导致汽车失去机动能力，增加了疏散难度。在车辆停放密集、行车通道狭窄的情况下，一旦发生火灾，很容易造成通道阻塞，影响车辆疏散。

（3）扑救难度大

地下停车场火灾会产生大量高温浓烟，严重影响视线和呼吸，增加救援难度。同时，由于车辆停放密集，车库内作战空间狭小，可选择的进攻路线少，给救援人员带来极大挑战。多层车库在火灾中很可能形成立体燃烧，火场烟雾浓、温度高，进一步加大了扑救难度。

（4）火灾损失大

每辆汽车的价值都在数万元以上，部分进口轿车、客车和货车的价值更高，火灾中车辆烧毁将造成巨大经济损失。

（5）烟气毒害性大

燃烧会消耗大量氧气，导致空气中缺氧。燃烧产生的烟气中含有大量有害气体和有毒气体，如一氧化碳、二氧化硫等，对人体危害极大。烟气中悬浮的微粒也会对人体造成危害，如吸入肺部可引起呼吸道疾病。

2. 地下停车场主要防火措施

（1）地下停车场应设有有效的防火分隔设施，包括防火墙和防火隔断。

（2）地下停车场的排烟系统设计至关重要，应根据停车场的面积和车流量进行科学规划。

（3）排烟系统应包括排烟风机、排烟管道和风口，能够在火灾发生时迅速排除烟雾，保持通道的可见度，并保障人员的安全疏散。

（4）地下停车场必须配备自动喷水灭火系统，以确保在火灾初期能够迅速控制火势。

（5）地下停车场应设置足够数量的消火栓和灭火器，并确保其能够在火灾发生时随时使用。

（6）安装火警报警系统，包括火灾探测器、报警器和控制面板。

（7）制定防火巡查与检查制度，包括定期巡查与不定期巡查。

6.4.3 城市交通隧道

隧道是人类利用地下空间的一种形式。1970 年，国际经济合作与发展组织将隧道定义为：以某种用途、在地下用任何方法按照规定形状和尺寸修筑的断面面积大于 $2m^2$ 的洞室。按照用途不同，隧道主要分为交通隧道、水工隧道、矿山隧道、市政隧道、人防隧道和军事隧道等。交通隧道是与人类社会生活、生产活动关系最为密切的一类隧道，主要用于人员、机动车、火车等的通行。

随着我国大型隧道的建设越来越频繁以及隧道建设水平的不断提高，人们必将越来越重视隧道特别是大型公路隧道内的运营安全问题。隧道结构复杂、环境密闭，加上人员密集，一旦发生火灾，扑救相当困难，往往会造成重大的人员伤亡和财产损失（图 6-9）。长大公路隧道内灾害发生后，特别是火灾发生之后人员的疏散以及灭火救援工作必须引起高度重视。

1. 隧道火灾的主要原因

（1）车辆电气线路短路、汽化器失灵、载重汽车气动系统故障等引发火灾。

（2）隧道内道路狭小，能见度较差、情况又较复杂，容易发生车辆相撞事故，也会引发隧道火灾。

（3）隧道内通行车辆所载货物有易燃易爆物品，遇明火（或热源）发生燃烧或自燃。

图 6-9　隧道火灾

（4）铁路轨道发生故障，列车颠覆（特别是油罐车）引起火灾。

2. 隧道火灾危害性

隧道的空间特性、交通工具及其运输方式，不仅决定了隧道火灾危害后果和一般工业与民用建筑火灾之间存在的差别，也决定了不同隧道火灾之间的差异。隧道火灾危害性后果除人员伤亡、直接经济损失外，其特有的次生灾害和间接损失，甚至比前者对社会、生活以及区域经济的影响更为严重。

（1）人员伤亡众多

隧道内尤其是长、特长公路隧道内一旦发生火灾，若不能及时发现和扑灭，火势就会沿隧道纵向快速蔓延，导致隧道内人员窒息、灼伤、中毒甚至死亡，隧道内火灾常常以造成大量的人员伤亡为结局。

（2）经济损失巨大

隧道火灾还会造成隧道设施的严重毁坏，引起短则数小时、长则数十小时甚至更长时间的道路效能中断，隧道结构破坏、隧道设施设备损坏、交通工具及车载货物严重受损或被烧毁，造成无法估计的经济损失。

（3）次生灾害危害严重

隧道火灾引发次生灾害是隧道火灾最为典型的灾害后果。通常，隧道火灾发生后会引发交通事故、爆炸、人员中等次生灾害。

3. 隧道主要防火措施

（1）隧道内采用耐火材料。

（2）较长的隧道划分防火分区。

（3）隧道内设置自动水喷淋灭火系统和火灾自动报警系统，并配备各类便携式灭火器。

（4）设置疏散避难设施，如避难通道、隧道两侧的诱导路、定点急救避难场所等。

（5）加强隧道消防管理和交通管理以及经常检查隧道的防火安全工作。

6.4.4　城市轨道交通

地铁是以地下运行为主的城市轨道交通系统，具有快捷舒适、占用土地资源少、客运量大、能耗量小、污染度低等优点。地铁作为都市化、现代化的象征，深刻改变城市居民生活方式，这一新兴的交通方式在我国大中城市的建设过程中受到越来越多的重视，并得到更加广泛的应用。但由于地铁人流量非常大，地下空间高度密闭，火灾安全隐患及防烟排烟问题更应重视。

1. 城市轨道交通火灾的主要原因

（1）地铁车站在装修、设备、办公等方面存在一定数量的可燃物，操作不慎引发火灾。

（2）施工中进行焊接、切割作业以及工作人员吸烟、列车运行时产生的电弧等。

118

（3）乘客违反规定，以及车上电器设备故障等。

（4）变配车站设备故障导致火灾。

（5）人为纵火和恐怖袭击。

2. 城市轨道交通工程的火灾危险性

（1）相对空间小、人员密度和流量大

城市轨道交通工程中客流量巨大，尤其地下车站和地下区间是通过挖掘的方法获得地下空间，仅有与地面连接相对空间较小的地下车站的通道作为出入口。因此，相对空间小、人员密度大和流量大是其最为显著的特征。

（2）用电设施、设备繁多

城市轨道交通工程内有车辆、通信、信号、供电、自动售检票、空调通风、给水排水等数十个机电系统设施和设备组成的庞大复杂的系统，各种强弱电电气设备、电子设备不仅种类数量多而且配置复杂，供配电线路、控制线路和信息数据布线等密如蛛网，一旦出现绝缘不良或短路等，极易发生电气火灾，并沿着线路迅速蔓延。

（3）动态火灾隐患多

城市轨道交通工程内客流量巨大、人员复杂、乘客所带物品及行为等难以控制，如乘客违反有关安全乘车规定，擅自携带易燃易爆物品乘车，在车上吸烟、人为纵火等动态隐患造成消防安全管理难度大，潜在火灾隐患多。

3. 城市轨道交通主要防火措施

（1）车站的布局应合理，采取防火墙、水幕等措施。严格限制车站内各类易燃物品。

（2）加强隧道维修施工管理。

（3）地铁客车采用不燃材质制造。

（4）地铁变电站、高压电缆应在地面敷设。

（5）设计时考虑火灾排烟要求。

（6）自动监控系统；淋喷灭火系统。

6.4.5 大空间建筑

大空间建筑是指内部空间很大的建筑物，例如剧场、会堂、体育馆、候车厅、展览馆、大型仓库和高层建筑的中庭等。大空间创造了舒适、宽敞的室内环境，因而受到人们的普遍欢迎，现已成为新型建筑的重要设计方向。因此，研究大空间建筑的火灾特性与控制技术，已成为火灾领域的一个重要课题。

1. 大空间建筑的火灾特点

（1）大空间建筑不宜进行防火分割。

（2）普通火灾探测技术无法及时发现火灾。

（3）喷淋系统等常用的喷水灭火装置不能有效发挥作用。

（4）人员高度集中导致安全疏散相当困难。

2. 主要防火措施

（1）加强对火灾烟气流动的控制。

（2）发展非接触式的火灾探测器，如图像检测式火灾探测系统。

（3）采取适用的喷水灭火技术，如改进洒水喷头。

（4）保证足够宽的安全疏散通道。

（5）建立统一的安全监控与管理系统。

6.4.6 古建筑

我国的古建筑的围护结构主要采用木材，这一特性使得古建筑更容易燃烧，从而增加了火灾的风险。鉴于这些建筑往往具有极高的艺术和文化价值，火灾的发生不可避免地会导致无法恢复的损失。以2024年5月2日河南大学大礼堂的火灾为例（图6-10），该建筑已有90年的历史，并被列为全国重点文物保护单位。火灾造成了大礼堂房顶的坍塌，并对外墙造成了严重烧损，这不仅损毁了建筑结构，也对社会产生了广泛影响。此事件强调了对于不可替代的文化遗产建筑实施严格的防火措施的重要性。因此，火灾预防工作是古建筑保护工作中的一个关键环节。

图6-10 河南大学大礼堂火灾后现场图

1. 古建筑火灾特点

（1）起火因素多，寺庙等古建筑由于宗教习俗，常年香烟缭绕、烛火长明。

（2）防火设计不合理。

（3）古建筑大多以木料为建筑材料，更容易酿成火灾，且火灾荷载大。

（4）古建筑远离城镇，外来扑救困难。

（5）防火安全改造工作复杂且困难。

2. 主要防火措施

（1）严格控制火源，古建筑及其周围严禁堆放易燃易爆物品。

（2）改进灭火设施，修建储水池。

（3）加强用电管理。

（4）落实防雷措施。

（5）安装火灾探测系统。

（6）制定古建筑单位灭火救援预案。

6.4.7 隧道人员逃生救援的典型案例

上海长江隧道是连接上海市区和崇明岛的高速公路通道，是我国沿海大通道的重要组成部分，其盾构直径和一次连续掘进距离均为世界之最，一旦发生火灾，将会对隧道内人员的生命安全造成极大的威胁。

隧道发生火灾时，隧道内的温度是一个急剧增加的过程，一般在火灾发生后 10min 内，温度就能达到最大值。这就要求隧道内的报警、消防设施有很快的响应速度。报警设备要在很短的时间内探测到火灾，人员可充分利用这段宝贵的时间疏散和避难。在上海长江隧道设计中，根据功能的特点，制定出了切实可行的救援组织实施流程、安全可靠的消防系统、合理的通风排烟模式，以及快速逃离火灾现场的疏散方式：

1. 上海长江隧道防灾的关键

（1）隧道火灾救援的组织规划；

（2）火灾工况下的水消防、通风排烟等设备联动；

（3）火灾工况下的人员、车辆疏散组织等。

2. 上海长江隧道疏散逃生步骤

双洞单向的上海长江隧道为两个平行隧道，在隧道之间每 830m 设置一个横通道，在每两个横通道之间设置三个逃生楼梯连接至下层的纵向疏散通道。隧道内发生火灾后，乘行人员利用横通道和逃生楼梯进行疏散逃生时，具体的步骤如下：

（1）火灾发生后，经过报警和通信将火灾信息传输到隧道进口，禁止车辆再进入隧道。

（2）火灾前方的车辆不停，迅速驶离隧道。火灾后面的车辆停止，人员下车向后方撤离，通过横通道和逃生楼梯疏散（图 6-11）。阻塞工况时，阻塞发生点至火源间的车辆内的人员下车从最近的下游逃生口疏散（图 6-12）。

（3）消防人员从火灾上游到达着火点进行消防灭火及救援工作。

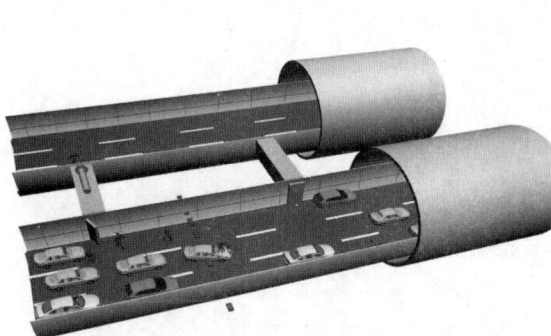

说明：封闭两根隧道的进口及相邻隧道的内侧车道，虚线前方车辆继续驶离隧道，虚线后方车辆停车，驾乘人员迅速下车，通过最近的连续通道撤离到对面内侧车道等待救援。

图 6-11　畅通时发生火灾的疏散方案

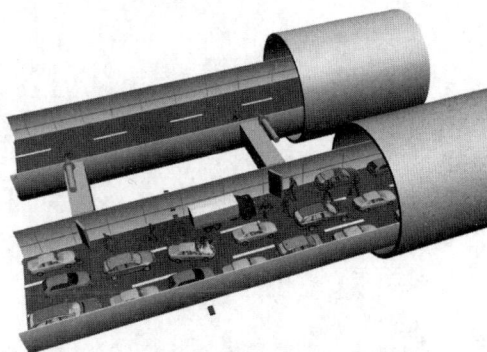

说明：封闭两根隧道的进口及相邻隧道的内侧车道，事故隧道内所有车辆停驶，驾乘人员迅速下车，通过最近的连接通道撤离到对面内侧车道等待救援。

图 6-12　拥堵时发生火灾的疏散方案

思 考 题

1. 为什么室内环境的好坏对在室人员健康影响很大？

2. 传染病流行期间建筑室内环境有何特点？

3. 传染病流行期间建筑室内环境调控系统有何特殊性？

4. 建筑火灾发生的原因有哪些？会产生哪些危害？

5. 火灾中建筑中烟气流动规律是什么？

6. 高层民用建筑防排烟的主要目的是什么？核心的措施是什么？

7. 请简述本专业在确保人工环境的健康、安全方面有哪些作用。

8. 请通过文献或网络收集5～10个相关人工环境健康与安全的案例。

第7章　人造空间保障能源的生产、交换与输配

不同功能的人造空间，能源的保障供应方式存在巨大的差异，它由空间所在位置、资源条件、技术经济可行性等综合决定。对于固定空间，一般就近优先采用公共能源系统提供的初级能源（如电力系统、油气系统、城市热力系统、燃煤供应系统）或现有资源，再根据实际用能需求，通过特殊设备生产、转化、交换、输配等一系列过程，满足建筑各终端用户的用能要求。对于地表运载工具（如汽车、火车、轮船、飞机等），一般利用能量与存储系统（电力、燃气、燃油等），再通过电动机、内燃机、发动机等设备，满足动力和环控能源要求。而对于超高速运动的航天器，一般是加速升空的能源由器具携带，在太空维持运行的能源主要靠收集太阳能。不管哪种人造空间，能源生产转换都必须遵守能量守恒与转化定律和热力学第二定律。为此，本章侧重介绍人造空间的能源需求及种类，热能、冷能的生产原理，热能的采集原理，热质交换原理及输配方法等专业核心入门知识。

7.1　人造空间的能源需求

人造空间对能源的需求，从根本上取决于空间的使用功能、在室人员及设备对环境要求，设计师根据当地能源、资源现状，合理规划设计各种能源供应系统，为服务对象提供安全、健康、舒适、方便等基本保障，代价是能源的消耗。不同的人造空间对能源的需求是不同的，且随着社会经济发展、人们生活水平的提高而不断变化。

7.1.1　能源需求的种类

人造空间中的能源需求可以分为功能类、舒适类、健康安全类、生活便利类。

1. 功能类

固定建筑中民用建筑的功能包括居住、办公、商业、宾馆等人类社会活动，为建筑功能服务的室内各种家庭及办公设备，如电视、洗衣机、电冰箱，电脑、复印机、打印机、开水器等；各种炊事设施，如燃气炉、电磁炉、微波炉、洗碗机、油烟机等；建筑中各种垂直水平电梯等交通设施，均需要消耗能源。固定建筑中的工业建筑和农业建筑功能非常复杂，能耗取决于不同的产品及生产工艺要求；运载工具的功能能耗主要取决于运动速度、加速度和运动环境的摩擦阻力。升空过程中运动速度和加速度越大，需要消耗的动力越大，当进入处于真空的太空平稳运行后，基本不需要消耗动力，环境控制成为主要的能源消耗。

2. 舒适类

热环境控制，主要是夏季室内温度太高，超出了人体热舒适范围，则需要制冷降温；冬天室内温度太低感觉寒冷，这时就需要供暖升温。

湿环境控制，当室内空气含湿量过高，人体感觉不舒服或不能满足生产工艺的要求，这时需要对室内空气进行除湿处理，或室内空气过于干燥而对其加湿处理，有的空间甚至

要求室内空气湿度保持恒定，从而需要消耗大量能源。

声环境控制，对于声环境要求较高的空间，声源设备需要消耗一定的能源；或对噪声源进行消声之类的技术措施，而使系统阻力加大、额外增加能源消耗。

光环境控制，为了维持较为舒适、健康和高效的室内光环境，或营造某种特殊的商业气氛、夜景灯饰，采用人工光源而需要消耗大量能源。

3. 健康安全类

空气质量保证：为了减少室内污染物浓度，提高卫生水平，需要通过送入室外新风稀释污染物，或通过过滤对室内外空气进行净化，两者都会消耗大量的能源。

卫生热水供应：为了保证居住者卫生条件和提高生活质量，有必要长期提供卫生热水，而这需要消耗能源。

7.1.2 空间温控能耗的需求

对于地表固定建筑，内部空间温控能耗的需求占建筑总能耗的 50% 以上，是建筑能耗最重要，也是最复杂的部分，因此作重点介绍。

要使建筑的环境达到人们期望的状态，建筑的合理设计是十分重要的。建筑环境被动式营造设计方法，可以使其在不需要或很少消耗人工能源的情况下，在全年（或建筑寿命期内）的绝大部分时间达到人们所期望的环境状态；但是，由于外部环境和使用状态的影响，也可能在部分时间需要通过人工控制的方法，才能使室内环境达到理想的状态，从而消耗能源，这是建筑环控能耗最基本的根源所在。

建筑内的环境要素主要有：空气温度、空气相对湿度、光照度、声环境及室内空气质量等。在众多室内环境要素中，室内空气温度是最重要的环境要素，而且其他环控过程会直接或间接影响室内温度。因为空气温度对人的舒适感影响最为显著。室内空气温度的高低取决于外扰、内扰及围护结构的热工特性的综合作用，同时，也取决于人工环控能源消耗量的大小。空气相对湿度对人的舒适感也有重要的影响，其变化受室内湿源、室外条件、结构传湿特性的影响，湿度的变化会造成室内温度的波动。光环境可由自然采光或人工光源提供；人工光源的使用是室内空气温湿度环境变化的原因之一。室内空气质量的保证除了结构合理设计外，通常还需辅以充足适量的通风换气来稀释室内的污染物浓度，而通风换气既要消耗人工能源，也会使室内温湿度环境发生改变。

为了实现建筑物的预期热湿环境，在某一时刻向房间供应的冷量称为冷负荷；相反，为了补偿房间失热需向房间供应的热量称为热负荷；为了维持房间相对湿度恒定需从房间除去（加入）的湿量称为湿负荷。

建筑物的冷热负荷的形成是一个复杂的、多因素影响的过程，既受到室内外环境的影响（通常称为内扰和外扰），又受到建筑物围护结构蓄热特性的影响。它实际上就是建筑空调、供暖能耗的原始需求，但通过什么样的冷热源设备和系统既最少消耗能源，又生态环保地去满足需要，这涉及许多方面的系统知识，在今后的学习过程中将有专门的课程。下面仅简单介绍可满足上述需求的建筑冷热源的种类。

7.1.3 冷源与热源的种类

1. 冷源的种类

空间降温用冷源有两大类——天然冷源和人工冷源。对于地表建筑，天然冷源有天然冰、深井水、深湖水、水库的底层水、温度较低的空气等；对于太空站，宇宙冷辐射是最重要的天然冷源。使用天然冷源更节能环保，一年中有很多时候客观上是有条件的。对于没有条件的时刻或技术经济条件限制，使用人工冷源不可避免。人工冷源按消耗的能源形式不同，可分为以下两类：

（1）消耗机械功实现制冷的冷源

蒸气压缩式制冷机（蒸汽压缩式制冷装置）是消耗机械功实现制冷的冷源。机械功可以由电动机提供，实质是消耗电能，也可称为电动制冷机；按冷却介质来分类，在空调中应用的制冷机有两类：①水冷式制冷机——利用水（称为冷却水）带走热量；②风冷式制冷机——利用室外空气带走热量。

（2）消耗热能实现制冷的冷源

吸收式制冷机是消耗热能实现制冷的冷源，在空调中吸收式制冷机常用溴化锂水溶液作工质对，因此称为溴化锂吸收式制冷机。按携带热能的介质不同可分为：利用一定压力的蒸汽驱动制冷机，利用一定温度的热水驱动制冷机，直接利用燃油或燃气的烟气驱动制冷机，利用工业中300～500℃的废气、烟气驱动的制冷机。

2. 热源的种类

在太空中，太阳是天然的热源，但可获得热量的多少取决于离太阳的远近和是否被其他天体遮挡。但在地表建筑中大量应用的热源都需要用其他能源直接生产或采集的方法获取热能的人工热源。按获取热能的原理不同，建筑热源可分为以下几类：

（1）燃烧化学能转化为热能

以燃气（天然气、人工气、液化石油气等）为燃料的热源，类型有燃气锅炉、燃气暖风机、燃气热水器；以燃油（轻油或重油）为燃料的热源，类型有燃油锅炉、燃油暖风机等；以煤为燃料的热源，类型有燃煤锅炉、燃煤热风炉，通常用作生产工艺过程的热源，如用于粮食烘干。

（2）采集太阳能

在地球表面，也可利用太阳能生产热源，以作为空间供暖、热水供应和用热制冷设备的热源。但地球上太阳能资源分布极不均衡，它会受时间和空间的限制。

（3）采集余热

余热（又称废热）热源包括废蒸汽，被加热的金属、焦炭等固体余热和被加热的流体等。其中，只有无有害物质的、温度适宜的热水才能作为热源应用。大部分场景下需要采用余热锅炉等换热设备进行热回收才能实际使用相应余热。

（4）电热转换

由电能直接转换为热能的热源，或称电热设备。目前应用的有以下几种：电热水锅炉、电蒸汽锅炉、电热水器、电热风机、电暖器等。电能是高品位能量，一般不宜直接转换为热能来应用，但随着太阳能光伏发电及风力发电效率的提高和规模的扩大，电热转化应用会越来越多。

3. 冷热源一体化

（1）利用低位能量的热源——热泵

热泵是从低位热源处提取热量并提高温度后进行供热的装置；若向低位热源排放热量，则可制冷，一机两用。根据热泵驱动的能量不同，可分为蒸汽压缩式热泵和吸收式热泵。

（2）直燃型冷热机组

以燃气或石油为燃料，生产空调冷冻水、供暖热水及生活热水的机组，也称"冷热水机组"。

4. 按冷热量供应的集中程度分类

冷源和热源按向人造空间暖通空调提供冷量和热量系统的集中程度来分类，有集中式冷热源和分散式冷热源。

（1）集中式冷热源

集中式冷热源是指冷源或热源集中制备冷量或热量并通过冷媒或热媒提供给建筑的暖通空调或其他用户。集中式冷热源可为多个房间、一幢建筑以及多幢建筑的暖通空调系统服务。例如水冷式冷水机组、溴化锂吸收式制冷机等都是集中式冷源，它们制备冷冻水供空调系统应用；直燃式溴化锂吸收式冷热水机组、风冷热泵冷热水机组等是冷热源一体设备，制备冷冻水和热水供空调系统应用；又如燃气热水锅炉、燃煤蒸汽锅炉等是集中式热源，制备热水或蒸汽供建筑暖通空调或其他热用户应用。

规模更大的集中热源可以为一个城镇或较大区域供应热量，称集中供热或区域供热。热电站还可以实现冷热电三联供。当前大型区域供冷站也有发展，但其规模相对较小。

（2）分散式冷热源

分散式冷热源是指设备制取的冷量或热量直接提供给房间应用，实质上是冷热源与暖通空调设备组成一体的设备，或是说带有冷热源的暖通空调设备。在空调中应用的称为空调机（器）或热泵式空调机（器），在供暖或通风中应用的称为暖风机（器），如燃油暖风机、燃气暖风机、电热风器等。

7.2　热能的生产原理

在民用和工业建筑中，需要大量蒸汽、热水或热空气等形式的热能。长期以来，热能的生产主要是利用技术成熟、成本低廉的化石能源（煤、石油、天然气等）生产转化而来。在国家"双碳"目标背景下，2030 年实现碳达峰以前化石燃料仍然占主导地位，但在 2060 年实现碳中和的过程中，各种生物质燃料占比会逐渐增大，甚至替代传统化石燃料。

7.2.1　能源转化原理

热能生产的能源转化原理都是各种燃料的化学能通过燃烧转化成烟气的热能。

$$C+O_2 \longrightarrow CO_2+Q$$

该式中，C 代表化石燃料的可燃成分，O_2 代表空气中的氧气，CO_2 是燃料燃烧产物，Q 代表燃烧所放出的热量。

其一，该式蕴含了质量守恒定律的意义。燃料的可燃成分与消耗的氧气和最终生成的二氧化碳的质量必须是相等的；可燃成分的消耗就意味着宝贵的化石能源消耗，生成的二氧化碳是温室气体，对环境有负面影响。该方程式揭示了能源消耗与社会资源消耗和污染物排放的必然性。

其二，该式也蕴含了能量守恒与转化定律的意义。通过燃烧把化石燃料的化学能转化成烟气的内能，虽然能量形式变化了，但能量总量必然相等。

其三，该式也留给读者一些思考。燃料中只有可燃成分 C 吗？不，它还可能含有杂质，如灰分、硫等。杂质包裹下的 C 若不能完全燃烧，岂不是白白浪费了宝贵资源吗？其中不燃的灰分，粗的可能成为灰渣，多了岂不堆积如山、占用土地资源吗？细的随烟气排到空气中，不就是粉尘污染和 $PM_{2.5}$ 吗？燃料中的硫燃烧后会怎么样？它会与氧气生成二氧化硫并随烟气排入大气中。二氧化硫与空气中的水蒸气相遇变成硫酸蒸气，是形成酸雨、酸雾的罪魁祸首。不仅污染江河湖泊、破坏生态环境，还对人体健康产生极大影响。

燃料燃烧需要大量的氧气，怎么获得？是制造纯氧吗？不，太不经济！空气中约有 21% 都是氧，而且是免费的。但从化学反应的原理可知，燃烧效率肯定没有纯氧高，怎么办？多供一些不就得了吗？但是空气不可能自动流进去参与燃烧，需要消耗能源输送进去；多供给空气附带地把 5 倍的氮气也送进去了，既多消耗了输送能耗，同时因为大大降低了燃烧温度，也会降低燃烧效率；此外，无用的氮气使烟气的容积增大，又要增加排烟能耗。

可见，能源转化里面包含很大的学问。既涉及怎么高效利用宝贵的化石燃料，又关系到减少污染物排放和节能减排。下面简单介绍典型热能生产设备（锅炉）是如何巧妙解决上述问题的。

7.2.2 锅炉工作过程及原理

锅炉，最根本的组成是汽锅和炉室两部分。燃料在炉膛里进行燃烧，将其化学能转化为热能；高温的燃烧产物——烟气则通过汽锅受热面将热量传递给汽锅内温度较低的水，水被加热为高温水（所谓热水锅炉），或者进一步加热，沸腾汽化生成蒸汽（所谓蒸汽锅炉）。现在以强制循环内燃式室燃炉（图 7-1）为例，简要介绍锅炉的基本构造和工作过程。

蒸汽锅炉由汽锅和炉子两部分组成。汽锅的基本构造包括锅壳（或称锅筒）、管束受热面等组成的水系统。炉子包括燃烧器、燃烧室等组成的燃烧设备。

此外，为了保证锅炉的正常工作和安全，锅炉还必须装设安全阀、压力表、温度计、报警器、排污阀、止回阀等安全附件，以及用来消除受热面上积灰以利传热的吹灰器，提高锅炉运行经济性的辅助受热装置等。

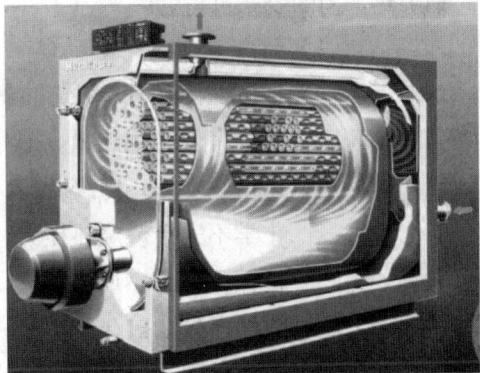

图 7-1　强制循环内燃式室燃炉

锅炉的工作包括 3 个同时进行的过程：燃料的燃烧过程、烟气向水的传热过程和水的受热升温（汽化）过程。

1. 燃料的燃烧过程

如图 7-1 所示，锅炉的炉膛设置在锅壳的前下方，此种炉膛是供热锅炉中应用较为普遍的一种燃烧设备。燃料（燃气或柴油）经过燃烧器与风机送入的空气混合进入燃烧室，进行燃烧反应形成高温烟气，整个过程称为燃烧过程。其进行得完善与否，是锅炉正常工作的根本条件。要保证良好的燃烧，必须要有高温的环境、充足的空气量和空气与燃料的良好混合。为了锅炉燃烧的持续进行，还得连续不断地供应燃料、空气和排出烟气。

2. 烟气向水（汽）的传热过程

由于燃料的燃烧放热，炉内温度很高。在燃烧室四周是锅壳，高温烟气与锅壳壁进行强烈的辐射换热，将热量传递给锅壳内的工质水。继而烟气受送风机的风压、烟囱的引力而向烟管束内流动。烟气掠过管束受热面，与管壁发生对流换热，从而将烟气的热量传递给水。

3. 水的受热升温（或汽化）过程

这也是热水或者蒸汽的生产过程。热水锅炉主要包括水循环过程，而蒸汽锅炉则包括水循环和汽水分离过程。经过水处理的锅炉补给水和管网回水是由水泵加压后进入锅筒内，由于生产的是 90℃ 的热水，锅壳中的水始终处于过冷状态，因此不可能产生汽化。

7.2.3 锅炉的热效率与热平衡

锅炉生产蒸汽或热水的热量主要来源于燃料燃烧生成的热量。然而，进入炉内的燃料由于种种原因不可能完全燃烧放热，且燃烧放出的热量也不会全部有效地利用于生产蒸汽或热水，其中必有一部分热量被损失掉。锅炉的热效率是指每小时送进锅炉的燃料（全部完全燃烧时）所能发出的热量中有一部分被用来产生蒸汽或加热水，以符号 η_{gl} 表示。它是一个能真实说明锅炉运行的热经济性的指标。目前我国生产的燃油、燃气的锅炉，热效率为 $\eta_{gl} \approx 85\% \sim 92\%$，燃煤供热锅炉的热效率为 $\eta_{gl} \approx 60\% \sim 85\%$。那么其余的能量跑到哪里去了呢？

为此就需要利用能量守恒原理，建立锅炉热量的收、支平衡关系。

锅炉热平衡是以 $1Nm^3$ 气体燃料（液、固燃料为 1kg）为单位组成热量平衡的。

锅炉热平衡的公式可写为：

$$Q_r = Q_1 + Q_2 + Q_3 + Q_4 + Q_5 + Q_6 \tag{7-1}$$

式中　Q_r——$1Nm^3$ 燃料带入锅炉的热量，kJ/Nm^3；

Q_1——锅炉有效利用热量，kJ/Nm^3；

Q_2——排烟热损失，kJ/Nm^3；

Q_3——化学不完全燃烧热损失（或气体不完全燃烧热损失），kJ/Nm^3；

Q_4——机械不完全燃烧热损失（或固体不完全燃烧热损失），kJ/Nm^3；

Q_5——散热损失，kJ/Nm^3；

Q_6——灰渣物理热损失及其他热损失，kJ/Nm^3；

锅炉热平衡是研究燃料的热量在锅炉中利用的情况：有多少被有效利用；有多少变成了热量损失；这些损失又表现在哪些方面以及它们产生的原因。研究是为了有效地提高锅炉的热效率。可见，在解决这类重要问题时，专业的基本定律发挥了重要作用。

7.3　制冷的原理

7.3.1　制冷的理论构想

当内部空间室内温度和湿度较高、不能满足舒适度要求时，就需对室内空气状态进行降温除湿调节，当内部房间较多、要求各异时，通常的手段是通过专用设备集中生产冷冻水，提供冷源，然后再根据需要逐一解决。

如何生产比环境温度低的冷冻水呢？还得从热力学第二定律寻找解决办法。该定律表明，热量总是自发地从高温物体传向低温物体，不可能把热量从低温物体传递到高温物体而不产生其他影响。也就是说，要从水中源源不断取走热量排到高温环境中，才能使其温度降低，生产出冷冻水来，而这个过程不付出代价是不行的，需要消耗功，如图 7-2 所示，T_2 代表低温热源（冷冻水），T_1 代表高温热源（外部环境），W 代表以某种方式输入的功。即是说，按照这个思路去制造一个制冷机，理论上绝对正确，是完全符合热力学第二定律的。

如何去实现这一理论构想呢。实际上，科学家们经过漫长的探索、无数次的失败，最后终于找到了解决办法，下面简单介绍经典的制冷原理。

7.3.2 制冷的原理

要实现从低温环境向高温环境逆向传热过程，巧妙之处是寻找到了某种工质（制冷剂）来作为传热过程的载体，通过工质的状态变化（蒸发、凝结）吸收或释放热量，再设计一个机械能补偿过程，使整个孤立系统的熵增大于或等于零，从而发明了蒸气压缩式制冷装置，见图 7-3。由图 7-3（a）可知，湿度较大的工质蒸汽从状态点 4 逆时针通过低温冷源（蒸发器）吸收热量后温度 T_0 保持不变但湿度大大降低（状态点 1）；经过压缩机输入机械功绝热压缩后，工质温度上升到 T_k 且变成干饱和蒸汽（状态点 2）；然后进入高温热源（冷凝器）释放热量使得蒸汽全部凝结成饱和液体但温度恒定于 T_k

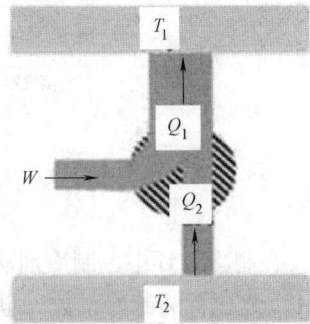

图 7-2　热力学第二定律对
制冷的启发

（状态点 3）；饱和液体工质最后经过膨胀机绝热膨胀变成湿蒸汽，温度下降至 T_0（状态点 4），从而实现一个制冷循环。这样的制冷循环是在压缩机对制冷剂压缩做功的条件下实现的，完全遵循了热力学第二定律，更为巧妙的是很好地利用热质交换的原理把制冷剂循环和传热回路切割开来，大大地方便了把理论设想变成了易于实现的装置。如图 7-3（a）所示，低温热源（蒸发器）、高温热源（冷凝器）分别以换热器取而代之，在低温热源中，湿度较低的制冷剂工质通过蒸发吸收冷冻水的热量，迫使其温度下降，达到生产冷源的目的［图 7-3（a）中的被冷却介质就是我们需要的产品——冷冻水］；而在高温热源中，通过外部设计的冷却介质吸收制冷工质的热量，使其从干饱和蒸汽冷却到饱和液体状态，以确保生产过程得以循环往复地进行，源源不断地生产冷冻水。

从以上分析不难发现，制冷循环（专业上称为逆卡诺循环）由两个可逆等温过程和两个可逆绝热过程组成，循环沿逆时针方向进行，若将该循环过程用制冷剂的 T-s 图表示［图 7-3（b）］。4→1 表示制冷剂在蒸发器中的恒温吸热过程（恒温冷源），1→2 表示制冷剂在压缩机中的绝热压缩升温过程，2→3 表示制冷剂在冷凝器中的恒温放热过程（恒温热源），而 3→4 表示制冷剂在膨胀机中的绝热膨胀降温过程。

7.3.3 制冷的效率（制冷系数）

从上述分析不难发现，要维持冷冻水的源源不断地生产，是必须以消耗外界输入能量做代价的。那么，这个制冷装置可生产多少冷量，又会消耗多少额外的能源呢？

由图 7-3（b）可知，根据能量守恒定律，制冷工质从恒温冷源吸收热量即等于被冷却介质所放出的热量，即可以输出的制冷量，数值上为 $q_0 = T_0(s_1 - s_4)$，用面积 41654 表示；工质向恒温热源放出热量为 $q_k = T_k(s_2 - s_3)$，用面积 23562 表示；工质完成一个循环所消耗净功 $w_0 = q_k - q_0 = (T_k - T_0)(s_1 - s_4)$，用面积 12341 表示。

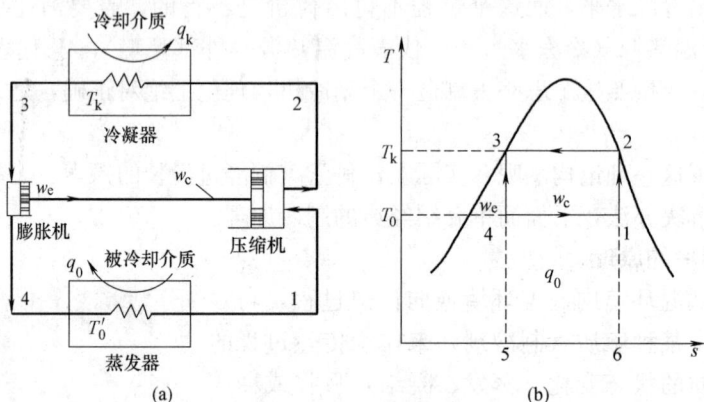

图 7-3　逆卡诺循环

（a）工作流程；（b）理想循环

在制冷循环中，制冷剂从被冷却物体中吸取的热量（即制冷量）q_0 与所消耗的机械功 w_0 之比称为制冷系数，也就是制冷效率，或称能效比，用 ε 表示。它是评价制冷循环经济性的指标之一。在逆卡诺循环中：

$$\varepsilon = \frac{q_0}{w_0} = \frac{q_0}{q_k - q_0} = \frac{T_0}{T_k - T_0} \tag{7-2}$$

由式（7-2）可知，逆卡诺循环的制冷系数仅取决于热源温度 T_k 和冷源温度 T_0。冷源温度 T_0 越高，制冷系数 ε 越大；热源温度 T_0 越低，制冷系数 ε 越大；制冷系数 ε 高低与制冷剂本身的性质无关。应当指出，在逆卡诺循环中，由于高温热源和低温热源温度恒定、无传热温差存在、制冷工质流经各个设备中不考虑任何损失，因此逆卡诺循环是理想制冷循环，它的制冷系数最高。而在实际制冷装置中，系统非常复杂，种类繁多，有许多涉及系统优化、提高能效、节能减排方面的问题，相关内容将在专业课中深入介绍。

7.4　热能采集原理

从 7.2 节介绍的热能的生产原理可知，它是建立在对化石能源的大量消耗及温室气体、粉尘、酸性气体、废渣等排放的基础上的，而且将高品位的化学能用于低品位的供热，存在"高能贱用"的不合理性（尽管能量数值守恒）。实际上，在建筑周围的空气、水、土壤中蕴含着大量的热能，受上节制冷原理的启发，是否可以将这些低品位的热能采集起来，供内部空间供暖使用呢？那将对节约能源、保护环境意义重大。答案是肯定的。

冬季将大气环境或土壤作为低温热源，将供热房间作为高温热源进行供热，这样工作的装置称为热泵，也就是像泵那样把低位热源的热能转移至高位热源。热泵的经济性用供

热系数 μ 表示，供热系数为所获取的热量与耗功量之比，相当于每消耗单位功耗所能够获得的热量。

$$\mu = \frac{q_k}{w_0} = \frac{q_0 + w_0}{w_0} = \varepsilon + 1 \qquad (7-3)$$

由式（7-3）可知，热泵的供热量永远大于所消耗的功量，但它是符合能量守恒定律的；热泵所消耗的功转化为热并与从低位热源提取的热能一起用于供热了，是综合利用能源的一种很有价值的措施。从图 7-2 可以更直观地看出，高温热源是热泵的服务对象；若转化到制冷工况运行，低位热源是生产目标，抽走的热量与消耗的功也一起排出去了，只不过弃而不用罢了。

可见，不管是制冷原理或热能采集原理，其核心都是热力学第二定律，而对于其能源转换效率及经济性分析的基础则是能量守恒定律。尽管上述原理属于最简单情形，但今后的工程实际再复杂，也万变不离其宗。

需要指出，由于大气和土壤的热源密度较低，对于供热量需求较大的人造空间，只是杯水车薪；此外，对于工程设计，还需考虑技术经济权衡，任何技术都有其优势及不足，能源供应解决方案多元化是不可避免的。

最后要说明的是，本节介绍的热能采集对象是大气或土壤的热能采集，对于太阳能、生产工艺的余热、建筑排风余热，都可以采集，虽然原理不同、设备装置各异，但却达到了相似的效果，这里不再赘述。

7.5 空间环控能耗的节能减碳原理

无论是在各种功能空间围护结构分隔的内外空间之间，还是其采用的各种能源转换交换的冷热介质之间，无时无刻不存在热量传递。在空间功能保障及环境调控过程中，均会消耗大量的能源，产生环控能耗。环控节能就意味着减少碳排放和污染物，有利于可持续发展。本节简单介绍极其重要的空间环控能耗的节能减碳原理。

7.5.1 能源交换的必要性与必然性

与前几节相比，本节所讨论的问题是更为微观的、离工程实际更接近的技术问题。如前文所述，环控能源的获取方式有很多，可以通过机械做功转换而获得（如制冷），也可以采用化石燃料燃烧、热泵采集或直接收集太阳能等方式得到，这仅仅完成了第一步能量形式转换过程。在这个转换过程中，能源必须有一个承接载体，如过热或饱和水蒸气、热水、冷冻水、热空气、冷空气等，专业上称为热媒或冷媒；相对于应用终端，它实际上就是建筑的集中热源或冷源了，或细观层次的环控能源。但这些中间能源携带载体是否可以直接被室内空间所用呢？答案是否定的。因为能源生产设备输出的携能介质的温度、压力参数是额定的，而不同功能空间的环境要求非常复杂，且差异很大（如除湿需要的冷冻水温度要 7℃，而冷却空气的冷冻水温度为 16～19℃ 即可；毛细管空调热水只需 32～35℃，而卫浴热水需要 60℃），要满足不同空间的室内环境舒适性和其他功能性要求，就需要对供能的"品质"进行合理有效的分门别类"调节"或交换，以便能够更精确地创造和控制被处理对象的人工环境。

除此之外，是否通过调节或交换达到室内预期就万事大吉了呢？不。因为室内气候环境不是孤立的，它还受室外气候条件、围护结构热工特性、室内使用条件等综合作用，它必然地、不以人的意志为转移地在这个复杂体系中进行能量交换，而遵循的规律仍然是前述的基本定律。在此基础上，本节进一步细化环控能源交换的基本原理，浅涉专业知识的核心。

根据参与能源交换的两种载体在能源交换过程中的相对位置不同，能源交换可分为 4 种：一是混合式热质交换类，二是接触式热质交换类，三是间壁式热交换类，四是前三者的任意两种的混合。

对于第一类混合式热质交换方式，专业中有很多应用。实际上，空调房间的送风与室内空气混合，达到设计预期的室内状态，就属于气-气混合热质交换过程。此外还有汽水混合加热器，蒸汽加湿器等。

第二类接触式热质交换的特点是：参与热质交换的两种介质直接接触，如喷淋室、冷却塔、液体吸湿器等。

第三类间壁式热交换的特点是：进行热质交换的介质不直接接触，二者之间的热质交换是通过分隔壁面进行。如围护结构，各种形式的汽-水换热器、水-水换热器、空气加热器及空气冷却器等。

第四类混合型的包括通风墙体、呼吸幕墙、喷水式表面冷却器等。

本节重点介绍第二、三类能源交换原理。

7.5.2 接触式能量交换原理

你一定体验过用湿毛巾擦脸后，夏天感到凉爽而冬天感到更冷吧！知道为什么吗？实际上，它就是脸上水膜与空气的能量交换过程在起作用。没有擦脸前，面部皮肤感受到的温度是环境的空气温度（专业术语叫干球温度），而用湿毛巾擦脸后面部皮肤感受到的就不是周围空气温度了，而是脸上薄薄的水膜温度了。因为水膜表层的水蒸气的分压力等于大气压力（相对湿度为 100%），它就具有向周围水蒸气浓度低的空气扩散的动力（质扩散），导致水膜表面的水源源不断地蒸发。如前文所述，水的蒸发是需要外部提供能源（汽化潜热），能量怎么来呢？只有通过皮肤温度降低而被冷却（专业上叫传热过程），面部才会有"凉悠悠"的感觉。因此，日常生活体验也包含了比较深奥的热质交换的道理。

然而，建立在感性认识基础上的经验还不能上升到科学层次，科学的东西必须定量描述，以此揭示共性规律，才能进一步推广应用。比如，蒸发冷却表面的降温具体数值是多少？有没有最大的极限？周围环境不同对降温效果有什么样的影响规律？要定量回答这些问题，仅凭经验就不行了，还得借助实验。

怎么设计一个简易的实验来揭示上述现象呢？科学家非常巧妙地解决了这个难题。他们用一只温度计直接"感受"空气温度（测出的干球温度）；而另一只温度计的感温头用薄纱布包好，再把纱布的下端放入一个小水槽中，通过纱布的毛细力可以让感温头上的纱布被水膜浸润，就非常接近湿毛巾擦脸后面部的状态了，这样，读出的温度叫湿球温度。两者的差异就是蒸发冷却的最大效果。

其实，这个实验普通人也可以轻易实现。根据图 7-4，去市场购买两只水银温度计，制作一个简易支架，找一块小纱布和一个小水杯，组装起来即可。做好后，可以每小时记录温度数值，连续测试几天，比较白天与夜晚、阴雨天与晴天的干湿球温差，一定会发现一些很有趣的规律。按照这个原理，市场上已经有许多产品，广泛应用于工农业生产，也包括建筑领域，见图 7-5。

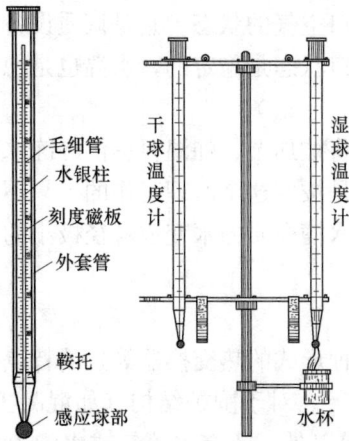

图 7-4　自制干、湿球温度计

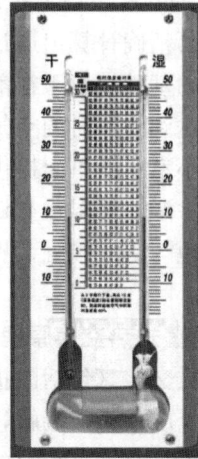

图 7-5　干、湿球温度计

　　然而，环境调控与能源消耗是紧密相连的，仅仅知道蒸发降温限值及规律还不够，还需定量描述在热质交换背后的质量及能量转换规律，这是能源应用工程不可回避的。

　　假设室外的空气湿度达不到室内环境要求，需要做加湿的调质处理。那么可否受到湿毛巾擦脸的启发，对空气进行可控的处理呢？将水温为 t_w、焓为 i_w 的水盛于一个绝热小室的水槽中，让压力 p、干球温度 t_1、含湿量 d_1、焓 i_1 的室外空气流入与水直接接触，保证二者有充分的接触表面和时间，那么，流出的空气必然达到某种稳定的饱和状态，但是出口空气的状态参数（p、t_2、d_2、i_2）如何定量地确定？这需要应用能量守恒与转化定律（图 7-6）。假设小室为绝热的，所以没有能量的流进流出，那么，如果以每千克干空气的湿空气为分析基础，以整个小室为分析对象，流入的能量为 i_1，流出的能量为 i_2，二者的差异必然等于内能的变化；由前文可知，空气与水直接接触，必然会有水蒸发扩散到空气中，致使含湿量增加，在空气出口时达到最大值，内部的变化就只有水槽的水减少了 (d_2-d_1)，若水的焓为 i_w，则系统内能减少量为 $(d_2-d_1)i_w/1000$，从而可建立绝热小室的能量平衡方程式：

$$i_2-i_1=(d_2-d_1)i_w/1000 \tag{7-4}$$

　　式中　i_w——液态水的焓，kJ/kg，$i_w=4.19t_w$。

　　由式（7-4）可知，空气焓的增量就等于蒸发的水量所具有的焓，由此可以导出：

$$(i_2-i_1)/[(d_2-d_1)/1000]=i_w=4.19t_w \tag{7-5}$$

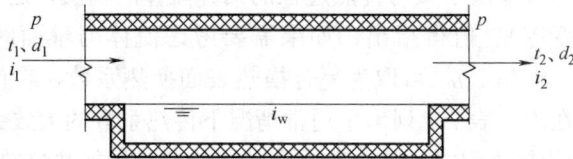

图 7-6　接触式热质交换原理

　　显然，水温的高低对小室内空气状态的变化过程起决定作用。结合前面的湿球温度的概念，当空气与水接触充分，且时间足够长，出口空气可达到饱和状态，相对湿度达

100％，温度即可认为是进口状态空气的湿球温度。展开式（7-5），得

$$i_2 = i_1 + (d_2 - d_1) \times 4.19 t_w / 1000, \text{且} \ i_2 = 1.01 t_2 + (2500 + 1.84 t_2) d_2 / 1000 \quad (7\text{-}6)$$

这样，就可精确计算出通过热质交换调质后，出口空气的状态。它是调质设备设计和冷热消耗计算的基础。由于在前述条件下，空气的进口状态是稳定的，水温也是稳定不变的，因而空气达到饱和时的空气温度即等于水温（即 $t_2 = t_w$）。

例如，当小室水槽里面提供热水时，进入的空气将被加湿、加温；提供冷冻水时，进入的空气将被除湿、降温，空调机组的喷淋除湿段就是按照这个原理工作的。只不过为了让水更加充分地与空气接触，提高热质交换效率，把水槽介质的水变成粒径极小的水雾与空气流混合。

7.5.3　间壁式热交换原理

间壁式热质交换（包括围护结构的传热传质、各种形式的热交换器等）的特点是，进行热质交换的介质不直接接触，而是通过分隔壁面进行。对于围护结构（如混凝土墙体、砌块砖、屋面等具有微小孔隙的间壁），除了热量传递以外，还有水蒸气或水渗透的质传递过程，而换热器的间壁一般由金属材料加工制作，仅存在热量传递与交换，质传递可以忽略不计。尽管对于围护结构的质传递的研究比较普遍，但不是主流，因此这里仅介绍热交换的原理。

热量由壁面一侧的流体通过壁面传到另一侧流体中的过程称为传热过程。冷、热流体通过一块大平壁交换热量的稳态传热过程的热流量可表示如下：

$$Q = FK(t_{h1} - t_{h2}) \quad (7\text{-}7)$$

式中　Q——热流量，表示单位时间内通过给定面积传递的热量，J/s 或 W；

　　　F——平壁的面积，m^2；

　t_{h1}、t_{h2}——壁面两侧流体的温度，℃；

　　　K——传热系数，表示传热能力的强弱，$W/(m^2 \cdot K)$。

$$K = \frac{1}{\frac{1}{h_1} + \frac{\delta}{\lambda} + \frac{1}{h_2}} \quad (7\text{-}8)$$

式中　h_1、h_2——壁面两侧流体与壁面的对流换热系数，$W/(m^2 \cdot K)$；

　　　δ——壁面厚度，m；

　　　λ——壁面导热系数，$W/(m \cdot K)$。

数值上，传热系数 K 等于冷热流体间温差 $\Delta t(t_{h1} - t_{h2}) = 1℃$、传热面积 $F = 1m^2$ 时的热流量的值，是表征传热过程的强烈程度。传热过程越强烈，传热系数越大，反之则越小。传热系数的大小不仅取决于参与传热过程的两种流体的种类，还与过程本身有关（如流速的大小、有无相变等）。值得指出，如果需要考虑流体与壁面间的辐射传热，则式（7-8）中的表面换热系数 h_1、h_2 可取为复合换热表面换热系数，它包括由辐射传热折算出来的表面换热系数在内。表 7-1 列出了通常情况下传热系数的大致数值范围。

式（7-7）被称为传热方程式，是人造空间的冷热负荷及换热器热工计算的基本公式。鉴于传热过程总是包含两个对流传热的环节，有时也把传热方程式［式（7-8）］中的 K 称为总传热系数。以区别于其他两个组成环节的表面换热系数。

下面从该公式出发，简单介绍本专业最重要的两个知识点。

通常情况下传热系数的大致数值范围 表 7-1

过程	$K[W/(m^2 \cdot K)]$	过程	$K[W/(m^2 \cdot K)]$
建筑屋顶	0.2～1	从气体到高压水蒸气或水	10～100
建筑外墙	0.5～1.5	从油到水	100～600
建筑外窗	1～4	从凝结有机物蒸气到水	500～1000
内围护结构	1.5～3	从水到水	1000～2500
从气体到气体(常压)	10～30	从凝结水蒸气到水	2000～6000

7.5.4 环控能耗的节能减碳原理

1. 被动式节能减碳原理

尽管所有间壁式热交换的强烈程度均可用式（7-7）来高度概括，但针对人工环境与能源应用系统中不同地方的热交换过程，其主要矛盾不同，诉求各异，有的地方需要强化能量交换过程，而有时候又需要遏制。因此，辩证灵活地应用该基本理论，方可触类旁通，学以致用。

从前文关于内部环境特性及被动式营造方法的内容可知，对于围护结构两侧的热量交换，无疑是需要遏止和尽量弱化的。要营造较好的室内环境，减少人造空间的冷热负荷需求，降低空调供暖能耗，最终实现环控节能，那么，式（7-7）可以给节能途径以什么启示呢？

（1）降低室内外的温差

从该式可知，当围护结构面积和传热系数一定的情况下，参与热交换的室内外空气温差降低，则可减少通过围护结构的传热量。即是说，夏天可以减少从室外传入的热量，冬天可以减少从室内散失的热量。可是，室外温度取决于气象条件，很难由人的意志决定；而室内设定温度是人可以控制的。在满足室内舒适的条件下，夏天室内温度别太低，冬天室内温度别太高，这不就让室内外温差降低了吗？因此，《民用建筑供暖通风与空气调节设计规范》GB 50736—2012 规定了室内温度限值，就是根据这一原理；每年夏季炎热来临前，社会各界都会展开广泛宣传，呼吁大家把空调设定温度调高 1℃，也是基于这一原理。

（2）降低围护结构表面积

对于一定的人造空间，围护结构的表面积一般变化不大，但若设计师在表面上（外立面）增加一些冗余的装饰，导致表面积增加，那么通过围护结构的传热量就会增加。因此，使建筑外表面尽量简洁，降低围护结构表面积，也可以有利于环控节能。

（3）降低传热系数 K

当围护结构表面积和两侧室内外温差一定的情况下，围护结构的传热系数 K 降低，也可减少通过围护结构的传热量，从而减少空间的冷热需求，实现环控节能。那么，从哪些途径可以降低围护结构的传热系数呢？式（7-8）指明了方向。

1）减弱内外侧换热不是主要矛盾。对于由室外空气、围护结构、室内空气组成的能量交换系统，是由两侧对流换热和壁面导热组成，式（7-8）的分母三项正是代表了每个环节的贡献。由于内、外侧空气与围护结构表面的换热系数 h_1、h_2 大小主要取决于空气流速（风速），风速越低，对流换热系数 α 越小，则传热系数 K 越小；从日常经验也可知，冬季气温相同的情况下，躲在背风的地方可御寒。但因室外风速由气象条件决定，室内风速本就很低，故降低 K 的主要方向需从围护结构入手。

2）在 h_1、h_2 和围护结构导热系数 λ 一定的情况下，增加围护结构厚度，可以显著降低传热能力，达到改善室内环境和节能的效果。其实，就相当于让人造空间穿更厚的"衣服"，当然就会暖和啦。从南方到北方，外墙的厚度越来越厚，比如成都、重庆、武汉外墙一般厚度为 240mm，而北京、天津以 370mm 居多，哈尔滨则为 500mm，是有科学道理的。

3）减小围护结构导热系数 λ。从式（7-8）可知，在其他条件相同的条件下，减小 λ，提升围护结构保温性能，也可以显著降低 K 值，减少空调供暖能耗。这就相当于把建筑外面穿的旧棉衣换成羽绒服，哪怕厚度一样，暖和程度会大大加强。

以上从公式简单地引申出了环控节能的一些基本原理，但实际上，建筑围护结构涉及很多种类，如外墙，外窗，屋顶等，每种围护结构的构造都不一样，材料也不同，所以环控节能远远不是上述那么简单，不过只要明白了这个基本原理和逐层抽丝剥茧的方法，再复杂的问题也不困难了。

2. 主动式节能原理（传热强化）

对于能源应用系统中大量应用的换热器，增强能量交换过程总是有利的，以提高能效、节约能源，或减少材料消耗、降低设备初投资。它是主动式节能的核心技术，因为不管是冷源、热源设备，系统能源交换设备，都需要强化传热过程。式（7-7）表明，增大换热表面积、两侧温差和传热系数都可以增大能量交换量。但现实中，很多时候受限于换热器尺寸（F 一定）和冷热流体的换热条件（两侧温差一定），那么这时如何强化传热过程呢？

从式（7-8）可知，内、外侧流体与表面的换热系数 h_1、h_2 及壁面导热系数 λ 越大，壁面厚度 δ 越小，则传热过程越强烈，Q 值越大。

（1）增大 h_1、h_2：一般来说，两侧流体的 h 大小与流速有关；流速越大，则 h 越大，即可强化传热。虽然在设计换热器时，可尽量增大两侧流体的速度，付出的代价是会增加水泵或风机的能源消耗，因此流速存在最佳的范围，不能一味地增大。

（2）增大壁面材料 λ：壁面导热系数 λ 越大，则热量从一侧流体通过导热传递到另外一侧流体的速度越快，传热越强；如选择铜、铝等导热系数大的材料比普通钢材、陶瓷做换热器传热效果要好一些。

（3）减小壁面厚度 δ：壁面厚度 δ 越小，则传热过程越强烈，传递的热量 Q 值越大，就如夏天尽量减少衣服厚度更有利于散热一样。

这么多因素影响传热过程，是否存在主要矛盾并需优先加以解决呢？其实式（7-8）也隐含地告诉了人们其中奥妙。在该式的分母三项，分别代表了两侧的对流换热过程（$1/h_1$、$1/h_2$）和壁面的导热过程（δ/λ）的热阻；任何一项其值越大，则说明它在总的传热过程中的影响越大，是制约增大传热系数的关键因素，只有优先降低它，才能使 K 值增加有立竿见影的效果；否则，分不清矛盾的主次，从小项去强化换热过程，哪怕费了很大的代价，强化传热的效果也是不显著的。如分母三项分别是 0.1、0.01、0.001，总传热系数 $K \approx 9.01$，若想办法把第一项降低 90% 至 0.01，则 $K \approx 47.6$，增加了 4.28 倍；但若把第二项降低 90% 至 0.001，则总 $K \approx 9.8$，在同样努力的情况下，K 值只增加了约

9%。可见，要强化传热，找准突破口至关重要。

通过上述分析，不难引申出以下三点：

第一，在换热器面积相同、换热条件 Δt 相同的条件下，传热系数提高了就意味着用这样的换热器就可传递或回收更多的热量，效率大大提高。

第二，冷热流体温差因工艺局限只能不变、传递热量由需求已经决定的情况下，传热系数的提高就意味着需要的换热器面积可以显著降低，生产换热器的材料减少，空间体积更小，安装所占的空间更少。

第三，若换热器面积一定，传递热量由需求已经决定的情况下，K 值的提高也意味着需要的两侧流体的温差 Δt 可以大大降低，以同样面积换热器在很小的温差下就可以交换相同的热量，或被冷却的介质的温度与冷却介质的温度更接近，有利于设备的安全。

以上说明了主动式节能的内涵。

3. 被动式与主动式节能的外延

从以上分析也可以窥探被动式与主动式节能的外延。

所谓的被动式节能，在几个方面处于被动：①围护结构的面积取决于空间设计本身，不能随心所欲地进行减小；②对于室外气温主要取决于室外气象，室内温度则由人的舒适性决定，冷热两侧的温差也不能随心所欲地减小（至少受限很大）；③围护结构内外侧的换热系数 α（空气流速）也主要取决于室内外气象条件，通过主动干预使其有利于降低 K 值的可能性小；④被动式节能很大程度上只能依靠减小建筑材料导热系数、增加围护结构厚度等措施弱化传热过程，达到环控节能的目的，并受制于围护结构的空间布局，因此被称为被动式环控节能——尽管其若干措施是"主动的"。

所谓的主动式节能，在几个方面处于主动：①根据设计和工程的需要，换热器的面积可以随心所欲地进行增减；②冷热流体两侧的温差大多可根据需要随心所欲地增加；③为强化传热表面两侧的换热系数 h，可以通过主动干预使其向有利于增大 K 值的方向优化；④可以通过随意增大壁面导热系数、减小壁面厚度等措施强化传热过程，达到环控节能及提高效率等目的，不受制于换热器的空间布局。以上所有环节都是可控或可按照设计者意志"主动"调节的，因此被称为主动式节能。

7.6 环控能源的输配

7.6.1 电能输配

电能是人造空间中使用最普遍的能源形式，无论是家用办公设备、照明电器、环境调控设备，还是通信、自控及安防等都离不开电能供应。

电能传输有两种形式：一是通过导线以电子形式传输；二是以电磁波形式无线传输，这些知识在物理学中已有介绍，不再重复。

1. 电气的分类

（1）强电系统

强电一般指交流电电压在 24V 以上。强电系统主要包括电工电气和照明产品。建筑电工电气包括供配变电设备、高低压电源电器开关、开关柜电箱、插座、断路器、接触器、电容器、启动器、室内外配电器、电流电压互感器、电气节能改造装置、电气防火装置、变换器、各类仪器仪表、电气系统集成；照明产品包括指示灯、光源、灯具灯饰、照明配件、照明电工产品、照明器材、调光设备、智能照明控制系统。

（2）弱电系统

弱电一般指直流电路或音频、视频线路、网络线路、电话线路，交流电压一般在24V以内。弱电系统主要包括综合布线系统、安防与消防系统、通信自动化系统、公用设施的自控系统等。综合布线系统主要由建筑设备管理自控、建筑可视对讲、建筑电子装置、出入口控制、智能家居等子系统集成。安防与消防系统包括防盗与监控报警系统，各种镜头，办公住宅楼安全防护系统，防伪技术与产品，一卡通、门禁、监控、抄表等社区服务系统和自动灭火、火灾报警系统以及联动系统等；通信电气包括建筑通信自动化系统、视频点播技术（Video on Demand）设备、信息家电控制系统、室内集中控制产品计算机安全监察及应用器材、电脑设计软件等；公用设施的自控系统包括中央空调、冷/热水机组、制冷设备、空调机等设备的自控系统。

2. 供配电方式

供配电方式是指电源与电力用户之间的接线方式。具体有以下几种方式：

（1）放射式：放射式供配电接线的特点是由供电电源的母线分别用独立回路向各用电负荷供电，某供电回路的切除、投入及故障不影响其他回路的正常工作，因而供电可靠性较高，一般用于可靠性要求较高的场所。

（2）树干式：树干式供配电接线的特点是由供电电源的母线引出一个回路的供电干线，在此干线的不同区段上引出支线向用户供电。这种供电方式较放射式接线所需供配电设备少，具有减少配电所的面积及设备、节省投资等特点。但当供电干线发生故障，尤其是靠近电源端的干线发生故障时，停电面积大。因此，此接线方式的供电可靠性不高，一般用于向三级负荷供电。

（3）环式：环式供配电接线的特点是由一变电所引出两条干线，由环路断路器构成一个环网。正常运行时环路断路器断开，系统开环运行。一旦环中某台变压器或线路发生故障，则切除故障部分，环路断路器闭合，继续对系统中非故障部分供电。环式供电系统可靠性高，但断路器之间配合较复杂，适用于一个地区的几个负荷中心。

（4）格网式：格网式供配电接线的特点是将供电干线接成网格式，在交叉处固定连接。格网式供电系统可靠性最高，适用于负荷密度很大且均匀分布的低压配电地区。目前，我国电气设备的分断能力有限，应用格网式供电系统尚受到一定限制。

3. 低压系统的配电电压及供电线路

（1）低压系统的配电电压

① 交流电压的选择

a. 交流动力电源电压一般选用380V/220V，变压器中性点直接接地的三相四线制系统。b. 交流控制回路电源电压一般选用380V/220V，当控制线路较长，有可能引起接地时，为防止控制回路接地而造成电动机意外启动或不能停车，宜选用220V。当因控制元件功能上的原因或因安全需要采用超低压配电时，其控制电压的等级为36V、24V、12V、6V。例如，生活水泵的水位控制继电器一般要求24V的控制电压，消防设备（如防火门、防火阀、打碎玻璃按钮等）通常也需要24V的控制电压。此外，对集中控制系统的模拟灯盘，宜采用24V以下的信号电压，以减少灯具尺寸并减少灯具发热，降低能耗。

② 直流电压的选择

a. 直流动力电源电压一般选用220V。b. 直流系统控制电源电压一般选用12～220V，视设备要求而定。

（2）低压供电线路

低压供电线路包括低压电源引入及电源主接线等。电源引入方式有电缆埋地引入和架空线引入两种。工程电源引入方式，视室外线路敷设方式及工程要求而定。当市电线路为架空敷设时，可采用架空引入方式，但应注意架空引入线不应设在人流较多的主要入口。为了防止雷电波沿架空线入侵内变电所，有条件时可将架空线转换为地下电缆引入方式，电缆埋地长度不应小于15m。

4. 供配电系统的构成

供配电系统由配电线路、配（变）电室和用电设备组成。系统可分为一次部分（变换和传输电能）和二次部分（用于监测、保护、计量及控制）。一次部分又称一次回路，其设备叫作一次设备（如变压器、发电机、隔离开关、断路器、熔断器、电力线路、互感器、避雷器、无功补偿装置等）。一次回路可进行电能的接收、变换和分配，但不能进行监测、保护和控制。二次部分又称二次回路，其设备叫作二次设备（如测量仪表、保护装置、继电保护与自动装置、开关控制装置、操作电源、控制电源等）。二次回路用于监测电流、电压、功率等运行参数、保护一次设备及进行自动开关投切操作控制。

7.6.2 冷热源流体输配原理

这里的冷热源，是指携带冷量或热量的流体，所以也可泛指流体输配原理。

1. 输配载体

在人工环境调控过程中，需要提供的冷量、热量必须采用流体（水、空气等）作为媒介，通过复杂的管网把冷热量输送到各个房间去进行热质交换，最终才能实现环控目标。但是要实现这个过程，流体不会自发流动，需要特殊设备（如水泵、风机）提供动力，消耗能源。也就是说，人工环境调控的冷热源（能量）是以流体为媒、以管网为输配渠道、以额外设施提供动力实现的。

2. 输配原理

然而，冷热源载体在流动过程中的能量变化必须遵循什么规律呢？如何定量计算外界应该提供多大的动力（能源）才能把携能媒介输送到期望的地点？这是关系到输配可靠性、运行经济性、能源消耗有效性等方面的重要问题。读者对其原理需要做一个初步了解。

外界提供能源，驱使流体在管网里流动，机械能变成动能，实际上又是一个能源转化的问题！它必然要遵循能量守恒与转化定律。对于特定的管网系统，外界提供的机械能，必然与位能、动能及系统内能变化（功转化为热）存在密切关系，而在输送管网中功转化为热的能量损失的确定又是问题的关键，因为前两项是很容易确定的。根据物理学的基本知识，在流动过程中，流体之间会发生相对运动，流体与固壁之间会发生摩擦，切应力及摩擦力的做功，都是靠损失流体自身所具有的机械能来补偿的，这部分能量均不可逆转地转化为流体的热能。这种引起流动能量损失的阻力与流体的黏滞性和惯性，与管道壁面对流体的阻滞作用和扰动作用均有关系。因此，为了得到能量损失的规律，必须同时分析各种阻力的特性，研究壁面特征的影响，以及产生各种阻力的机理。弄清了各项能量损失就可以明了降低损失的途径和节能；或精确选定输送设备的所需动力大小，避免盲目性和"大马拉小车"。

能量损失一般有两种表示方法：对于液体，通常用单位质量流体的能量损失（或称水头损失）h_1 来表示，其因次为长度；对于气体，则常用单位体积内的流体的能量损失（或称压强损失）p_1 来表示，其因次与压强的因次相同。

在流体输配过程中，能量是不断损失的，一般工程上把能量损失分为两类：沿程损失 h_f 和局部损失 h_m。

直观起见，假设冷热源储蓄在大水池中，输配设备提供的动力以水箱的液位高度 h 代替（表示做功能力，也称压头或水头），水作为携能媒介，水箱下部的水管代表输配管网；由于水位动力的作用，水从水箱出口 a 以 v_1 流速进入管路，流经一段距离后到 b 处，管径变小流速变成 v_2，在经过一段距离后，因调节所需在 c 处安装了一个调节阀门，再流动一段距离后以 v_2 速度流出管路系统。图 7-7 中标出了测压管水头线（表示水流到该处时的静压力），在该线之上是总水头线（表示水流到该处时还具有的总做功能力），后者与前者之差表示水具有的动能。根据能量守恒与转化定律，对于管路上的任何断面，都有：

静压头＋动压头＋从入口流到该断面的总损失＝入口断面的总压头 h

管路中的能量损失有：

沿程损失：在管路截面不变的管段上（如图 7-7 中的 ab，bc，cd 段），流动阻力主要由流体与壁面的摩擦引起能量消耗，称这类损失为沿程阻力或摩擦损失，它与壁面的粗糙度和流速有直接关系。由于等截面管段流体速度和壁面粗糙度相同，故它与管段的长度成正比，所以也称为长度损失。图中的 h_{fab}、h_{fbc}、h_{fcd} 就是 ab、bc、cd 段的损失——沿程损失。

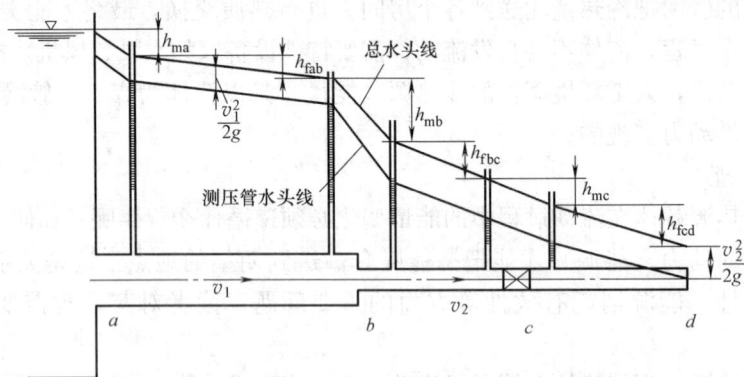

图 7-7 沿程阻力与沿程损失

局部损失：当流体在管路中流动方向和流速发生急剧变化，流体中就会在该区域产生旋涡而内耗能源，这种集中分布的阻力称为局部阻力，克服局部阻力的能量损失称为局部损失。例如图 7-7 中的管道进口、变径管和阀门等处，都会产生局部阻力，h_{ma}、h_{mb}、h_{mc} 就是相应的局部水头损失。

能量损失的大小如何计算呢？

对于沿程水头损失：

$$h_f = \lambda \frac{l}{d} \cdot \frac{v^2}{2g} \tag{7-9}$$

对于局部水头损失：

$$h_m = \xi \frac{v^2}{2g} \tag{7-10}$$

式中　l——管长；

　　　d——管径；

　　　v——断面平均流速；

　　　g——重力加速度；

　　　λ——沿程阻力系数；

　　　ξ——局部阻力系数。

假设在环控房间需要速度 v_2 携能介质，通过管路输配，则需要付出的输配能耗代价是整个管路的沿程损失和各局部损失的总和。即：

$$h_l = h_{fab} + h_{fbc} + h_{fcd} + h_{ma} + h_{mb} + h_{mc} \tag{7-11}$$

可以发现，在前述热能生产设备、制冷装置的能源利用效率和损失的方法与分析管网损失的类似性，核心都是利用基本定律来解决本专业重大的能源应用效率问题。

7.6.3　燃气输配

燃气是现阶段固定建筑的主要能源之一。

城市燃气的气源通常来自偏远地带，一般要经过长输管线输送。但使用人工燃气的城市，气源的提供是由制气厂完成的。城市燃气供应系统由气源、输配和应用三部分组成。图 7-8 为以长距离管道输送天然气为气源的城市燃气系统流程示意图。

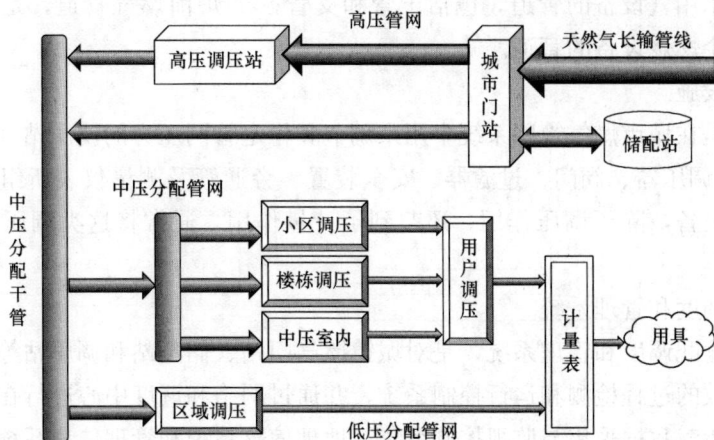

图 7-8　以长距离管道输送天然气为气源的城市燃气系统流程示意图

1. 气源

在城市燃气供应系统中，气源就是燃气的来源，目前常用的气源有：长距离管道输送天然气、液化天然气、压缩天然气、人工燃气、液化石油气、生物质燃气等。

2. 输配系统

城镇燃气输配系统是由气源到用户之间的一系列燃气输送和分配设施组成，一般由门站、储气设施、燃气管网、调压设施、输配调度和管理系统等组成。

（1）门站与储气设施

以长距离管道输送天然气为气源的城市，门站是接收长距离管道天然气进入城市的门户，具有过滤、计量、调压与加臭功能，有时兼有储气功能。

（2）燃气管网

① 按压力分类，高压与次高压燃气管道一般采用焊接钢管，直径较小时可采用无缝钢管，具体应通过技术、经济比较确定钢种与制管类别。中压与低压管道常用的管材有钢管、聚乙烯复合管（PE 管）、钢骨架聚乙烯复合管、铸铁管等。

② 按敷设方式分类，可分为地下燃气管道和架空燃气管道。地下燃气管道一般在城镇中常采用。架空燃气管道在管道通过障碍时或在工厂区为了管理维修方便可采用。

③ 按用途分类。按用途分类可分为长距离输气管道、城市燃气管道和工业企业燃气管道。

长距离输气管道主要用于长距离输送燃气，一般压力很高。其干管及支管的末端连接城镇门站或大型工业企业，作为该供应区的气源点。例如：陕北—北京长输管道及西气东输管道。城市燃气管道又可分为：a. 分配管道，是将燃气自接收站（门站）或储配站输送至城镇各用气区域，或将燃气自调压室输送至燃气供应处，并沿途分配给各类用户的管道，包括街区燃气管道和庭院的燃气管道；b. 用户引入管，是将燃气从分配管道引到用户室内的管道；c. 室内燃气管道，通过用户管道引入口将燃气引向室内并分配到每个燃气用具的管道。

工业企业燃气管道包括：a. 工厂引入管和厂区燃气管道，是将燃气从城镇燃气管道引入工厂，分送到各用气车间的管道；b. 车间燃气管道，是从车间的管道引入口将燃气送到车间内各个用气设备的管道，包括干管和支管；c. 炉前燃气管道，是从支管将燃气分送给炉上各个燃烧设备的管道。

（3）调压设施

调压设施是在城市燃气管网系统中用来调节和稳定管网压力的调压站（或调压柜、调压箱），通常由调压器、阀门、过滤器、安全装置、旁通管及测量仪表所组成。有的调压站还装有计量设备，除了调压作用，还起到了计量作用，通常将这类调压站叫作调压计量站。

（4）输配调度和管理系统

城市燃气输配调度和管理系统，是对城镇燃气门站、储配站和调压站等输配站场或重要节点配备有效的过程检测和运行控制系统，并通过网络和调度中心进行在线数据交互和运行监控，如燃气数据采集与监视控制系统、地理信息系统和管理信息系统等，其基本任务是，对故障事故或紧急情况做出快速反应，并采取有效的操控措施保证输配安全；使输配工况具有可控性，并按照合理的给定值运行；及时进行负荷预测，合理实施运行调度；建立管网运行数据库，实现输配信息化。输配调度和管理系统是燃气管网安全高效运行的重要技术措施，也是燃气管网现代化的重要内容。

最后需要指出，包括燃气在内的流体在管网中的输配流动也与冷热媒的输配原理是相似的。

思 考 题

1. 人造空间中的能源需求有哪些种类？可从哪些渠道满足这些能源需求？

2. 热能生产的基本原理是什么？如何来评价其能源转化效率？

3. 制冷的原理是什么？制冷效率的高低与哪些因素有关？

4. 热能采集的方式有哪些？从低位热源采集建筑所需热能的原理是什么？

5. 太空站如何采集热能？其内外空间的传热方式与地表建筑有何不同？

6. 围护结构及能源转换设备的传热方式有何不同？节能的目标有何差异？

7. 被动式节能减碳的原理是什么？有哪些主要途径？

8. 主动式节能减碳的原理是什么？有哪些主要途径？

9. 环控能耗的节能减碳原理可否应用于空间站？哪些方面可能不同？

10. 冷热源输配的原理是什么？

11. 你如何理解能量守恒与转化定律在本专业核心内容应用的普遍性，请列举 3 或 4 个案例。

第8章 人造空间能源应用工程

对于任何人造空间，能源都是实现其各种功能和环境调控的最重要的基本保障。

8.1 能源分类

能源是指可以直接获取或经过加工转为可以获取能量的各种资源。在自然界天然存在的，可以直接获得而不改变其基本形态的能源称为一次能源，包括煤炭、原油、天然气、煤层气、水能、核能、风能、太阳能、地热能、生物质能等。

一次能源又分为可再生能源和不可再生能源，前者指能够重复产生的天然能源，如太阳能、风能、水能、生物质能等，这些能源均来自太阳，可以重复产生；后者用一点少一点，主要是各类化石燃料、核燃料。自20世纪70年代出现能源危机以来，各国都重视非再生能源的节约，并加速对再生能源的研究与开发。在当前"双碳"目标背景下，应特别关注可再生能源的开发和利用，如太阳能、风能、地热能等，这些能源对减少温室气体排放具有重要作用。《中共中央 国务院关于完整准确全面贯彻新发展理念做好碳达峰碳中和工作的意见》指出，到2060年，非化石能源消费比重达到80%以上。

二次能源是指由一次能源经过加工转换以后得到的能源，包括电能、汽油、柴油、液化石油气和氢能等。二次能源又可以分为"过程性能源"和"含能体能源"，电能就是应用最广的过程性能源，而汽油和柴油是目前应用最广的含能体能源。二次能源亦可解释为在一次能源中，所再被使用的能源，例如将煤燃烧产生蒸汽能推动发电机，所产生的电能即可称为二次能源。或者电能被利用后，经由电风扇，再转化成风能，这时风能亦可称为二次能源，二次能源与一次能源间必定有一定程度的损耗。二次能源和一次能源不同，它不是直接取自自然界，只能由一次能源加工转换以后得到，因此严格地说它不是"能源"，而应称之为"二次能"。

那么在人工环境中常用的能源种类有哪些？它们又是以什么形式被利用的呢？建筑能源应用大家已有生活体验，本章集中介绍一些大家耳熟能详的或今后将逐渐熟悉的常识。

8.2 电能应用

电能因其便捷性，在固定建筑中被最为广泛地应用。在"双碳"目标指引下，应优先考虑使用来自风能、太阳能等清洁能源的绿色电力，如太阳能光伏和风能发电等，以减少化石能源的依赖和碳排放。电力是以电能作为动力的能源。发现于19世纪70年代的电力，掀起了第二次工业化高潮。20世纪出现的大规模电力系统是人类工程科学史上最重要的成就之一，它是由发电、输电、变电、配电和用电等环节组成的电力生产与消费系统。它将自然界的一次能源通过发电动力装置转化成电力，再经输电、变电和配电将电力供应到各行各业的终端用户。对于地表运载工具，如地铁、火车，基本实现电气化；对于汽车，通过充电蓄电装置，已有逐渐取代燃油燃气车的趋势。在民用建筑中，电力能源的应用主要包括照明、建筑设备和动力设备三个方面：

1. 照明耗电

现代建筑照明随处可见，是建筑中最基本的需求。建筑可以不设卫生间、不装空调，但不能没有照明，哪怕油灯或蜡烛。现代建筑，已经把照明当成凸显建筑或城市的个性、彰显建筑魅力的工具（图 8-1、图 8-2）。然而照明的最根本的作用是满足人们生活生产的要求，如图 8-3 和图 8-4 所示的商场照明和居住照明。照明是利用各种光源照亮工作和生活场所的措施，近代照明光源主要采用电光源（即将电能转换为光能的光源），一般分为热辐射光源（如白炽灯、卤钨灯等）、气体放电光源［如荧光灯、高压汞灯、高（低）压钠灯、金属卤化物灯和氙灯等］和半导体光源三大类（如 LED 灯）。对于小型普通建筑，照明能耗所占比例很高。

图 8-1　鸟巢夜间照明

图 8-2　海边夜间照明

图 8-3　商场照明

图 8-4　居住照明

2. 建筑设备耗电

建筑中有大量的家用和办公设备，都是用电能驱动的，主要分为机电设备、电热设备和电子信息设备。由电动机带动的设备，统称为机电设备，如风扇、家用空调、吸尘器等；利用电的热效应原理制成的设备称为电热设备，如电饭煲、电磁炉；电子信息设备是指这些设备的作用不仅是将电能转换成机械能、热能，更重要的是利用电能传递信息，如电视机、电脑、打印机等。

3. 动力设备耗电

动力设备主要是指以三相电的使用为主、依靠电动机进行传动的耗能设备。建筑中常用的动力设备有电梯、风冷热泵机组（图8-5）、冷水机组（图8-6）、水泵（图8-7）等。

图 8-5 风冷热泵机组　　　　图 8-6 冷水机组　　　　图 8-7 水泵

电能是建筑主要消耗的能源，在建筑使用中是必不可少的，且在许多时候是不可替代的能源。建筑内电力系统的优化是提高能效、降低运营成本、减少环境影响的重要途径。建筑环境与能源应用工程专业的学生在以后学习中将会逐步了解建筑照明的设计、建筑电气负荷计算、电路系统设计以及建筑防雷避雷等方面的知识。

8.3　燃气能源应用

国家"双碳"目标要求减少化石能源消耗直到实现碳中和。尽管燃气应用会排放温室气体，但它是保民生的能源，因此在相当长一段时间内还会继续应用。在民用建筑中，燃气是目前除电力以外应用最多的能源，应用方向主要为供暖、空调制冷、炊事以及热水供应等。

1. 燃气供暖

供暖可以分为分散式供暖和集中式供暖。分散式供暖多使用燃气壁挂式供暖炉。燃气壁挂式供暖炉具有强大的家庭中央供暖功能，能满足多居室的供暖需求，能够根据各个房间需求随意设定舒适温度，也可根据需要决定某个房间单独关闭供暖，并且能够提供大流量恒温卫生热水，供厕所、厨房等场所使用，如图8-8所示。它具有防冻保护、防干烧保护、意外熄火保护、温度过高保护、水泵防抱死保护等多种安全保护措施。可以外接室内温度控制器，以实现个性化温度调节和达到节能的目的。

对于集中式燃气供暖，主要使用燃气锅炉，包括燃气热水锅炉、燃气蒸汽锅炉等，燃气锅炉分为立式燃气锅炉和卧式燃气锅炉，如图8-9所示。燃气锅炉是集中供暖的热源，产生中高温热水或者高温蒸汽，通过供热管网进入室内进行制热。

2. 燃气空调制冷

燃气空调制冷应用方式主要分为三种：一是利用天然气燃烧产生热量的吸收式冷热水机组，主要是燃气直燃机；二是利用天然气发动机驱动的压缩式制冷机，主要是燃气家用空调；三是利用天然气燃烧余热的除湿冷却式空调机。当前以水-溴化锂为工质对的直燃

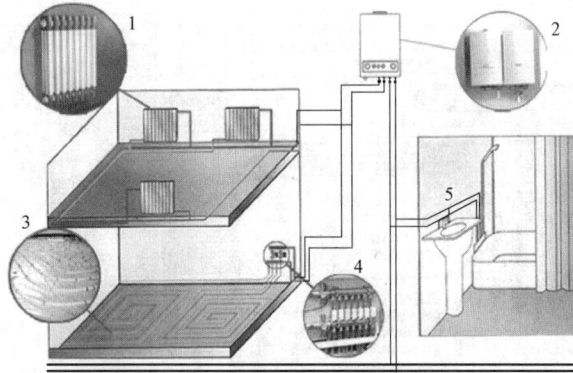

图 8-8　燃气壁挂式供暖炉的分散式供暖原理图

1—散热器；2—燃气壁挂式供暖炉；3—地面辐射供暖；4—分集水器；5—生活用水

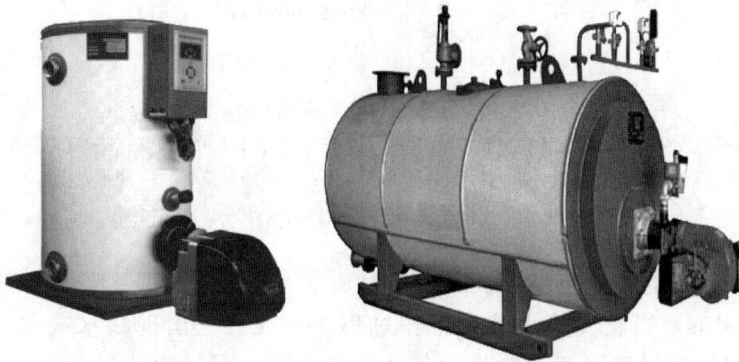

图 8-9　立式燃气锅炉和卧式燃气锅炉

型溴化锂吸收式冷热水机组应用较为广泛。

燃气直燃机是采用可燃气体直接燃烧，提供制冷、供暖和卫生热水。直燃机是用天然气、柴油等燃料作燃料能源的，目前广泛使用的直燃机大多使用天然气作燃料。直燃机包括高温发生器、低温发生器、蒸发器等。直燃机以及其他溴化锂制冷机，其制冷原理为：水在真空环境下大量蒸发带走空调系统的热量，溴化锂溶液将水蒸气吸收，将水蒸气中的热量传递给冷却水释放到大气中去，将变稀了的溶液加温浓缩，分离出的水再次去蒸发，浓溶液再次去吸收，使制冷循环进行。其制热原理采用"分隔式供热"，使直燃机供热变得十分简单：燃烧的火焰加热溴化锂溶液，溶液产生的水蒸气将换热管内的供暖温水、卫生热水加热，凝结水流回溶液中，再次被加热，如此循环（图8-10）。

3. 燃气炊事以及热水供应

燃气炊事主要利用燃气灶，所谓燃气灶，是指以液化石油气、人工煤气、天然气等气体燃料进行直火加热的厨房用具。燃气灶又叫炉盘，其大众化程度无人不知。

燃气热水供应以燃气作为燃料，通过燃烧加热方式将热量传递到流经热交换器的冷水中以达到制备热水的目的。常用的工具为燃气热水器，燃气热水器的基本工作原理是冷水进入热水器，流经水汽联动阀体在流动水的一定压力差值作用下，推动水汽联动阀门，并同时推动直流电源微动开关将电源接通并启动脉冲点火器，与此同时打开燃气输气电磁阀

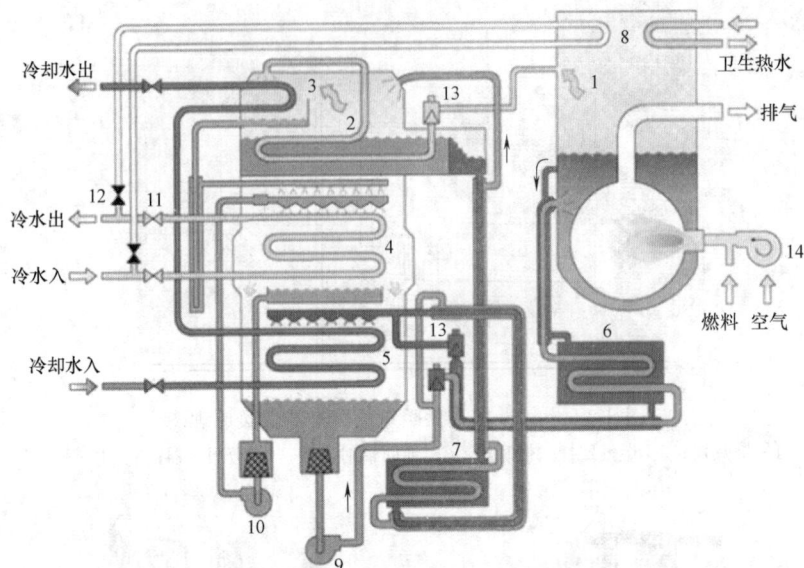

图 8-10　直燃机制冷＋生活用水系统图

1—高温发生器；2—低温发生器；3—冷凝器；4—蒸发器；5—吸收器；6—高温热交换器；

7—低温热交换器；8—热水器；9—溶液泵；10—冷剂泵；11—冷水阀（开）；

12—温水阀（关）；13—冷热切换阀（开）；14—燃烧机

门，通过脉冲点火器继续自动再次点火，直到点火成功进入正常工作状态为止，此过程连续维持5～10s，当燃气热水器在工作过程或点火过程出现缺水或水压不足、缺电、缺燃气、热水温度过高、意外吹熄火等故障现象时，脉冲点火器将通过检测感应针反馈的信号，自动切断电源，燃气输气电磁阀门在缺电供给的情况下立刻恢复原来的常闭阀状态，也就是说此时已切断燃气通路，起到安全保护作用。图8-11为燃气炉的内部构造图。

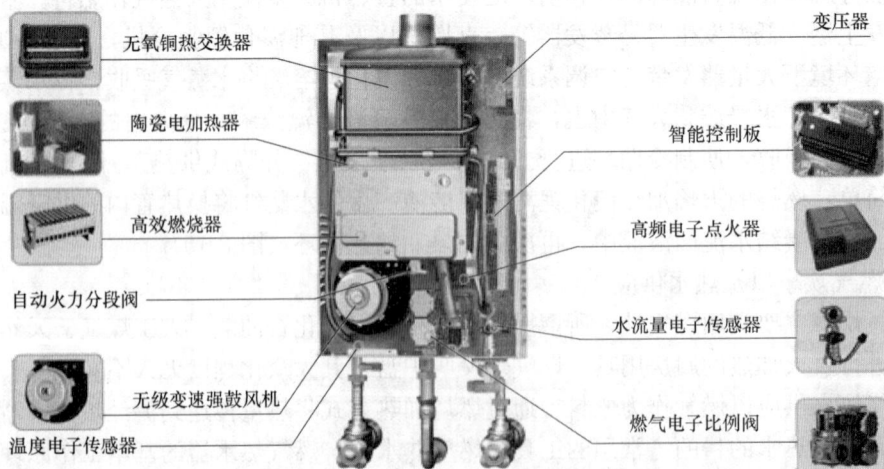

图 8-11　燃气炉的内部构造图

虽然天然气燃烧产生的污染物比煤炭和石油要少，它仍然会排放二氧化碳。建筑温室气体核算包括直接碳排放、间接碳排放和隐含碳排放，其中直接碳排放就包括了建筑的锅炉、煤炉、燃烧灶具和燃气热水器等直接燃烧排放的二氧化碳。因此，尽管燃气能源相比某些其他传统能源来说更为清洁，但它并不完全属于清洁能源的范畴，因为它仍然会产生温室气体排放，为了实现真正的清洁能源应用，需要更多地利用可再生能源，以及提高设备的能效，减少对化石燃料的依赖。

8.4 可再生能源应用

在国家"双碳"目标背景下，可再生能源以各种形式在人造空间中广泛应用是必然趋势。

8.4.1 太阳能

在太空中运行的运载工具（如人造卫星、空间站等），均会安装比自身尺寸大得多的太阳能光伏系统。在地表建筑中，太阳能应用方式有4种：太阳能热水系统、太阳能吸收式制冷（热）系统、被动式太阳能建筑和建筑一体化光伏系统。

1. 太阳能热水系统

太阳能热水系统按结构形式可分为真空管式太阳能热水器和平板式太阳能热水器，目前真空管式太阳能热水器占据了国内约95％的市场份额（图8-12）。图8-13为平板式太阳能热水器和其构造图。

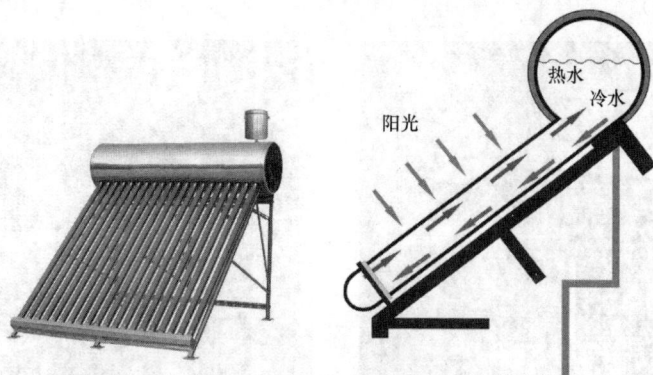

图 8-12　真空管式太阳能热水器和基本原理图

图 8-13　平板式太阳能热水器及其构造图

太阳能集热器与建筑一体化不完全是简单的形式观念，关键是要改变现有建筑内在运行系统，吸取技术美学的手法、体现各类建筑的特点，强调可识别性，利用太阳能构件为建筑增加美学趣味。目前，太阳能热水器与建筑一体化常见的做法是将太阳能集热器与南向坡屋顶一体化安装（图8-14）。如图8-15所示，太阳能集热器利用钢结构实现与建筑一体化，层次感强烈的同时又起到遮阳的作用。

图 8-14　太阳能集热器安装在坡屋面

图 8-15　太阳能集热器通过钢结构与建筑一体化

安装在屋面的太阳能集热器存在着连接管道较长、热损失较大，以及维护困难等缺点，尤其是高层建筑，有限的屋面面积很难满足用户的热水需求。为了克服这一切缺点，可在南立面布置太阳能集热器（图8-16），形成韵律感的立体立面，包括外墙式、阳台式（图8-16、图8-17）。

图 8-16　太阳能集热器与南面墙体一体化

图 8-17　太阳能集热器与南面阳台一体化

2. 太阳能吸收式制冷（热）系统

太阳能空调一般通过太阳能集热器与除湿装置、热泵、吸收式制冷或吸附式制冷机组相结合实现。在太阳能空调系统中，太阳能集热器为再生器、蒸发器、发生器或吸附床提供所需要的热源，因而，为了使制冷机达到较高的性能系数（COP），应当有较高的集热器运行温度，这对太阳能集热器的要求比较高，通常选用在较高运行温度下仍具有较高热效率的集热器，图8-18为太阳能吸收式制冷、供热原理图。

3. 被动式太阳能建筑

被动式太阳能建筑利用的物理原理与温室效应相似，波长较短的太阳辐射能顺利透过

150

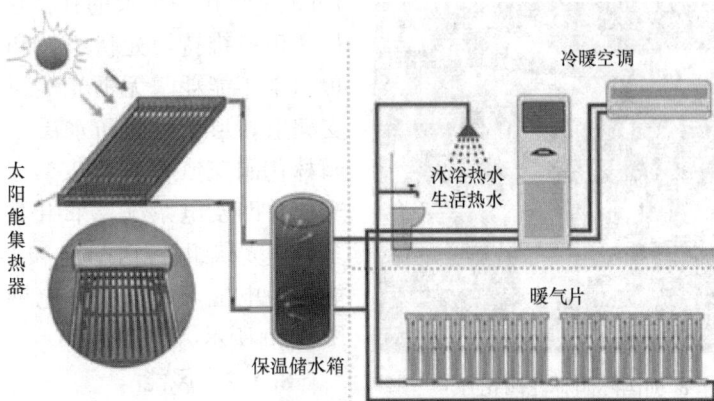

图 8-18　太阳能吸收式制冷、供热原理图

玻璃等透明材料，而波长较长的热辐射被阻挡或吸收。因此可以用玻璃等透明材料为顶做成温室，让属于太阳光的短波辐射部分透过而阻挡室内的长波辐射，这样进入室内的能量就大于向室外散发的能量，室内温度也就大于室外温度，图 8-19 为太阳能房冬天供热和夏天通风的原理图。

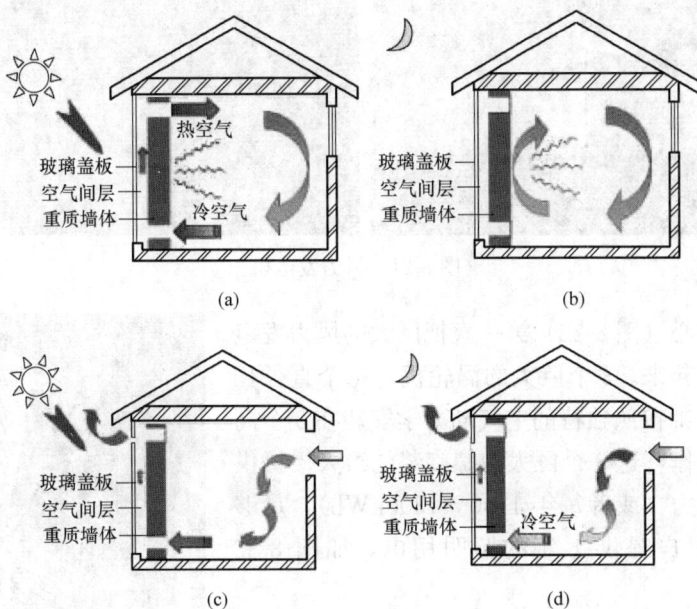

图 8-19　太阳能房冬天供热和夏天通风的原理图
(a) 冬季白天；(b) 冬季夜间；(c) 夏季白天；(d) 夏季夜间

4. 光伏建筑一体化系统

光伏建筑一体化（BIPV）系统是应用光伏发电的一种新概念，是太阳能光伏系统与现代化建筑的完美结合。建筑设计中，在建筑结构外表面铺设光伏组件提供电能，将太阳能发电系统与屋顶、天窗、幕墙等融为一体，建造绿色环保建筑正在掀起全球的新高潮。

荷兰第一个采用光伏组件作为防水屋面盖板的零能耗建筑 Woubrugge，光伏系统于

图 8-20　深圳国际园林花园花卉
博览会屋顶光伏系统

1993 年建在一个大的独立住宅上，建筑能量实现自维持，光伏组件和太阳能热利用负担全年能耗。无框光伏组件固定在铸铝支架上，形成屋面防水层。我国深圳国际园林花园花卉博览会安装了 1MW 太阳能光伏并网发电系统，采用 4000 个单晶硅及多晶硅光伏组件（160W 和 170W），将太阳能转为电能，并与深圳电网并网运行，如图 8-20 所示。

8.4.2　风能

风能是因空气流做功而提供给人类的一种可利用的能量。风能在建筑的使用主要通过风力发电，以电的形式为建筑所用，其次是以自然通风的形式减少建筑的热负荷。而风力发电时，风力发电机会发出巨大的噪声，所以要找人烟稀少及空旷的地方来建造。图 8-21 为风力发电机。

图 8-21　风力发电机

巴林世贸中心（图 8-22）第一次把巨大的风力发电和摩天大厦结合起来。3 个巨大的涡轮机，每个直径长达 29m，由设计师按照独特的空气动力学安装在 3 个高架桥中。每次工作，这 3 个巨大的螺旋桨能给大楼提供 11％～15％的电力（或者每年 1100～1300kWh），足够给 300 个家庭用户提供 1 年的照明用电，如图 8-22 所示。

小型风能在城市建筑中的应用潜力正逐渐被认识和挖掘。随着全球对绿色能源和可持续发展的重视，小型风能技术因其在城市环境中的适应性和灵活性而受到关注。城市地区空间有限，小型风能设备如微型风机或"风树"可以安装在建筑物的屋顶、阳台、墙面等地（图 8-23），甚至可以集成到建筑结构中，如路灯和广告牌。另外，小型风能设备可以作为分布式发电的来源，为附近的建筑物提供电力，减少对中央电网的依赖，并

图 8-22　巴林世贸中心

图 8-23　风能树

可能通过储能设备实现能源的存储和夜间使用。

8.4.3　地热能

地热能是从地壳抽取的天然热能，这种能量来自地球内部的熔岩，并以热力形式存在，是引起火山爆发和地震的能量之一。在地球内部的温度高达 7000℃，而在 80～100km 的深度处，温度会降至 650～1200℃。透过地下水的流动和熔岩涌至离地面 1～5km 的地壳，热力得以传送至较为接近地面的地方，但不是所有地方都有地热资源可供利用。

地源热泵是一种利用浅层地热能源（包括地下水、土壤或地表水等的能量）的既可供热又可制冷的高效节能系统。地源热泵通过输入少量的高品位能源（如电能），实现由低品位热能向高品位热能转移。一般在空调系统中，地能分别在冬季作为热泵供热的热源和夏季制冷的冷源，即在冬季，把地能中的热量取出来，提高介质温度后，给室内供暖；夏季，把室内的热量取出来，释放到地能中去（图 8-24、图 8-25）。常见的埋管方式有垂直埋管和水平埋管两种（图 8-26、图 8-27），但地下埋管系统初投资较大。

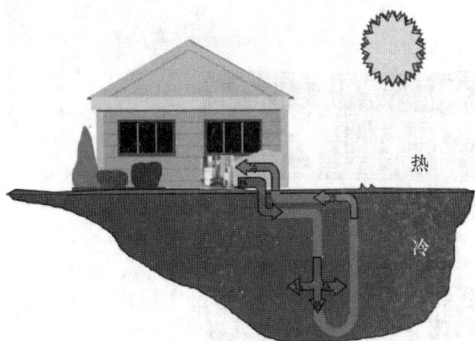

图 8-24　地源热泵夏季工况

图 8-25　地源热泵冬季工况

成都市摩玛城住宅小区，占地 38 亩（约 0.025km²），总建筑面积 16 万 m²，采用地源热泵系统，使室内温度常年保持在 20～26℃ 之间，相对湿度在 40%～60% 之间。摩玛城住宅小区为国家可再生能源示范项目（图 8-28）。

图 8-26　地源热泵垂直埋管系统图

图 8-27　地源热泵水平埋管系统图

图 8-28　摩玛城住宅小区

8.4.4　生物质能

生物质能是太阳能以化学能形式贮存在生物质中的能量形式，即以生物质为载体的能量。它直接或间接地来源于绿色植物的光合作用，可转化为常规的固态、液态和气态燃料，取之不尽、用之不竭，是一种可再生能源，同时也是唯一一种可再生的碳源。依据来源的不同，可以将适合于能源利用的生物质分为林业资源、农业资源、生活污水和工业有机废水、城市固体废物和畜禽粪便五大类。目前对于生物质能的利用技术主要为直接燃烧、生物质气化、液体生物燃料、沼气、生物制氢、生物质发电以及原电池。目前生物质在建筑中使用技术主要为沼气和生物质发电，以电的形式供给建筑，部分农村地区使用沼气炊事、照明（图 8-29）。

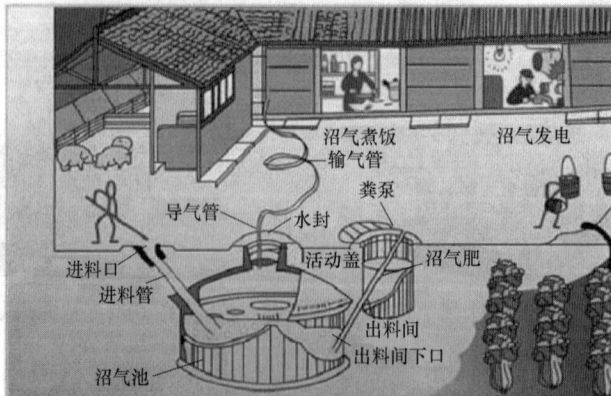

图 8-29　小型沼气利用图

安徽省大唐生物质电厂，该厂拥有两台 1.5 万 kW 生物质能发电机组，机组投产以来，充分利用周边地区生物质燃料，每年向电网输送 1 亿多千瓦时的优质、清洁电能。每年燃烧的生物质燃料给当地农民增加收入 6000 万元左右，减少棉秸秆等生物质能源浪费约 22 万 t，可替代标准煤 10 万 t 左右，减排二氧化碳 8 万 t，获得了良好的社会效益。

内蒙古乌海市生活垃圾处理厂总投资 0.36 亿元，年处理生活垃圾 20.07 万 t，粪便 3.65 万 t，污泥 3.5 万 t，产气量 160 万 m³。回收利用物质：塑料 20 万 t、金属 91t、玻璃 182t。生产颗粒有机肥 1 万 t、液态有机肥 2 万 t，年减排二氧化碳约 1.7 万 t，为解决城市垃圾围城提供了一种新的途径。

8.4.5 水能利用

对于绝大部分建筑，是较难直接应用水能的。但对于西部水能资源比较丰富的偏远地区，水能可以用于生产生活，如古代的水磨、水车，现代的水电设施就近提供照明、电热水器、电炊具用能等。

水能作为一种可再生能源和清洁绿色能源，指水体的动能、势能和压力能等能源。水能主要用于水力发电。水力发电将水的势能和动能转换成电能。以水力发电的工厂称为水力发电厂，简称水电厂，又称水电站。水力发电的优点是成本低、可连续再生、无污染。缺点是分布受水文、气候、地貌等自然条件的限制大。水容易受到污染，也容易被地形、气候等多方面的因素所影响，目前国家还在研究如何更好地利用水能。

目前，三峡工程是我国，也是世界上最大的水利枢纽工程，是治理和开发长江的关键性骨干工程，具有防洪、发电、航运等综合效益，初期规划总装机容量 1820 万 kW，设计年发电量 882 亿 kWh。电站采用坝后式布置方案，包括 26 台 70 万 kW 发电机组，其中，左岸电站 14 台、右岸电站 12 台。三峡工程正常蓄水至 175m 时，三峡大坝前形成一个世界上最大的水库淹没区，从而形成库容为 393 亿 m³ 的河道型水库（图 8-30）。

图 8-30　三峡水电站

伊泰普大坝建在流经巴西和巴拉圭两国之间的巴拉那河上，全长 7744m，高 196m。大坝于 1975 年 10 月开始建造，直到 1982 年才竣工，共耗资 200 亿美元。大坝坝后的水库沿河延伸达 161km，形成深 250m、面积达 1350km²、总蓄水量为 290 亿 m³ 的人工湖。自 1990 年改进以后，伊泰普水电站 18 台水轮发电机组装机容量高达 1260 万 kW，年发电量 710 亿 kWh[①]（图 8-31）。值得一提的是，水力是一种很好的可再生能源，但由于需建拦水大坝，对河流生态还是有一定负面影响。

---

① 到 2001 年，伊泰普水电站由 18 台变为 20 台水轮发电机组，装机容量增加到 1400 万 kW。

图 8-31　伊泰普水电站

在"双碳"目标背景下，清洁能源的应用不仅是建筑能源应用的重要方向，也是实现碳中和的关键。但它取决于当地资源条件、初投资等多方面因素，需要加大清洁能源技术的创新力度，并寻求政策层面的支持和激励。

8.5　人造空间的节能减碳技术

新能源的利用从源头上缓解了能源危机问题（开源），但解决人造空间能源供需矛盾还需要降低空间能源的需求量，即所谓的"节流"。人造空间节能有两个主要途径，一是从围护结构采取措施，即前面已经介绍过的被动式节能（既可改善室内环境又可节能）；二是对供能设备及系统采取措施，提高设备用能效率，减少能源损失，即所谓的主动式节能。本节代表性地介绍几个地表建筑的工程案例。

8.5.1　自然通风技术

自然通风的节能原理在前文已有提及，这里不再赘述。

图 8-32 为瓦努阿图国家会议中心平面和立面图。瓦努阿图气候温和湿润，属于典型的低纬度海洋性气候，设计尤其注重考虑海洋性气候条件下海陆风的昼夜变化特点，增强自然通风效果，营造健康舒适的室内环境，有利于减少空调使用，降低能耗。图 8-33 为瓦努阿图国家会议中心昼夜通风示意图，合理的气流组织保证了建筑全天候的通风效率。

图 8-32　瓦努阿图国家会议中心平面和立面图

8.5.2　围护结构节能技术

建筑围护结构节能是建筑节能的重要组成部分。围护结构是指建筑物及房间各面的围护物，分为不透明和透明两种类型：不透明围护结构有墙体、屋面等；透明围护结构有窗户、阳台门、玻璃幕墙等。

156

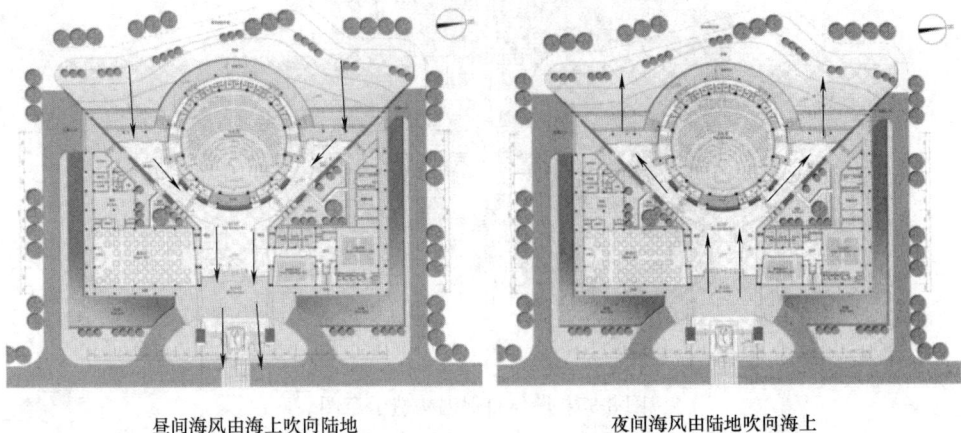

昼间海风由海上吹向陆地　　　　　　　　夜间海风由陆地吹向海上

图 8-33　瓦努阿图国家会议中心昼夜通风示意图

1. 墙体的保温隔热技术

墙体保温隔热技术可分为墙体复合保温隔热技术和墙体自保温隔热技术两大类。墙体复合保温隔热技术是指由不同墙体材料组成的主墙体与不同类型保温系统复合构成的墙体保温隔热技术。按保温系统在主墙体上的复合位置的不同分为墙体外保温系统、墙体内保温系统、墙体内外保温系统和墙体夹芯保温系统复合保温隔热技术。图 8-34 为聚苯颗粒浆料外墙外保温结构和墙体内保温系统复合保温隔热技术构造图。

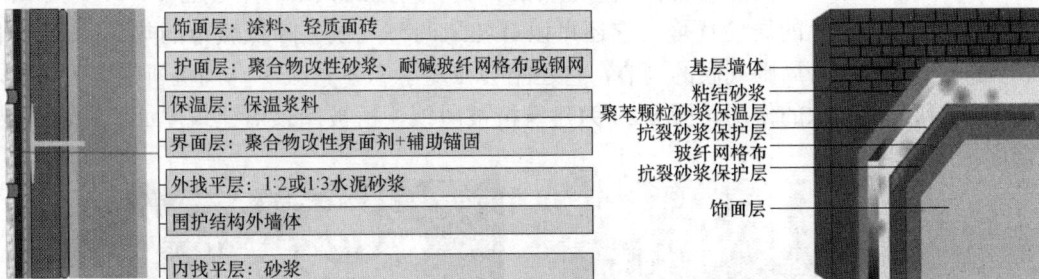

饰面层：涂料、轻质面砖
护面层：聚合物改性砂浆、耐碱玻纤网格布或钢网
保温层：保温浆料
界面层：聚合物改性界面剂+辅助锚固
外找平层：1:2或1:3水泥砂浆
围护结构外墙体
内找平层：砂浆

基层墙体
粘结砂浆
聚苯颗粒砂浆保温层
抗裂砂浆保护层
玻纤网格布
抗裂砂浆保护层
饰面层

图 8-34　聚苯颗粒浆料外墙外保温结构和墙体内保温系统复合保温隔热技术构造图

墙体自保温隔热技术是指由自保温墙体材料组成的主墙体与其两侧抹面层和饰面层构成的墙体热工性能，符合建筑所在地区建筑节能设计标准规定要求的墙体保温隔热技术。按自保温墙材类型的不同分为加气混凝土砌块墙体自保温隔热技术、烧结自保温砖或砌块墙体自保温隔热技术、自保温混凝土复合砌块墙体自保温隔热技术和自保温复合墙板墙体自保温隔热技术等。图 8-35 为墙体自保温构造示意图。

2. 屋顶保温隔热技术

屋顶作为一种建筑物外围护结构，所造成的室内外温差传热耗能量大于任何一面外墙或地面的耗热量。因此，提高建筑屋面的保温隔热能力，能有效地抵御室外热空气传热，减少空调能耗，也是改善室内热环境的一个有效途径。现有的主要屋面节能措施有倒置式保温隔热屋面、绿化屋面和其他类型节能屋面三种。

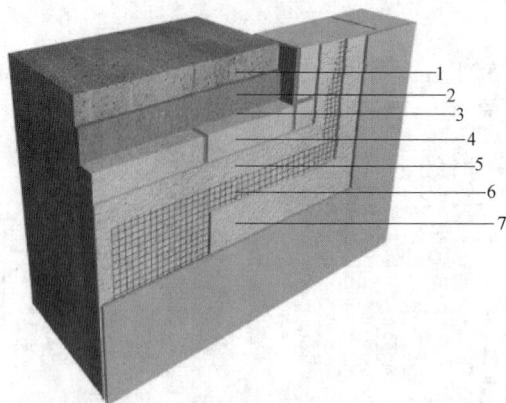

图 8-35　墙体自保温构造示意图

1—混凝土柱；2—聚合物砂浆；3—砌块粘接剂；4—自保温砌块；

5—砌块抹面胶浆；6—耐碱玻纤网格布；7—砌块抹面胶浆

（1）倒置式保温隔热屋面

倒置式保温隔热屋面就是将传统屋面构造中的保温层布置在防水层的上面。倒置式保温隔热屋面隔热性能优良、施工简易、工期短、屋面结构负荷小、耐老化、屋顶可再利用、防水层维护方便。

（2）绿化屋面

绿化屋面可以增加绿化面积、净化空气、降低扬尘、改善居住环境。它能把城市失去的土地功能、水循环功能、动植物栖息地功能，重新回归到城市的中心地带，减少城市的视觉污染，改善市民的居住环境；它还可以有效地调节气候、降低城市的热岛效应；此外，由于屋顶绿化对周围气候的调节，它还能够在夏季和冬季减少空调机所消耗的能量，间接地起到节约能源的作用，图 8-36 为建筑植被屋顶，植被屋顶对建筑屋面有保温隔热作用。

图 8-36　建筑植被屋顶

（3）其他类型节能屋面

采用轻钢屋架或木屋架建造坡屋顶，内置保温隔热材料，铺设非金属屋面材料，利用屋顶空间的空气流通，达到节能和室内舒适性要求。建造蓄水屋面，当太阳光射至蓄水屋面时，由于水面的反射作用而减少了辐射热。投射到水层的辐射热，其含热较多的长波部分被水吸收，加热水层。由于水的热容量较空气大很多，水层增加的温度较小，减弱屋面的传热量，是一种较好的隔热措施和改善屋面热工性能的有效途径。

3.门窗节能技术

建筑门窗为建筑物保温性能较薄弱的部位，直接影响到建筑的节能情况，提高门窗的保温隔热性能是降低建筑长期能耗的重要途径之一。

（1）门窗节能技术

门窗的节能主要以使用节能门窗为主，辅以遮阳和幕墙等技术措施。夏热冬冷地区节能门窗材料主要有中空玻璃（图8-37）、Low-E中空玻璃、充惰性气体的Low-E中空玻璃、自洁玻璃等。为提高外窗的热工性能，宜采用充惰性气体的中空玻璃或特种玻璃，如Low-E玻璃、真空玻璃、热反射镀膜玻璃等。冬季，Low-E玻璃可以将室内暖气散发的热辐射反射回来，保证室内热量不向室外散失，从而节约供暖费用。夏季，Low-E玻璃可以阻止室外地面、建筑物发出的热辐射进入室内，节约空调制冷费用。

图8-37　中空玻璃及其隔条

（2）遮阳技术

夏季太阳辐射透过玻璃照射室内，使大量的热量传递到室内并使室内温度升高。采用有效的技术手段遮阳，可大幅度降低空调能耗，或者不开空调即可得到舒适的室内热环境。冬季可以调节遮阳装置，使阳光进入室内。有的遮阳产品在冬季的夜晚还可以起到保温作用。外遮阳可以通过外围护结构设计（外挑阳台或遮阳构件）实现，也可以安装可调节遮阳装置，如可移动遮阳板、织物或金属卷帘，安装中间夹带活动百叶的外窗等（图8-38、图8-39）。

图8-38　室内遮阳百叶

图8-39　室外遮阳百叶

（3）幕墙技术

采用全玻璃幕墙会大大增加建筑能耗，应尽量避免。近年来，我国引进了欧洲先进的呼吸式幕墙的设计理念和方法，并在一些高档建筑中采用。呼吸式幕墙即为双层幕墙，双层幕墙之间形成空气夹层，通过在幕墙的不同位置开口，形成自然通风，或安装通风设备实现机械通风，从而使幕墙起到保温隔热的作用（图8-40）。

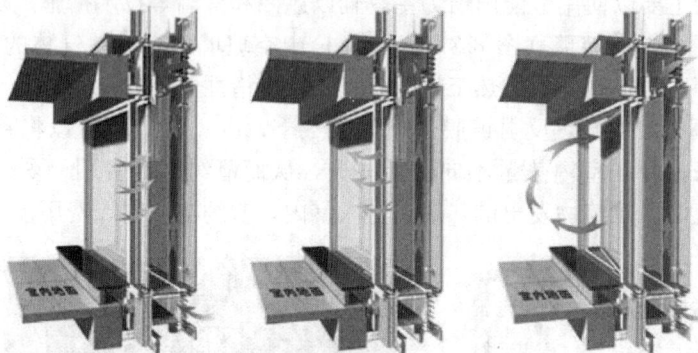

图 8-40　呼吸式幕墙

8.5.3　自然采光技术

自然采光技术通过引入自然光线进入室内，减少建筑的照明负荷，同时由于人们绝大多数时间是在自然采光环境下生活的，这使得人类对自然光具有与生俱来的适应感和亲近感，提高了人的舒适度。图8-41为速滑馆自然采光效果图。图8-42为商场天顶自然采光室内效果图。

图 8-41　速滑馆自然采光效果图

图 8-42　商场天顶自然采光室内效果图

8.5.4　建筑余热回收技术

建筑中有可能回收的热量有排风热（冷）、内区热量、冷凝器排热量等。当排风与新风之间只存在显热交换时，称为显热回收；当它既存在显热交换也存在潜热交换时，称为全热回收。常规空调系统通过冷却塔或直接将制冷过程中的冷凝热量排到室外空气中。目前冷凝热回收方案主要有冷却水热回收和排气热回收。建筑物内区无外围护结构，四季无外围护结构冷热负荷产生。内区的人员、灯光、发热设备等形成全年余热。在冬季，建筑物外区需要供热而内区需要供冷。图8-43为排风热回收原理图，图8-44为空调排风新风余热（冷）交换原理图。

160

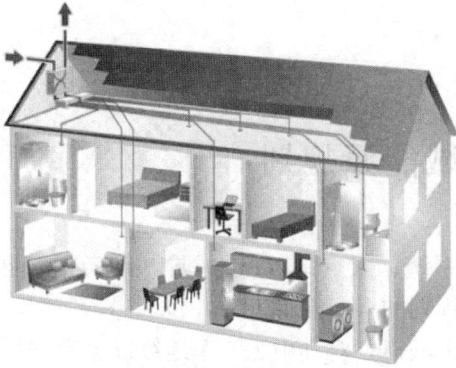

图 8-43　排风热回收原理图

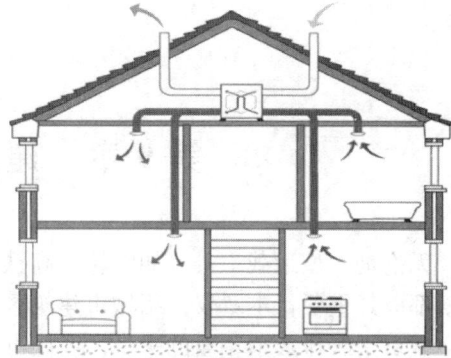

图 8-44　空调排风新风余热（冷）
交换原理图

8.5.5　温湿度独立控制空调

温湿度独立控制的空调系统中，采用温度与湿度两套独立控制的空调控制系统，将干燥的新风送入房间控制湿度，而由高温冷源产生 16～18℃冷水送入室内的风机盘管、辐射板等显热去除末端，带走房间显热，控制房间温度。可以满足不同房间热湿比不断变化的要求，从而避免了热湿联合处理所带来的损失，且可以同时满足温湿度参数的要求，避免了室内湿度过高（低）的现象。温湿度独立控制空调系统在冷源制备、新风处理等过程中比传统的空调系统具有较大的节能潜力。实践表明，这种空调系统比常规空调系统节能 30％左右（图 8-45）。

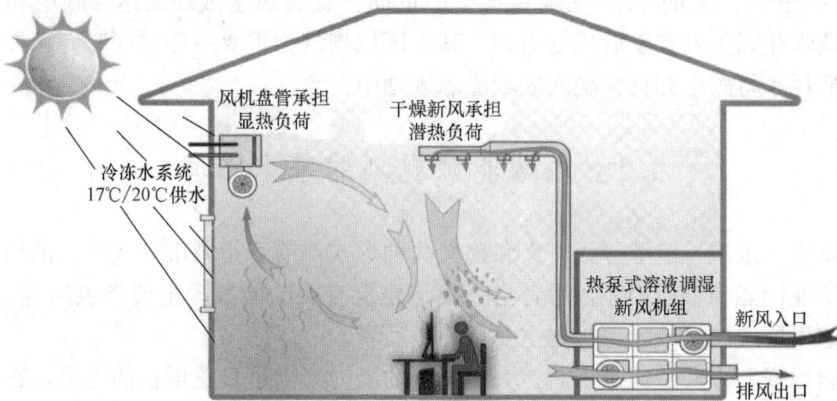

图 8-45　温湿独立控制空调系统示意图

思　考　题

1. 人工环境中应用的常规能源有哪些？
2. 人工环境中电能应用有哪些地方？
3. 人工环境中燃气应用一般在哪些地方？
4. 人工环境中有哪些可再生能源应用？它们各自有何优缺点？
5. 请列举 3～5 种被动式节能技术。
6. 请设想人在太空站的能源保障方案？
7. 请列举 3～5 种主动式节能技术。

第9章 建筑区域能源规划

无论是大型运载工具（如邮轮、高铁、地铁系统、太空站），还是城市建筑群，能源规划都极其重要，本章仅介绍城市建筑区域能源规划的入门知识。

城市是碳排放最主要的来源。我国有600多个城市，对其中287个地级以上市进行统计，城市的能耗占我国总能耗的55.48%，二氧化碳排放量占我国总排放量的58.84%。这287个城市就占到能耗和碳排放总量的一半以上，如果把其余的城市、集镇都加进来，则占到社会总能耗的80%以上。同时我国城镇既有建筑约650亿 m^2，并且还在以每年20亿 m^2 的速度增加，如果在修建时缺乏必要的能源规划和节能设计，我国的能源和环境问题将加速恶化。

建筑区域能源系统作为城市基础设施的一部分，是为了满足城市建筑的用能需求，由电力、燃气、可再生能源等能源经过城市内的输配系统、转换设备和最终使用环节的末端设备组成的系统。因此，建筑区域能源系统是城市建筑的能源"血脉"和生命线，从城市层面上进行区域能源规划具有十分重要的意义。如果把建筑单体看成微观技术的"硬节能"，对建筑群体进行能源规划则是宏观意义上的"软节能"，是解决目前能源问题的必然选择。《中共中央 国务院关于完整准确全面贯彻新发展理念做好碳达峰碳中和工作的意见》中强调强化绿色低碳发展规划引领，其中区域规划为重要一环。同时专家提出应预测区域能源消耗，将碳中和目标融入区域能源规划中。

9.1 区域能源规划的基本原理

建筑城市（区域）能源分为广义和狭义两种形式，前者指城市（区域）消耗的所有能源，包括工业用能和交通用能，后者指直接与建筑有关的能源，主要指供给建筑群的电、热和冷。这里所说的区域能源规划主要指的是后者。

传统能源规划方法是通过不断扩大供应侧的能力来满足日益增长的需求，在供应侧垄断，根据不准确的信息和供应侧单方利益进行能源规划，不断扩大供应，增加收益；而在需求侧进行管制，不允许用户自行采用分布式能源等直接的节能设施，由于没有直接的经济利益，用户端节能积极性不高。联合国环境规划署（UNEP）基于需求侧管理理论提出综合资源规划方法（Integrated Resource Planning，IRP），其核心是改变过去单纯以增加资源供给来满足日益增长的需求，将提高需求侧的能源利用率从而节约的资源统一作为一种替代资源。

现代的区域能源规划要注意民用建筑与产业建筑相结合，考虑建筑物的能源需求，包括供暖、冷却和照明等基本用途，制定电力供应和使用的策略。建筑设备应进行优化以最大限度地减少能源消耗，尽可能设计灵活的能源系统，以应对能源需求和供应的变化，例如调整能源供应以适应季节性变化，或根据日常和年度使用模式进行调整。同时，需要考虑到长期的环保和可持续性要求，使用可再生能源并最大化能源效率。

区域能源规划的基础是需求侧节能和能源需求的降低。其规划原则如下：

1. 层次化原则

它的基本层次是把节能和降低需求作为最主要的减碳措施。这表明，新建社区如果仅仅遵循国家节能设计标准，或仅仅采用一两项新能源技术是远远不够的。它的第二个层次是利用余热和废热，尤其是工业园区中，余热和废热是重要的能源，通过有效的回收利用，可以显著提高整体的能源利用效率，另外减少了额外能源生产的需求，从而减少温室气体的排放。显然，这两个层次还是基于化石能源的，《新时代的中国能源发展》一书指出，开发利用非化石能源是推进能源绿色低碳转型的主要途径，应大力推进可再生能源替代化石能源。区域能源规划的第三个层次是利用可再生和低品位热源，如浅层地表蓄热、地表水、污水、低温的工业余热、地铁和电缆沟排热、太阳能热水等。区域能源规划的最后一个层次是利用可再生电力，即光伏发电、风力发电和小规模的太阳能热发电。

2. 以人为本的原则

能源规划的目的是满足合理需求，区域能源规划更是要满足人（居住者，使用者）的合理需求，应将为大多数人提供最基本的、能够维持健康的生活环境作为规划的主要目的。

3. 减量化原则

低碳城市的单位碳排放量必定低于某一基准值。碳减排的计量必须有一个约定的基准线，这一基准线是在历史上某一时间节点的实际排放量，未来减排目标必须低于基准线。因此，这一减排量必须是设计量，必须是可测量、可报告和可核查的，是在存量基础上的实质性减少。

4. 市场化原则

应用不同的市场机制会产生不同的规划和不同的系统配置。在市场化机制下，不同的投资人、不同的产权关系，系统配置也会有所不同。在区域能源规划中，必须用"双赢"或"多赢"的指导思想做规划。

9.2 区域集中供冷技术

9.2.1 区域供冷概述

1. 区域供冷的概念

区域供冷（District Cooling System，DCS）是指对一定区域内的建筑物群，由一个或多个功能站制得冷水等冷媒，通过区域管网提供给最终用户，实现用户制冷要求的系统（图 9-1）。

2. 区域供冷的组成

典型的区域供冷系统主要有以下三部分组成，其原理见图 9-2。

（1）中心冷冻水制造工厂/能源中心

最常见的做法是在中心冷冻水制造工厂内设置数台大型制冷机、发电装置和蓄冷设备，蓄冷设备可以使得区域供冷系统的初投资和运行费用有一定的降低。区域供冷系统输

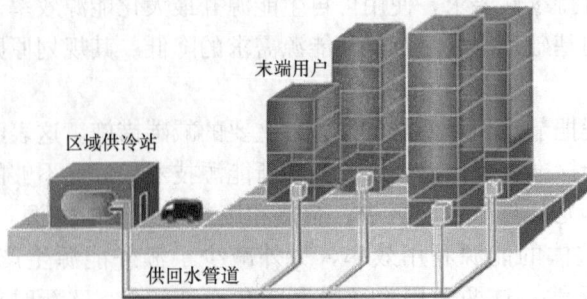

图 9-1　区域供冷示意图

送的冷媒为冷冻水，但如果在能源中心内的机组是由冷却塔或者热交换设备组成时，输送的冷媒为冷却水。

（2）冷冻水/冷却水输配系统

通常将冷冻水/冷却水配水管道用管廊沿着吊顶铺设，便于后期检修与监测，并在公路或指定的公用设施专用范围内设置。这部分系统通常是区域供冷系统中初投资花费最昂贵的一部分，因此需要在设计时进行管网优化考虑。

（3）与用户端的连接

每幢用户应有多个动力站，对不同层高的用户进行分区，并设有二级甚至三级水泵，以便将区域供冷系统的冷冻水管接至大厦。换热站内安装热交换器，以便将大厦内的热能从大厦的空调系统传送到区域供冷系统，令大厦内部保持凉快。换热站内设有热量表量度能源的耗用量。

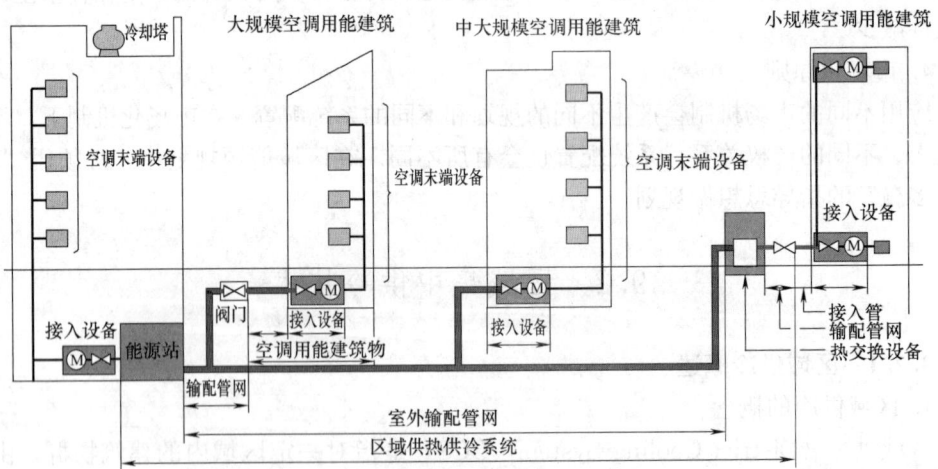

图 9-2　区域供冷系统的原理

3. 区域供冷的优势

区域供冷系统对用户和市政建设分别有如下优点：

（1）对用户而言

① 使用冷机时冷却塔必不可少，冷却塔一般安放在大厦顶楼或旁边的裙房，需要预留运维资金。无需储存零件，这部分由厂家保证。

164

② 减少了由于冷却塔带来的环境和维护问题，如区域供冷系统使大厦业主或管理公司得以精简大厦管理队伍，使得用户的维护费用得到降低，还可降低由于维护不当引发军团病等疾病的概率。

③ 建筑空间利用率和建筑美观性的提高。

④ 增加了用户端的系统可靠性。

（2）对市政建设而言

① 有促进经济发展的效果。

② 由于对冷却塔和制冷机组进行了统一管理，使得维护更加方便，与传统的中央空调系统比较，区域供冷与全天运行时间无关，冬季可能完全不开启，夏季可能每天只开启10h。此外，中央供冷站内的电脑化能源管理系统会监测和管理向用户供应的冷冻水，确保在任何时间均有稳定的冷气供应。

③ 减少了温室气体的排放量，提高能源效益，使能源消耗量减少，用于发电的化石燃料消耗量亦因此而下降，这样便可减少导致全球变暖的温室气体（例如二氧化碳）的排放。

9.2.2　区域集中供冷技术

目前，区域供冷（DC）或区域供冷供热（DHC）系统采用的主要冷热源形式有燃气冷电热三联供、燃气吸收式制冷、电制冷加集中冰蓄冷、热泵系统等。

下面介绍溴化锂吸收式制冷和冰蓄冷系统，以广州大学城为例：

（1）项目概述

广州大学城位于番禺区新造镇小谷围岛及南岸地区，总体规划面积 $43.3km^2$，空调负荷主要来自 10 所高校及南北两个商业中心区，制冷装机容量为 52 万 kW，整个广州大学城的空调供应采用区域供冷系统（图 9-3）。

图 9-3　广州大学城效果图

广州大学城区域供冷系统共设 4 个区域供冷站，其中小谷围岛上 2、3、4 号区域供冷站（以下简称冷站）分别位于华南理工大学、商业中心北区及广州美术学院旁，1 号冷站位于南岸能源站内，4 个区域供冷站分布图见图 9-4。

图 9-4   4 个区域供冷站分布图

区域供冷系统制冷总装机功率 37.6 万 kW，1 号冷站采用溴化锂和常规电制冷机组，2～4 号冷站采用冰蓄冷系统，总蓄冰量达到 94.9 万 kWh，是全球第二大冰蓄冷区域供冷系统，仅次于美国芝加哥市 UNICOM 区域供冷项目（109 万 kWh）。

区域冷站生产出 2℃空调冷水，通过二级冷水管网向校区输送，经校区单体建筑热交换站进行冷量交换后，校区冷水管网把冷量送至各空调末端设备。

2、3 号冷站总装机功率均为 8.8 万 kW（其中主机 5.6 万 kW、冰蓄冷 3.16 万 kW），4 号冷站的总装机功率为 9.49 万 kW（其中主机 6.32 万 kW、冰蓄冷 3.16 万 kW）。冷站设计采用制冷主机搭配冰蓄冷系统的空调冷源模式，向校区冷水管网提供供水温度为 2℃、回水温度为 13℃的空调冷水。冷水采用二级泵系统输送，二级冷水管网考虑管网沿途温升后按 10℃供回水温差进行设计。

1 号冷站位于小谷围岛南岸能源站内，总装机功率 10.5 万 kW，设计采用溴化锂双效吸收式制冷机（供/回水温度 8℃/13℃）与离心式制冷机（供/回水温度 3℃/8℃）串联，向用户提供供水温度为 3℃、回水温度为 13℃的冷源水，二级管网按 9℃供回水温差进行设计。单体建筑设热交换站，采用三级泵带动校区冷水管网循环，供冷给各末端空调用户。

（2）系统构成

区域供冷系统由冷站、管网、末端、自控共四大部分构成。二次冷水泵把冷站制备出 2℃的冷水通过管网输送到各大学单体建筑的末端热交换间，2℃的冷水经过末端热交换间释放出冷量后升温到13℃再返回冷站。还设置了自动控制系统和冰蓄冷系统：自动控制系统通过监控冷站设备、管网和末端的参数并进行分析，自行选择最高效的运行方案。冰蓄冷系统实现了用电的削峰填谷，并有效提高了区域供冷系统的稳定性。

① 冷站

2、3、4号冷站工艺流程和装机容量都相似，这里以4号冷站供冷系统为例介绍。4号冷站选用9台制冷量为7032kW离心式冷水机组、9台冷却塔、9台冷却水泵、9台乙二醇泵、9台一次泵、2组共9台二次水泵。

冷水机房设于二层，冷却塔设于三层屋面，冷却塔进/出水温度为38℃/32℃，冷水供/回水温度为2℃/13℃。

一层为蓄冰间，设置4个混凝土蓄冰槽，槽内放置蓄冰盘管，主机蓄冰工况时由二次载冷剂（乙二醇）流经蓄冰盘管将蓄冰槽内水制成冰。当融冰工况时，一次冷水流经蓄冰槽内的翅片盘管将冰槽内的冰融化，制出低温冷水（1～2℃）。主机空调工况时，二次载冷剂（乙二醇）流经板式换热器与一次水热交换，制出6℃的冷水。

二次冷水泵根据区域供冷的冷水管网接口条件设置，根据管网各分支流量需求，合理搭配水泵台数并采用变频调速控制流量及扬程，以适应管网负荷需求。

按设计的工艺流程，系统分为5种运行工况：融冰工况、制冰工况、主机工况、边融冰边制冷工况和边主机边制冰工况。系统根据负荷情况和系统状况自行决定运行工况，并自动投入相关设备，见图9-5。

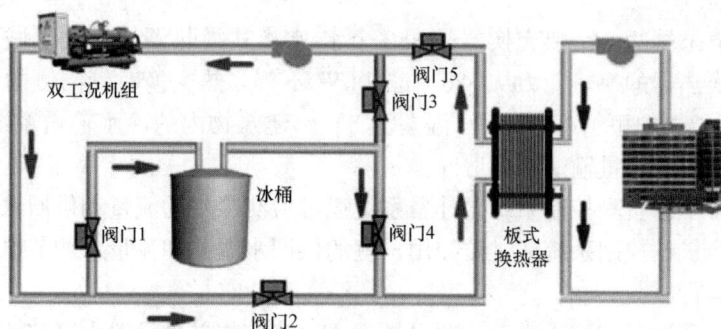

图9-5　冰蓄冷工艺流程图

② 管网

冷站制备出来的冷水由二级水泵通过管网输送到各用户。校区单体建筑内部冷水管网通过热交换站的板式换热器与冷站管网进行冷量交换。

每个冷站的供冷半径为2.5km，4个冷站对应的管网总长约110km。由于采用10℃的大温差送水，管网的管径可以大大缩小，输送水泵的功率也降低了很多，从而减少了管网和水泵的初投资。管网采用直埋式保温钢管，最大直径为1200mm，埋设在地下，管道保温材料采用聚氨酯发泡材料外加PE保护层。这种保温方式有效降低了管网的温升，实测管网温升为0.5℃，比设计理论值（1℃）更为令人满意。管网温升的降低令整个区域供冷系统的效率提高了约5%。管网为双管异程呈树枝状分布，在总管和部分支管的必要处设置了压力调节功能阀以平衡管网压力，并通过自控系统调节冷站内二次冷水泵变频节能运行，并保证管网最不利点的压差也能达到供冷要求。管网未设补偿器，利用自身补偿及土壤摩擦补偿。管网 $DN600$ 以上阀门设伸缩补偿器保护阀门和方便管道维修，管网系统图见图 9-6。

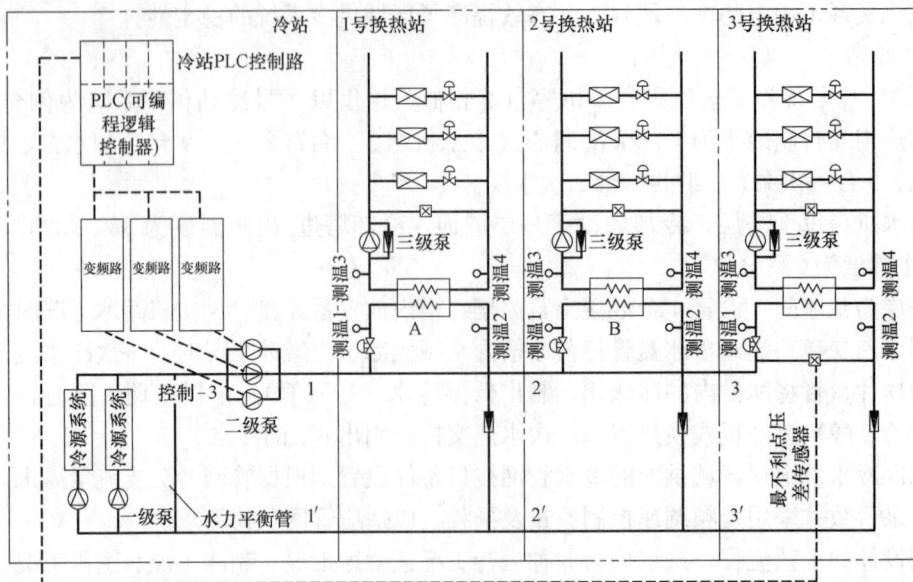

图 9-6　管网系统图

③ 末端换热系统

管网连接着末端 298 个热交换器和 382 个水-水板式换热器，为大学城 400 多幢建筑物供冷。板式换热器的换热能力从 125～2500kW 不等，热交换时管网侧的设计供回水温差为 10℃，单体建筑侧的设计供回水温差为 5℃。建筑物内的冷水输送系统把经过水-水板式换热器所获得的冷量输送到各房间。

换热间设置了计费和控制系统。计费系统通过检测冷水的流量和供回水温差，并实时积分计算出用冷量；控制系统通过监控用户侧的供回水温差和流量，调节电动阀的开度以达到节能高效运行。

根据测算，通过区域集中供冷，项目初投资比建筑物单独设置中央空调节省了总投资 1.3 亿元，减少了相关变压器、电线等输变电设施投资约 1.7 亿元；每年减少空调维护费用 2000 万元以上；系统运行成本比单体建筑设置中央空调降低 28％。

扫码查看"江水源、地源热泵系统的应用——南京鼓楼国际服务外包产业园 DHC"

9.3　城市集中供暖技术

9.3.1　城市集中供暖系统概述

城市集中供暖是由集中热源所产生的热蒸汽或热水通过管网供给一个城市或一个地区

生产和生活使用的供暖方式，它由热源、热网、热用户三个部分组成。主要任务是按照热用户的需求，可靠经济地把热能从热源输送给各热用户和用热设备。其中，热网承担着热交换的功能，在一个城市热网中分布着有几十个甚至上百个大大小小的换热站，它们在整个供暖系统中担任着举足轻重的作用，是热能交换的场所，是整个城市供暖系统的枢纽，城市集中供暖系统示意图如图 9-7 所示。纵向看，整个供暖系统由中心管理层、控制层，及现场设备层组成，体现了整个供暖系统分散控制与集中管理的设计思想；横向看，整个供暖系统由热源，热网以及热用户组成。城市集中供暖系统的热源有燃煤热电厂、天然气供热厂和热电厂、燃煤锅炉、天然气锅炉。在大数据时代，应该用更新的视角来设计和优化供暖系统，通过对建筑的能源消耗数据进行深入分析，可以发现节能减排的潜在机会，进而指导供暖系统的设计，使其更加符合建筑的实际需求，实现能源使用的最优化。

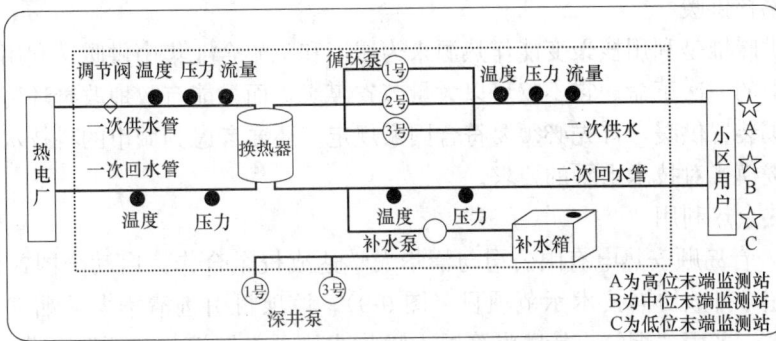

图 9-7　城市集中供暖系统示意图

1. 热源

热源是整个供暖系统产生热能的地方，主要分为以下几种不同供暖模式：

（1）热电联产

热电联产是一项有效综合利用能源的技术，在发电的同时，利用汽化潜能进行供暖，合理有效地实现热能由高向低的梯级利用，总的热效率可达 90% 以上。锅炉产生的蒸汽通过汽轮机进行发电，其排汽或抽汽，除了满足各种热负荷外，还可以作吸收式制冷机的工作蒸汽，生产 6～8℃ 的冷水可用于空调或工艺冷却，无论考虑经济效益还是社会效益，热电联产都是最合适的集中供暖方式，是解决城市供暖供冷需求的有效合理途径。热电厂见图 9-8。

图 9-8　热电厂

（2）区域供暖

区域供暖是一种传统的供暖模式，它是以一个锅炉房作为热源，向一个较大范围或区域供应热能的系统。为保证锅炉房热效率可达到 70％左右，区域供暖中规定一般锅炉容量要在 10t/h 以上，或是供暖区域在 10 万 m^2 以上，相对于分散锅炉房的锅炉热效率（55％左右）是节能的。

（3）垃圾焚烧供暖

垃圾焚烧供暖是指垃圾置于高温炉中焚烧，使其中的可燃成分充分氧化，产生的热量用于供暖。其优点是减量效果明显，焚烧后的残渣体积减少 90％以上，重量减少 80％以上，将各种工业和生活垃圾焚烧，产生热能供生产和生活使用，既有利于环境保护，也可获得较好的经济效益。

（4）低温核供暖

低温核供暖堆是利用核聚变能作热源来为城市和工矿企业集中供暖。利用核能供暖是人类供暖史上的一次革命。它不仅可以大量节省煤炭，而且能有效地改善环境，但是若要用低温核供暖装置供暖，首先必须要符合国家规定，还要考虑到城市的科技水平是否能够达到这种供暖模式对技术水平的要求。

（5）废热余热利用

2024 年，青岛顺安热电有限公司与清华大学达成校企合作，启动全国首例燃煤电厂余热利用与超净排放协同技术示范项目（图 9-9）。该项目引进清华大学烟气消白余热深度回收新技术，采用"烟气直接喷淋降温＋吸收式热泵＋压缩式热泵"工艺，实现烟气、废水超低排放，为改善生态环境贡献力量，以较低的能源成本为热电厂超净路线提供可行的示范性模板，为青岛市乃至山东省燃煤电厂做出表率。经过实测，本项目每供暖季可深度回收烟气余热 40 万 GJ，节约原煤 19423.6t，减排二氧化碳 43776.6t，减排二氧化硫 120t，减排氮氧化物 59t，减排烟尘 1332.2t，减排废水 3.3 万 t，节约用水 12.9 万 t。

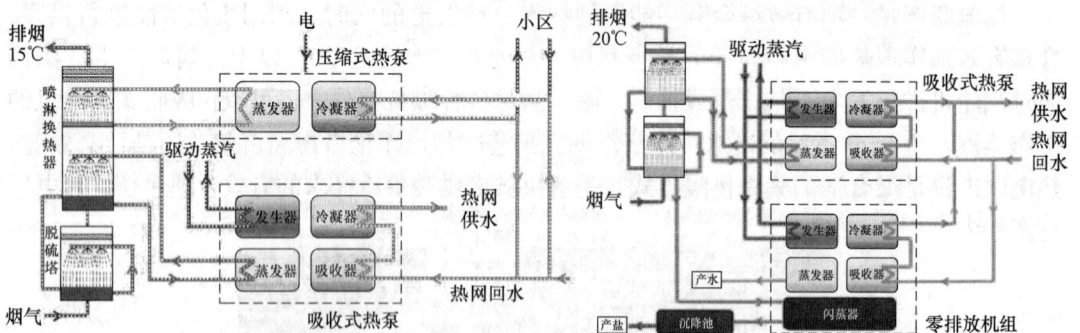

图 9-9　燃煤电厂余热利用与超净排放协同技术示范项目流程图

（6）其他供暖方式

其他供暖热源还有热泵供暖、地热供暖、电供暖、太阳能供暖等。

以上所提到的几种供暖方式，在实际应用选择中，都应因地制宜，根据城市不同的客观环境而定。在生态和环保逐渐被重视的社会背景下，如何能让集中供暖发挥更大的优势，多热源联网就是重要措施之一，它是一些城市的供暖面积和热需求量较大而一个热源难以满足，因而引入的一种供暖方式。在热源选择上，大数据发挥着重要作用，通过对燃煤热电厂、天然气供热厂、燃煤锅炉和天然气锅炉等多种热源的运行数据进行分析，可以确定最优的能源组合方案，以实现成本效益最大化和环境影响最小化。

2. 热网调节

热网的功能主要是将热能从热源传至热用户，它对热量进行合理的分配调度。由于供暖系统热负荷是随室外温度变化的，供暖系统的运行调节就是将用户端散热设备的散热量与用户热负荷的变化相适应，从而使室内的温度变化维持在一定的范围内。当供暖系统使用后，系统的能耗便完全取决于系统运行调节水平的高低，它直接决定了系统能耗的高低，是系统节能的关键所在。大数据技术的应用使得换热站的运行更加智能化，通过实时监控和分析运行数据，可以优化热能分配，提高系统的整体效率，降低能源浪费。

供暖系统的调节方式大致可分为集中调节、局部调节以及个体调节。其中，集中调节是基础的调节方式，它主要是调节热源处的供水温度以及循环水量，这种调节方法常见的有以下几种方式：

（1）质调节

质调节是只改变供暖系统的供回水温度，而系统的循环流量保持不变的调节方式。质调节只在系统的热源处调节供水温度，系统水力工况稳定。质调节的缺点是由于系统流量始终保持不变，因此系统运行费用较高。

（2）量调节

量调节为只改变循环流量而保持供水温度不变的调节方式，它最大的优点是节省水泵电耗，缺点是系统容易发生热力失调现象。

（3）分时段改变流量的质调节

按室外温度将供暖期分成几个时段，对于不同的时段，循环水量保持不变，按系统的质调节方式进行调节，相同时段内采用量调节方式，热源处温度不变。这种调节是质调节和量调节两者的有效结合，吸取了这两种方式的优点，克服了它们的不足，所以这种方式在工程上使用较普遍。

（4）间歇调节

当室外温度变化时，不改变供暖系统的循环水量和供水温度，只减少每天的供暖小时数。它一般作为辅助调节方式，主要用在室外温度较高的供暖初期和供暖末期。

3. 热用户

热用户是整个供暖系统的终端，也是整个系统的服务对象，用户的需求是否可以得到满足，是衡量供暖质量好坏的一个重要标准；对于不同的用户，有着不同的供暖需求，这是现在供暖系统所要解决的问题。

9.3.2 城市集中供暖技术——以西安市为例

1. 西安市集中供热情况概述

目前西安市集中供热包括热电厂供热及区域供热锅炉房供热，分散供热包括分散燃煤锅炉房供热、燃气锅炉供热、燃油锅炉供热、电锅炉供热、地热供热。西安市主城区各种热源供热量所占比例为：热电厂和区域锅炉房供热量占 12.37%，分散燃煤锅炉房供热量占 61.03%，燃气锅炉供热量占 19.12%，燃油锅炉供热量占 4.09%，电锅炉供热量占 1.16%，地热供热量占 2.23%。

西安市目前有灞桥、西郊、城北 3 座热电厂。灞桥热电厂供应工业生产用蒸汽的能力为 250t/h，供热能力为 510MW。西郊热电厂的供热能力为 445MW。城北热电厂供应工业生产用蒸汽的能力为 75t/h，供热能力为 157.5MW。以区域供热锅炉房为热源的供热站包括解和供热站、南大街供热站、明德门供热站、3513 厂供热站、西安高新技术开发区供热站、经济技术开发区供热站、雁塔开发区供热站。各区域供热锅炉房以大、中型燃煤蒸汽锅炉为主。

2. 集中供热的技术措施

(1) 合理划分供热区域

西安市集中供热始于 1958 年，以热电厂及区域供热锅炉房作为主要热源，逐步形成了现有的供热区域。因此，规划供热区域时既要考虑现有的供热区域，使新、老供热区域都能处于经济运行的状态，又要使蒸汽管网和热水管网的供热半径处于较合理的范围内。根据西安市新的城市总体规划，主城区的范围为东西到绕城高速公路、南到长安区、北到渭河南岸，将主城区划分成城东、城北、城西、城南、城中心 5 个供热区域。

(2) 确立合理的供热方式

集中供热能为城市提供稳定、可靠的高品质热源，与采用分散的小型燃煤锅炉的分散供热相比较，集中供热能有效地节约能源及减少污染物的排放量，具有明显的经济效益、社会效益和环境效益。能否合理利用能源以及提高能源利用效率，不仅关系到节约资源和经济发展，而且影响到生态环境，热电联产是达到上述目的的重要技术措施。因此，本着节约能源、减少污染、方便生活的原则，西安市的供热方式应以集中供热为主，积极发展热电联产，充分利用煤炭资源。

大力发展热电厂和区域供热锅炉房热电联产是一项综合利用能源的技术，总热效率可达 90% 以上，它不仅提高了能源利用率，还可减少环境污染，增加电力供应。无论考虑经济效益、社会效益还是环境效益，热电联产都是当前最合适集中供热方式，是发展城市供热的有效途径。但热电厂占地面积较大，西安市作为世界闻名的历史文化古都、旅游名城，对城市环境风貌的要求很高，土地资源紧缺，这使热电厂的发展在一定程度上受到了限制。因此应因地制宜地规划、建设热电厂。

除已有的城东供热区的灞桥热电厂、城西供热区的西郊热电厂、城北供热区的城北热电厂外，预计新建 4 座热电厂，包括城东供热区的马腾空垃圾焚烧热电厂、城北供热区的新筑热电厂、城南供热区的南郊热电一厂和南郊热电二厂。这 7 座热电厂都位于主城区边缘，接近负荷中心，既具有方便的交通运输条件及可靠的供水保证，又具有较好的地质条件，并与周围用地有充足的安全防护距离。

以区域供热锅炉房为热源的供热站是集中供热工程必不可少的组成部分，相对于热电厂，它规模较小、占地少、造价低、见效快、运行管理灵活。既可单独供热，又可与热电厂联网供热。新建、改扩建的区域供热锅炉房应采用热效率高、环保性好的大型燃煤锅炉，逐步淘汰蒸发量≤20t/h 的燃煤蒸汽锅炉。根据各供热区域的情况，西安市将扩建 3 座供热站，包括 3513 厂供热站、经济技术开发区供热站、雁塔开发区供热站。新建 5 座供热站，包括三桥供热站、西新村供热站、西部慧谷供热站、曲江供热站、城西供热站。

(3) 限制分散燃煤锅炉房供热

热电厂和以区域供热锅炉房为热源的供热站在城区的发展受到土地资源的限制，无法覆盖所有的供热区域。因此，仍需其他热源作为补充，但作为城市辅助热源的分散燃煤锅炉房应符合以下要求：西安市政府规定的无煤区内不能安装燃煤锅炉。单台燃煤蒸汽锅炉的蒸发量应大于或等于 20t/h，单台燃煤热水锅炉的热功率应大于或等于 14MW。大气污染物排放量应符合现行国家标准《锅炉大气污染物排放标准》GB 13271 的有关规定。

（4）以燃气锅炉房为补充

应根据供热区域的特点，在集中供热无法覆盖的供热区域积极发展高效、节能的燃气锅炉房作为补充热源，以逐渐取消分散燃煤锅炉房。但鉴于我国天然气储量并非特别丰富且天然气价格较高的现状，燃气锅炉房只作为供热热源的必要补充。

（5）重视多热源联网运行

多热源联网运行可优化热源生产和运行方式，增强热源运行的灵活性、互补性，提高供热系统的经济性和可靠性，但多热源联网运行对供热系统的自动监控、微机仿真、变流量控制技术提出了更高要求。通过多热源联网运行不但可以满足供热规模不断扩大的需求，而且可以充分利用已有地下热网资源。

（6）利用垃圾焚烧供热

规划新建的垃圾焚烧热电厂可将各种工业、生活垃圾进行焚烧处理，产生的热能供生产、生活使用，既有利于保护环境，又可获得较好的经济效益。我国深圳等城市已经有利用垃圾焚烧供热的成功经验，垃圾焚烧供热已被越来越多的城市所采纳。

9.4　城市燃气管网规划

9.4.1　城市燃气管网规划概述

城市燃气供应系统是供应城市居民生活、商业、供暖通风和空调、燃气汽车和工业企业等用户使用燃气的工程设施，是城市公用事业的一部分，是城市建设的一项重要基础设施，是实现民用燃料气体化是城市现代化的重要标志之一。

在发展城市燃气事业中，会遇到气源、输送、储存、分配等方面的一系列技术和经济问题，而这些问题又与城市各个方面有着密切的关系。为了合理搞好城市燃气的建设和供应工作，必须做好城市燃气规划。城市燃气规划方案一经确定，就将成为编制城市燃气工程规划任务书和指导城市燃气工程分期建设的重要依据之一。因此，编制好城市燃气规划有助于建设功能完备、有现代化能源系统支撑的城镇基础设施体系，也是发展城市燃气事业的一项非常重要的工作。

9.4.2　城市燃气管网规划举例

1. 低压—中压 A 两级管网系统

如图 9-10 所示，天然气从东、西两个方向送入城市，配气站对置设置，无储气设施，并利用长输管线的末端储气；中压管网在城市的各个区域呈枝状布置；低压管网则呈环状布置在某个特定区域。

2. 低压—中压 B 两级管网系统

如图 9-11 所示，采用人工燃气，低压储气，压气站加压后送入中压管网，再经区域调压室调压后送入低压管网；低压储气罐低峰时向中压管网供气，高峰时向中、低压管网同时供气。

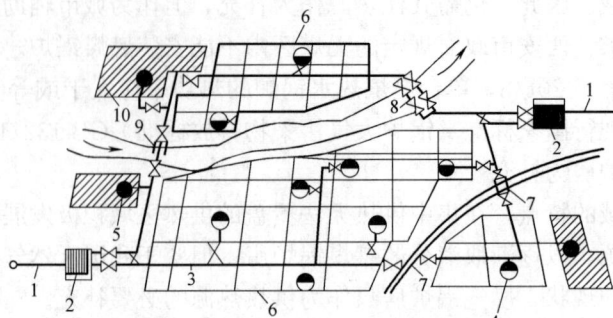

1—长输管线；　2—门站；　3—中压A管网；　4—区域调压站；
5—工业企业专用调压站；　6—低压管网；　7—穿越铁路套管敷设；
8—穿越河底的过河管；　9—沿桥铺设的过河桥；　10—工业企业

图 9-10　低压—中压 A 两级管网系统

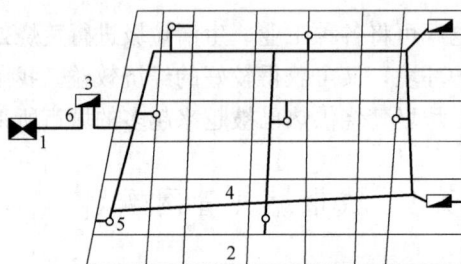

1—气源厂；　2—低压管网；　3—燃气储配站；　4—中压管网；
5—中低压调压站；　6—气源与储配站连接管网

图 9-11　低压—中压 B 两级管网系统

3. 三级管网系统

如图 9-12 所示，该系统由高压储气罐储气，并用高压管道将高压储气罐连成整体；通过高中压调压站、中低压调压站将高压管道、中压管道、低压管道连接。

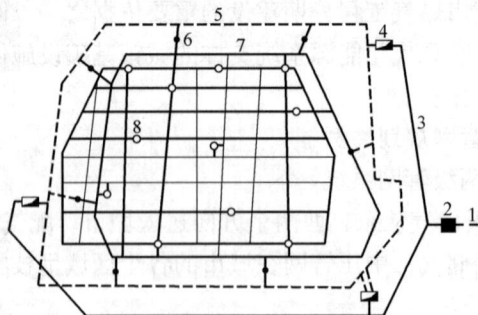

1—长距离输气管线；　2—城市燃气门站；　3—郊区高压管线；　4—燃气储配站；
5—高压管网；　6—调压站；　7—中压管网；　8—低压管网

图 9-12　三级管网系统

174

4. 多级管网系统

如图 9-13 所示，气源分布均匀，储气方式多样，采用地下储气库、高压储气罐、长输管线储气，各级管网均成环。

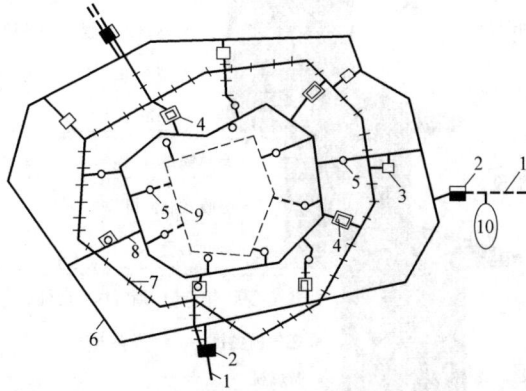

1—长输管线； 2—门站； 3—调压计量站； 4—储气站； 5—调压站；
6—高压B环网； 7—次高压B环网； 8—中压A环网； 9—中压B环网；
10—地下储气库

图 9-13 多级管网系统

9.5 冷热电三联供技术

冷热电三联供可大大提高整个系统的一次能源利用率，实现了能源的梯级利用，还可以提供并网电力作能源互补，整个系统的经济收益及效率均相应增加。

9.5.1 冷热电三联供技术概述

1. 技术概念

冷热电三联供，即 CCHP（Combined Cooling，Heating and Power），是指以天然气为主要燃料带动燃气轮机或内燃机等燃气发电设备运行，产生的电力满足用户的电力需求，系统排出的废热通过余热锅炉或者余热直燃机等余热回收利用设备向用户供热、供冷。经过能源的梯级利用使能源利用效率从常规发电系统的 40% 左右提高到 80% 左右，节省了大量一次能源。其基本原理如图 9-14 所示。燃料化学能转化优先用于发电，品质降低后中温能源用于制冷，低温部分能源用于除湿、制备生活热水以及供空调、供暖需要，这样实现了能源的梯级利用，更加合理。

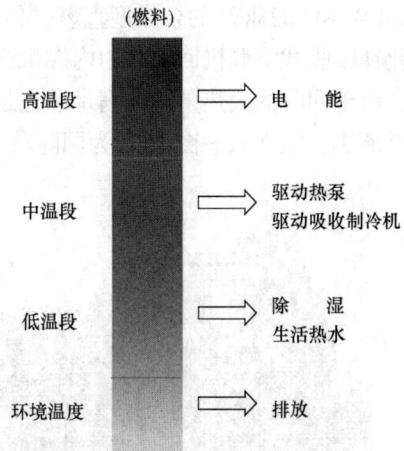

图 9-14 冷热电三联供系统基本原理

2. 系统组成

冷热电三联供系统由高温段（动力系统）、中温段（余热利用系统）、低温段（辅助系统）组成，如图9-15所示。

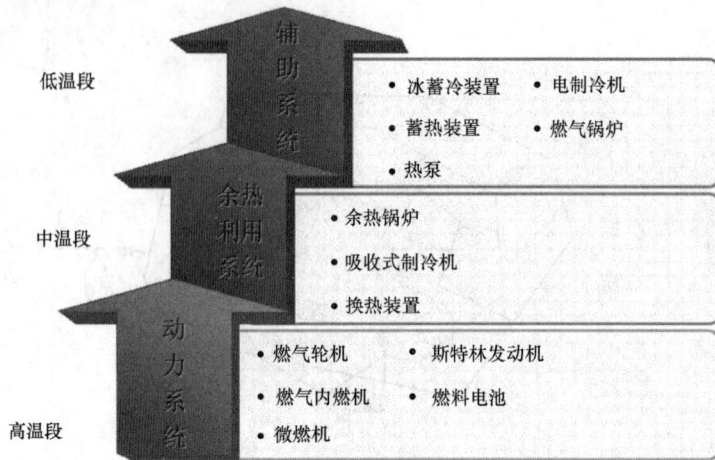

图 9-15　冷热电三联供系统组成

扫码查看"冷热电三联供系统的分类"

9.5.2　工程案例——北京燃气大楼

北京市燃气集团指挥调度中心（图9-16）大楼三联供系统，是北京市第一个利用天然气冷热电三联供技术的示范工程。大楼建筑面积3.2万 m^2，建筑物高度42m，地上10层，地下2层。大楼用电负荷100～1000kW，平均用电负荷400～800kW，需冷量500～3000kW，供暖需热量为550～2700kW。该系统配置480kW和725kW的发电机各一台，制冷量1163kW和2326kW的余热型直燃机各一台，燃气内燃机发电供大楼自用，并联型余热/直燃溴化锂吸收式空调机回收利用内燃机产生的烟气和缸套冷却水中的余热，冬季供暖、夏季制冷。由于回收的余热量不能满足系统最大热量/制冷量的需求，不足部分利用余热直燃机组补燃解决。图9-17～图9-19为国际较为著名的冷热电三联供建筑。

图 9-16　北京市燃气集团指挥调度中心

图 9-17　华盛顿水门饭店

176

图 9-18　英国伦敦 EXCEL 中心

图 9-19　密歇根州一小区热电系统

思 考 题

1. 为什么建筑区域能源规划非常重要？

2. 建筑区域能源规划的原理是什么？

3. 建筑区域供冷与供热的方式有哪些？

4. 城市集中供热由哪些部分组成？

5. 城市燃气管网包括哪些组成部分？

6. 从能源梯级利用角度来看，冷热电三联供有何优点？它由哪几个主要部分组成？

第 10 章　工业建筑环境与能源应用

工业是对自然资源开采和对各种原材料加工的社会物质生产部门。工业是社会分工发展的产物，经过手工业、机器工业等几个发展阶段，是第二产业的主要组成部分，分为轻工业和重工业两大类。重工业是指为国民经济各部门提供物质技术基础的主要生产资料的工业。包括采掘工业（石油、煤炭、金属矿、非金属矿等开采）、原材料工业（金属冶炼及加工、炼焦及焦炭、化学、化工原料、水泥、人造板以及电力、石油和煤炭加工等）、加工工业（机械设备制造、金属结构、玻璃、水泥制品，化肥、农药等）。轻工业是指主要提供生活消费品和制作手工工具的工业。包括以农产品为原料的轻工业，如食品、饮料、烟草、纺织、缝纫、皮革和毛皮、造纸及印刷等；以非农产品为原料的轻工业，如家电、文教体育用品、化学药品、合成纤维制造、日用化学、日用玻璃、日用金属制品、手工工具、医疗器械、文化和办公用机械等。

工业建筑是指生产企业中从事各类生产活动的所有人工建造的物体。与民用建筑类似，按建筑是否存在内部空间，可分为实体建筑和空腔建筑。厂房、车间、大型能源转化设备、精密加工室、办公室、宿舍等需要能源保障和环境调控的建筑属于本专业涉及的范畴，厂区道路、栈桥等构筑物不在本专业研究之列。由于任何一个工业企业中，建筑类型包括了生产工艺、辅助生产、附属配套等建筑形式（如办公室、检测室、研发中心、职工宿舍、车间浴室、食堂、卫生院等），因此，本章重点介绍工业建筑中与民用建筑不同的、典型工艺建筑的环境与能源应用知识。

与民用建筑按功能进行空间规划设计相似，工业建筑优先按照生产流程进行建筑空间规划设计布局，以便提高产品质量和生产效率。其不同之处在于，重工业的核心生产工艺建筑所需要的空间可能非常大，内部环境要求高，工艺保障能源消耗大，且对外部环境污染大，这些工艺需要独立建筑才能完成（如钢铁厂的高炉、火力发电厂的锅炉车间等）；而另外一些高精尖产品的工艺需要的生产空间小，功能能耗不大，但对内部环境要求非常高，这些工艺在厂房内的车间甚至精密加工室即可实现（如集成电路光刻工艺、粒子渗入等工艺），对外部环境影响较小。

10.1　重工业高炉：高强材料摇篮与高能耗高污染的源头

钢铁是工业革命的产物，在现代社会中具有极其重要的地位，是国民经济的基础材料之一，广泛应用于建筑、制造业、国防军事装备等各个领域。高炉是现代炼铁的主要设备，钢铁生产中的重要环节。通过不断的技术创新和优化，不仅提高了炼铁效率和质量，还促进了能源效率的提升，同时充分利用了副产品，为钢铁行业的发展做出了重要贡献。

10.1.1　高炉及生产工艺原理

高炉是钢铁企业中的一种典型的生产工艺建筑，其围护结构采用用钢板作炉壳，壳内砌耐火砖内衬。高炉本体自上而下分为炉喉、炉身、炉腰、炉腹、炉缸5部分（图10-1）。高炉生产时从炉顶装入铁矿石、焦炭、造渣用熔剂（石灰石），从位于炉子下部沿炉周的风口吹入经预热的空气。在高温下焦炭（有的高炉也喷吹煤粉、重油、天然气等辅助燃料）中的碳同鼓入空气中的氧燃烧生成的一氧化碳和氢气，在炉内上升过程中除去铁矿石中的氧，从而还原得到铁。炼出的铁水从铁口放出。铁矿石中未还原的杂质和石灰石等熔剂结合生成炉渣，从渣口排出。产生的煤气从炉顶排出，经除尘后，作为热风炉、加热炉、焦炉、锅炉等的燃料。

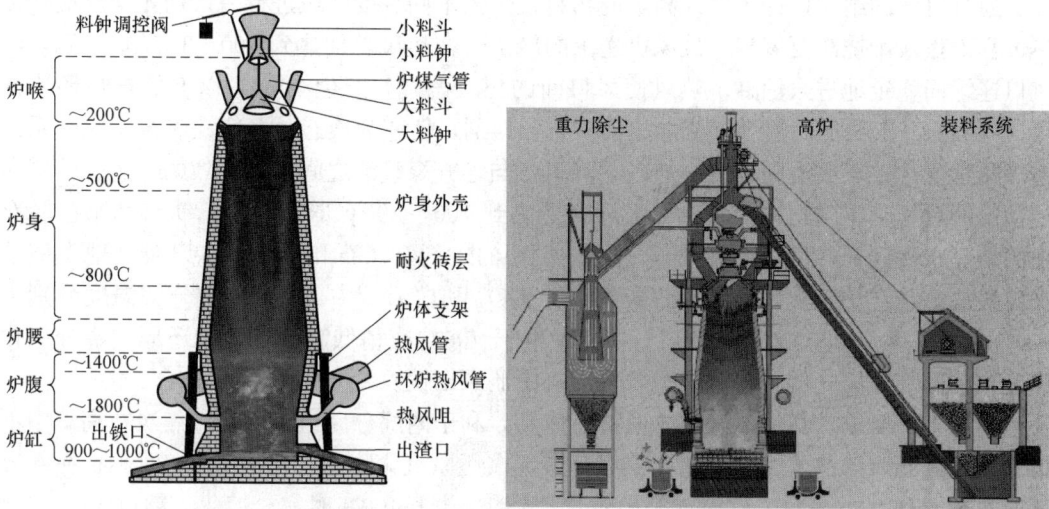

图 10-1　高炉结构、物流及内部温度分布

高炉冶炼的主要产品是生铁，还有副产品高炉渣和高炉煤气。高炉的生产工艺原理非常简单，由几个主要的化学反应方程式构成：

（1）焦炭与氧气在高温下反应生成一氧化碳，提供还原剂和热量。

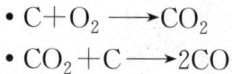

- $C + O_2 \longrightarrow CO_2$
- $CO_2 + C \longrightarrow 2CO$

（2）铁矿石的还原反应：一氧化碳与铁矿石中的各氧化物反应，还原出铁，并生成二氧化碳。

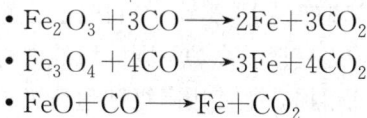

- $Fe_2O_3 + 3CO \longrightarrow 2Fe + 3CO_2$
- $Fe_3O_4 + 4CO \longrightarrow 3Fe + 4CO_2$
- $FeO + CO \longrightarrow Fe + CO_2$

（3）碳酸钙的分解反应：碳酸钙分解生成氧化钙，与二氧化硅反应生成硅酸钙，作为炉渣去除杂质。

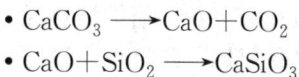

- $CaCO_3 \longrightarrow CaO + CO_2$
- $CaO + SiO_2 \longrightarrow CaSiO_3$

高炉生产消耗的资源有铁矿石、熔剂（如石灰石、白云石、硅石、菱镁石等）及辅助原料（如锰矿、萤石、钛矿石等）；消耗的能源是焦炭。高炉炼铁的过程中，为

了保证生产的连续性，需要有足够数量的原料供应。通常，冶炼 1t 生铁需要的原料总量为 2～3t。

10.1.2 高炉内部物料及环境温度调控

高炉作为一种特殊的生产工艺建筑，内部不同区域的物料温度和气体浓度都有特殊的要求，炼铁中心区域的温度需要控制在 1300～1500℃，以使铁矿石中的铁氧化物与碳快速反应，生成熔融的铁；同时，氧气浓度也有严格的要求，以免使氧与铁反应再次生成铁氧化物，降低生铁产量。为了更好地实现工艺产生，还需加入用于降低炉渣的熔点、帮助矿石还原的熔剂，和用于调节炉渣成分、提高炼铁效率的辅助原料。工艺能耗是铁矿石、熔剂、辅料物态变化成为铁水和炉渣的驱动能源。

通过科学的组织设计，进入高炉的物料在炉内不同温度区域进行一系列化学反应和传热过程。焦炭燃烧需要氧气，鼓风机送出的冷空气在热风炉加热到 800～1350℃ 以后，经风口连续而稳定地进入炉缸，热风使风口前的焦炭燃烧，产生 2000℃ 以上的炽热还原性煤气 (CO)。上升的高温煤气流加热铁矿石和熔剂，使成为液态；并使铁矿石完成一系列物理化学变化，煤气流则逐渐冷却。下降料柱与上升煤气流之间进行剧烈的传热、传质和传动量的过程。下降物料中的毛细水分当受热到 100～200℃ 即蒸发，褐铁矿和某些脉石中的结晶水要到 500～800℃ 才分解蒸发。主要的熔剂石灰石和白云石，以及其他碳酸盐和硫酸盐，也在炉中受热分解。石灰石中 $CaCO_3$ 和白云石中 $MgCO_3$ 的分解温度分别为 900～1000℃ 和 740～900℃。铁矿石在高炉中于 400℃ 或稍低温度下开始还原。部分氧化铁是在下部高温区先熔于炉渣，然后再从渣中还原出铁。

根据工艺要求，高炉设计的体形特征瘦高，利于内部分区组织工艺。焦炭在高炉中不熔化，只是到风口前才燃烧气化，少部分焦炭在还原氧化物时气化成 CO。而矿石在部分还原并升温到 1000～1100℃ 时就开始软化；到 1350～1400℃ 时完全熔化；超过 1400℃ 就滴落。焦炭和矿石在下降过程中，一直保持交替分层的结构。由于高炉中的逆流热交换，形成了温度分布不同的几个区域：①矿石与焦炭分层的干区，称块状带，没有液体；②由软熔层和焦炭夹层组成的软熔带，矿石开始软化到完全熔化；③液态渣、铁的滴落带，带内只有焦炭仍是固体；④风口前有一个袋形的焦炭回旋区，在这里，焦炭强烈地回旋和燃烧，是炉内热量和气体还原剂的主要产生区域。

10.1.3 高炉的安全可靠运行保障

与其他建筑相似，高炉的安全可靠运行保障主要依靠围护结构体系。正因为高炉的内部温度非常高，内部介质腐蚀性强，其围护结构对生产安全、可靠运行及能耗均非常重要。高炉的外壳一般由高强度金属材料制作，炉壳内部砌有一层厚 345～1150mm 的耐火砖，以减少炉壳散热量，且在砖中设置冷却设备防止炉壳变形。高炉不同区域的内衬砖要求不同。炉缸、炉底长期与铁水和炉渣接触，容易逐渐熔损，须使用高级和超高级碳素耐火砖。若因收缩和砌砖质量不良，引起重大烧穿事故，影响运行安全与可靠性。炉底使用碳砖有 3 种形式：全部为碳砖；炉底四周和上部为碳砖，下部为黏土砖或高铝砖；炉底四周和下部为碳砖，上部为黏土砖或高铝砖。炉底厚度一般为 0.25～0.5 倍炉缸直径。炉腰特别是炉身下部砖衬，由于磨损、热应力、化学侵蚀等，容易损坏，砖衬也比较厚。炉身上部和炉喉砖衬要求具有抗磨性和热稳定性的材料，以黏土砖为宜。若炉腹砖衬被侵蚀后，只能靠"渣皮"维持生产。

高炉工艺的高温特点要求其必须长期运行。一是因为高炉一旦冷却下来，再次启动需要长时间加热到工作温度，不仅耗时而且消耗大量能源；频繁启停的热胀冷缩，会对炉衬造成巨大的损害，影响炉衬寿命。二是因为停炉和重新启动的成本非常高昂，即使是在市场不景气的时候继续运行高炉，损失也比停炉再重启要小。三是因为高炉的连续生产可以确保较高的生产效率和稳定的生产节奏，这对于大规模工业化生产至关重要。

为了确保高炉长期可靠运行，高炉的围护结构中还需设置冷却系统。19 世纪 60 年代高炉砖衬开始用水冷却。冷却设备主要有冷却水箱和冷却壁两种，因高炉各部分热负荷而异。炉底四周和炉缸使用碳砖时采用光面冷却壁。炉底之下可用空气、水或油冷却。炉腹使用碳砖时可从外部向炉壳喷水冷却，使用其他砖衬时，用冷却水箱或镶砖冷却壁。炉腰和炉身下部多采用传统的铜冷却水箱。炉身上部可采用各种形式的冷却设备，一般用铸铁或钢板焊接的冷却水箱。

可见，焦炭既是实现工艺的驱动能源，又是内部物流及介质环境组织的核心之一，该工艺是集工业文明科技智慧的结晶，能源转型道路漫长，需要不断创新探索。

10.1.4 高炉的能源转化及对外环境的影响

1. 能源转化与应用

高炉焦炭燃烧的功能能耗转化遵守能量守恒与转化定律。对于高炉这个孤立的封闭系统，没有对外做功，其热量平衡方程式可写为：

$$Q_r = Q_1 + Q_2 + Q_3 + Q_4 + Q_5 + Q_6 \tag{10-1}$$

式中　Q_r——焦炭燃烧、热风及物料带入高炉的热量；

　　　Q_1——煤气带出的化学能及内能；

　　　Q_2——铁水带出高炉的热损失；

　　　Q_3——炉渣带出高炉的热损失；

　　　Q_4——炉渣中的焦炭不完全燃烧损失；

　　　Q_5——冷却系统热损失；

　　　Q_6——炉体外表面散热损失。

从式（10-1）可以看出，高炉功能能耗用于维持其内部各区域的温度环境，实现工艺后最终大部分损失了。高炉铁水主要流向炼钢过程或直接用于铸造，热能大部分损失了。高炉煤气是炼铁的副产品，可以作为燃料、高炉热风炉、蓄热式轧钢加热炉等利用，但有毒的 CO 含量高，须防止泄漏。高炉炉渣可用于生产矿渣水泥，制作渣棉，以及用于玻璃、化肥、陶瓷等行业的原材料，但热能损失了。由于炉内温度很高，热量总是自发地向低温环境传递，因此，高炉生产过程的绝大部分能量不可避免地损失掉了。由于以焦炭为驱动能源的高炉工艺成熟，在没有研发出新能源替代工艺前，在"双碳"目标背景下，如何有效利用废热，是未来非常有前景的研究课题。

2. 对外部环境的影响

高炉生产过程的化学反应、熔化及其伴随的物质流动遵循质量守恒定律。输入高炉的物料包括铁矿石、熔剂、辅助原料、化石燃料焦炭及燃烧所需的氧（空气），输出的物质包括铁水、炉渣、煤气、烟气（包括 CO_2、CO、粉尘等），对外部环境的影响巨大。

尽管现代以高炉为代表的重工业高耗能工艺建筑，通过系列技术改进，能够显著提高能源效率并减少污染物的排放。但是据有关资料统计，我国工业领域的能源消耗约占社会总能耗的 2/3，碳排放也约占总碳排放的 2/3，其中重工业的能耗和碳排放又占工业领域的 2/3。可见，尽快改变高能耗工业建筑的粗放用能模式，促使能源向可再生转型迭代，优先利用工艺余热用于工厂辅助车间、配套建筑的环控能源，就近满足当地民用建筑的需求，在工业领域倡导绿色零碳工厂建设，意义十分重大。

扫码查看"绿色零碳工厂——重塑工业生态的绿色引擎"

10.2 新能源电池工厂：驱动能源革命的科技先锋

电能作为当前应用最广泛的能源形式，其储存技术对于电力系统的稳定运行和可再生能源的广泛应用至关重要。电能储能主要是指将电能以某种形式储存起来，以便在需要时释放使用的技术。这对于解决风、光时空分布不均、电力供需不平衡、提高电网灵活性和可靠性具有重要意义。电能储能技术多种多样，包括抽水蓄能、电池储能、飞轮储能和超级电容器储能等。其中，电池储能因其灵活性高、响应速度快而备受关注。随着电池技术的不断进步，在铅酸电池的基础上，锂离子电池、钠硫电池、液流电池等新型电池也不断涌现，为电能储能提供了更加高效、安全、可靠的选择。与当前普遍使用的锂离子电池和锂离子聚合物电池不同的是，固态电池采用锂、钠制成的玻璃化合物为传导物质，取代以往锂电池的电解液，大大提升锂电池的能量密度。由于科学界认为锂离子电池已经到达极限，固态电池于近年被视为可以继承锂离子电池地位的电池。

10.2.1 工厂核心车间构成

新能源电池工厂的核心电池生产车间，工序流程非常复杂，各个空间的环境要求不同，环控能耗非常高，其设计、布局、生产流程以及技术应用都至关重要。新能源汽车电池生产车间通常根据生产工艺流程进行布局，确保原材料、半成品和成品的顺畅流转。图 10-2 为锂电池生产流程。车间内一般划分为原料存储区、生产区、装配区、测试区、成品存放区以及辅助区等。根据有关运行数据显示，在锂电池工厂，仅车间环境温湿度控制用能在工厂总能耗中占比约 43%。新能源电池工厂的生产区包括制片车间（正极车间和负极车间）、装配车间、化成车间和包装车间等，这些车间都需要精度控制来保持严苛的温湿度环境，以确保生产过程的顺利进行。生产核心区域对安全和环境调控的要求都极高，车间内还需要保持干净和无尘的环境，避免杂质对电池性能的影响。同时，电池属于易燃易爆产品，因此必须采取严格的安全措施，如设置防火防爆设施、定期进行安全检查等。此外，还需要对生产过程中产生的废弃物进行妥善处理，以保护环境。

锂电池制片车间的主要功能是将极耳焊接到极片上，并在焊极耳处贴上胶纸，最后收卷或裁切成片。锂电池制片是锂电池生产过程中的一个关键工序，它直接影响电池的安全性、容量、一致性等各项性能。装配车间的主要功能包括单个的锂电池电芯被组装成具有特定电压和容量的电池组，这涉及电芯分选、焊接、测试等多个步骤，确保电池组的质量和性能（图 10-3 为锂电池的自动化组装车间）。锂电池化成车间，也称为化成柜，是锂电

锂电池工艺流程

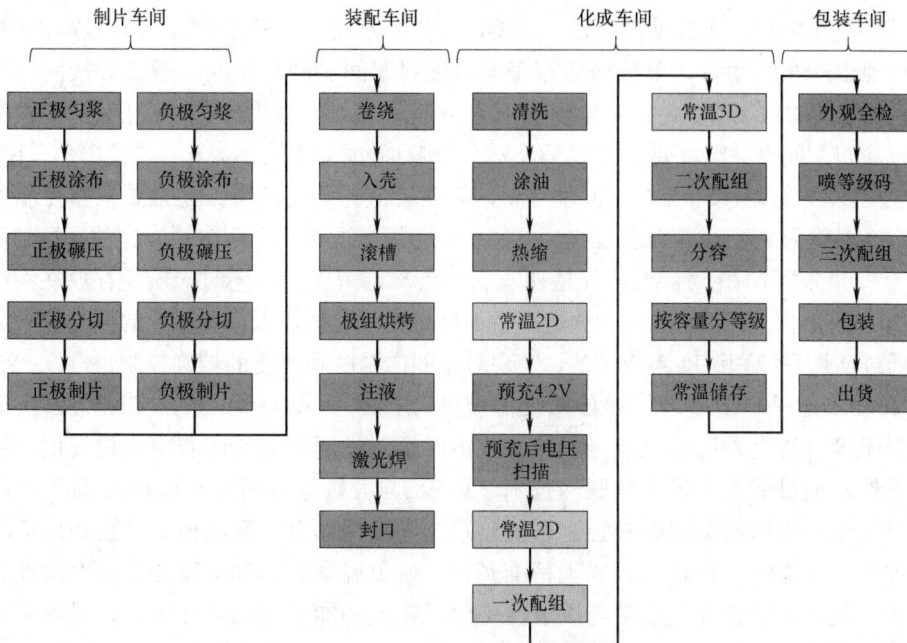

图 10-2　锂电池生产流程

池生产过程中的一个关键环节。它的主要作用是通过特定的充电和放电过程，使电池中的活性物质转化为正常的电化学作用，并在负极表面形成一层固体电解质界面膜（SEI 膜）。这一过程对于确保电池的性能稳定、安全性以及循环寿命至关重要。包装车间的主要功能包括原材料和零部件的接收、半成品加工、装配、质量检查、打包、发货等环节。

图 10-3　锂电池自动化组装车间

10.2.2　环境调控要求

新能源汽车电池工厂对于环境调控的要求极为严格。暖通空调系统需通过精确控制车间内的温度、湿度和洁净度等环境参数，优化通风设计和静电控制措施，以确保电池生产过程的稳定性、安全性和产品质量。

1. 温湿度控制的精细化与智能化

新能源汽车电池，尤其是锂（Li）电池，对生产环境的温度和湿度有着极高的敏感性。对于锂电池生产车间而言，正负极涂布车间、配料车间、制片车间、激光焊接间、装配间等，温度要求为25℃±2℃，相对湿度要求为10%～30%（根据实际情况确定）；锂电池烘烤、负极涂布车间等，温度要求为23℃±2℃，相对湿度要求为不大于1%或2%，注液车间（或者是手套箱）对制造环境的要求非常高，需要较低的湿度环境，通常要求露点温度不高于−40℃（温度为25℃，相对湿度≤0.6%）。对于锂电池存放车间来说，存放区域的温度宜控制在5～30℃之间，相对湿度应保持在40%～80%的范围内，同时应避免存放在潮湿或者过于干燥的环境中，以免对电池的性能产生不良影响。这些要求与本专业的核心任务紧密相连，即通过空调系统和湿度调节设备，实现对车间内温度和湿度的精确控制。

表10-1展示了电池生产厂房各系统温湿度等技术要求。近年来，在新能源汽车电池车间的温湿度管理上，已不仅满足于传统的恒温恒湿设定，而是向着更加精细化、智能化的方向发展。通过引入先进的物联网技术（IoT）与大数据分析，车间内的温湿度传感器能够实时采集并传输数据至中央控制系统，系统则根据预设的算法模型，自动调整空调系统与湿度调节设备的工作状态，实现精准调控，避免温度波动和湿度变化对电池性能产生不利影响。此外，结合天气预报与季节性变化，系统还能进行预测性调节，提前应对外部环境变化对车间内环境的影响，确保电池生产始终处于最优环境条件下。

电池生产厂房各系统温湿度等技术要求　　　　　　　　　表10-1

车间	系统	类别	参数	单位
电池	锂锰电池系统	温度	23±2	℃
		湿度	50±10	%
		压力	10	Pa
		洁净度 ISO 7	0.5μm＜ 10000	pc/ft³(1ft=0.3048m)
	工艺冷却水系统	温度	18/23	℃
		压力	0.5±0.05	MPa
	中温水数字控制	温度	13/18	℃
		压力	0.5±0.05	MPa

为了追求更高的能量密度，电池工艺也在不断发展。新工艺对生产条件提出了更严苛的要求。固态动力电池工艺中注液、化成工艺需求的湿度控制达到−60℃（含湿量为0.007g/kg）。人类居住的舒适性环境的含湿量（含湿量为10.5g/kg）是此含湿量的1500倍。超低湿的环境在自然界不存在，只存在于人工环境中。图10-4为低露点除湿工艺流程图，核心是冷冻机制备冷冻水进行初级除湿（除去72%），后续经过硅胶转轮吸附（除去25%），最后经过分子筛的深度除湿（除去3%），最终制备出露点温度为−70℃（含湿量为0.002g/kg）的空气送入房间以维持房间−60℃的低露点温度。

2. 洁净度控制的全面升级

电池生产需要在高洁净度的环境下进行，以防止灰尘、微粒等杂质对电池造成污染。通常，电池生产车间的无尘室级别要求在1000级以上。本专业在此方面的作用主要体现

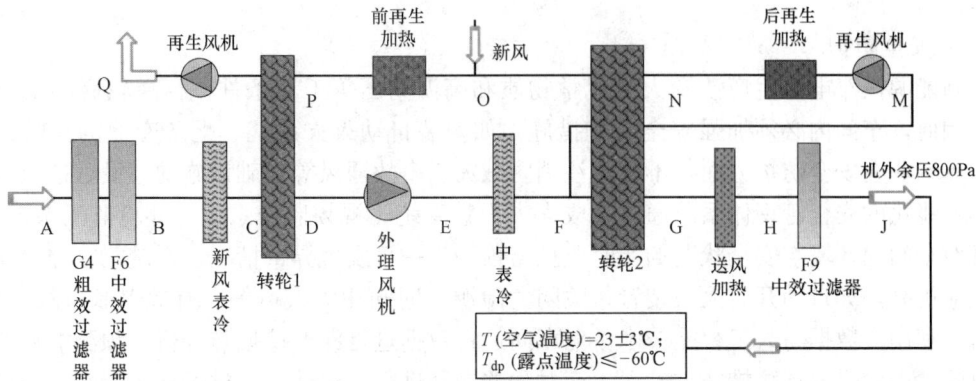

图 10-4 低露点除湿工艺流程图

在空气过滤系统的设计和运行上。车间内通常都安装有高效过滤器，并定期清洁和更换，以确保空气洁净度达到标准要求。近年来，从业人员还积极探索新型过滤材料与技术，如纳米纤维膜、静电除尘技术等，以进一步提升过滤效率与使用寿命。同时，通过构建三维模拟仿真平台，对车间内的气流组织进行精确模拟与优化，从而使得空调系统配置上合理布局的送风口和回风口，确保空气流动路径合理，减少死角与涡流区域，从而有效降低尘埃粒子的积聚与扩散风险。除此之外，引入自动化清洁机器人，定期巡检并清洁车间内的高洁净区域，可以进一步保障生产环境的洁净度。

3. 通风设计的绿色高效

新能源汽车电池生产过程中会产生废气，如氢气、一氧化碳、二氧化碳、甲烷以及氟化碳、挥发性有机物等。因此，车间必须具备良好的通风条件，以确保废气的及时排出。在通风设计方面，需要根据车间的大小、布局和生产工艺特点，合理确定通风量和新风换气率。通过安装排风设备和设计合理的通风管道系统，实现车间内空气的有效循环和更新，保障生产环境的空气质量。此外，通过引入热回收与能量回收技术，将排风中的热能或冷量进行回收再利用，如用于预热新风或辅助车间加热/冷却系统，从而实现能源的节约与循环利用。同时，利用 CFD（计算流体动力学）软件进行通风系统的优化设计，确保气流分布均匀，减少能耗与噪声污染。此外，结合智能控制系统，根据车间内有害气体浓度实时监测结果，自动调节排风量与换气次数，实现按需通风，提高系统运行的经济性与环保性。可见，新能源汽车电池生产车间的通风设计，已经不仅关注废气的排放效率，更开始注重强调绿色高效。

4. 静电控制

锂电池材料对静电非常敏感，容易引起静电火花，进而引发安全事故。为此，本专业提供了一整套综合解决方案，除了上述提到的优化空气流动路径与控制空气湿度外，还引入了离子风机、静电消除器等设备，直接作用于静电产生源，有效中和电荷，防止静电积累。同时，对车间内所有导电物体进行良好接地处理，构建完善的静电防护网络，从而有效地降低电池生产车间的静电产生概率，例如，可以通过优化空气流动路径、控制空气湿度等方式，减少静电的产生和积累。同时，部分车间内还需根据电气专业技术要求，使用防静电地板等辅助措施，进一步降低静电风险。此外，通过培训员工掌握正确的静电防护知识，如穿戴防静电服装、使用防静电工具等，形成全员参与的静电控制文化，确保生产安全。

5. 安全防护

新能源汽车电池生产涉及大量化学物质和高温高压等工艺条件，存在较高的安全风险。因此，车间内必须加强安全防护措施，如安装自动灭火系统、配备专业的安防人员等。本专业在安全防护方面，不仅关注消防减灾、事故通风等基础设施的建设，还致力于构建智能化的安全管理体系。通过集成火灾报警系统、视频监控系统、环境监测系统等，实现对车间内环境与安全状况的实时监控与预警。一旦发生异常情况，系统能立即启动应急响应机制，如自动开启灭火装置、关闭危险源、通知相关人员等，有效遏制事故发展。同时，利用大数据与人工智能技术，对车间运行数据进行深度挖掘与分析，预测潜在的安全风险，提前采取预防措施，确保生产过程的平稳进行。此外，通过优化车间环境调控系统，提高生产过程的稳定性和安全性，也能间接降低安全事故的发生概率。

10.2.3 能源保障

锂电池工厂的能耗设备主要包括锅炉、空压机、真空泵、除湿机、空调机组、除尘器等。这些耗能设备大多直接服务于工艺功能的环境调控，少数设备提供物流动力，但它最终转化为热能散失到车间中，增加环控能耗。锅炉主要用于产生高温蒸汽，常用于涂布机极片烘干、老化房、除湿机等设备上，提供所需的热量。空压机提供压缩空气，应用于自动化车间的物流线机械手抓取电池、物料传送等。真空泵用于需要真空环境条件下进行的工艺步骤，特别是在锂离子动力电池生产车间，合浆需要抽真空，避免气泡产生，影响涂布效果。除湿机用于控制车间湿度，确保锂电池生产的环境条件符合要求。空调机组用于调节车间的温度和湿度，保证生产环境的舒适度和产品质量。除尘器用于处理制造过程中产生的粉尘，保护工人健康和设备运行，同时也有助于提高产品质量。

新能源汽车电池工厂对于能源保障要求尤为重要，这不仅关乎生产效率与产品质量，还直接影响到企业的可持续发展。其中，最为主要的是以下3个方面：

1. 高效稳定的能源供应

在新能源汽车电池工厂中，生产过程需要大量的电力支持，包括原材料的混合、涂布、压制、切割、装配以及测试等环节，因此，高效稳定的能源供应是确保生产连续性和产品质量的基础。为实现这一目标，构建韧性电网与智能应急响应机制显得尤为重要。

韧性电网，作为现代能源系统的核心组成部分，其关键在于提高系统的自适应能力和恢复能力。对于新能源汽车电池工厂而言，这意味着电网必须具备快速响应生产需求变化、有效抵御外部干扰（如自然灾害、人为破坏）并快速恢复供电的能力。首先，通过与电网运营商的深度合作，工厂可以接入智能电网系统，利用高级计量基础设施（AMI）、需求响应（DR）等技术手段，实现电力供应与生产的精准匹配。其次，工厂内部电网的智能化升级也是关键一环，包括安装智能电表、传感器和控制器等，以实现对电力负荷的实时监测和预测分析，为电网调度提供科学依据。此外，工厂还应建立与电网运营商的紧急通信机制，确保在突发情况下能够迅速获取外部支援。

面对可能的断电风险，新能源汽车电池工厂必须建立完善的智能应急响应机制。这包括以下几个方面：首先，配置高可靠性的备用电源系统，如柴油发电机、不间断电源（UPS）等，并确保其能够自动切换至应急供电模式，以最短时间恢复生产线的电力供应。其次，制定详尽的应急预案，明确各级人员的职责分工、应急处理流程和资源调配方案，确保在突发情况下能够迅速、有序地采取行动。同时，定期组织应急演练，提升全员的应急处理能力和响应速度。此外，引入智能监控系统，对备用电源系统进行实时监测和预警分析，及时发现并排除潜在故障隐患。

2. 清洁能源的深度开发与综合利用

随着全球对环保和可持续发展的重视，新能源汽车电池工厂在能源利用上更加注重清洁性和可持续性。通过深度开发与综合利用清洁能源，工厂不仅可以降低对传统能源的依赖，还能减少碳排放，提升企业形象和市场竞争力。除了传统的太阳能光伏板和风力发电装置外，还可以根据地域特点，结合其他清洁能源资源。例如，在阳光充足地区，可以大规模铺设太阳能光伏板，利用太阳能进行发电（图10-5）；在风力资源丰富的地区，可以安装风力发电装置，利用风能转化为电能。此外，还可以考虑地热能、生物质能等新型清洁能源的利用方式。通过综合评估各种清洁能源的可行性、经济性和环保效益，制定最优的能源组合方案，实现能源供给的多元化和清洁化。

图10-5 湖北宜昌大型新能源锂电池生产基地的太阳能光伏板厂房屋顶

为了进一步提高清洁能源的利用率和稳定性，新能源汽车电池工厂应加大对能源转换与存储技术的研发投入。在能源转换方面，可以开发更高效的光伏转换材料和技术，提高太阳能电池的转换效率；研发新型风力发电技术，提高风能的捕获和利用效率。在能源存储方面，可以研发长寿命、高能量密度的储能电池和超级电容器等储能设备，解决清洁能源间歇性和不稳定性的问题。同时，还可以探索氢能等新型能源载体的应用，构建氢能产业链，为新能源汽车电池的生产提供更为清洁、高效的能源支持。

3. 能源管理系统的智能化升级与能效优化

建立完善的能源管理系统是新能源汽车电池工厂实现能源高效利用和成本控制的关键。通过智能化升级和能效优化策略的实施，工厂可以通过实时监测和分析能源使用情况，优化生产流程，减少能源浪费。建筑环境与能源应用工程专业的技术人员往往深度参与这一系统的设计和实施，确保系统的高效运行。

（1）全生命周期能源管理：

新能源汽车电池工厂的能源管理系统应实现从原材料采购、生产过程到产品出厂的全生命周期能源管理。这要求工厂建立全面的能源数据采集和监测体系，对各个生产环节的能源消耗进行实时监测和记录。通过数据分析技术，对能源消耗数据进行深入挖掘和分析，识别出能耗瓶颈和节能潜力点。同时，建立能源管理模型和预测模型，对未来能源消耗趋势进行预测和分析，为能源调度和优化提供科学依据。此外，还应加强能源管理知识的培训和普及工作，提高全员节能意识和参与度。

（2）能效优化策略的实施

在能效优化方面，新能源汽车电池工厂也可以采取多种策略。首先，优化生产工艺流程，减少不必要的能源消耗和浪费。通过改进生产工艺和设备选型等措施，降低单位产品的能耗水平。其次，推广使用高效节能设备和技术，例如采用 LED 照明、变频电机等高效节能设备替代传统高耗能设备；采用余热回收技术将生产过程中产生的废热进行回收利用等。再次，还可以实施能源审计和能效对标工作，通过与其他先进企业的比较和分析找出自身在能源利用方面的差距和不足并制定相应的改进措施。最后，加强能源管理制度建设和执行力度确保各项节能措施得到有效落实和持续改进。

例如，现阶段许多的新能源工厂采用了空调单元的自动调节系统，能够根据室外环境条件自动调节工作模式，实现高效的运行管理。系统支持就地/远程控制、运行/停止功能，具备故障检测和复位能力，以提高空调设备的工作效率和稳定性。通过这些自动化控制系统，现代工业设备不仅提升了操作便捷性和工作效率，还显著降低了能源消耗，符合节能环保的现代工业要求。

扫码查看"工程案例——宁德时代电池科技公司"

10.3 集成电路生产工厂：点亮数字未来的精密工坊

10.3.1 集成电路的重要性

集成电路也叫微电路、芯片，是一种微型电子器件或部件。它是采用一定的工艺，把一个电路中所需的晶体管、电阻、电容和电感等元件及布线互连一起，制作在一小块或几小块半导体晶片或介质基片上，然后封装（集成）在一个管壳内，使电子元件不断向微型化、低功耗、智能化和高可靠性发展。集成电路分为薄膜和厚膜两种，将电路集成在半导体芯片表面上的集成电路为薄膜集成电路；将独立半导体设备和被动元件集成到衬底或线路板的集成电路为厚膜混成集成电路。

发明创造源于问题需求，集成电路也不例外。1946 年，世界上第一台计算机，其电路采用了约 1.8 万只电子管、7 万只电阻、1 万只电容、50 万条线，功率约 150kW，占地约 150m^2，重达 30t，运算速度为 5400 次/s。1947 年，美国贝尔实验室发明了晶体管替代体积大、耗电量大、结构脆弱的电子管。1958 年，杰克·基尔比和罗伯特·诺伊斯分别发明了锗集成电路和硅集成电路。目前，普通笔记本电脑功率仅几十瓦，每秒可进行几万亿次运算！

集成电路，关键在于"集成"，其中充满了人类智慧。集成电路采用的晶体管、电阻、电容和电感等元件，相当于不同建筑中采用的钢材、混凝土、玻璃、砖瓦等各种建筑材料；而集成电路的电路布线及互连方式，相当于实现各种功能的建筑设计方案。科学利用各种建筑材料和不同的设计方案，最终可以建造出各种固定建筑；类似地，按照一定的电学规律布置各种电子元件和连线，就可以制造出满足不同需求的集成电路产品。当今基于硅的集成电路已广泛应用于移动通信设备、计算机和信息技术、汽车电子、医疗仪器和设备、工业自控系统、云计算和大数据、物联网、自动驾驶和智能交通、生物医学等领域，在各行各业中发挥着非常重要的作用，是现代信息社会的基石。

集成电路，核心技术在于晶体管。晶体管是一种半导体器件，具有放大、开关等多种功能，通过控制电流的流动来实现对电路的控制和调节。晶体管的基本结构包括 3 个引脚：基极（B）、集电极（C）、发射极（E）。当基极和发射极之间的电压达到约 0.7V 时，晶体管导通，允许电流从集电极流到发射极。在集成电路中，晶体管被用来构建各种逻辑门电路、触发器、存储单元等，从而实现复杂的电路功能。晶体管的形成是集成电路制造过程中的关键环节之一，通过精确控制半导体材料的掺杂和加工过程，可以制造出具有特定功能的晶体管，这些晶体管被精确地布置在基片上，并通过布线相互连接，形成复杂的电路结构。例如，一个微处理器就是一个典型的集成电路，它内部包含了数以亿计的晶体管和其他电子元件，这些元件被精确地集成在一个微小的芯片上。通过控制这些晶体管的开关状态，微处理器可以执行各种复杂的计算和操作任务。因此，晶体管在集成电路中发挥着至关重要的作用，是集成电路不可或缺的组成部分。

集成电路的科技竞争在于晶体管微型化水平。1978 年 64kB 动态随机存储器诞生，在不足 $0.5cm^2$ 的硅片上集成了 14 万个晶体管；1988 年 16M DRAM 问世，$1cm^2$ 大小的硅片上集成有 3500 万个晶体管；1993 年 66MHz 处理器推出，其采用了 $0.6\mu m$ 晶体管制成的集成电路；2003 年最新的采用了 90nm 工艺；2009 年推出的某处理器创纪录采用了 32nm 工艺；目前 3nm 芯片（相当于米粒大小的 $1mm^2$ 约有 2000 万个晶体管）制造工艺是目前最先进的商用芯片制造技术之一。

10.3.2 集成电路的生产车间构成

1. 集成电路生产工艺流程

利用研磨、抛光、氧化、扩散、光刻、外延生长、蒸发等一整套平面工艺技术，在一小块硅单晶片上同时制造晶体管、二极管、电阻和电容等元件，并且采用一定的隔离技术使各元件在电性能上互相隔离。然后在硅片表面蒸发铝层并用光刻技术刻蚀成互连图形，使元件按需要互连成完整电路，制成半导体单片集成电路。

薄膜集成电路的生产过程非常复杂，包括几个主要步骤：①规划设计。首先根据需要将电路图划分多个功能部件图，然后通过平面布置法将其转换为基板上的平面电路布置图。②模板制作。通过照相制版方法制作出丝网印刷用的厚膜电路模板，为后续工序做准备。③印刷、烧结和调阻。通过丝网印刷在基片上形成电路图案；通过烧结使有机粘合剂完全分解挥发，固体粉末熔化、分解、化合，形成致密坚实的厚膜；通过喷砂、激光和电压脉冲等方法等调阻，使厚膜电路达到最佳性能。④薄膜沉积。使用物理气相沉积、化学气相沉积等工艺等方法在基底上形成连续的薄膜，工艺包括真空蒸发、溅射沉积、热化学气相沉积、等离子体增强化学气相沉积和原子层沉积（ALD）等适用于多种材料（包括金属、半导体、绝缘层）的沉积。⑤组装与封装。将制作好的无源元件和电路元件间的连线组装在一起，再加上封装，形成完整的集成电路。这一步包括将集成电路、晶体管、二极管等有源器件的芯片和不使用薄膜工艺制作的功率电阻、大容量的电容器、电感等元件通过热压焊接、超声焊接、梁式引线或凸点倒装焊接等方式组装在一起。

集成电路生产的工艺流程包括单晶硅片制造、前道工艺和后道工艺三个阶段，每个阶段又分为若干小的工艺流程。其中以硅晶圆制造、氧化、光刻、刻蚀、离子注入等核心工艺最为重要，直接决定芯片的性能和良品率。

2. 集成电路的生产车间构成

集成电路的生产车间构成，按功能区划分大致可分为前端工艺区、后端工艺区、清洁区、质控区、材料准备区、设备维护区和研发区（图10-6）。集成电路的生产车间构成包括多个关键系统，以确保高效的生产和高质量的产品。这些系统主要包括：空气净化系统：确保车间内的空气质量达到洁净标准，通过使用高效的空气净化设备如高效空气过滤器、活性炭过滤器等，过滤空气中的灰尘、细菌、病毒等微小颗粒。温度控制系统：保持车间内的温度稳定，通过安装空调、加热器等设备，以保持恒定的温度，这对于设备的正常运行至关重要。湿度控制系统：安装加湿器、除湿器等设备，以保持恒定的湿度，因为湿度对集成电路的生产和质量有很大影响。地面和墙面材料：选择易于清洁、防静电的材料，如金属地板、防静电瓷砖等，以减少静电对集成电路的损害。照明系统：提供充足的光线，确保工作人员的安全和生产的正常进行，使用高亮度、无闪烁的 LED 灯。消防系统：安装火灾报警器、灭火器等设备，以确保工作人员的安全和设备的保护。进出口设置：设置空气锁以防止外部空气进入车间，影响车间的洁净度。空气压力控制：确保车间内的空气流动和洁净度，控制在合理的范围内。图 10-7 和图 10-8 为温湿度及洁净度均要求极高的模组芯片封装车间和集成电路芯片生产车间。

图 10-6　某电路厂房功能区布置图

图 10-7　模组芯片的封装车间

图 10-8　集成电路芯片生产车间

10.3.3 "卡脖子"技术

集成电路生产的高难度在于晶体管尺寸极其微小，数量巨大，电路布线极其复杂，生产工序多，每个流程对环境要求严苛。集成电路（芯片）的先进程度一般以晶体管的尺寸表征。晶体管尺寸越小（如5nm、3nm），意味着在单位面积可设计布置更多晶体管和电路组件，从而实现更多的计算和更优的性能，但生产制造的难度越高，环境调控越困难。其中，"卡脖子"的高精尖技术主要是光刻机和生产环境的保障。

1. 光刻机

光刻机是集成电路制造中的核心设备。目前两种主流的光刻技术是深紫外（DUV）光刻机和极紫外（EUV）光刻机。DUV光刻机采用波长193nm的深紫外光源，利用凸透镜成像原理，将掩膜版上的图形通过透镜缩小并投影到硅片上，再通过化学腐蚀的方式将图形刻蚀到硅片上（图10-9）。DUV光刻技术相对成熟，已经在半导体产业中得到了广泛应用。EUV光刻机采用波长仅为13.5nm的极紫外光源，能够实现更高的分辨率和更精细的集成电路芯片的制造。EUV光刻机不仅需要复杂的光源技术，还需要高精度的光学元件和先进的光刻胶材料。全球仅有少数公司可以制造EUV光刻机。2024年最先进的芯片制造方案是3nm工艺，全球仅有少数几家公司可以生产，目前我国主流芯片工艺为14nm和28nm，7nm芯片正在突破中。但光刻机的功率不大，其输出功率通常为250W，但能源转换效率仅为0.02%左右，绝大部分转化为热能散失到车间。

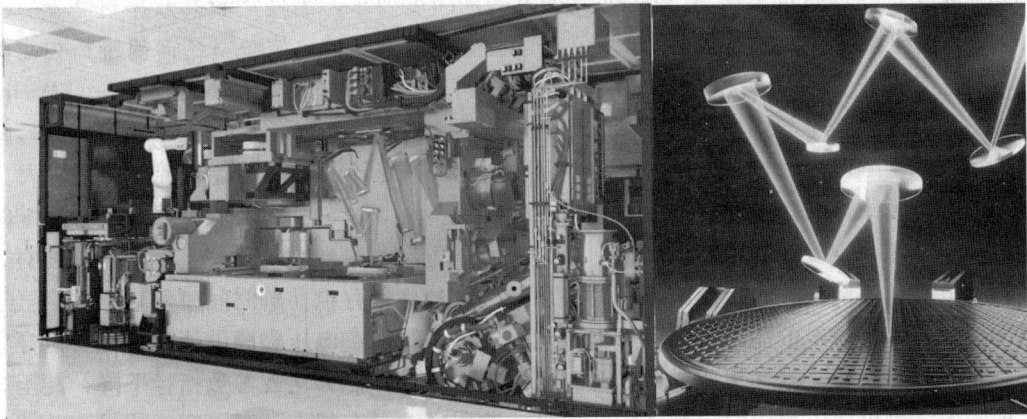

图 10-9　EUV光刻机工作示意图

2. 刻蚀设备

刻蚀设备其重要性和价值均仅次于光刻机，其在集成电路产线中占比约为22%。刻蚀设备的原理是通过化学或物理方法有选择地从硅片表面去除不需要的材料，以在涂胶的硅片上正确地复制掩膜电路图形。刻蚀技术可以分为湿蚀刻和干蚀刻两类。湿蚀刻使用化学溶液通过化学反应去除材料，而干蚀刻则利用物理撞击或等离子体进行蚀刻。等离子刻蚀机是干法刻蚀中最常见的一种形式，其工作原理是在高能电场下将气体分子电离形成等离子体，电离气体原子通过电场加速时释放足够的力量与表面材料反应，反应的挥发性副产物被真空泵抽走，保持刻蚀的高精度。这种刻蚀设备通常包括反应室、电源和真空部分，工件送入被真空泵抽空的反应室，气体导入并与等离子体进行交换，发生反应后，反应的挥发性副产物被真空泵抽走。离子刻蚀机的能源包括射频功率、感应耦合等离子体

（ICP）的功率等，一般只有 300～1000W。

3. 氢离子注入技术

氢离子注入技术用于改善材料的物理和化学性质。该技术通过电源为氢离子提供能量，使其从离子源中产生；产生的氢离子通过注入系统被加速，并朝着目标材料移动。材料抵抗与速度减低：当高速的氢离子束射向固体材料时，会受到材料的抵抗，其速度会逐渐减低，直到最终停留在材料中。整个微观工艺实现过程对环境及控制系统要求极高，以确保氢离子的注入速率、注入深度等参数能够满足特定的要求。根据 2024 年 9 月的相关报道，我国在这一关键技术取得了突破，其离子最高能量达到 200keV。电子伏特（eV）代表一个电子经过 1 伏特的电位差加速后所获得的动能（$1eV = 1.602176634 \times 10^{-19}J$），氢离子注入设备的电功率与制氢原理、所需的反应热、电能需求、能量损失和系统效率等因素有关。

4. 严苛的环境控制要求

由于集成电路的晶体管已达几个纳米的尺寸，复杂的电路布线更细小，因此集成电路更严苛的生产环境要求体现在以下几个方面：

洁净度要求极高。空气中的微粒、尘埃尺寸远大于晶体管，若被吸附到集成电路上，就可能引起电路短路，影响产品性能，使废品率增加。因此，集成电路车间对洁净度要求极高。目前集成电路芯片制造的洁净度要求 $1m^3$ 的空气中尘埃不能多于 4 个，相当于让洞庭湖水里的含沙不得多于 10 粒。如此严苛的洁净度要求，需使用超高效率过滤器（对 $0.12\mu m$ 颗粒物过滤效率高于 99.999%），除了空气过滤系统，洁净室还需要维持恒定的室内外压差防止杂质泄漏和污染。根据等级不同，洁净室电耗负荷高达 0.6～1kW/m，洁净室通常占整个半导体生产厂房面积的 30%，一个 12ft（1ft＝0.3048m）芯片的厂房占地面积约 $27000m^2$，则一个洁净室一年用电约 4700 万 kWh，环控能耗控制意义重大。

温湿度要求严。环境温度的变化引起材料热胀冷缩，材料的微小收缩膨胀都会影响线路的加工精度。空气湿度增加或降低，会使空气的电导率也随之变化。空气相对湿度对表面积累电荷的性能产生直接影响，相对湿度越高，物体储存电荷的时间就越短，在空气逐渐干燥时，产生静电的能力增强。静电放电可能产生瞬时高电压和高电流，可能会击穿集成电路中的绝缘层，损坏集成电路和微电子元件，导致性能劣化或参数指标下降，甚至烧毁或失效。静电放电会辐射出很多无线电波，这些电波具有频率，可能会干扰周边的精密加工设备运行，导致混乱的程序指令、混乱的数据、不明的错误信息等问题。静电会吸附灰尘，如果吸附的灰尘粒径大于线路宽度，很容易使产品报废。因此，必须对生产车间的温湿度精准控制。

气态分子级污染物控制困难。集成电路车间的气态分子级污染物主要包括挥发性有机物（VOCs）、酸碱废气、含氟废气、硅烷类气体、砷烷等。这些污染物的产生主要源于集成电路生产过程中的不同工序，虽然量不大，但对产品质量影响大，控制困难。VOCs 主要来源于使用大量的有机溶剂，如清洗剂、光刻胶、剥离液、稀释液等。这些有机溶剂在使用、储存过程中会挥发，形成 VOCs 废气。酸碱废气和含氟废气产生于蚀刻工序，使用到氟化氢、氯化氢等蚀刻气体和化学试剂，从而产生酸碱废气和含氟废气。硅烷类气体和砷烷等特种气体和有机前驱体在物理气相沉积（PVD）和化学气相沉积（CVD）过程中使用，其挥发和反应产生废气。气态分子级污染物对集成电路生产的危害主要体现在几个方面：一是表面分子污染。气态分子污染物与特定表面作用形成非常薄的化学膜，这通常改变了产品表面的物理、电子、化学和光学特性。这可能导致光阻层表面硬化 T 型缺陷、硼磷掺杂不受控、蚀刻速度无法控制、邻苯二甲酸二丁酯（DOP）易附着于晶片表面形成碳化硅（SiC）、阈值电压改变、硼元素（B_2O_3）、BF_3 等气态污染物引起的晶片表面污染等问题。二是使金属化制程中的金属附着力下降。污染物气体如氟化氢（HF）、氯化氢（HCl）、硫酸（H_2SO_4）、磷酸（H_3PO_4）、氯气（Cl_2）、氮氧化物（NO_X）、硫化物（SO_X）等，会引起晶片表面污染，导致金属化制程中的金属附着力下降。三是芯片内连接导线因腐蚀而报废。污染气体导致芯片内连接导线因腐蚀影响芯片的性能，还可能导致整个产品的报废。四是造成掩模及步进设备上光学镜面模糊，影响芯片制造的精度和质量。五是使设施和设备腐蚀而停机，增加维护成本，影响生产效率。六是使高效空气过滤器降解和维护成本增加，需要更频繁地更换和维护，增加了维护成本。七是气态分子污染物还会导致无效清洁，即使用了清洁措施后仍然无法完全去除污染物，影响产品良率。这些气态分子级污染物受生产工艺条件和设备运行状态影响，不仅直接关系到集成电路生产的良率和最终产品的性能，还对环境和人体健康具有潜在危害，而且处理难度大，处理工艺消耗的能源极高。

10.3.4　环境调控要求

在集成电路生产工厂中，建筑环境与能源应用工程专业技术扮演着至关重要的角色，它们通过一系列精密且高效的技术手段，确保生产环境达到严苛的调控要求，从而保障半导体产品的质量和生产效率。

1. 洁净度要求

空气洁净度是指洁净环境中空气含尘微粒量多少的程度。含尘浓度越低则洁净度越高。洁净度的高低国际上一般是用空气洁净度级别来区分，洁净度等级代表所关注粒径粒子的最大允许浓度（粒子个数/m^3）。表 10-2 是 ISO 14644 洁净度等级标准，洁净度等级（第一列）分为 9 级，数字越小，空气洁净度越高。关注粒径（第 2~7 列）从 0.1~5μm。洁净度等级越高，大粒径的粒子数量越少，甚至为零；洁净度等级越低，小粒径粒子的数量增多，甚至多得难以计数（如 7~9 级小于 0.5μm 的粒子）。集成电路不同车间的洁净度等级要求不同，须按现行国家标准《洁净厂房设计规范》GB 50073 和《电子工业洁净厂房设计规范》GB 50472 的要求设计。1 级洁净度的每立方米中 0.1μm 的粒子数量不超过 10 个；相当于把蓄水量 393 亿 m^3 的三峡水库净化到大于 0.1mm 的粒子个数不大于 393 个。

ISO 14644 洁净度等级标准　　　　　　　　　　　　　表 10-2

空气洁净度等级（N）	≥表中粒径的最大浓度限值（个/m^3）					
	0.1μm	0.2μm	0.3μm	0.5μm	1μm	5μm
1	10	2	—	—	—	—
2	100	24	10	4	—	—
3	1000	237	102	35	8	—
4	10000	2370	1020	352	83	—
5	100000	23700	10200	3520	832	29
6	1000000	237000	102000	35200	8320	293
7	—	—	—	352000	83200	2930
8	—	—	—	3520000	832000	29300
9	—	—	—	35200000	8320000	293000

集成电路厂房的不同洁净度区域见图 10-10。集成电路核心工艺区（光刻区、半导体加工区、工作区、多层掩膜加工区等）一般要求 1 级和 2 级洁净室。洁净室气流为单向流，是采用层流送风源源不断输送洁净空气到工作区。洁净室的上部有上技术夹层［图 10-11 (a)］，主要布置高效送风单元（FFU）、新风系统、照明配电系统等。洁净室的下部有下技术夹层［图 10-11 (c)］，单向洁净气流经地面的打孔架空地面再经楼板预留的华夫板洞［图 10-11 (b)］进入下技术夹层，最后经过干盘管和回风夹道回至上技术夹层，形成闭式循环。下技术夹层主要布置和工艺相关的介质供应、废气排放等工艺支持管路系统。

为了满足集成电路车间对洁净度极为严苛的标准，洁净间的空调系统需要包含洁净室内装、离子棒系统、FFU 系统、新风处理系统、一般空调系统、防排烟及紧急排气系统、一般区域排风及事故通风系统、工艺排气系统、工艺冷却水系统、工艺真空系统、清扫真空系统、呼吸空气系统、给水排水系统、消防系统、厂务监控系统、动力系统、电缆桥架等。

(a)   (b)

图 10-10　集成电路厂房的不同洁净度区域

(a) 十级区；(b) 百级区

(a)   (b)   (c)

图 10-11　集成电路厂房的不同部位

(a) 上技术夹层；(b) 华夫板；(c) 下技术夹层

此外，在芯片制造过程中，许多敏感的化学反应和蚀刻过程需要在无有害化学物质的环境中进行，即使是微量的化学污染物也可能对芯片的质量和性能产生严重影响。化学过滤器通过吸附、离子交换或化学反应等方式，将空气中的有害成分进行转化或去除。它们能够高效地处理空气中的恶臭、有毒有害及腐蚀性气体，从而保证车间内的空气质量符合半导体制造的标准（表10-3）。在芯片车间中，化学过滤器主要用于处理VOCs和气态酸等化学物质，这些物质对半导体制造过程有着直接的影响。通过使用化学过滤器，可以有效地减少这些化学污染物的浓度，保障芯片制造过程的纯净度和产品质量。

化学过滤器前的空气污染质量浓度要求　　　　　表10-3

污染物	平均外气入口质量浓度（mg/L）	峰值外气入口质量浓度（mg/L）
TVOC	500	2000
NHs	100	300
F^-	4	20
Cl^-	15	50
NO_3^-	15	100
SO_4F^-	50	250
乙酸	11	50

2. 温湿度控制及洁净度调控方案

集成电路生产车间对温度和湿度的控制非常严格。半导体厂房的洁净室一般为正压，新风机组（MAU）需要持续制备干燥洁净的新风补充至洁净室，以抵御自然界未经处理的新风渗入并污染房间。制冷系统是为温湿度调控提供冷媒的心脏设备（图10-12）。新风机组（图10-13）在调控温湿度及空气洁净度等方面发挥极其关键的作用。MAU一般功能包括预冷、预热、再冷、再热、水洗处理、三级过滤（初、中、高）、化学过滤等。其中，室内回风一般为冷处理，采用DC（干盘管）全年制冷。过滤则采用FFU（风机过滤单元机组）。MAU新风机组采用温湿度独立控制，通过多级加热/冷却精准调节温度，通过预冷、加湿精准调节湿度，通过多级过滤及化学过滤达到洁净度要求。由于处理空气量大、工艺复杂，冷热源和风机电耗非常高。为了解决新风处理能耗大的问题，中温冷冻

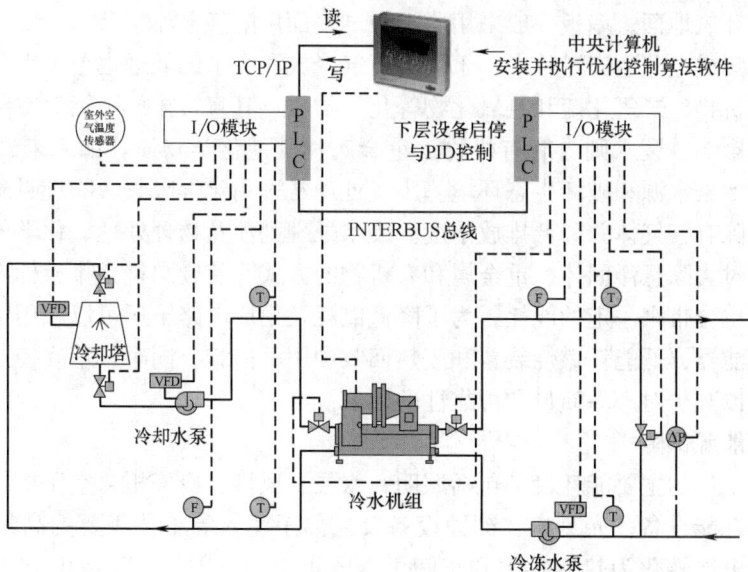

图10-12　工厂制冷系统图

注：PLC—可编程逻辑控制器；T—温度监测；F—流量监测；VFD—变频器

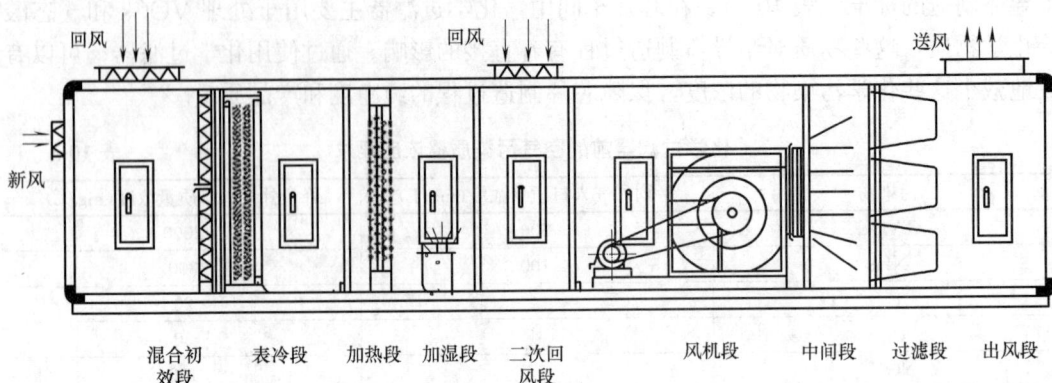

回风		回风		送风

新风

混合初   表冷段   加热段   加湿段   二次回   风机段   中间段   过滤段   出风段
效段   风段

图 10-13　新风机组

水、中温冷水机组热回收，全年水喷淋分焓区控制等节能技术会全面应用到这个机组中。

此外，在集成电路（及锂电池）的生产中，注液车间和手套箱要求空气干燥，空气含湿量非常小，因为潮湿的空气会对这些精密电子产品的生产和质量造成严重影响。露点温度越低，空气越干燥，通常要求为 $-60\sim-40℃$。这需要采用特殊的工艺和专业设计，通过硅胶与分子筛蜂窝式吸附干燥转轮的良好匹配，以满足这些工艺的超低露点需求。

3. 防静电与防尘

防静电和防尘也是集成电路生产工厂环境调控的重要方面。静电和尘埃都可能对半导体产品造成损害。例如，在厂房的地面、墙面、顶棚等处采取防尘和防静电措施，如使用特殊材料的地板和涂料，以减少尘埃颗粒物的附着和静电的产生。大部分地板的材质为铸铝合金或者不锈钢，洁净度千级以上的项目都会采用在华夫板上架设打孔铺设地板，地面一般采用各类环氧地面。墙板一般采用彩钢板，表面用防静电涂层。

此外，在集成电路生产过程中，工厂的废气释放和废水的处理也至关重要。废气主要包括挥发性有机物、二氧化硫和氮氧化物等化学物质，其直接排放可能对空气质量和人体健康造成负面影响。废水则含有有机物、重金属和其他化学物质，如果未经处理直接排放，可能严重污染水源和破坏生态环境。废气处理常采用化学吸收、物理吸附和催化氧化等技术，以去除有害气体并降低排放浓度。废水处理则涉及物理处理、化学处理和生物处理等方法，通过去除悬浮固体、重金属和有机物的方式，使废水符合排放标准。然而，废气和废水处理也会带来一定的能耗。为了降低能耗，集成电路工厂可以采用节能设备和技术，如高效过滤器、低能耗燃烧装置和废热回收利用等措施。同时，精确控制废气和废水处理过程也可以减少对产品质量和可靠性的影响。

10.3.5　能源保障

集成电路工厂的主要能耗设备包括照明、水泵、风机、冷冻机、空压机、空调、水处理等环境调控耗能设备。光刻机、刻蚀设备及氢离子注入等工艺需要的高精尖设备功率小，且大部分电能转化为热能散失到车间中（图 10-14）。因此，集成电路工厂绝大部分能耗都属于环境调控，这是与重工业建筑的不同之处。

图 10-14　芯片的蚀刻设备功率小但加工环境要求高

1. 稳定可靠的电力供应

集成电路生产对电能的供应量极大，且稳定性要求严苛。由于集成电路制造过程中涉及复杂的工艺流程和高精密设备，任何电力中断或电压波动都可能导致生产线中断、设备损坏甚至产品报废，给企业带来巨大的经济损失。因此，建筑环境与能源应用工程专业技术通过配置高性能的电力基础设施，如稳定的电源系统、备用发电机组、电力监控和故障诊断系统等，来确保电能的持续稳定供应。这些系统能够实时监测电网状态，及时发现并处理潜在的电力问题，有效避免电力中断和电压波动对生产的影响。

2. 能源管理的优化配置

为了提高能源利用效率并降低生产成本，建筑环境与能源应用工程专业技术还注重能源管理和优化。通过安装能源监测设备和智能控制系统，可以实时监测生产过程中的能源消耗情况，并进行数据分析和优化调整。例如，在设备控制方面，通过引入智能监测系统和实时数据分析，对设备运行状态进行精确控制和优化，实现能源的最优化配置。又如，在物料管理方面，通过射频识别（RFID）技术和供应链管理系统，实现对物料的智能化追踪和自动化管理，降低物料浪费和能源消耗。此外，还推广采用低功耗设备和节能型技术，如高效节能的照明系统、空调系统和制冷设备等，进一步降低生产过程中的能源消耗。

3. 可再生能源的利用

随着可持续发展目标的推进和能源结构的转型，越来越多的集成电路生产工厂开始关注可再生能源的应用。通过安装太阳能光伏板、风力发电机等可再生能源设备，将太阳能和风能等清洁能源转化为电能供应给生产线使用。这不仅可以降低对传统能源的依赖和消耗成本，还有助于减少温室气体排放和保护环境。

综上所述，建筑环境与能源应用工程专业技术通过配置高性能的电力基础设施、实施能源管理和优化以及推广可再生能源利用等措施，有效满足了集成电路生产工厂的能源保障要求，这些技术的综合应用不仅保证了集成电路生产过程的纯净度和稳定性，提高了芯片制造的可靠性和成品率，确保了生产线的连续运行和高效产出，还有助于推动半导体产业的可持续发展。

10.4 数据中心：构筑智慧世界的神经中枢

建设数字中国不仅是信息时代推进中国式现代化的重要引擎，更是构筑国家竞争新优势的有力支撑。数据中心是高性能计算的神经中枢和算力载体，更是我国新基建重要一环。通过数字化发展，能够促进技术创新和产业升级，推动经济快速增长，还能增强国家的网络安全和数据保护能力，保障国家的信息主权和安全。2023年3月，中共中央政治局常务委员会召开会议，明确要求：全力支撑数字经济发展战略，加快5G网络、数据中心等新型基础设施建设进度。

10.4.1 数据中心的重要性

数字化发展需要数据中心的有力支撑，而数据中心的建设和运营则对于提升国家科研实力、经济竞争力以及推动数字化战略实施等方面具有重要意义。

1. 数据中心对提升国家科研实力的关键作用

数据中心作为现代科研体系的基石，对提升国家科研实力的关键作用愈发凸显。它们如同科研探索的加速器，在石油勘探、气象预报、航空航天、信息研究、生命科学、材料工程及基础科学研究等广泛领域内，提供了前所未有的计算能力支持。这种支持不仅限于数据处理与模拟分析，更在于为科研人员开辟了全新的研究视角与路径，使得那些曾经因计算资源限制而难以触及的复杂问题得以迎刃而解。以石油勘探为例，数据/超算中心通过构建高精度的地下地质模型，实现了对油气藏分布、储层特性的精准预测，极大地提高了勘探的成功率和效率，为国家能源安全提供了坚实保障。而在航空航天领域，数据中心的强大算力则助力科学家深入探索空气动力学的奥秘，优化飞行器设计，推动航天技术的持续突破，让人类的探索足迹延伸至更远的宇宙深处。此外，数据中心还促进了跨学科研究的深度融合，加速了科技创新的步伐，为国家的长远发展奠定了坚实的科研基础。

2. 数据中心显著提高国家的经济竞争力

数据中心作为现代经济的核心引擎，其重要性不言而喻，它们显著提高了国家的经济竞争力。通过为众多行业提供无与伦比的高性能计算服务，数据/超算中心不仅加速了传统产业的数字化转型与升级，还催生了新兴产业的蓬勃发展，为经济结构优化注入了强劲动力。在新材料研发、基因测序与健康管理等高精尖领域，数据中心的应用如同催化剂，极大地缩短了研发周期，降低了试错成本，使得企业能够以更高的效率、更低的成本实现技术突破与产品创新，从而在全球市场中占据领先地位。此外，数据/超算中心还成为国际合作与交流的重要平台，吸引了全球顶尖科学家与企业的目光。通过共享计算资源、联合科研攻关，不同国家和地区间的技术壁垒被逐渐打破，促进了全球科技创新生态的共建共享。这一过程不仅提升了我国在国际科技舞台上的影响力和话语权，更为构建人类命运共同体贡献了宝贵的"数字力量"。

3. 数据中心支撑重大工程和科技创新

在国家科技重大专项、国家重点研发计划等项目中，数据中心能够提供强大的计算能力支持，推动项目顺利实施和突破。通过整合海量数据资源，为人工智能、大数据分析、云计算等前沿技术提供了坚实的存储与处理能力，特别是在航空航天、国防武器、智能制造等领域，数据中心的高效运算能力助力科研人员突破技术瓶颈，实现关键技术的自主可控，进一步推动了我国乃至全球科技进步的步伐。例如，在"天河一号"超级计算机的支持下，我国成功实施了多项重大科技项目，取得了丰硕的科研成果。

10.4.2 数据中心概览

1. 数据中心的定义

数据中心即互联网数据中心（Internet Data Center），可以理解为一个超大规模的计算机机房，内部存放了大量服务器、存储设备、网络设备，以及其他相关物理基础设施。各设备和模块之间协同工作，提供强大的计算能力、存储能力和网络连接能力。数据中心的功率等级通常根据其运算速度和设备规模来划分。例如，根据《超级计算数据中心设计要求》T/CCUA 016—2021，可以根据运算速度，超算中心被划分为 S1 级和 S2 级等不同等级。这些不同等级的超算中心在设备配置、电力需求和制冷需求等方面存在显著差异。

S1 级超算中心：通常具有极高的运算速度和大规模的计算节点，其电力需求也相应较大。例如，一个运算速度为 300PFlop/s 的超算中心，其计算节点的用电需求可能达到 25~28MW，而高速网络、存储等节点的用电需求则在 2MW 左右。

S2 级超算中心：运算速度相对较低，设备规模也较小，其电力需求相对较低。这类超算中心通常与其他建筑功能合用，电力和制冷需求可根据实际情况进行灵活配置。

近年来，国家积极推进算力基础设施建设，数据中心已进入高速发展期。据工业和信息化部统计，截至 2023 年底，我国在用数据中心机架总规模超过 810 万标准机架，算力总规模达 230 EFLOPS，即每秒 230 百亿亿次浮点运算，位居全球第二。根据第 56 期全球超级计算机 TOP500 榜单数据，我国的超级计算机数量位列全球第一，达到 226 台。截至 2023 年，我国已建设 14 座国家级超算中心，形成了覆盖全国的超级计算服务网络。目前，智能算力已成为我国算力规模增长的主要驱动力，2023 年智能算力规模已达到 70 EFLOPS，增速超过 70%。据业界专家预测，智算数据中心将进行重点大规模布局，成为推动社会经济智慧化转型的核心基础设施。

2. 数据中心的基本构成

图 10-15 为典型数据中心的布置与功能分区，其基本构成包括：

（1）硬件设施

计算设备：包括高性能计算服务器，这些服务器采用高性能中央处理器（CPU）、显卡（GPU）、大容量内存和高速存储，以满足各类高性能应用的需求。此外，还有现场可编程逻辑门阵列（FPGA）和专门应用的集成电路（ASIC）等根据特定应用

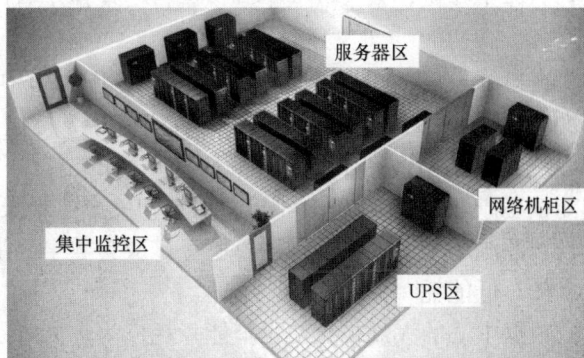

图 10-15　典型数据中心的布置与功能分区

需求设计的 AI 芯片，提供更强的专业性算力支撑。

存储设备：包括硬盘、磁盘阵列、分布式存储系统，以及网络附属存储（NAS）、存储区域网络（SAN）等外挂式网络存储，确保数据的安全性和可访问性。

网络设备：构建高速、稳定的网络连接，支持数据的高速传输和交换，确保计算节点之间的协作和数据共享。

（2）软件环境

配备适用于高性能计算的操作系统、并行计算软件、作业调度软件等，以支持用户进行复杂的科学计算和数据分析。

（3）其他设施

供电系统：提供稳定可靠的电力支持，确保计算设备的持续运行。对于数据中心来说，其供配电系统需要根据数据机房的运行特点确定各类设备负荷等级。

制冷设施：由于计算设备在运行过程中会产生大量热量，因此制冷设施是不可或缺的，通常采用定制风冷或液冷等高效制冷技术手段来降低冷却能耗。

安全设施：包括物理安全和网络安全两个方面，确保用户数据和中心设施的安全。

3. 数据/超算中心的类型

目前，按照算力服务类型，数据中心可分为以下三类：

通用数据中心：提供基础通用算力，应用于电子商务、政务服务、企业办公等日常的互联网服务。

智算数据中心：提供 AI 计算能力，支持语音识别、图像/视频处理、模型训练和推理，应用于自动驾驶，智慧医疗、智能安防等领域。

超算数据中心：提供超高性能的计算能力，侧重于复杂和大规模的计算密集型任务，应用于重大工程或科学计算领域，比如：航空航天设计、天气预报、地震预测、能源勘探。

4. 数据中心发展趋势

（1）大规模

在云计算时代，用户对计算、存储和网络资源的需求大幅增长，同时虚拟化和容器等技术使得资源利用率和管理效率大大提高，共同推动了数据中心向超大规模发展。截至2023 年，我国 10 个国家级数据中心集群算力总规模超过 146 万标准机架，通过全国一体化算力体系建设，未来数据中心规模将实现稳步有序增长，提升整体算力水平。

（2）高智能

在运维方面，融合 AI 技术有助于提升数据中心的运维效率和质量。据业界预测，2030 年领先的数据中心的自动化运行能力等级将达到 L4，几乎实现无人化。据国家信息中心统计，在智算中心实现 80% 应用水平的情况下，城市对智算中心的投资可带动人工智能核心产业增长 2.9～3.4 倍、带动相关产业增长 36～42 倍。未来智算数据中心将加速建设，源源不断地提供各种智算服务，成为数字经济的新动力引擎。

（3）低能耗

数据中心的大规模化使得节能降耗成为一大难题，国家据此提出相应要求，全国范围内新建数据中心的电源利用效率（PUE，即数据中心总能耗/IT 设备能耗）＜1.2，PUE 越接近 1，表示非 IT 设备耗能越少，数据中心能效水平越高。在制冷方面，液冷技术成为新型数据中心建设的重要选择。相比传统的风冷系统，液冷系统能够节约电量 30%～50%，散热效率也更高。

在能源方面，据业界预测，2030 年全国数据中心能耗总量将超过 4000 亿 kWh，节能减排是数据中心持续绿色发展的重中之重。需充分利用新能源技术，应用可再生能源电力，提升绿电比例，降低碳排放。确保数据机房高效、稳定运行的最为关键因素之一，就是其冷却系统及其所营造的环境控制。

10.4.3 环境调控要求

1. 数据机房环境调控核心要求——冷却降温

数据中心运行的需求包括硬件、软件、网络安全、电力与制冷以及运维与管理等多个方面；而设备的运行环境则需要关注温度与湿度、空气洁净度、防静电措施、噪声与振动控制以及安全环境等多个因素。这些因素共同构成了数据中心高效、稳定运行的基础条件。

（1）温度与湿度

数据机房环密度服务器产生的巨大热量，维持机房温度在适宜范围（20~25℃），标准的温度范围既能保证服务器、存储设备等电子设备在最佳性能下运行，又能有效延长其使用寿命。过高的温度会导致电子设备过热，进而影响其性能和稳定性，甚至可能引发设备故障或数据丢失。而过低的温度虽然能确保设备不过热，但会增加冷却系统的能源消耗和运营成本。同时，通过优化气流管理，如冷热通道隔离、合理布局机柜等措施，减少热空气回流，提高冷却效率。在湿度控制方面，过低或过高的湿度均会对设备性能产生不利影响，通常要求保持相对湿度为40%~60%，防止设备受潮或产生静电。因此，机房需配备湿膜加湿器等设备，根据环境湿度变化自动调节加湿量，确保机房湿度稳定（表10-4）。

ASHRAE标准中数据中心温湿度推荐和允许范围　　　　　　　　表10-4

范围	等级	干球温度（℃）	相对湿度/不结露	最高露点温度（℃）
推荐范围	所有A级	18~27	露点温度为5.5~15℃，相对湿度≤60%	15
允许范围	A1	15~32	相对湿度为20%~80%	17
	A2	10~35	相对湿度为20%~80%	21
	A3	5~40	露点温度≥10.4℃且相对湿度为8%~85%	24
	A4	5~45	露点温度≥10.4℃且相对湿度为8%~90%	24
	B	5~35	相对湿度为8%~80%	28
	C	5~40	相对湿度为8%~80%	28

（2）空气洁净度

保持机房内空气洁净，减少灰尘等杂质对设备的影响。通常要求机房内空气中的尘埃粒子浓度达到一定标准（如《洁净室及相关受控环境　第1部分：按粒子浓度划分空气洁净度等级》ISO 14644-1：2015）。

（3）防静电措施

铺设防静电地板、穿防静电服等措施，以减少静电对电子设备的损害。

（4）噪声与振动控制

采取隔声、减振等措施，降低机房内的噪声和振动水平，确保设备稳定运行。

（5）安全环境

确保机房内无易燃、易爆等危险物品，并配备相应的消防设施和紧急疏散通道。对进出机房的人员进行身份验证和授权管理，确保机房的安全可控。

2. 数据中心冷却技术

数据中心的冷却技术对于确保其高效、稳定运行至关重要。随着计算密度的不断增加和数据中心规模的扩大，传统的风冷方案已经难以满足高密度、高功率设备的散热需求。因此，定制化风冷技术和液冷技术逐渐成为数据中心冷却领域的重要发展方向，两种技术各有优劣。

（1）市场主流的空气冷却技术

定制化的空气冷却方案是目前数据中心中应用最为广泛的冷却方式（图10-16），它利用空气作为热交换介质，通过风扇、空调系统等设备将冷空气送入数据中心，与服务器等发热设备进行热交换，再将热空气排出室外，从而实现降温效果，其优势在于其技术成熟、成本低廉、易于维护，且对数据中心基础设施的改动较小。

图 10-16　空气冷却的数据机房
(a) 机房内的机柜布置；(b) 空气的冷却方式

在空气冷却系统中，冷热通道设计是一种常用的布局方式。服务器机柜和机架排成一排，形成冷热空气交替通道。冷空气通过地板下的送风系统进入冷通道，吸收服务器散发的热量后变成热空气，再通过热通道排出。这种设计可以有效减少冷热空气混合，提高冷却效率。此外，机房空调（CRAC）单元和机房空气处理器（CRAH）也是空气冷却系统的重要组成部分，它们通过制冷剂的循环来降低空气温度，并将冷空气送入数据中心。

（2）逐渐推广发展的液冷技术

随着数据中心高密度计算需求攀升，机柜服务器的发热量急剧增加，空气冷却系统已逐渐捉襟见肘。此外，空气冷却系统还会产生较大的噪声和能耗，对数据中心的环境和运营成本造成不利影响。因此，在追求更高能效和更低能耗的背景下，液冷技术逐渐受到业界的关注。

液冷技术是指利用液体作为冷却介质，通过直接或间接的方式与服务器等发热设备进行热交换，从而实现高效散热的一种技术。相比于空气冷却技术，液冷技术具有更高的冷却效率和更低的能耗。液体的导热能力可达空气的 25 倍，体积比热容比空气的高 3500倍，对流换热系数是空气的 10～40 倍，因此，液冷技术在处理高密度计算环境中的散热问题时具有显著优势。液冷系统中的冷却液工质主要采用两类：碳氢基底的油类冷却液和氟化冷却液。其中，油类冷却液具有良好的导热性和电绝缘性，但可能造成环境污染和火灾隐患。氟化冷却液则因其低沸点和高导热性被广泛应用于双相浸没冷却系统，然而，在高温下可能分解生成有害物质，带来健康和环境风险。

液冷技术主要分为直接液冷和间接液冷两种类型（图10-17）。直接液冷是指液体与需要冷却的硬件组件直接接触，通过热传导和对流的方式将热量带走。这种方式包括浸没式液冷和喷淋式液冷。浸没式液冷将整个电气设备置于封闭系统中的介电流体中，流体吸收设备发出的热量并转化为蒸汽或冷凝，从而实现高效散热。喷淋式液冷则通过喷嘴将冷却液喷洒到发热器件表面，利用液体的蒸发和对流带走热量。然而，直接液冷技术需要对数据中心基础设施进行较大改动，且存在液体泄漏等风险。

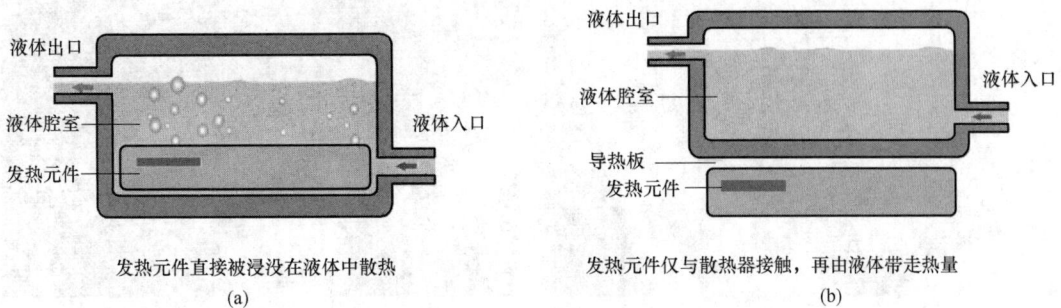

图 10-17　间接式与直接式的芯片液冷技术
（a）直接液冷；（b）间接液冷

间接液冷则是指液体不与硬件直接接触，而是通过散热器或冷却板等中介组件将热量带走。这种方式包括冷板式液冷，其中冷板将发热器件的热量传递到冷却液体中，再通过冷却系统将热量排出。冷板式液冷系统具有技术成熟、与现有系统兼容性好、维护方便等优点，非常适合从风冷向液冷过渡的阶段。此外，冷板式液冷系统还可以根据实际需求进行灵活配置，满足不同功率密度和散热需求的数据中心。

随着 AI 技术的快速发展和算力需求的不断攀升，数据中心对散热技术的要求也越来越高。液冷技术以其高效、节能、低噪声等优势逐渐成为数据中心散热解决方案的首选。不少算力厂商纷纷推出配套的液冷技术，并计划在未来全面采用液冷散热。同时，国家政策层面也积极推动数据中心绿色低碳发展，液冷技术作为重要的绿色技术之一，将迎来更加广阔的发展空间。

（3）实际应用案例

某公司作为国内科技巨头，在数据中心液冷技术方面取得了显著成就，其单相浸没式液冷方案尤为著名。对于超大功率达 100kW 的单机柜，冷却方案采用氟化液作为冷媒，将电路芯片等发热器件完全浸没在冷却液中，通过液体的循环流动高效带走热量（图 10-18）。这一创新设计不仅大幅提升了散热效率，还实现了热量的 100％捕获，有效解决了高发热密度服务器部署下的散热难题。单相浸没式液冷方案自 2016 年发布以来，经过不断优化与实践，已在多个数据中心实现大规模部署，取得了 PUE 值低至 1.09 的超高能效，显著降低了数据中心能耗，还降低了数据中心运营成本、故障率及噪声，为绿色数据中心建设树立了标杆。

此外，在数据中心的环境调控系统中，自动化技术的应用已成为关键一环。这些系统集成了先进的传感器技术、大数据分析、人工智能算法以及云计算平台，构建了一个高度智能化、精准控制的环境管理体系。高精度传感器网络遍布数据中心每一个角落，它们能够实时、精确地采集机房内的温度、湿度、空气流速乃至微小颗粒物的浓度数据，为环境调控提供了详尽的"感知"基础。这些传感器数据通过高速网络传输至中央控制单元，进行即时处理与分析。依托于大数据分析技术，自动化系统能够深入挖掘历史数据中的潜在规律，预测未来环境变化趋势，从而提前调整冷却系统、加湿除湿设备等的运行参数，实现环境控制的预见性和主动性。更进一步，结合人工智能算法，系统能够自主学习并优化

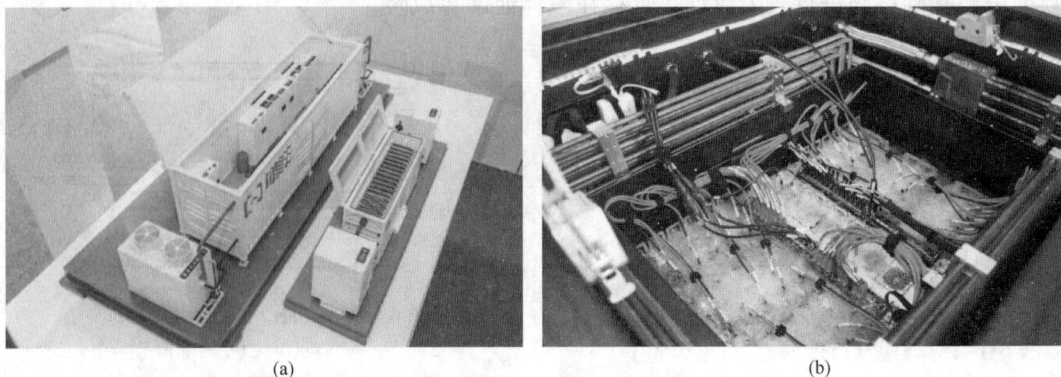

(a)   (b)

图 10-18　浸没式液冷
(a) 液冷机柜外观；(b) 电路芯片浸没在氟化液中

控制策略，根据机房负载变化、外界气候条件等因素动态调整控制逻辑，确保在任何工况下都能达到最佳的环境控制效果。这种智能化的调控方式不仅显著提升了数据中心的能效比，还大幅降低了能耗和运营成本。

10.4.4　能源保障

数据机房作为现代信息技术的核心基础设施，承载着企业关键业务数据的存储、处理和传输任务。在保障数据机房稳定运行的过程中，能源保障显得尤为关键。主要包括了以下具体方面：

1. 电力供应与备份安全

由于数据机房需要 24h 不间断运行，其电力工艺与备份安全体系构建，是确保其持续稳定运行的基石，这一体系融合了高度的科学性与系统性设计。首先，在电力工艺层面，数据中心采用分层冗余的电力架构设计，从市电接入开始，通过多回路供电系统，将不同来源的电力资源引入，有效减少单点故障风险。随后，配置高性能的不间断电源系统（图 10-19），作为市电与备用电源之间的无缝切换桥梁，能够在市电中断的瞬间自动接管负载，确保电力供应的连续性不受影响。此外，大型数据中心还会部署柴油发电机作为备用电源，这些发电机能在不间断电源系统电量耗尽前自动启动，提供长时间的电力保障，

图 10-19　数据中心的不间断电源间

以应对长时间停电或自然灾害等极端情况。

在备份安全方面，数据中心具有物理层面的冗余设计，并通过智能化管理系统对电力设施进行全方位监控。图 10-20 展示了数据中心供配电系统的典型框架，通常具有市电、发电机组、UPS 备份电源等组合式电力供应。电力分配系统采用模块化设计，便于灵活扩容与故障隔离，同时结合智能监控软件，实时采集并分析电压、电流、频率等关键参数，实现电力设备的远程监控与故障诊断。一旦系统检测到任何异常，如设备过热、负载不均或潜在故障预兆，立即触发预警机制，通知运维人员及时处理，有效避免故障扩大化。此外，数据中心还定期进行电力设备的维护与测试，包括 UPS 的放电测试、发电机的带载试验等，确保所有备用系统始终处于最佳状态，随时准备应对突发状况，从而构建起一套科学、系统、高效的电力工艺与备份安全体系，为数据中心的不间断运行提供坚实保障。

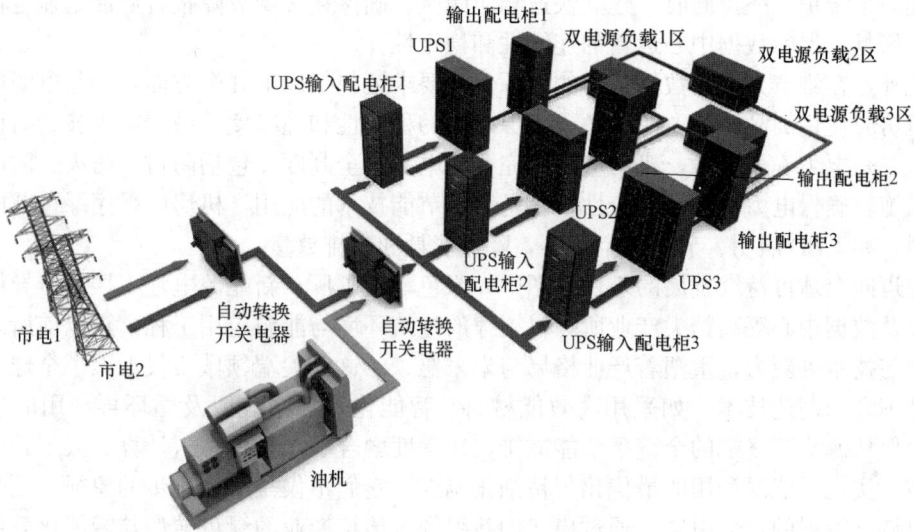

图 10-20　数据中心供配电系统的典型框架

2. 电力使用的高效性

数据中心的电力使用高效性，需要科学性、系统性的一体化综合策略设计，从而应对信息技术飞速发展带来的能耗挑战。为实现这一目标，数据中心通常会采用先进的 IT 设备，这些设备在设计上即融入了节能理念，如低功耗处理器、高效能存储解决方案及智能电源管理技术，从源头上减少能源消耗。同时，冷却系统的优化同样关键，通过引入液冷技术、热管技术或自然冷却方案，结合精准的环境控制系统，确保机房在维持适宜温度湿度的同时，最大限度地减少冷却过程中的电力消耗。此外，数据中心还需构建科学的设备布局与散热设计体系，利用热通道封闭、冷通道隔离等策略，优化气流组织，减少冷热空气混合，提高散热效率。这一过程不仅依赖于精密的工程设计，还需结合仿真模拟软件进行反复验证与优化，确保方案的科学性与可行性。

为了进一步提升电力使用效率，大多数的数据中心建立了定制化的能源管理系统（EMS），该系统集成了数据采集、监控、分析及优化功能，能够实时监测各设备的能耗状况，通过大数据分析预测未来能耗趋势，并自动调整设备运行状态或提出节能建议。同时，EMS 还能与智能楼宇管理系统等集成，实现跨系统的协同控制，从整体上优化能源分配与使用，确保数据中心在高效运行的同时，实现绿色可持续发展。

3. 拓展性与可维护性

数据中心的电力供应系统，作为支撑其稳定运行的生命线，其设计必须深具前瞻性与灵活性，以应对未来业务持续增长的挑战。在拓展性方面，不仅要求电力系统架构能够无缝对接新增设备，实现电力容量的弹性扩容，还应支持多种能源输入方式（如太阳能、风能等可再生能源）的接入，以进一步提升能效并减少对传统能源的依赖。此外，模块化设计成为关键，它允许在不中断服务的前提下，对部分模块进行升级或替换，极大提升了系统的可扩展性和灵活性。

在可维护性上，除了建立详尽的维护手册、操作指南及应急预案外，还应引入智能化管理系统，如远程监控与诊断平台，实现对电力设备的24h不间断监测。该系统能实时分析设备运行数据，预测潜在故障，并在问题发生前发出预警，极大地缩短了故障排查时间，提高了维护效率。同时，建立快速响应团队，确保在接到故障报告后能迅速定位问题并实施修复，保障数据中心运营的连续性和稳定性。

此外，在细节方面，数据机房的能源保障要求还包括以下几个方面：一是电源质量保障，机房应使用高品质的电源设备，确保电源的稳定性和纯净度，减少电力波动对设备的影响；二是电力安全保障，机房应建立完善的电力安全制度，包括防雷、防火、防电磁干扰等措施，确保电力供应的安全性；三是绿色节能技术的应用，机房应采用绿色节能技术和材料，如LED照明、节能型空调等，降低能耗和碳排放量。

在迈向全球可持续发展的宏伟蓝图中，绿色零碳工厂、新能源电池工厂、半导体生产工厂以及数据中心等高精尖产业所赖以支撑的建筑环境与能源应用工程，正以前所未有的科学性与技术创新力，重塑着产业格局与未来愿景。这些尖端领域不仅汇聚了全球最先进的设计理念与制造技术，如采用高效能材料、智能化管理系统以及循环再利用的生产流程，确保从源头到终端的全链条节能减排，还深度融合了大数据、云计算、人工智能等前沿科技，实现了能源利用的最优化与精细化调控。它们不仅是科技进步的象征，更是推动社会可持续发展的强大引擎，通过模式创新引领着传统产业的绿色转型与智能化升级，为构建资源节约型、环境友好型社会提供了坚实支撑。

扫码查看"成都超算中心的介绍"

思 考 题

1. 钢铁厂高炉的驱动能源是什么？它是如何转化营造内部空间温度的？
2. 为什么高炉的功能能耗实际上就是内部工艺环境营造所必需的能耗？
3. 为什么化石燃料消耗工艺建筑不可避免地存在大量热损失？并对外部环境造成污染？
4. 新能源电池生产车间的环境要求为什么高？环境调控技术需要承担哪些关键任务？
5. 新能源电池生产车间的主要耗能设备有哪些？为什么绝大部分都用于了环境调控？
6. 集成电路生产车间的环境要求为什么特别高？环境调控技术需要承担哪些关键任务？
7. 集成电路生产车间的主要耗能设备有哪些？为什么绝大部分都用于了环境调控？
8. 数据中心运行过程对于环境控制的核心需求是什么？能源保障的要素是什么？
9. 为什么数据中心核心IT设备的功能能耗几乎都转化为内部环境调控的能耗？

第 11 章 运载工具的环境与能源应用

运载工具涉及交通运输工具、国防军事装备、航空航天重器等。相较于固定建筑，运载工具的外部边界条件、环境要素更加复杂多变，其外观体形设计受运动力学、流体力学约束，以尽量减少阻力。运载工具围护结构体系须力求轻质，以减少动力消耗；力求高强、耐磨、耐腐，以确保建筑本身及内部环境安全。在高速运动摩擦发热和存在异物撞击风险的情况下，轻质、高导热、低热惰性的围护结构体系对运人载物的安全、可靠、舒适的内部空间环境营造提出了更加严峻的挑战。同时，运载工具的驱动能源及环控能源保障系统受到的约束条件远比固定建筑苛刻，必须适应运载工具的轻质、安全、可靠等需要。

尽管运载工具与固定建筑的形态完全不同，但从内部环境形成机理及能源转化规律的本质上看，却是相似的。对于任何运载工具，在其启动至实现运动目标的时间内（如交通工具到达终点、航天器进入轨道、导弹命中目标等）消耗的动力能源，主要转化为三部分：终点时的动能、运载工具整体内能的增加、与外部环境接触物体（大气、大地、水或轨道）的摩擦热能，必须遵守能量守恒与转化定律。能量转化还必须遵循热力学第二定律，即热量总是从高温向低温传递。运动过程中产生的各种摩擦热能一部分向外部环境传递不可逆地损失掉了；另一部分必然传入其围护结构和内部空间，轻则造成内环境不舒适、增加环控能耗，重则影响其本身、设备重器可靠运行及人员安全。利用本专业的系统知识，可以帮助运载工具减小驱动能源的损失，营造适宜的内部环境，降低环境调控的能源消耗，确保其内部人员的安全和稳定可靠运行。

本章基于与固定建筑共有的知识技术体系，简单介绍典型运载工具的内部环境与能源应用常识。

11.1 汽　　车

汽车是现代社会中最主要的交通工具之一，无论是日常通勤、商务出行、旅游度假还是紧急救援，汽车都扮演着不可或缺的角色。根据用途分类，汽车可以分为客车（用于载运乘客及其随身行李或临时物品的汽车）和货车（运输货物）。根据驱动能源类型分类，汽车可以分为燃油车、电动车、混合动力车和燃料电池汽车（目前主要采用氢气作为燃料）。据公安部发布的统计数据，截至 2024 年 6 月底，全国机动车保有量达 4.4 亿辆，其中汽车 3.45 亿辆，新能源汽车 2472 万辆；机动车驾驶人 5.32 亿人，其中汽车驾驶人 4.96 亿人。

11.1.1 汽车特点及能源系统

1. 汽车的结构与空间

为了满足载人运物的需求，汽车的设计充分考虑了乘客的安全性和舒适性。作为陆地交通运输工具，它体积虽小，却具有典型的建筑特征。高速运动的汽车对结构安全的要求极高，其高强度钢结构骨架由若干横梁、边梁、若干立柱和防撞梁柱、底盘等构成，再采用金属材料外壳进一步起保护作用（图 11-1）。汽车的车壳包括前机盖、车门、翼子板、前后保险杠、车顶、行李箱盖、车身侧围、车底板、车窗，这些部件共同构成了汽车的车壳。汽车外壳的材料包括钢板、钢化玻璃、碳纤维、铝、强化塑料等，根据车辆的不同用途和部位选择不同的材料。汽车车壳的主要作用是提供必要的结构和安全性，保护汽车内部空间和部件免受外界环境的损害，防止外界物体如石子、树枝等对车身造成划痕或损伤，在一定程度上隔绝外界环境对汽车内部的影响，如防止紫外线辐射、酸雨侵蚀等，特别是在恶劣的天气条件下，如风沙、雨雪、霜冻等，保护车身和内部装饰不受损害，车壳能够为汽车提供有效的保护。同时，车壳的外观设计和颜色也是汽车美学的重要组成部分，能够体现车辆的品牌特色和个性化需求。

根据功能分区，汽车的内部空间主要划分为设备舱、驾驶舱、乘客舱、储物空间等。由于汽车空间小巧紧凑，其设备及系统集成度远高于固定建筑，空间利用非常充分。动力驱动设备系统布置于车头设备舱内；驾驶舱包括方向盘、仪表盘、变速、加油、制动及座椅等；乘客舱包括前排和后排座椅、扶手、头枕等，供乘客乘坐和休息；储物空间：如车门储物格、手套箱、中央扶手箱等，用于存放随身物品。此外，还结合围护结构保温隔热、吸声及内饰美化，布置娱乐系统的收音机、CD 播放器、音响、导航仪等。空调系统包括空调控制面板、出风口、风道、调节风机等，安全系统包括安全气囊、安全带、刹车系统、转向系统等，车载电器包括点烟器、电源插座、USB 接口等，车载通信系统包括蓝牙、手机支架、车载电话等。

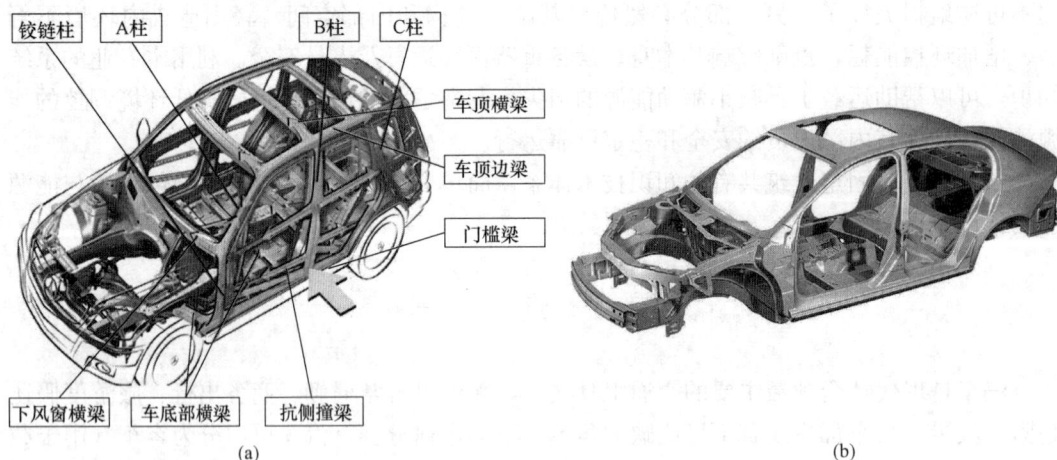

图 11-1　汽车围护结构关键部分
（a）机车骨架；（b）车壳主体

2. 汽车的能源系统

汽车能源动力的种类包括燃油动力、混合动力和纯电动。新能源混合动力汽车是指由两个或多个同时工作的驱动系统联合组成的车辆，通常是油电混合动力汽车，即采用传统的内燃机（如汽油机或柴油机）和电动机作为动力源。根据车辆的实际行驶状态，自动切换到最有效的动力源，比如在城市中可以主要依靠电池驱动，而在高速行驶时则可以使用内燃机。混合动力汽车的能源动力系统如图 11-2 所示，主要包括发动机、发电机、驱动电机、蓄电池、燃油电池等组件。内燃发动机是最常见的汽车动力来源，通过燃烧燃料（汽油或柴油）产生能量来驱动汽车。发电机：发电机在混合动力汽车中扮演着关键角色，它能够将机械能转换为电能，为电动机提供动力，同时也为蓄电池充电。驱动电机：驱动电机是混合动力汽车的动力输出端，它直接驱动车轮，提供车辆行驶所需的扭矩和速度。蓄电池既可从充电桩充电，必要时也可通过发电机充电。

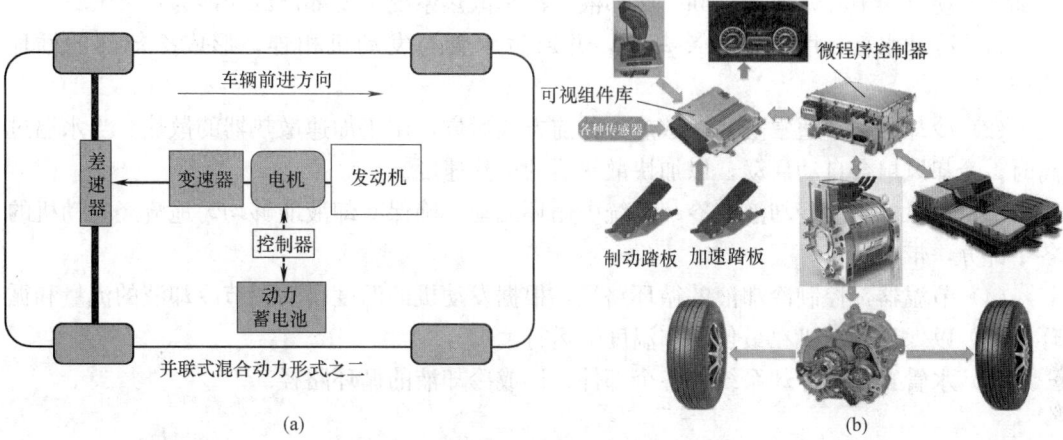

图 11-2　混合动力汽车的能源动力系统
(a) 系统原理图；(b) 主要部件

3. 能源转化与利用

为实现汽车高速运行的功能，汽车所需要的能源动力非常大。如排量 2.0 的汽车发动机功率一般在 170 马力（1 马力＝0.735kW）左右，涡轮增压发动机的功率可以达到 200 马力（147kW）左右，最大扭矩为 350N·m，这些参数显示了其强大的动力性能，若按照单位内部空间的能源密度，是任何固定建筑不可比拟的。

汽车动力能耗的功能是安全、快速、舒适地将乘客送达目的地。从能源转化角度看，以汽车作为一个孤立系统，其每公里消耗的燃料的化学能最终都以各种形式转化为热量消失了。具体地说，燃油发动机燃烧的化学能一部分转化为汽车的动能，克服空气和电路的摩擦阻力，产生振动与噪声，汽车停下来时动能则通过制动系统转化为热能；另一部分通过发电机向蓄电池充电供车内通风空调照明及其他设备系统使用，最终也转化为热能消耗了；还有一部分通过气缸、发电机、蓄电池的冷却介质带走，从排烟尾气中释放到环境中。由于热能总是从高温向低温传递，散失的热量既可能向室外传递，也可能向车体围护结构和内部空间传递，从而影响室内环境和环控能耗。从能源应用角度如何减少动力能耗（即功能能耗）对内环境的不利影响，主动利用动力能耗不可避免的废热（如发动机、电动机、蓄电池等）和能量损耗（制动系统）来环境调控，大有学问。如利用发动机的冷却废热提供车内供暖热源，如采用混动系统优化切换电能和燃油驱动方式，实现节能减碳，回收制动、下坡和怠速时的能量，提高能效等，对汽车的节能减碳意义重大。

11.1.2　汽车核心部件的环控保障

1. 发动机冷却系统

为了保证稳定可靠运行，发动机必须维持在一定的工作温度范围。由于发动机的动力来自燃料燃烧产生的高温烟气，因此若不散热，发动机的工作环境温度极高，其散热系统构成见图11-3。它主要由冷却水箱、冷却风扇、水泵、节温器、水管等部件组成，并通过冷却液（通常是由水和防冻剂混合而成）的循环来带走发动机产生的热量，从而保持发动机的正常工作温度。它有两个散热循环：一个是利用车外空气冷却发动机的主循环，另一个是车内空气冷却发动机的次循环，部分利用发动机废热加热车内空气取暖。这两个循环都以发动机为中心，使用是同一冷却液。汽车散热系统主要部件的功能为：

（1）冷却水箱：用于储存冷却液，并通过水管与发动机相连，形成冷却液的循环路径。

（2）冷却风扇：通常安装在散热器的前方或后方，用于加速散热器的散热。当水温过高时，冷却风扇会自动启动，以加快散热器的散热速度。

（3）水泵：驱动冷却液在冷却系统中循环流动，确保冷却液能够均匀地流经发动机的各个部分，带走热量。

（4）节温器：控制冷却液的循环路径，根据发动机的温度自动调节冷却液的流量和循环方式，以保证发动机在最佳工作温度下运行。

（5）水管：连接冷却系统的各个部件，形成冷却液的循环路径。

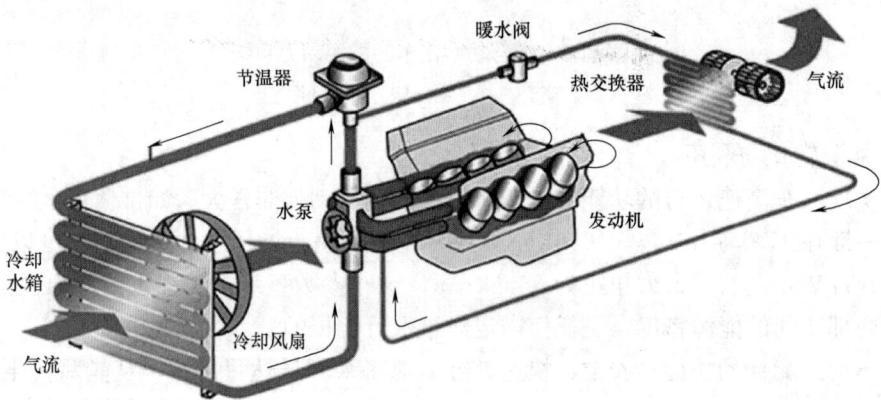

图 11-3　燃料汽车的散热系统示意图

2. 电动车的热管理系统

电动车的热管理系统主要包括电动机、电池、增程器及制冷空调等几个部分（图11-4），电动机是汽车的动力装置，在能量转化过程中会释放热量；电池是储能装置，在放电过程中也会产生热量；增程器是当电池组的电量低于一定水平时，发动机启动（消耗油或液化气）并驱动发电机为电池组充电，从而为电动汽车提供持续的动力，也会产生废热；制冷空调主要用于车内环境调控或电动机和电池的直接冷却。因此，与燃料车不同的电动车的热管理主要是对电动机和电池的高效散热，其主要方式有：

（1）风冷散热：它的原理是利用自然风或风扇产生的强制风流经电动机、电池表面，通过空气对流带走热量。风冷散热结构简单、成本较低，但散热效率有限，适用于续航里程较短、整车重量较轻的车型。

（2）液冷散热：这种散热方式是通过冷却液在电动机、电池内部或表面的管道中流动，与电池进行热交换，将热量带走。

（3）直冷散热：直冷散热是利用空调系统的制冷剂直接对电动机、电池进行冷却，通过制冷剂在蒸发器中蒸发带走电池产生的热量。目前采用直冷散热的车型较少。

（4）相变材料散热：这种散热方式是利用相变材料在发生相变时吸收或释放大量热量的特性，对电动机、电池进行热管理。但是该散热方式单独使用时效果有限，通常需要与其他散热方式结合使用。

（5）热电冷却：基于热电效应，通过热电半导体芯片在通电时产生冷热端，对电动机、电池进行加热或冷却。这种散热方式无需制冷剂、低能耗、低噪声，但单独使用时冷却效率不高，需要结合其他冷却技术使用。

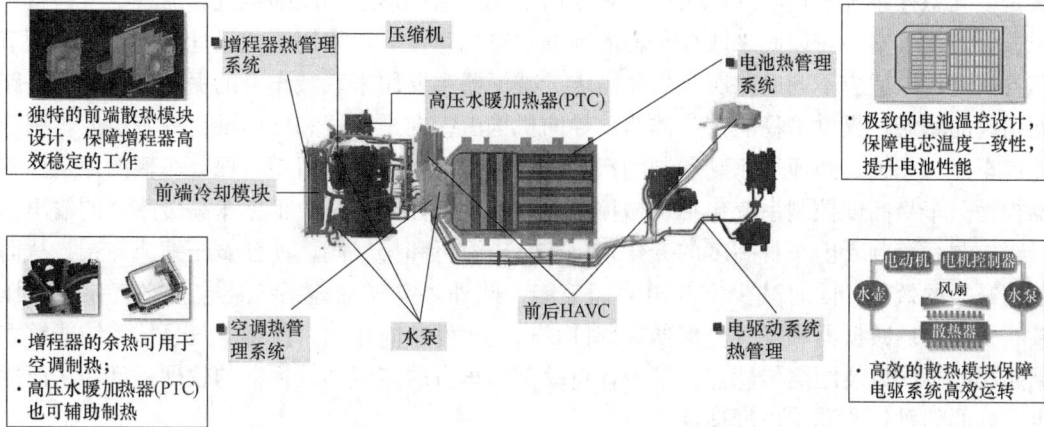

图 11-4　电动车的热管理系统

11.1.3　车内环境调控系统

在汽车设计与使用中，汽车内环境调控的重要性不容忽视。它关乎乘客的舒适度、健康与安全，直接影响着驾驶体验与乘车质量。汽车体积虽小，但热、湿、声、光及空气质量等环境调控都不可或缺；且汽车启停、运动更容易卷尘和产生噪声，驾乘人员复杂且户外卫生条件远差于固定建筑，内表面污染隐患更大（图 11-5）。一个良好的汽车内环境调控系统，能够精确控制车内温度、湿度、空气质量，为乘客创造一个舒适宜人的乘坐环境。这不仅有助于减轻驾驶疲劳，提升行车安全性，还能有效防止车内细菌滋生，保护乘客的身体健康。

图 11-5　汽车内部的环境

1. 减振控制

路面平整度差、存在异物是汽车高速运行过程中出现颠簸、振动主要原因，车上的动力系统也可能传递振动，给驾乘人员带来不舒适的感受，甚至影响安全。

汽车的减振原理主要依赖于减振器的工作机制，它通过阻尼作用来减少车身和车架之间的振动，从而改善汽车的行驶平顺性和舒适性。减振器是汽车悬架系统中的重要组成部分，它的主要作用是抑制弹簧吸振后反弹时的振荡及来自路面的冲击。

汽车减振器主要分为液力减振器和充气式减振器。用于豪华高端汽车的空气悬挂减振系统主要由空气弹簧、减振器、导向机构和车身高度控制系统等组成（图11-6）。空气弹簧是空气悬挂系统的核心部件之一，它采用空气压缩机形成的压缩空气，通过空气弹簧和减振器的空气室中，以此来改变车辆的高度。空气弹簧一般采用囊式设计，能够自动调节车身高度，以适应不同的路况和驾驶需求。减振器主要用来衰减车身的振动，减少不平路面引起的颠簸，提供平稳的乘坐体验。导向机构由纵向推力杆和横向推力杆等组成，用于传递车体与车轴之间通过驱动和制动产生的纵向力、横向力和扭矩，保证车辆的稳定性和操控性。车身高度控制系统包括机械控制系统和电子控制系统，根据车高传感器的输出信号，控制系统判断出车身高度的变化，再控制压缩机和排气阀，使弹簧压缩或伸长，从而起到减振的效果，同时减少空气阻力而节能。此外，空气悬挂系统还包括空气泵、储压罐、气动前后减振器和空气分配器等部件，这些部件共同作用，使得空气悬挂系统能够根据路况的不同以及距离传感器的信号，自动调整车身的高度和减振器的软硬程度，从而提供更好的驾驶体验和乘坐舒适性。

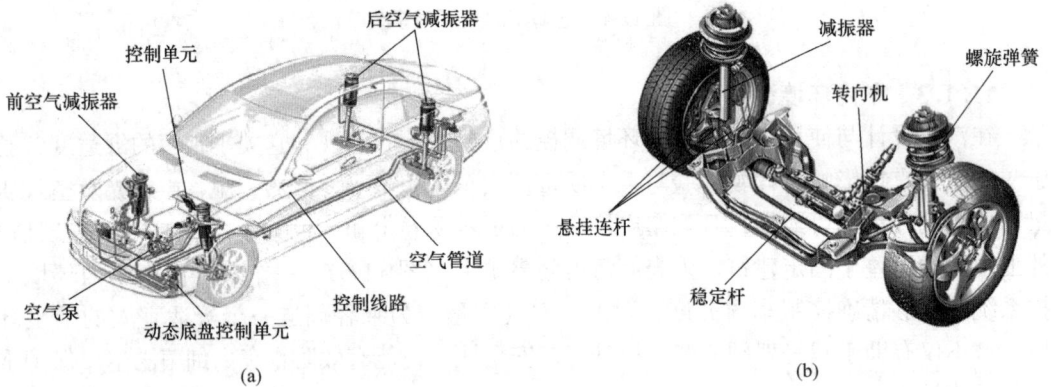

图 11-6　汽车空气悬挂减振系统示意图
(a) 系统集成；(b) 前减振器

2. 制冷空调系统

汽车的制冷空调系统（图11-7）是一个集成了多种功能的复杂系统，旨在为乘车人员提供舒适的乘车环境，降低驾驶员的疲劳强度，并提高行车安全。汽车通风空调系统主要由以下几个部分组成：

（1）制冷系统：主要由空调压缩机、蒸发器、冷凝器、储液干燥器、膨胀阀等部件组成。它通过制冷剂的不断循环来达到制冷效果，从而降低车厢内的温度。

（2）取暖系统：由加热器、水阀、水管、发动机冷却液等组成，用于在寒冷天气中加热车厢内的空气。它是发动机冷却系统的一部分，利用冷却废热取暖。

（3）通风系统：包括进风模式风门、鼓风机、混风模式风门、气流模式风门、风道等。该系统负责将外界新鲜空气或车内循环空气送入车厢，并通过风道分配到各个角落。

（4）电气控制系统：包括控制电路，如点火开关、A/C开关、电磁离合器、温度控制器、鼓风机开关和调速电阻、各种温度传感器、制冷剂高低压开关、送风模式控制装置、各种继电器等。该系统负责监测和控制空调系统的运行状态，确保系统能够按照设定的参数运行。

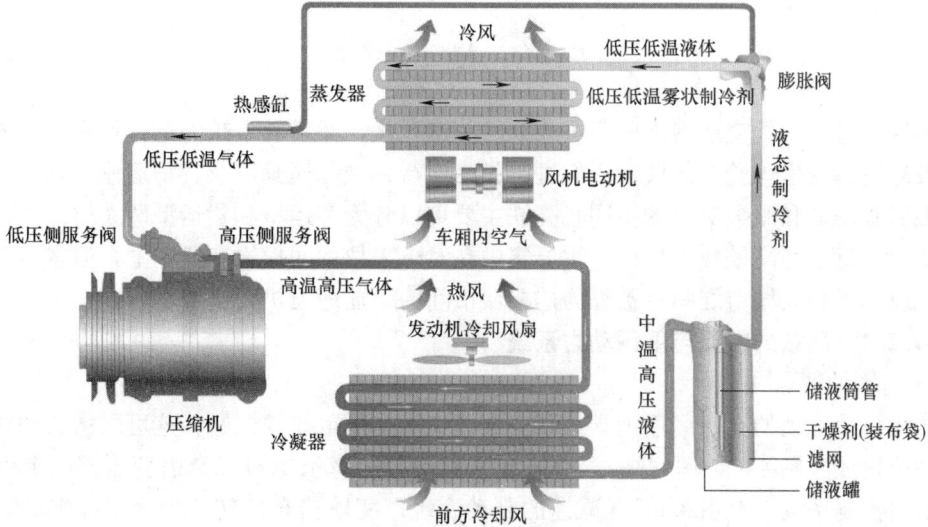

图 11-7　汽车制冷空调系统图

3. 空气质量要求

为调节和控制车内空气质量，汽车内设置有内、外循环系统。内循环系统是指在车内形成一个相对封闭的空气环境，减少车外空气进入车内。内循环系统可有效地阻止灰尘、杂质和污染物进入车内，保持车内空气清新。在车辆启动初期，为迅速提升车内温度，可以使用内循环模式。同时，在城市拥堵路段或空气质量较差的地区行驶时，也应尽量使用内循环模式以保护驾驶员与乘客的健康。

外循环系统是指让车内空气与车外空气进行交换，使新鲜空气进入车内，同时排出车内污浊空气，确保车内氧气充足，避免因长时间密闭而导致二氧化碳浓度上升、氧气含量下降。当需要开空调或除霜时，外循环可以帮助更快地降低车内温度和提高空调效果。此外，现代汽车通常还配备空气微滤网，能够过滤微小尘埃和花粉等颗粒物，以保证车内空气质量。

4. 车内环境智能监测与控制系统

车内环境智能监测与控制系统能够实时监测车内环境参数，如温度、湿度、CO_2 浓度等，并通过传感器将数据传输给控制系统。控制系统对采集的数据进行解析、处理和分析，以便根据环境状况自动调节车内环境。根据数据处理模块的输出，控制系统能够自动调节车内环境，如调节空调温度、开启内外循环等。

综上所述，汽车内环境调控要求旨在通过先进的技术和措施，为驾乘人员提供舒适、安全的乘车环境。在实际应用中，车主应根据自身需求和实际情况，灵活运用内外循环、温度控制等功能，以确保车内环境的舒适度和安全性。

扫码查看"汽车的能源供应"

11.2 高　铁

高铁，作为现代交通网络中不可或缺的关键元素，凭借其卓越的运行效率、惊人的速度以及舒适的乘坐体验，已成为人们进行长途旅行、城际通勤以及货物运输的首选交通工具。根据其功能和服务对象的不同，高铁主要可以分为客运型和货运型两大类。尽管在现实应用中，货运型高铁较为稀少，主要集中在对未来技术的探索和研究上，但客运型高铁则广泛应用于各大城市之间，被誉为连接城市间的"陆地飞机"。

11.2.1　高铁的特点与能源动力系统

1. 高铁的特点

作为高速运动的交通运输工具，其安全性绝对是最重要的问题，这可以从高铁核心设备及系统构成（图 11-8）中看出。它包括提供动力的牵引电机、牵引变压器、牵引变流器和牵引控制系统（牵引系统），减速的制动系统，变轨错车的转向架，保证乘员安全舒适的铝合金及钢化玻璃的围护结构系统，网络控制系统及集成系统。其中尤其重要的是牵引系统和制动系统；制动系统采取多重保险设计（图 11-9），以增加运行安全性。

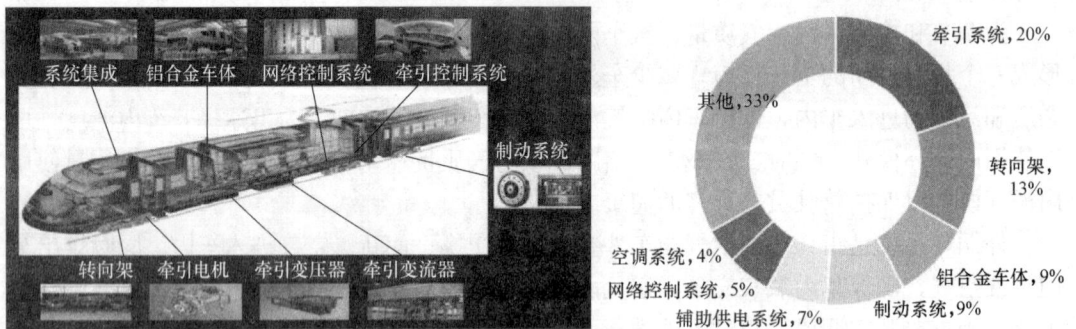

图 11-8　高铁的核心系统与成本构成

2. 高铁的能源转化

为实现高铁高速运行的功能，列出的牵引动力非常大。如和谐号 CRH380B 高铁，8 节的牵引电机总功率高达 9376kW，而 16 节牵引电机总功率为 18752kW。高铁的牵引电耗与其运行速度紧密相关，一般运动速度越快，其电力消耗也越高。相关数据显示，时速达到 350km 的高铁每小时的耗电量可达到 9600kWh，这相当于一些家用空调数十年的能耗总和。

高铁的牵引电耗的功能是安全快速地将乘客送达目的地。从能源转化角度分析，电能消耗转化为机车的牵引动能，牵引系统的发热，车体与铁轨、空气的摩擦热能，制动的摩擦热能及振动和噪声等能量，它们遵守能量守恒与转化定律。由于热总是自发地从高温向低温传

214

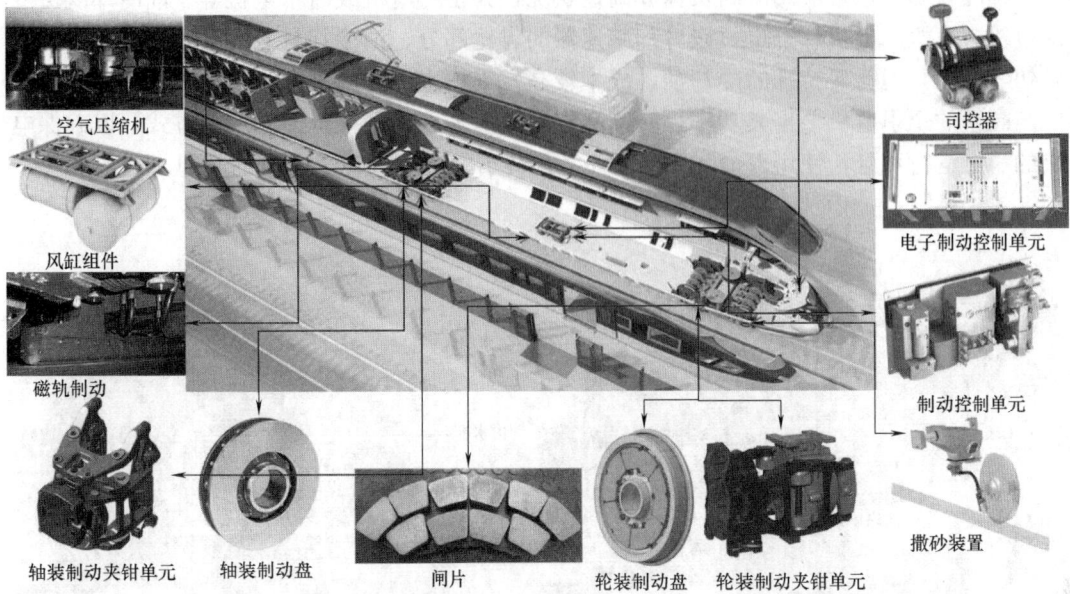

图 11-9　高铁的制动系统

递，因此，各种摩擦热能一方面散失到外部环境，另一方面传递到车体围护结构和内部空间，与外扰和内扰共同耦合影响室内环境，对内部环控能耗造成影响。从能源应用角度如何减少牵引能耗对内环境的不利影响，主动利用牵引功耗不可避免的废热（如电动机、变压器和流变器）和功损（制动发电）来进行环境调控，对运动建筑节能减碳意义重大。

11.2.2　高铁核心部件的环控保障

1. 牵引电机冷却

高铁电机主要由定子、转子和轴承组成。定子是固定的部分，包含了一系列定子线圈和铁芯，用于产生磁场。转子是旋转部分，由一系列转子线圈和铁芯组成，它在定子中旋转。轴承则用于支撑和引导转子，确保其顺利旋转。当定子中的线圈通过电流时，就会产生一个磁场。这个磁场会与转子中的线圈相互作用，产生一个转动力矩，使转子旋转。这个过程可以通过改变电流的方向来控制电机的旋转方向。这一过程不仅涉及电压的变换，还伴随着能量的转换和转换过程中会产生的大量热损。

牵引电机冷却方式主要包括自然冷却、风冷冷却、液冷冷却和油冷冷却。

自然冷却：通过电机外壳设计有散热片或散热鳍片，利用空气的自然对流来散热。这种方式适用于低功率和轻负荷的应用，不需要额外的冷却设备，具有结构简单、维护方便、成本低等优点，但在高温、高湿度的环境下，其散热效果会受到一定影响。

风冷冷却：在电机外壳上设置风扇或风扇罩，通过风扇强制风冷却。这种方式适用于中等功率和负荷的应用，可以有效提高冷却效率。风冷冷却具有散热效果好、适用于多种环境等优点，但需要额外的能耗和维护成本。

液冷冷却：通过在电机内部或外部设置冷却水或冷却油进行冷却。这种方式适用于高功率和重负荷的应用，可以提供更高的冷却效率和更好的热稳定性。液冷冷却具有散热效果好、降温速度快等优点，但需要额外的冷却设备和维护成本，且对水质要求较高。

油冷冷却：通常应用于高负荷和高速状况，如密封电机或潜水电机等。油冷却既可冷却电机减速机的电机部分也可以冷却减速器的齿轮部分。油冷却具有冷却效果好、降温速度快等优点，但需要特殊的冷却油，成本较高，维护也不方便。

高铁的牵引电机根据其功率、转速和使用环境等因素选择合适的冷却方式，以确保电机的稳定运行和延长使用寿命。图 11-10 为无转子电机和有转子电机的冷却。

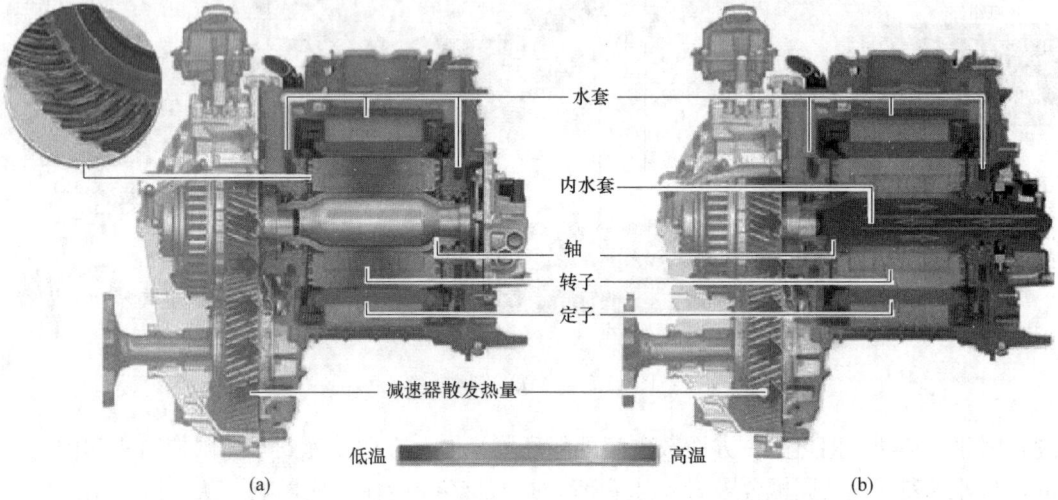

图 11-10　无转子电机和有转子电机的冷却
（a）无转子电机；（b）有转子电机

2. 牵引变压器冷却

高铁的牵引变压器发热也基于电磁感应原理。变压器由一次绕组和二次绕组构成，由于二次绕组与一次绕组匝数不同，二次绕组中的感应电动势（即输出电压）与一次绕组中的电压不同，从而实现了电压的变换。这一过程不仅涉及电压的变换，还伴随着能量的转换和转换过程中会产生的大量热损。

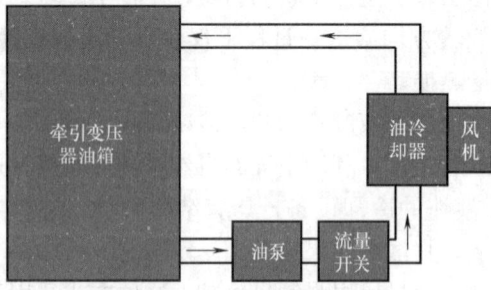

图 11-11　牵引变压器的冷却

牵引变压器采用强迫油循环和风冷的方式进行冷却，如图 11-11 所示。

强迫油循环：通过油泵将变压器内部的绝缘油抽出，经过油冷却器进行热交换，降低油的温度。这个过程有助于将变压器内部产生的热量带走。冷却风由送风机从车辆侧门吸入，通过挠性风管内的调风栅提供给油冷却器。风冷部分利用外部空气来冷却经过油冷却器后的绝缘油，进一步降低油的温度，然后这些冷却后的油返回变压器内，通过绕组表面及铁芯侧面吸收产生的热量，形成一个循环过程。

这种强迫油循环风冷的冷却方式能够有效地降低变压器的工作温度，保证其在高温环境下也能安全稳定地工作，从而提高高铁运行的安全性和可靠性。

3. 牵引变流器冷却

牵引变流器是高铁动车组的关键部件，它负责将直流电转换为变频交流电，以驱动电机运转。在这个过程中，牵引变流器会产生开关损耗和电阻损耗并发热。高铁的牵引变流器主要采用全封闭循环水冷却系统进行冷却。

高铁牵引变流器包含了大功率二极管、晶闸管、电容器、电抗器、接触器、变压器以及电子控制单元等主要的电力部件，并为该系统配备了可靠的冷却单元进行散热控温（图11-12）。目前广泛使用的是水冷系统，由膨胀水箱、水泵、水-空气热交换器、冷却模块、冷却介质、管路等组成。这种冷却方式利用水冷来达到高效的散热效果，其散热效率高，且没有采用油冷可能带来的污染和易燃问题，因此在散热效率上也远超风冷，使得水冷成为应用范围最广的冷却方式。国内目前针对高铁变流器冷却系统研发出了高铁变流器冷却液，具有优异的防腐蚀性和非金属材料兼容性能，能够延长冷却系统的使用寿命，同时适用于动车、高铁、机车、城轨、轨道工程机械等变流器的冷却系统。

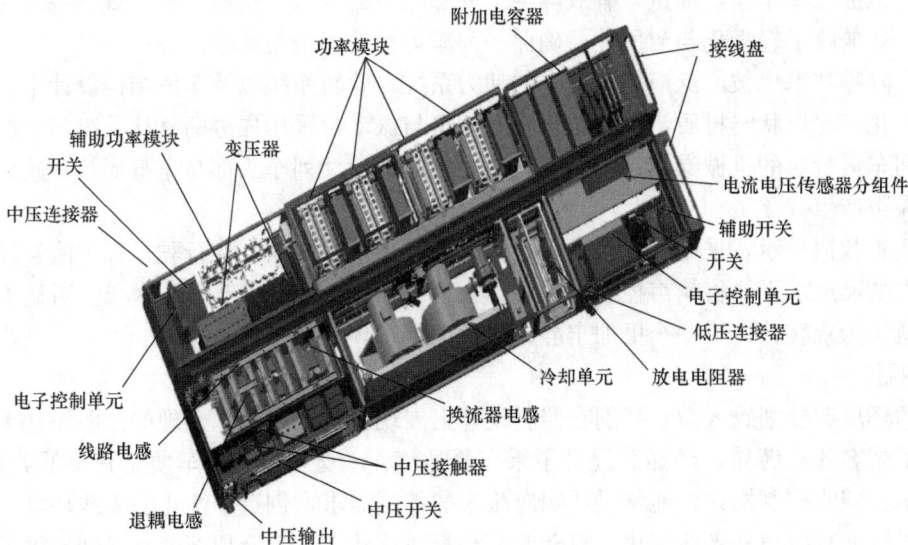

图 11-12　高铁牵引变流器的冷却系统

4. 制动系统的冷却

在高铁制动时，由于车轮的高速转动，制动盘和闸瓦的磨损极为严重，同时伴随温度升高，会减少制动盘和闸瓦的使用寿命。

高铁的制动系统降温冷却主要通过以下几种方式实现：一是使用冷却装置进行降温：当实时制动功率大于预设制动功率时，控制系统会控制开启冷却装置，对制动盘进行降温。这种方法通过计算获取的实时制动功率与预设制动功率相比较，及时控制开启冷却装置对制动盘进行降温，以提高制动盘的制动能力，避免降温不及时而引起的轨道车辆制动效能衰退、制动失灵等问题。二是采用涡流制动技术：高铁（时速超过 300km）采用涡流制动技术，通过大功率直流电源在高铁制动系统中的应用，电磁铁下放至距离钢轨不到10cm的位置，并通电产生涡流发热效应，将动能转化为热能释放，从而实现减速。这种技术的缺点是会产生大量热量，需要时间来冷却轨道。

11.2.3 高铁内部环境调控

在现代交通领域中，高铁以其快速、高效、舒适的特点，成为人们出行的首选。而在这背后，环境调控作为高铁运营中的核心要素，其要求之严格不容忽视。高铁在运行过程中，不仅要确保乘客的舒适度，让乘客在旅途中享受宁静与舒适，更要保障乘客的生命安全，应对各种突发情况。因此，环境调控在高铁中扮演着至关重要的角色，其精准、高效的调控能力，是确保高铁安全、稳定、舒适运行的关键。

1. 噪声控制

高铁在飞驰过程中，由于车轮与轨道的摩擦、空气动力学的效应以及列车内部机械运转等多种因素，会产生较为明显的噪声。这种噪声不仅干扰了乘客的休息与交谈，还可能对长时间乘坐的乘客造成心理压力，影响整体的旅行体验。

为了有效解决这一问题，现代高铁在设计与制造过程中广泛采用了先进的隔声材料和降噪技术。隔声材料如高性能隔声板、多层复合隔声玻璃等，被巧妙地安装在车厢的墙壁、地板、顶棚以及车窗等部位，有效隔绝了外部噪声的传入。这些材料不仅具备出色的隔声性能，还兼顾了轻量化与耐用性，确保了列车运行的安全与高效。

同时，降噪技术也被广泛应用于列车的动力系统、轮轨系统以及车体结构设计中。例如，通过优化车轮形状与材质，减少轮轨间的冲击与振动；采用先进的悬挂系统与减振装置，降低列车运行时的机械噪声；利用空气动力学原理设计列车头部与车身形状，减少空气阻力与噪声产生。

实际调查数据显示，采用了这些隔声材料与降噪技术的高铁，在行驶过程中能够显著降低车厢内的噪声水平，将噪声控制在 60dB 以下。这一数值远低于对人体产生明显不适的噪声阈值，为乘客营造了一个更加宁静、舒适的乘车环境。

2. 照明控制

高铁的环境调控细致入微，特别在照明设计上展现得淋漓尽致。合理的照明设计不仅有效减轻了乘客的疲劳感，还显著提升了乘车舒适度。"复兴号"列车便是其中的典范，它配备了多种照明控制模式，能够灵活响应旅客的不同需求，创造个性化的光线环境。车厢灯光可以智能感应户外光线变化，自动调节至最适宜状态。走廊顶部的灯光则提供了亮度与色温的双重调节功能，让乘客可根据个人喜好选择最舒适的照明效果。商务座更是贴心设置了筒灯调节开关，旅客可轻松调节座位旁的灯光亮度与色温，享受专属的舒适空间。此外，"复兴号"还将 LED 灯巧妙融入行李架，为旅途增添一抹温馨与独特的灯光氛围。这些照明方面的优化与改进，充分展现了高铁在环境调控上的精细化与人性化设计理念。

3. 温湿度控制

高铁在运行过程中，需考虑乘客的舒适度。承担高铁内部温湿度调节的空调系统与固定建筑大同小异，只是受空间限制，风管、风口的形式有所不同（图 11-13）。高铁空调系统一般由空调机组（图 11-14）、空调控制器、连接风道、废排单元、混合箱及压力波组件等组成。端车（含驾驶室）的空调系统由 12 个模块组成，其余车厢由 10 个系统组成。采用传感器采集的温度，通过控制器合理的温度控制算法使空调工作在全暖、半暖、通风、自动、关、半冷、全冷等模式下，为旅客提供舒适的车内环境。

4. 通风系统与空气质量管理

由于列车在高速运行过程中，车厢内空气流通性较差，容易积聚细菌和病毒。因此，高铁需配备高效的通风系统，确保车厢内空气质量的优异和乘客的舒适度。高铁的通风系统主要包括新风引入系统、空气处理系统、排风系统和空气循环系统（图 11-15）。这些系统主要具有以下特点：

（1）新风引入系统：该系统通过列车外部的空气进口，将新鲜空气引入车厢。这些空气进口通常位于车厢两侧和底部，并配备有空气滤网，以过滤掉灰尘和杂质。

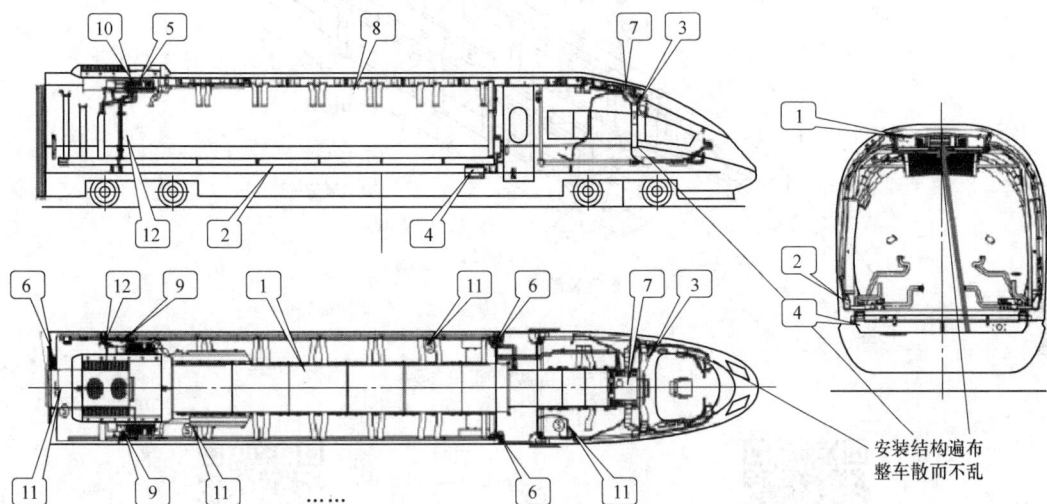

图 11-13　高铁的空调系统

1—供风风道；2—废排风道；3—司机室风道（仅端车）；4—底架废排风道；
5—客室空调；6—加热器；7—司机室空调（仅端车）；8—中顶孔板；
9—混合空气箱；10—新风格栅；11—温度传感器；12—空调排水管

（2）空气处理系统：引入的新鲜空气会经过一系列处理，包括冷却、加热、加湿或除湿等，以满足车厢内的温湿度要求。该系统还会对空气进行净化，通过多层精密过滤机制精准拦截并去除空气中悬浮的尘埃颗粒、花粉、皮屑等过敏原及微小杂质。此外，该系统还融入了高效能杀菌模块，利用紫外线照射、臭氧生成，或是先进的等离子体技术，对空气中的细菌、病毒等微生物进行彻底灭活，阻断它们通过空气传播的路径，降低交叉感染的风险。

图 11-14　高铁的空调机组

（3）排风系统：车厢内的污浊空气会被排出车外，以保持车厢内空气的清新。排风系统通常包括排风口和排风管道，将污浊空气引导至车外。

（4）空气循环系统：除了引入新风外，通风系统还会将车厢内的一部分空气进行回收和再利用。这些回收空气与新风混合后，会被再次送入车厢内，以提高能源利用效率。

高铁车厢的通风模式是一个集新风引入、空气处理、排风和空气循环于一体的复杂系统。它采用混合循环方式，确保车厢内空气的新鲜度和清洁度；通过智能调节和节能环保的设计，为乘客提供一个舒适、健康的乘坐环境。

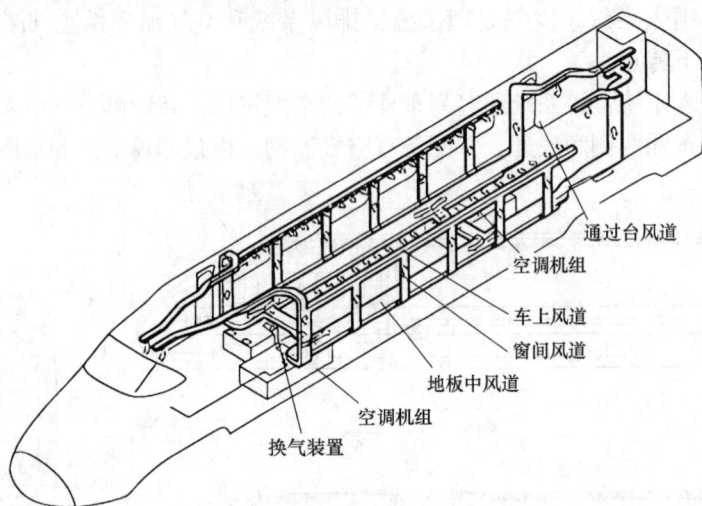

图 11-15　高铁的通风系统

扫码查看"高铁的能源保障与利用"　　　　　扫码查看"高铁新技术"

11.3　邮　　轮

11.3.1　邮轮的特点与能源系统

1. 邮轮的内部空间

轮船是水上运人载物的交通运输工具，具有典型的建筑特征。由于水的阻力远远大于空气，故其运动速度远远小于陆地和空中的运载工具。普通货船的速度为 $22\sim27km/h$，大型集装箱船的速度为 $36\sim52km/h$，军舰的速度为 $36\sim55km/h$，大型核动力航母的最高速度可达 $60\sim65km/h$。传统意义上的邮轮是指海洋上的定线、定期航行并以旅客运输为目的的大型客运轮船。由于民航运输在跨洋航运这方面更加高效便捷，现代邮轮实际上是指在海洋中航行的旅游客轮。邮轮作为海上旅游与休闲的奢华象征，不仅承载着旅客的旅行梦想，还为乘客提供了一个远离陆地喧嚣、享受海上风光的独特平台。邮轮具有典型的建筑特征，但具有城市的主要功能，集住宿、餐饮、娱乐、休闲于一体，被称为"漂浮的微城市"（图 11-16）。

2. 邮轮的设计

轮船的设计基于阿基米德原理。根据阿基米德原理，轮船浸入水中时，其浮力等于所排开水所受到重力。因此，轮船自身所受重力始终与其吃水线以下所排水的重力相等。这对邮轮的设计非常重要。吃水线以下的船体围护结构，必须足够承受海水的巨大压力；而

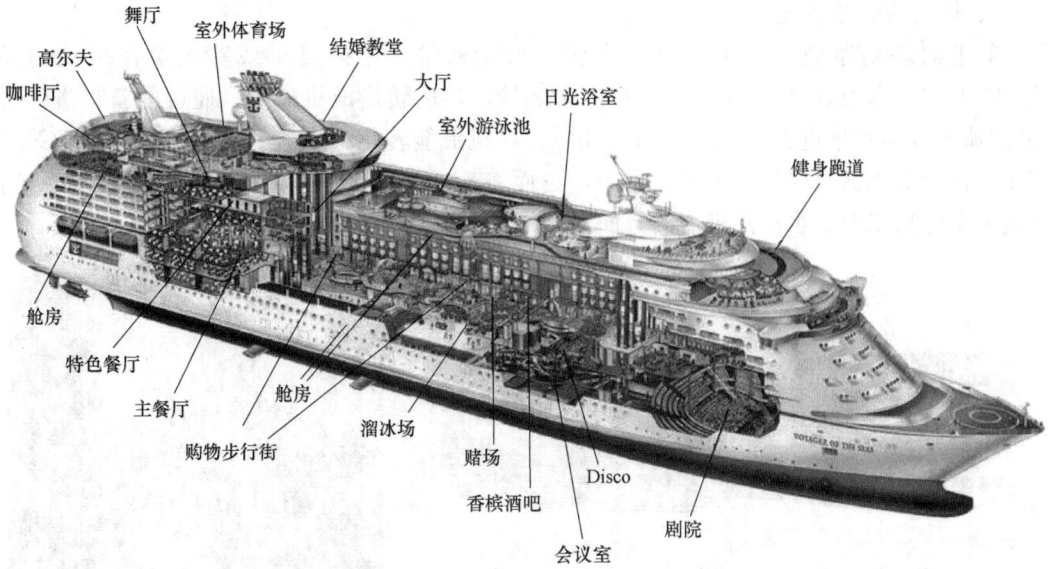

图 11-16 某邮轮的功能分区

水面以上的围护结构，则与陆地建筑相似。船体形状一般是长条形流线型设计，以减小水的阻力。船体是船舶的最基本构成，其结构大多用钢材，由板材和型材组合成板架结构。船体可分为主体部分和上层建筑部分。主体部分一般指上甲板以下的部分，它是由船壳（船底及船侧）和上甲板围成的具有特定形状的空心体，是保证船舶具有所需浮力、航海性能和船体强度的关键部分，一般用于布置动力装置，装载货物、储存燃油和淡水等。为保障船体强度，提高船舶的抗沉性和布置各种舱室，通常设置若干坚固的水密横舱壁（或同时包括纵舱壁）和内底，在主体内形成一定数量的水密舱，并根据需要加设中间甲板（一层或数层）或平台，将主体水平分隔成若干层（图 11-17）。上层建筑位于上甲板以上，由左、右侧壁，前、后端壁和各层甲板围成，其内部主要用于布置各种用途的舱室，如工作、居住、餐厅、休闲娱乐、贮藏、仪器控制等舱室。上层建筑的大小、形式等因船舶用途和尺度而异。

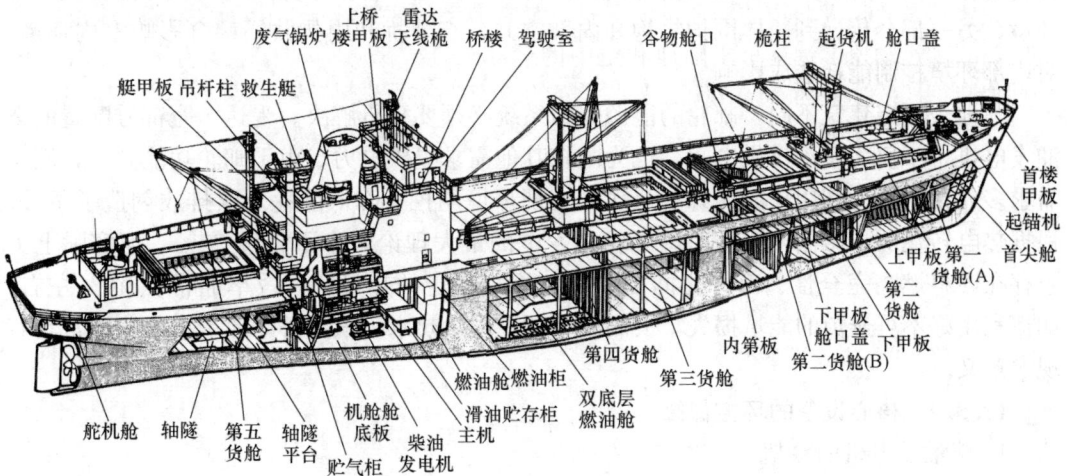

图 11-17　邮轮的船体结构及功能舱室

3. 邮轮的能源系统

轮船的运动原理基于牛顿第三定律。邮轮通常采用内燃机或蒸汽机作为动力源[图 11-18（a）]，这些发动机燃烧燃料产生能量，然后转换成机械能；通过配备推进装置[如螺旋桨或喷水推进器，见图 11-18（b）]，将机械能转化为水流的动能，根据牛顿第三定律，排出的水流会产生一个反作用力，进而将轮船向前推进。此外，轮船必配舵系统，通过调整舵角来改变水流推进力的方向，从而调节航行方向。

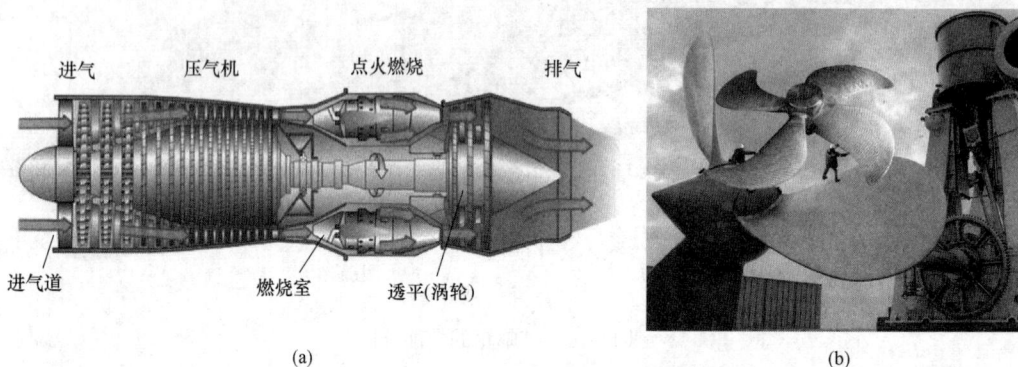

图 11-18　邮轮的驱动装置
（a）燃气轮机；（b）螺旋桨

2024 年运营的爱达·魔都号是我国首艘自主设计、建造的大型邮轮，全长 323.6m，总吨位为 13.55 万 t，最多可容纳乘客 5246 人。爱达·魔都号配备的动力系统包括 2 台 16.8MW 的四冲程主柴油发电机，2 台 16.8MW 的电力驱动吊舱推进器带动螺旋桨使邮轮航行；另配 3 台 9.6MW 的四冲程柴油发电机，满足整个邮轮的非动力能源需求。动力功率占比约为 54％。

从能源转化利用角度分析，邮轮的驱动电能消耗转化成为几个部分：整个邮轮的运动动能（停泊过程中损失掉）、推进器的热能、水上部分船体与空气的摩擦损失、水下部分与水的摩擦损失，以及制动的摩擦损失及振动和噪声的能量，但它们必须遵守能量守恒与转化定律。由于热总是自发地从高温向低温传递，因此，各种摩擦热能一部分散失到外部环境，另一部分传递到船体围护结构和内部空间，与外扰和内扰共同耦合影响室内环境，对内部环境控制能耗造成影响。

与地表固定建筑不同，邮轮的能源保障系统必须要自行解决。爱达·魔都号配置的柴油发电机，不仅为驱动提供电力，也为邮轮其他需求提供电力。由于邮轮功能齐全，能源需求多元化，这为利用功能能源的余热来实现环境调控、降低能耗及碳排放创造了条件。根据热电转化的卡诺循环原理，燃气轮机发电的最大理论效率不超过 70％，但实际上由于存在燃料燃烧完全性、部件之间的摩擦、尾气带走的热量等，效率通常在 40％左右，如何利用好不可避免的能量损失，去满足空调、卫生热水、恒温游泳池等需求，非常具有现实意义。

11.3.2　核心设备的环控保障

1. 柴油发电机的冷却

柴油发电机在工作时，由于电流通过导体产生的电阻损耗和磁感应涡流损失，这些能量损失会转化为热量，导致发电机内部的转子和定子发热。如果这些热量不能有效地散去，发电机的绝缘材料会因温度升高而降低其绝缘强度，损坏发电机内部的绕组和绝缘材料，甚至引发发电机故障。

柴油发电机的冷却方式主要有两种：风冷和水冷。风冷系统通过高速空气流直接吹过发电机的气缸盖和气缸体的外表面，将热量散发到大气中去。而水冷系统则通过冷却水循环系统，利用水箱、水管、散热器、水泵等部件，将发电机产生的热量通过水带到外部，再通过散热器散发到空气中。利用柴油发电机的水冷余热提供给锅炉生产热水的系统原理图见图11-19。这两种冷却方式各有优缺点，风冷系统结构简单、重量轻、故障少，但冷却不够均匀，噪声较大；水冷系统冷却效果好，但结构复杂，需要定期维护。

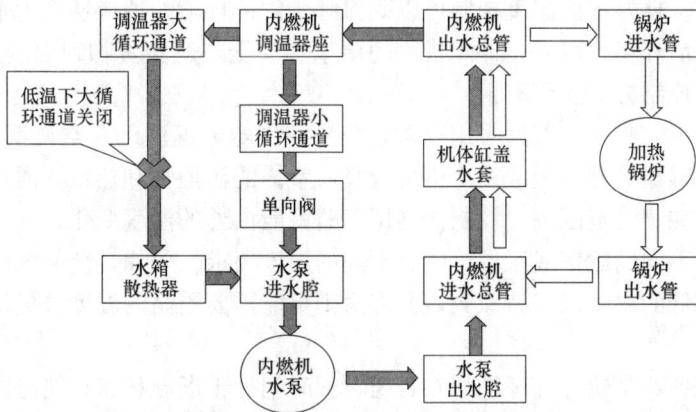

图 11-19　柴油发电机的水冷系统余热利用

2. 电力推进器的冷却

邮轮的电力推进器主要由电动机、变频器、推进器等部件组成，这些部件在运行过程中会产生热量，尤其是电动机，作为电力推进器的核心部件，其运转时会产生大量的热能。为了确保其安全、高效运行，同时延长使用寿命，保障邮轮的正常航行，必须配备冷却系统。冷却方式与柴油发电机相似，主要有水冷却和通风冷却。

11.3.3　环境调控要求

邮轮在功能上与传统建筑存在许多相似之处，都需要提供舒适的空间供人们居住、活动，并具备相应的娱乐设施以满足人们的基本需求。然而，邮轮作为一种运载工具，其地理位置随着航行路线的不断变化而不断移动。这意味着邮轮需要面对不同海域的气候条件、海况变化以及可能遭遇的自然灾害等挑战。相比之下，传统固定建筑的地理位置和环境条件相对稳定，不需要频繁应对这些外部因素的变化。因此，邮轮的环境调控与传统固定建筑也有所区别，特别是在围护结构、温湿度控制、水质安全和噪声控制等方面。

1. 围护结构要求

邮轮围护结构的设计需综合考虑多重因素，以确保乘客安全与舒适体验的同时，也满足船舶长期运营的需求。以下是针对邮轮围护结构的具体要求：

（1）水下与水上部分：邮轮的水下围护结构需具备极高的水密性和强度，以抵御深海压力、防止海水渗透，并保护船体免受海洋生物附着及水下物体的撞击。通常采用高强度钢材或复合材料，结合先进的防腐涂层技术，确保长期耐用。而邮轮的水上围护结构不仅需美观大方，还需具备良好的抗风压、抗浪涌能力，以及良好的隔热保温性能，以维持船内舒适的居住环境。同时，设计需考虑减少风阻，提高燃油效率。

（2）太阳辐射影响：邮轮顶部及侧面暴露于阳光下的围护结构需采用高效隔热材料，如低辐射镀膜玻璃、反光涂料或遮阳板等，以减少太阳辐射对船内温度的影响，保持室内凉爽，同时降低空调系统的能耗。

（3）受海水腐蚀的防护：邮轮的整个围护结构，尤其是水下部分及与海水接触的边缘区域，需采用高耐腐蚀材料，如不锈钢、钛合金或特殊合金钢，并施加多层防腐涂层。

2. 温湿度控制

邮轮在海上航行时，会面临各种复杂的气候和海洋环境，包括极端的高温、严寒、高湿度和低湿度等。良好的温湿度控制可以确保邮轮内部环境的适应性，为乘客和船员提供舒适的工作和生活环境，同时也保障货物的质量和安全，避免货物因温湿度不当而受损。邮轮内部温湿度控制方式主要有：

（1）空调系统：邮轮上普遍采用空调系统来控制舱内温湿度。空调系统通常由冷机、控制器和外部传感器等部分组成。冷机负责吸取室内的污染物和热量，通过设备让空气的温度和湿度维持在正常范围内。控制器则用于监测舱内外的温度变化，并根据需要调节冷机的运行状态。不同的舱室或区域可能有不同的温度要求。例如，公共区域如餐厅、娱乐室等可能需要稍低的温度来保持凉爽，而客房则可能需要稍高的温度来提供更加舒适的休息环境。

（2）除湿设备：邮轮内部环境相对封闭，长时间处于潮湿状态，船舱内部积水、船体结构间的缝隙渗水等问题为霉菌生长提供了适宜的环境。在邮轮驰骋于浩瀚海洋之际，其运行环境显著特征为高湿度与空气中丰富的盐分含量，海中的海水含有很多矿物质元素，易腐蚀船舶的船身。因此，需使用除湿设备降低舱内湿度，确保人员舒适健康和延长船体寿命。除湿设备可以通过物理方法（如冷凝除湿器）或化学方法（如吸湿剂）去除多余的湿气。通常，除湿设备需与空调系统配合使用，以确保舱内湿度的稳定控制。

（3）加湿设备：在湿度较低的环境中，使用加湿设备可以有效地提高舱内湿度。加湿设备可以通过蒸发加湿器或超声波加湿器等方式增加舱内湿度。

（4）通风系统：邮轮中的通风系统主要用于确保船舱内部空气的良好流通。系统通常分为进气系统和排气系统两大部分：

① 进气系统：主要由净化器和风机组成。进气口位于船舱顶部，通过净化器过滤外部空气，确保其清洁无污染。随后，被净化的空气在风机的作用下被注入船舱内，实现空气的有效补充。

② 排气系统：主要由排气口和风机组成。排气口通常位于船舱底部，负责将船舱内的废气排出。排气系统通过风机将废气通过管道排出并吹散，防止废气在船舱内积聚。

邮轮在航行过程中会遇到不同的气候和海洋环境，温湿度控制的需求也可能随之变化。因此，需要根据实际情况动态调整温湿度控制系统，以确保舱内环境的舒适度和安全性。同时，根据实际需要合理调整设备的工作状态，以降低能耗并减少对环境的影响。

3. 人员生活保障

在豪华而广阔的邮轮之旅中，确保每一位乘客与船员的生活质量至关重要，其中，水质安全作为基石，直接关乎每个人的健康与福祉，是邮轮生活保障体系中不可或缺的关键环节。水质安全主要分为两个部分：

（1）饮用水源选择与处理：邮轮通常会在停靠港口时补充淡水，同时也会利用海水淡化技术来获取额外的水资源。海水淡化技术如反渗透膜技术，能够有效地去除海水中的溶解盐类、胶体、微生物、有机物等杂质，确保水质达到饮用标准。

（2）游泳池水质安全保障：游泳池水是邮轮上游客常接触的水体之一，其水质管理尤为重要。邮轮会定期对游泳池水进行更换和消毒处理，以确保水质的清洁和卫生。游泳池水质的监测也会定期进行，包括检测水中的游离性余氯、pH、浑浊度等指标。

此外，邮轮还应配备高效的污水处理系统，对产生的污水进行严格的处理和净化，确保排放的污水符合环保标准，最大限度地减少对海洋生态系统的负面影响。这些措施共同保障了邮轮乘客的健康和安全，同时也体现了对海洋环境保护的负责任态度。

4. 噪声控制

邮轮内部环境的宁静性对于游客的休息和放松至关重要。邮轮主体采用钢材作为主要结构材料，这一特性对噪声的传播产生了显著影响。钢材由于其高密度的物理特性和良好的导声性能，使得声音在邮轮内部传播时更加广泛和难以控制。为了确保游客在邮轮旅行中能够享受到一个安静、舒适的休息环境，邮轮内部应对噪声进行控制。邮轮上的噪声主要来源于：

（1）主机噪声：邮轮常用的主机是柴油机，其次是燃气轮机。柴油机噪声主要由气动和机械两方面产生。燃烧过程中，气体在气缸中产生声驻波，声压起伏通过换气过程等直接辐射，并通过气缸壁以结构声形式传播和辐射。

（2）螺旋桨噪声：螺旋桨噪声主要包括旋转噪声和空化噪声。旋转噪声是螺旋桨在不均匀流场中工作引起干扰力和螺旋桨的机械不平衡引起的干扰力所产生的噪声。空化噪声则是螺旋桨高速旋转时，叶片与周围介质作用形成脉动压力场，导致瞬态气泡破裂、反弹，以及稳定气泡振动所产生的噪声。

（3）其他机械设备噪声：邮轮上还有许多其他机械设备，如发电机、风机、泵机等，这些设备在运行过程中也会产生噪声。

因此，邮轮应充分考虑隔声效果，客舱区域应选用高质量的隔声材料，如隔声板材、隔声玻璃等，以有效隔绝外界噪声的干扰。同时，邮轮的内部设计也应注重隔声，通过合理的空间布局和墙体结构设计，减少噪声的传播和反射。邮轮的发动机和机器设备是噪声的主要来源之一。为了减少这些噪声对游客的干扰，邮轮应对发动机和机器设备进行专业的隔声处理。例如，在发动机和机器设备周围安装隔声罩或隔声板，阻断噪声的传播。

11.4 潜　　艇

潜艇又称潜水船、潜舰，是能够在水下运动的舰艇。潜艇的种类繁多、形制各异，小到全自动或一两人操作、作业时间数小时的小型民用潜水探测器，大至可装载数百人、连续潜航 3～6 个月的核潜艇。潜艇按体积可分为大型潜艇（主要为军用）、中型潜艇或小型潜艇（袖珍潜艇、潜水器）和水下自动机械装置等。大型潜艇多为圆柱流线形，以减小阻力。自第一次世界大战后，潜艇得到广泛运用，在许多大国海军中担任重要角色，其功能包括攻击敌人军舰或潜艇、近岸保护、突破封锁、侦察和掩饰特种部队行动等。潜艇也被用于非军事用途，如海洋科学研究、抢救财物、勘探开采、科学侦测、维护设备、搜索援救、海底电缆维修、水下旅游观光、学术调查等。潜艇是公认的战略性武器，其研发需要高度和全面的工业能力，只有少数国家能够自行设计和生产，特别是弹道导弹核潜艇。

11.4.1 潜艇的结构特点与能源系统

1. 潜艇的结构空间

潜艇的设计也基于阿基米德原理，当潜艇沉入水中时，其浮力等于所排开水所受的重力。当潜艇的总重力大于浮力时，潜艇下沉；若要使潜艇浮出水面，必须减轻潜艇的重量。因此，潜艇内部须设计多个蓄水仓，通过向蓄水仓中注水或排水来调节自身重量，从而实现上浮和下沉，使得潜艇能够在水中灵活地调整自己的位置和深度。

由于水中的压强随水的深度而增大，且海水具有腐蚀性，这对潜艇的围护结构强度提出了极高的要求。潜艇由几个主要区间组成，包括船体、压力船体和指挥塔。船体是潜艇的最外层，它通常由钢或钛制成，设计为尽可能坚固和轻巧。压力船体是最内层，旨在承受海洋深处的巨大压力。指挥塔是潜艇的指挥中心，其中的舰桥是船长和其他军官指挥船只的地方。潜艇的内部功能分区主要由各舱室组成，包括中央控制舱、武器舱、居住舱、无线电舱、发动机舱、发电机舱、电池室、声呐室、厨房、餐厅、卫浴舱以及娱乐舱等。这些舱室通过横隔壁划分，根据横隔壁的强度不同，可以分为艏端舱壁、艉端舱壁、内部耐压隔壁和内部非耐压隔壁，潜艇的壳体结构是保证其水下航行安全与性能的关键因素。现代潜艇的壳体结构材料主要采用可焊性良好的超高强度钢，且非常厚实（图11-20），这种材料具有良好的强度和韧性，能够承受深海压力，确保潜艇能够在深水中安全航行。钛合金具有更高的强度和耐腐蚀性，焊接工艺复杂，成本高，但在一些高级别潜艇上也有采用。潜艇的壳体布局结构分为单壳体构型、双壳体构型和混合构型。单壳体构型的潜艇结构简单，但其耐压壳体直接裸露在外，缺乏保护，抗沉性较差。双壳体构型的潜艇则通过一层耐压壳外再加一层轻外壳，提供了更好的保护和抗沉性，但结构相对复杂。混合构

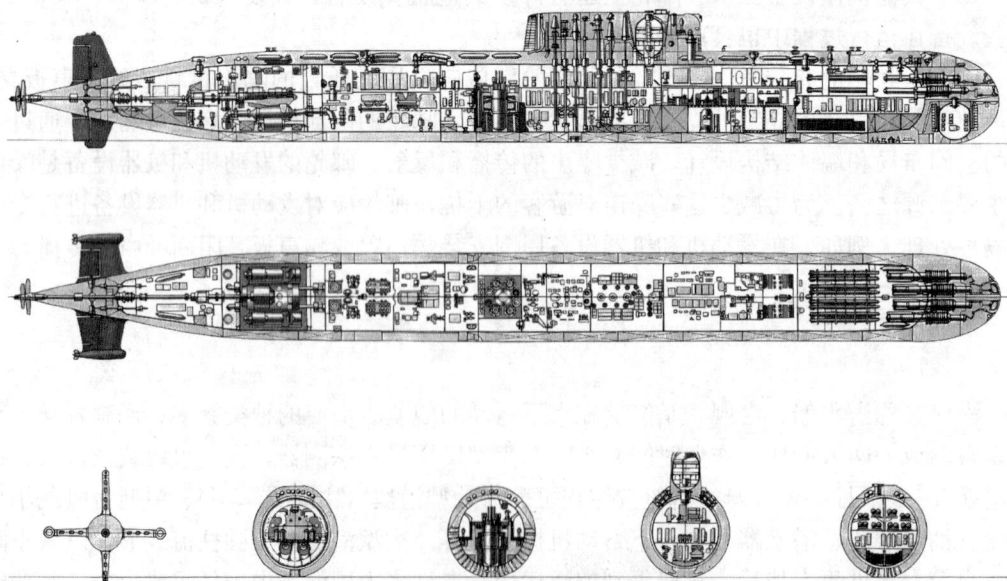

图 11-20　潜艇极厚的高强度金属围护结构

型则结合了单壳体和双壳体的特点，以在结构简单和提供足够保护之间找到平衡。

世界上下潜深度最深的核潜艇是冷战时期的苏联 M 级 685 型攻击核潜艇，最大潜深可达 1250m，使用钛合金材料打造。潜艇在下潜时面临的外部压力、低温和导热系数高等环境因素，对潜艇的围护结构的密闭性、保温性、安全性和可靠性都提出了特殊的要求。

(1) 外部压力：潜艇在下潜过程中，随着水深的增加，外部水压也迅速增大。根据物理原理，水深每增加 10m，水压就增加约 1 个大气压（0.1MPa）。以 1000m 水深为例，潜艇表面每平方厘米受到的水压将超过 101 个标准大气压。这种巨大的水压对潜艇的围护结构提出了极高的要求。因此，潜艇的耐压壳体通常采用高强度、高韧性的特种钢或钛合金等材料制成，这些材料能够承受深海中的巨大水压。其次，潜艇的结构也需经过精心计算和优化，以确保在极端水压下仍能保持稳定性和安全性。

(2) 低温环境、高导热系数：随着水深的增加，海水温度也会逐渐降低。同时，海水的导热系数较高，这意味着潜艇在深海中会受到较快的热交换影响。因此，潜艇的围护结构不仅要承受巨大的水压和低温，还需要具备良好的隔热性能，以防止外部低温对潜艇内部设备和人员造成影响。可以通过在围护结构内部设置保温层、使用高保温性能的材料等方式来提高保温效果。

(3) 密闭性：由于潜艇长时间于深海中工作，因此，潜艇的围护结构必须具备良好的密闭性，以防止海水渗入潜艇内部。同时，潜艇的各连接点、舱室门等关键部位也需经过严格的密封处理，并定期进行检查和维护。

2. 潜艇的能源动力系统

潜艇的能源系统主要包括常规动力系统、核动力系统、不依赖空气推进系统（AIP 系统）。常规动力系统以柴油发电机作为动力源的系统，潜艇在水面航行时，柴油机为潜艇提供动力，同时为电池充电；在水下航行时，则依靠电池提供动力。这种系统的缺点是潜艇需要经常浮出水面以充电，不利于隐蔽。核动力系统是以原子核裂变能作为动力能源的系统。它包括核反应堆及相关必要的设备，以及保障装置正常运行、保证人员健康和安全的系统和部件。核能具有能量密度高、不依赖空气、推进系统功率大等特点，使得装备核反应堆的潜艇水下续航力比常规动力潜艇要得多。AIP 系统是 20 世纪 80 年代发展起来的系统，旨在增加潜艇水下续航力并增强隐蔽性。AIP 系统包括热气机 AIP 系统、蒸汽兰金循环 AIP 系统、闭式循环柴油机 AIP 系统、燃料电池 AIP 系统、小型核动力 AIP 系统等种类。这些系统通过不同的方式产生能量，如燃料与氧气燃烧产生热量转化为机械能，或通过氢氧化学反应直接产生电能，从而增加潜艇在水下的续航能力。潜艇的推进装置的工作原理与邮轮相似，螺旋桨及舵系统调节航行速度和方向。

1984 年 1 月正式服役的共青团员号核潜艇可载员 100 人，长 120m，最大排水量 5880t，携带 10 枚鱼雷，其中 2 枚带有核弹头。其动力系统核心是一座压水核反应堆，工作原理如图 11-21 所示。该反应堆内含 199 根燃料棒，160kg 铀-235 燃料，聚变反应产生的大量热能生产蒸汽驱动汽轮机发电，输出功率约为 4 万 kW，从而为潜艇提供强劲动力和满足潜艇内部其他用能需求。

11.4.2 能源转化与隐蔽性

潜艇作为重要的军事装备，强劲的能源动力系统可以增强其快速突袭能力和灵活机动地执行多样化任务的能力，但能源转化过程会不可避免地对外部环境造成影响，不利于隐

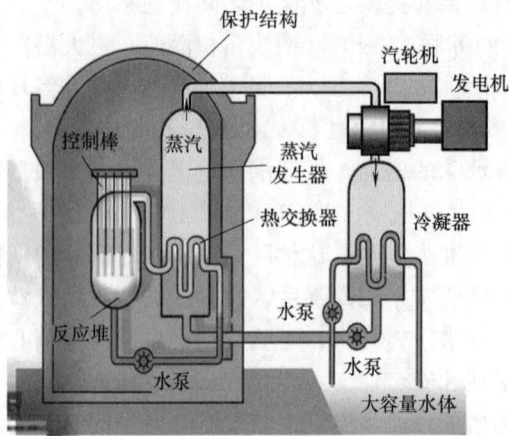

图 11-21　核反应堆的工作原理

蔽及反潜作战能力，须将其影响降至最低，这隐含科技实力。然而，核反应堆从核聚变到汽轮机发电，再到电动机驱动推进器高速转动推进潜艇运动的一系列能量转化过程，不可避免地会对潜艇周围的水体环境产生重要影响，从而暴露目标。

1. 废热排放控制

如前文所述，无论是常规潜艇还是核潜艇，都会不可避免地产生热量，特别是核潜艇的核动力装置会释放大量热能，从而暴露目标。这些热量会导致海水温度上升，形成热尾流。当热海水上升到海面时，就可能被敌方通过红外探测仪检测到这种温度变化。例如，美国发射的"白云"卫星就装有红外传感器，专门用于探测潜艇的热尾迹。

与地表固定建筑的功能能耗转化产生的废热利用不同，水中的潜艇其他热量需求不高，产生的废热就地"消化"的难度非常大，必须采用特殊的处理方式，如闭式循环柴油发电机动力系统（图 11-22）。其工作原理主要依赖于潜艇自带的氧气代替空气中的氧气，并通过一个闭环系统实现。将氧气和氩气以及部分燃烧后排气按一定比例混合成相当于空气成分的气体输入到柴油机的气缸中；燃烧后的废气从柴油机排出，温度为 $350\sim400^{\circ}\text{C}$，主要成分是二氧化碳、水蒸气、氩气和部分氧气。这些废气经过喷淋冷却器被冷却到 100°C 左右，其中的水蒸气被冷却成水，剩余废气进入一个吸收器；二氧化碳与吸收器喷淋的海水混合并被吸收，由海水管理系统排出艇外；部分经过处理的废气补充氧气和氩气后，再进入柴油机参加循环工作。整个过程均使柴油机及动力转化装置在闭式循环的工况下工作，减少了向海水的废热排放。这个系统的性能与潜艇下潜深度无关，确保了潜艇在水下长时间隐蔽行动的能力。

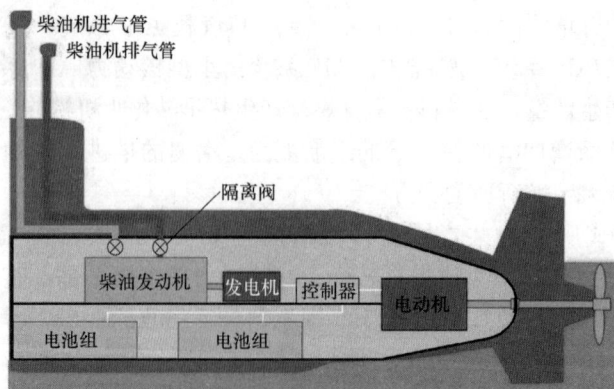

图 11-22　闭式循环柴油发电机动力系统

2. 噪声控制

对于隐蔽性要求极高的潜艇，最佳状态是无声无息，以确保在执行任务时不会引起敌

228

方警觉。但是，能源转化系统及潜艇运动过程的能量不可避免地会部分转化成为声能。潜艇的噪声降至 90dB 左右就可以"淹没"在浩瀚的海洋背景噪声中，不易被敌方声纳侦测。潜艇的噪声主要来源于以下几个方面。水流体噪声：潜艇在高速航行时，水流经过潜艇表面和内部结构会产生流体动力噪声。机械噪声：包括常规潜艇的柴油主机运转产生的噪声和核潜艇的反应堆第一回路循环泵和主机减速齿轮箱产生的噪声。空泡效应：潜艇的螺旋桨与海水之间摩擦产生大量气泡，造成空泡效应，产生空泡噪声。机械传动轴与舰体之间的摩擦：螺旋桨与主机的机械传动轴与舰体之间的摩擦也会产生较大的噪声，这是潜艇高速航行时最主要的噪声来源之一。操舵系统噪声：包括舵叶、传动装置以及舵液压系统的噪声。冷却系统噪声：潜艇内部空间狭小，散热问题严重，无论是风冷还是液冷都会产生噪声，尤其是冷却噪声，为潜艇最大的噪声之一。

潜艇的噪声控制方法可从几个方面多管齐下。改进推进系统：通过采用无轴泵推技术来减少噪声和振动。无轴泵推技术取消了推进器和发动机之间的传动轴，将动力输出模式改为"电动机-螺旋桨"的结构模式，从而显著降低了噪声和振动，提高了潜艇的静音水平。使用消声瓦：消声瓦材料能够吸收敌方主动雷达发出的声波，同时隔离潜艇内部噪声向艇外辐射，抑制艇体的振动，从而提高潜艇的隐蔽性。改进潜艇结构：通过在内部改进潜艇结构，如加装屏蔽罩和屏蔽筏，以及在振动比较严重的机械结构上增加浮筏来减少机械噪声，并减弱它们向外部的传播。安装磁流体推进器：通过安装磁流体推进器，将潜艇的静音技术提升到一个新的水平。这种推进器能够显著降低机械噪声，从而提高潜艇的隐蔽性。

3. 减磁性技术

电磁波也是一种能量，磁性是多种因素综合作用下微小能量累积的结果。潜艇是具有磁性的庞然大物，通常可利用高灵敏感度磁探仪来探测潜艇的存在。因为潜艇通常由大量钢铁等铁磁性材料构建，以满足潜艇的高抗压强度要求。地球本身是一个大磁场，而铁磁材料具有磁滞特性和磁化特性。当舰艇在制造过程中及运行后，始终在地球磁场的作用和影响下，产生了舰艇磁场。这种磁场一部分是长期在地球磁场的磁化和其他外界物理场作用下积累形成的固定磁场，与舰艇所经历的风浪冲击、机械振动等因素有关，是一种积累效应磁场；另一部分是舰艇在外部磁场（主要是地球磁场）环境中产生的感应磁场，它与舰艇实时的位置、航向、姿态等因素有关，是一种瞬时效应磁场。此外，潜艇在建造时不可避免地会使用一些磁性材料，这些材料在地磁作用下，会使潜艇的磁性逐渐变强，直至变成一块"大磁铁"。在相对稳定的地磁场中，潜艇产生的这种磁性更加"醒目"，容易被磁异探测仪捕捉到，进而被发现。

为了解决潜艇的磁性问题，主要从围护结构入手，包括采用新高强度材料替代高铁（如钛合金），消磁技术和利用超导技术等来降低潜艇的磁信号。消磁技术需要额外消耗能源，主要通过临时线圈消磁法和固定绕组消磁法两种方法。临时线圈消磁法涉及使用消磁船或消磁站，配备消磁发电机组、消磁线圈、磁场检测设备等，通过将电缆缠绕在潜艇并通电来消除磁场。固定绕组消磁法则利用潜艇围护结构中敷设的固定消磁绕组进行，主要用于补偿潜艇的感应磁场。超导技术通过产生高频磁场，将舰体的磁性中和为中性，使其不带磁性。这种技术被用于舰船整体消磁，以降低被敌方防御系统探测到的风险。另一方面，超导技术的应用使得军方能够大大提高探测磁性体的灵敏度，能够在几公里甚至几十公里以外探测到舰船，这对军舰，特别是潜艇来说是非常危险的。

11.4.3 潜艇内部的环境调控

潜艇的内部环境控制是确保其作战效能与乘员安全不可或缺的核心要素。在深海这一极端环境中，特殊的围护结构、有效的温湿度调节、空气质量管理、噪声抑制以及压力调节系统的稳定运行，不仅关乎乘员的生理健康与心理稳定，更直接影响到潜艇的整体作战能力和任务的执行。

1. 制氧技术

潜艇内部是一个封闭的环境，无法与外界进行气体交换，而氧气是人类呼吸所必需的气体，因此潜艇必须采取措施来确保艇内氧气供应充足。国内外常用的电解水制氧技术主要包括两种：

（1）碱性电解水制氧技术：这种技术利用碱性电解液（如氢氧化钠水溶液）进行电解，水在阳极发生氧化反应后生成氧气。该技术具有成熟稳定的特点，但相比其他技术可能在能耗和纯度上有所不足。

（2）固体聚合物电解质（SPE）电解水制氧技术：SPE 技术以固体聚合物为电解质，具有高效、节能、环保等优点。该技术在美国、英国、法国等海军的核潜艇上得到了广泛应用。SPE 电解水制氧装置能够高效地将水分解成氧气和氢气，同时避免了碱性电解液的挥发和腐蚀问题，提高了系统的安全性和可靠性。

随着我国海军装备的发展和对潜艇性能要求的不断提高，SPE 电解水制氧技术将在我国核潜艇上得到更广泛的应用。

2. 二氧化碳清除技术

潜艇内部空间相对封闭，艇员呼吸和动力燃料燃烧会产生大量的二氧化碳，如果不及时去除，会导致空气中氧气含量下降，影响艇员的健康和安全，甚至导致设备故障。潜艇去除二氧化碳的方法主要包括：一是通风换气，潜艇会定期上浮到水面，通过换气装置将新鲜空气补充进潜艇内，同时排出浑浊的空气，包括大量的二氧化碳。二是依赖于先进的空气净化系统，这些方法结合了物理、化学手段来确保潜艇内部空气的质量。以下是一些主要的去除方法：

（1）洗涤二氧化碳法：使用一种叫作 MEA（乙醇胺）的物质，通过化学反应来吸收空气中的二氧化碳。随后，经加热释放、压缩等流程就可以将二氧化碳从潜艇内部排出。然而，该技术存在能耗高、易分解和腐蚀设备等问题。为此，我国科学家研发了新型复合胺吸收剂，该吸收剂具有更高的稳定性、更低的腐蚀性，并能有效减少氨气排放，显著提升二氧化碳清除效果。

（2）再生药板法：再生药板是一种利用化学反应来吸收二氧化碳并释放氧气的装置。它主要由超氧化物（如 KO_2）和其他添加剂混合压制而成。在有水蒸气存在的条件下，超氧化物与大气中的二氧化碳发生反应，生成氧气和碳酸盐类物质。这种方法不仅能去除二氧化碳，还能为潜艇内部提供额外的氧气。

（3）自持式二氧化碳吸收装置（CASPA）：CASPA 是一种主动式二氧化碳清除装置，它利用自身携带的电源驱动风机运转，将污浊的空气通过碱石灰或其他吸收剂进行净化。这种方法结合了物理和化学手段，具有高效、稳定的特点。

3. 有害气体净化技术

核潜艇内部还可能产生一氧化碳（CO）、二氧化硫（SO_2）、氨气（NH_3）、氮氧化物（NOx）和硫化氢（H_2S）等有害气体，这些气体的存在对潜艇乘员的生命安全和健康构成威胁。为了去除这些有害气体，我国研发了低温催化燃烧技术，并取得了显著成效。

低温催化燃烧技术是一种高效的气体净化方法，它利用催化剂在较低温度下（远低于直接燃烧法的温度）促进有害气体的氧化反应，将其转化为无害或低毒的物质。在潜艇环境中，该技术特别适用于处理一氧化碳、氢气、挥发性有机物（VOCs）以及部分无机有害气体。

4. 压力调节

潜艇在深海中工作时，随着深度的增加，外部水压也会增大，而潜艇内部通常需要保持一个相对稳定的压强环境，以确保潜艇结构和乘员的安全。这种压强的调节主要通过以下方式实现：

（1）压力调节系统：该系统通常包括压力传感器、控制器和执行机构等部分，用于在必要时对舱内压力进行微调。压力传感器实时监测舱内压力变化，并将信号传递给控制器；控制器根据预设的压力阈值和当前压力值计算出调节量，并控制执行机构进行相应的操作（如开启或关闭排气阀、调整气体流量等），以保持舱内压力的稳定。潜艇内部的一些系统，如空调系统等，须根据深度调整内部空气的压力。

（2）减压室：减压室主要用于帮助乘员在潜艇上浮过程中逐步适应外部压力的变化。当潜艇从深海上浮至水面时，由于外部压力迅速降低，如果乘员直接暴露在这种环境下可能会导致减压病等健康问题。因此，潜艇通常会在上浮过程中将乘员送入减压室，通过逐步降低室内压力的方式帮助乘员适应外部压力的变化。

5. 温度控制

适宜的温度对于潜艇乘员的舒适度和健康至关重要。因此，潜艇中需使用高效的制冷和加热系统，根据舱内温度实时调整制冷或加热功率，以保持温度在设定的舒适范围内。潜艇中的温度控制系统应具有以下特点：

（1）实时监测与调整：系统应具备高精度的温度传感器，能够实时监测舱内温度，并根据预设的舒适范围自动调整制冷或加热功率，实现温度的精准控制。

（2）节能环保：在保证制冷和加热效果的同时，系统应尽可能减少能源消耗，降低运行成本，并减少对环境的影响。这可以通过采用先进的节能技术、优化系统设计和提高能源利用效率来实现。

（3）安全可靠：潜艇作为一个封闭且高压的环境，对设备的安全性和可靠性要求极高。温度系统必须具备良好的稳定性和故障自诊断能力，以确保在紧急情况下能够迅速采取应对措施，保障乘员和设备的安全。

（4）适应性强：潜艇在执行任务时可能会遇到各种复杂的环境条件，如深海的高压、低温等。因此，制冷和加热系统必须具备较强的环境适应性，能够在各种条件下正常工作。

6. 湿度控制

由于潜艇封闭的空气循环系统，水分往往难以自然散失，尤其是在深海作业时，潜艇舱内与海水的温差可能高达十几摄氏度。这种显著的温差使得舱内空气中的水蒸气迅速凝结。而潜艇内的各种电子设备、机械系统和武器系统都需要在适宜的环境条件下运行。不适宜的湿度可能导致舱内出现凝露、腐蚀等问题，进而对潜艇的结构和安全性构成威胁。

为了应对这一问题，潜艇内需采用先进的除湿技术来保障舱内适宜环境。脱湿机作为其中的核心设备，可将空气中的湿气凝结成水滴并排出舱外。同时，使用活性炭、硅胶等吸湿材料也能吸收空气中的多余水分，保持舱内环境的干燥与舒适。此外，当潜艇在水面上工作时，也可通过通风系统引入干燥的新鲜空气，可降低舱内湿度。

7. 空气质量管理

潜艇舱内空气质量管理是一个复杂而至关重要的系统工程，它直接关系到潜艇乘员的生存状态、工作效率以及潜艇的整体作战效能。潜艇舱内空气质量管理主要分为以下几个方面：

（1）空气质量监测系统：该系统利用高精度传感器实时监测舱内空气中的关键参数，如氧气浓度、二氧化碳浓度、$PM_{2.5}$（细颗粒物）及有害气体的浓度。这些数据是评估舱内空气质量的基础，也是后续采取控制措施的依据。监测数据通过显示屏或报警系统及时反馈给艇员或指挥中心，以便在空气质量恶化时迅速采取应对措施。

（2）空气循环系统：潜艇采用封闭循环的通风系统，以减少对外部环境的依赖，提高潜艇的隐蔽性和自给自足能力。系统通过引入外界新风（在潜望深度或上浮时）来补充舱内氧气，同时排出多余的二氧化碳和其他废气。新风在进入舱内前会经过严格的过滤和净化处理。空气循环过程中，利用空气过滤器和静电除尘器等设备去除空气中的尘埃、细菌、病毒等污染物，保持空气的清洁度。

8. 噪声控制

潜艇舱内噪声控制对于提升乘员舒适性和保障潜艇隐蔽性至关重要。为了实现这一目标，在潜艇设计时，工程师就综合考虑了外形、船体结构、引擎推进系统等多个方面。流线型设计和减振材料的应用能够降低水流噪声和结构噪声的传播，而引擎和推进系统需具备低噪声特性以减少噪声的产生。同时，采用消声装置、隔声舱等降噪技术可以进一步减少舱内噪声。这些措施不仅提升了乘员的舒适性，还增强了潜艇的隐蔽性，使其更难被敌方探测到。

11.5 飞 机

飞机，是指具有机翼和一台或多台发动机，靠自身动力能在大气中飞行的重于空气的航空器。飞机是工业革命的产物，是 20 世纪初最重大的发明之一，公认其是由美国莱特兄弟发明。飞机按用途可以分为军用机和民用机两大类。军用机是指用于各个军事领域的飞机，而民用机则是泛指一切非军事用途的飞机（如旅客机、货机等）。自从飞机发明以后，飞机日益成为现代文明不可缺少的工具。它深刻地改变和影响了人们的生活，开启了人们"征服"蓝天的历史。

11.5.1 飞机的特点与能源系统

1. 飞机的功能及内部空间设计

飞机的主要功能是安全快速地运人载物，主要由机身、机翼、尾翼、起落架、动力装置等部分构成，内部空间示意图如 11-23 所示。与固定建筑不同，飞机的设计必须遵循空气动力学的基本规律。机身是飞机的主体，用于容纳机组人员、乘客、货物和机载设备等。机身把机翼、尾翼、起落架和发动机等部件连接成一个整体。机身内部根据设计不同，可以分为机头、前部机身、中部机身以及后部机身，分别用于安置驾驶舱、乘客和货物的存储等。飞机的机身内部主要包括驾驶舱、客舱、货舱、设备舱以及维护舱。客舱是乘客乘坐的空间，与驾驶舱相连，形成一个整体，为乘客和机组人员提供了一个安全舒适的环境，并保护他们免受外部条件的影响。货舱位于客舱的地板下方，用于装载乘客的行李和其他货物。设备舱和维护舱则安装着飞机的重要系统设备和用于飞机维护的相关设施，确保飞机的正常运行和安全。机身的设计和制造需要高度的技术和精确度，以确保飞机的安全性和稳定性。机身不仅是飞机的基座，所有的其他飞机部件如机翼、尾翼及发动机等都是以此为中心扩展和排列的。它的截面形状多采用圆筒形，当机身的直径逐渐增大时，周长也增大，有利于提高机身内的空气压力，从而有利于提高飞机的升力。机翼是飞机产生升力的主要部件，通常机翼下方安装有起落架和发动机。机翼大部分内部空间经密封后用作存放燃油的油箱，并且机翼上安装有襟翼、缝翼、副翼和扰流板等，用于改善飞机的低速性能和操纵飞机。尾翼包括水平尾翼和垂直尾翼，水平尾翼由水平安定面和升降舵构成，垂直尾翼由垂直安定面和方向舵构成。尾翼的作用是保持飞机在飞行中的稳定性和控制飞机的飞行姿态。起落架用于起飞、着陆滑跑和滑行、停放时支撑飞机。起落架主要由减振支柱和机轮组成，确保飞机在地面上的安全和稳定。动力装置用来产生推力或拉力，使飞机前进。动力装置主要用来产生拉力和推力，使飞机前进。现代飞机的动力装置包括航空活塞式发动机、燃气涡轮发动机等，为飞机提供所需的推力。这些部分共同协作，确保飞机能够安全、有效地在空中飞行，并执行各种任务。

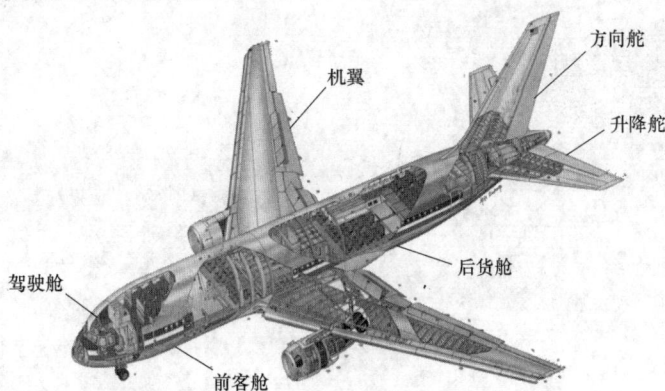

图 11-23　飞机内部空间示意图

2. 飞机骨架及蒙皮

飞机的骨架结构的主要作用是固定机翼、尾翼、起落架等部件，使之连成一个整体，如图 11-24 所示。飞机的骨架结构包括纵向元件（沿机身纵轴方向）如长桁、桁梁和垂直于机身纵轴的横向元件——隔框以及蒙皮。机身的这种结构不仅固定了飞机的各个部件，而且还起到了装载人员和货物的作用。纵向元件（长桁、桁梁）主要负责承受弯矩和剪力，其中梁是最强有力的纵向构件，承受着全部或大部分的弯矩和剪力。横向元件（隔框）则将纵向骨架和蒙皮连成一个整体，把由蒙皮传来的空气动力载荷传给翼梁，并保证翼剖面之形状，参与一部分机翼结构的受力。蒙皮固定在横向和纵向骨架上而形成光滑的表面，主要承受局部空气动力载荷，并把它传给骨架，如图 11-25 所示，它们与保温、隔

图 11-24　飞机的骨架结构

图 11-25　部分蒙皮后的飞机

热、吸声材料及内饰一起合围成完整的内部空间。飞行时，蒙皮受到空气动力作用后，将作用力传递到相连的机身机翼骨架上。早期飞机使用的蒙皮通常是纺织布，包裹在飞机的木质或金属结构上，并涂上防水隔气的材料。随着技术的发展，金属材料逐渐成为主流，特别是铝合金，因其轻质和高强度特性，被广泛应用于现代飞机的蒙皮制造。对于高性能飞机，可能会采用钛合金或复合材料，以满足更高的性能要求。

3. 飞机的能源动力系统

飞机的能源动力系统主要由发动机系统、电气系统、反推装置等组成。

发动机是飞机的核心动力来源，它负责产生推力，使飞机能够在空中飞行。飞机的发动机类型有活塞式发动机、涡轮喷气发动机和涡轮风扇发动机。涡轮喷气发动机

（图 11-26）是当前常用的发动机之一，其工作原理是气流进入燃烧室后，通过供油喷嘴喷射出燃料与气流混合并燃烧，产生的高热废气推动涡轮机旋转，然后带动压缩机继续从外界吸入空气，同时带有剩余能量的废气经过喷嘴或排气管排出，产生推力。飞机上的电力供应系统是一个复杂而重要的部分，它需要满足飞机上各种设备和系统的电力需求。飞机的电源系统通常由主电源、辅助动力电源、应急电源和地面电源组成。主电源主要由飞机发动机带动发电机提供，是飞机在飞行状态下的主要电力来源。为了稳定可靠，会配备两套以上的主电源，辅助动力电源和应急电源。反推装置是发动机系统的一部分，它在飞机着陆时使用，帮助飞机减速，确保安全着陆。

一架波音 747-400 型飞机可以容纳 490 个乘客，配备 4 台发动机，质量达到 7t 的单个发动机的功率为 20 万马力，相当于 1000 辆小汽车的马力总和，为飞机提供强劲动力和满足飞机内部其他用能需求。

从能源转化角度看，飞机作为一个孤立系统，其飞行过程中消耗的燃料化学能最终都以各种形式转化为热量消失了。具体地说，一部分转化为飞机的动能，克服空气摩擦阻力，产生振动与噪声；飞机着陆后停下来动能通过制动系统转化为热能；另一部分通过发电机及电力系统供车内照明通风空调及其他设备系统使用，最终也转化为热能消耗了；还有一部分通过气缸、发电机、蓄电池的冷却介质带走，从喷射尾气释放到大气中。由于热能总是从高温向低温传递，散失的热量既可能向室外传递，也可能向飞机围护结构和内部空间传递，从而影响室内环境和环控能耗。从能源应用角度如何减少动力能耗（即功能能耗）对内环境的不利影响（保温隔热），主动利用动力能耗不可避免的废热（如发动机、发电机等）来调控内部环境，大有学问。另外，由于废热密度太大，散发不及时会导致设备仪器超温，影响正常工作，甚至飞行安全。

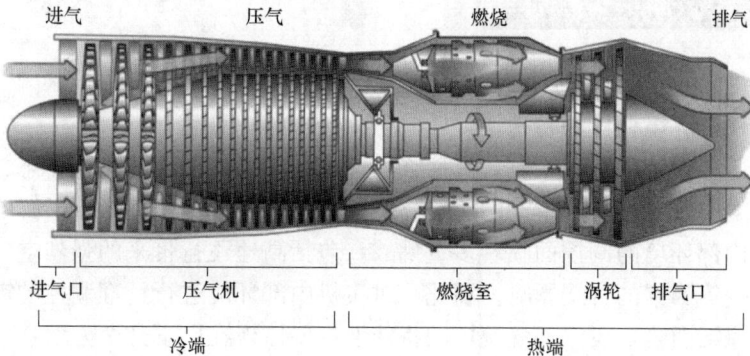

图 11-26　涡轮喷气发动机

11.5.2　飞机心脏的控温冷却

发动机是飞机的心脏。由于其内部剧烈的化学燃烧反应产生高温，使得发动机内部的温度可以达到 2000℃ 以上，这是目前任何一种材料都难以承受的。解决这个问题，通常采取两种途径：一是从耐温材料方面科技攻关，如研发镍基高温合金材料，这种合金以镍为基体，掺入其他金属元素，如铬等，以提高高温强度、抗氧化和抗燃气腐蚀能力，但耐温只能达到 1000℃ 左右。二是采取冷却降温技术。

飞机发动机的冷却方式主要有风冷散热和滑油循环散热两种。风冷散热部分主要通过气缸组合风冷进行散热，包括气缸头和气缸筒外表面的散热。气缸头包含燃烧室，直接与混合气接触，温度最高且不均匀，特别是在进、排气门座之间的"鼻梁区"。为了使气缸头均匀散热，根据气缸的热负荷分布情况在气缸头外表面布置有不同数量和几何外形的散热片。气缸筒外表面的中部均匀分布有环状散热片，以保证涨圈的有效冷却，在叶片内设置冷却流道（图11-27）。此外，为防止气缸头温差应力而产生裂纹，还在气缸头前部的水平散热片铸有缺口（即膨胀槽）。

滑油循环散热部分则是通过滑油循环进行散热，包括内部冷却和外部冷却及附件冷却。内部冷却的任务是内部封严、压力平衡和内部冷却，所有内部冷却空气源都来自内涵道空气流。外部冷却系统确保发动机风扇整流罩与风扇机匣之间的区域的通气和核心舱所有发动机和飞机附件得到足够冷却，同时防止可燃气在发动机舱内聚集。风扇舱和核心舱由隔框和防火密封隔开，分别独立冷却和通风。

飞机散热设计还包括在发动机外部设计整流罩，引导发动机冷却气流，使冷空气一部分从上向下流过气缸散热片，对气缸进行冷却；另一部分向后通过滑油散热器，为滑油散热后，向下流过发动机各附件，为附件散热。完成散热后的冷却空气从整流罩下方后部的冷却空气出口流出。

图11-27　航空发动机的叶片冷却

11.5.3　飞机环境调控的特殊性

飞机作为一种独特的运载工具，其面临的边界条件，如速度、飞行姿态、高度等，均处于持续变化之中，这与静态不动的建筑物所保持的恒定边界条件形成了鲜明对比。进一步而言，飞机内部环境的调控面临着多重挑战，包括高速飞行带来的强烈空气摩擦以及外部气候环境多变等因素的直接影响。因此，对飞机内部环境进行精准调控的需求显得尤为迫切和关键。概括而言，飞机环境调控的特殊性主要体现在以下几个方面：

1. 边界条件

首先，飞机舱内环境调控涉及温度、湿度、压力、氧气含量、空气质量、噪声和振动等多个变量，这些变量之间相互影响，需要精密的控制系统来协调，确保每个参数都在合适的范围内。其次，飞机在飞行过程中会经历从地面到高空的大气压强、温度等环境的急剧变化，环境调控系统必须能够适应这些极端条件，确保舱内环境稳定。例如，当飞机爬升或下降时，机舱内的压力和温度会随之变化；当飞机进行飞行时，机舱内的气流和噪声也会受到影响。因此，飞机内部环境调控系统需要能够实时感知和响应这些边界条件的变化，确保机舱内环境的稳定性和舒适性。此外，由机身结构强度和飞行员舒适性规定的约束具有极其严苛的标准，这包括最大加速度、飞行高度、飞行马赫数等参数，以防止飞机在飞行与机动中超过自身载荷限制，出现解体或飞行员昏迷等现象。因此，环境调控系统需要适应这些边界条件，确保舱内环境不会对飞行员造成不适或影响飞行安全。

2. 高速飞行与空气摩擦

飞机在飞行过程中，具有极高的速度，这个过程中，空气会对机体产生两种升温效应：一是物体在空气中高速运动时，相当于对空气做功而使空气温度上升，升温后的空气反过来对物体加热，使物体温度增加的现象，称为气动加热；二是当飞机高速飞行时，机体表面与空气之间的摩擦会产生大量的热量和阻力。这种空气摩擦也会导致飞机表面温度急剧升高。这里的空气摩擦主要包括表面摩擦、边界层摩擦和涡流摩擦，这些摩擦力会对飞机的运行产生重要影响，如增加飞行阻力、影响飞行稳定性等。由于飞机在高速飞行时，空气摩擦产生的热量和阻力是持续且不断变化的，因此飞机内部调控系统需要能够实时响应这些变化，确保飞机在高速飞行时的稳定性和安全性。例如，美国 SR-71 "黑鸟"侦察机以三倍音速飞行时，挡风玻璃外部的温度可以达到 300℃ 以上，飞行员像是坐在烤箱里一般，需要有绝热性能优良的围护结构才能达成安全飞行（图 11-28）。不过，这样的极速飞行的持续时间通常很短，并且座舱内有特殊设计的空调系统，飞行员还需要穿着类似宇航服的飞行服进一步保障舒适性。

3. 外部气候环境

飞机在高速飞行时，主要穿越对流层和平流层。对流层底部接近地面，气温随高度增加而降低，天气现象复杂多变，如雷暴、浓雾、低云等，对飞行安全构成威胁。平流层则位于对流层之上，气温较为稳定，气流平稳，是多数喷气式客机巡航的理想高度（11000～12000m）。由于整个飞行过程中穿越极为多变的外部气候区，因此就存在诸多可变因素，具体包括：

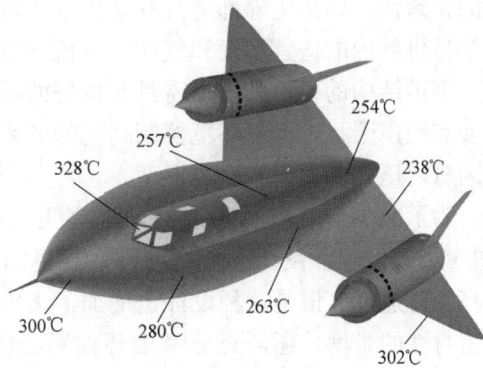

图 11-28　美国 SR-71 "黑鸟"侦察机在
极速飞行时的机体温度分布状况

（1）温度与压力变化

随着飞行高度的增加，外界大气温度逐渐降低，尤其是在平流层以上，温度变化更为显著。同时，大气压力也随高度增加而急剧下降，这对飞机舱内压力调控提出了严格要求，以维持乘客和机组人员的生理舒适度。

（2）气象条件的不确定性

高速飞行中，飞机可能遭遇各种复杂的气象条件，如强风、湍流、雷电、降水等。这些气象因素不仅影响飞机的飞行性能和稳定性，还可能对飞机的电子系统和结构造成损害。因此，飞机需要配备先进的气象雷达和预警系统，以提前规避恶劣天气。

（3）高空辐射与臭氧层

在平流层中，由于臭氧层的存在，紫外线辐射相对较强。虽然飞机机身材料和舱内环境调控系统能有效屏蔽大部分紫外线，但仍需关注其对飞机电子设备和乘客健康的可能影响。

（4）低空复杂气象与飞行安全

在起飞和降落阶段，飞机需要穿越对流层下层，这里的气象条件更为复杂多变，如雷暴、风切变等。这些气象现象对飞行安全构成极大挑战，需要飞行员和环境调控系统密切配合，以确保飞机平稳起降。

4. 运动状态

飞机包括起飞、降落以及在不同高度的飞行等不同的飞行状态，其运动状态变化涉及多个维度的稳定性和操纵性，飞机的稳定性是指飞机在受到小扰动后能够自动恢复到原平衡状态的能力，这包括俯仰稳定性、方向稳定性和横侧稳定性。不同飞行状态下，飞机受到不同的气压、阻力、密度等参数的影响。这些不同状态对飞机内部环境控制也有着显著的影响，在高速飞行中，这些环境控制的稳定程度特性尤为重要，因为它们直接关系到飞机的飞行安全，而飞机环境控制系统通过调节座舱内的温度和气压等参数，可以在一定程度上影响飞机的稳定性。例如，通过调节座舱内的空气流动来减小气流扰动对飞机稳定性的影响。通过科学的环境调控，可以为飞行员和机载设备提供一个稳定、舒适的工作环境，从而确保飞机的飞行安全和性能。

5. 围护结构

围护结构是飞机在高速飞行中抵御外界恶劣环境的第一道防线。高空环境复杂多变，包括低气压、低温、强风切变等极端条件。围护结构，如机身蒙皮、座舱盖和起落架舱门等，必须足够坚固以承受这些外部压力，确保飞机结构的完整性。同时，它们还需具备良好的密封性，以防止外部空气和杂质进入机舱，影响乘客和机组人员的舒适度和健康。为了维持机舱内的适宜温度和气压，飞机环境控制系统需要精确控制舱内空气循环和压力分布。围护结构的材料和设计需具备良好的隔热、隔声和密封性能，以减少舱内外环境的热交换和噪声干扰，提高环境控制系统的效率。此外，围护结构还需具备足够的刚度，以抵抗因舱内压力变化而产生的形变。

为了减少空气阻力和湍流，提高飞机的飞行效率和稳定性，飞机被设计为流线形（图 11-29）。这种设计不仅使飞机外观更加美观，而且在实际飞行中能够减少燃油消耗，提高飞行速度。但是这种设计也增加了飞机环境调控的难度。不规则的围护结构不仅增加了密封性的难度，还需充分考虑环控系统的布局和管道走向，以确保空气流通顺畅、无死角。

图 11-29 飞机的主体围护结构与流线形设计

11.5.4 环境内环境调控要求

1. 温湿度控制

飞机舱内温度控制主要通过调节冷热空气的混合比例来实现。空调系统提供冷、热两种空气源，温度控制系统根据设定的温度值，自动调节冷热空气的比例，使舱内温度保持在舒适范围内（一般为 15～26℃）。核心的组件主要包括温度传感器、温度控制器、温控活门和制冷组件等。温度传感器感知舱内温度，将信号传递给温度控制器，温度控制器根据预设温度与实际温度的差值，控制温控活门的开度，从而调节冷热空气的混合比例。

飞机舱内湿度控制相对简单，大多数飞机并不直接控制湿度，而是通过除湿装置去除制冷系统产生的水分，以维持舱内适宜的相对湿度。当舱内湿度过高时，通过降低温度使空气中的水分凝结并排出；当湿度过低时，部分飞机可能采用加湿技术，以提高舱内湿度。舱内相对湿度一般应保持在 30%～60%，以保证乘客的舒适度并防止设备受潮或结露。

飞机内部设置的空调系统会根据设定的温湿度范围，自动调节飞机内部的温湿度。此外，飞机还会根据飞行高度和外部环境的变化，调整空调系统的运行模式和参数，以确保乘客和机组人员的舒适性和安全性。

2. 压力控制

飞机舱内压力控制主要通过空调系统的压力调节装置实现。随着飞行高度的增加，外界大气压力逐渐降低，若不进行控制，舱内压力也会随之下降，使人体感到不适甚至对人体造成伤害。因此，压力调节装置会根据飞行高度和舱内压力的变化，自动调节舱内压力，使其保持在一个相对恒定的范围内。

舱内压力变化速率应控制在人体可接受的范围内（如增压率不超过 500ft/min，减压率不超过 350ft/min），以减少乘客中耳等器官产生的不适感。压力调节系统的主要部件包括：

（1）压力调节器：感知舱内外气压差，根据预设的压力制度（如座舱高度限制在8000ft 以下）调节排气活门的开度，控制舱内排气量，从而维持舱内压力。

（2）空气循环系统：将舱内空气抽出，经过滤、冷却/加热、加湿/除湿等处理后，再送回舱内，形成循环。

（3）安全活门：当舱内压力异常升高或降低时，安全活门会自动打开或关闭，以防止舱内压力超出安全范围。

3. 空气质量要求

飞机舱内是一个相对密闭且人员密集的空间，空气质量直接影响到乘客和机组人员的健康与安全。因此，确保舱内空气新鲜、洁净、无有害物质是航空公司的重要任务。飞机客舱内的空气循环频率非常高，平均每 2～3min 就会完全更新一次。这意味着客舱内的空气每小时会被更新 20 次左右，远高于其他传统固定建筑的室内环境新风要求（0.5～1次/h）。这种高频率的空气循环有助于保持客舱内空气的清新和流动，降低病毒和细菌在空气中的传播风险。具体而言，舱内空气质量要求需要注重几个方面：

（1）化学污染物控制

挥发性有机化合物（VOCs）：需严格控制舱内 VOCs 浓度，以防止长期暴露对乘客和机组人员健康造成危害。

二氧化碳（CO_2）：随着乘客呼吸，舱内 CO_2 浓度会上升，需通过通风换气保持其在安全范围内。

臭氧（O_3）：在特定高度和条件下，舱外 O_3 可能进入舱内，需通过空气过滤系统降低其浓度，特别是高海拔飞行时（如 9600m 以上，O_3 质量浓度不得超过 0.2mg/L）。

（2）微生物污染控制

细菌和病毒：通过定期清洁和消毒机舱内表面，减少微生物滋生，防止疾病传播。

霉菌：保持舱内干燥，防止湿度过高导致霉菌生长。

（3）颗粒物控制

可吸入颗粒物（如 $PM_{2.5}$）：通过高效空气过滤器等设备去除空气中的颗粒物，确保舱内空气清洁。

4. 空气流动与循环

飞机大多采用再循环系统，将新鲜空气与再循环空气混合后送入舱内。外界新鲜空气通过飞机发动机吸入，经过调节后供应到客舱。而舱内再循环空气则是经过高效微粒空气过滤器过滤后的空气。借此更新空气，保持舱内空气清新。通风量需要足够大，以确保舱内空气流通，减少污染物滞留。比较特别的是，飞机客舱内的空气流动是自上而下进行的，而不是沿着客舱前后流动。这种流动方式有助于减少病毒和细菌在空气中的传播距离和缩小传播范围。

扫码查看"飞机的能源保障"

11.6　载人航空航天器

航天器（Spacecraft），又称空间飞行器、太空飞行器。按照天体力学的规律在太空运行，执行探索、开发、利用太空和天体等特定任务的各类飞行器。根据飞行和工作方式的不同，载人航天器可分为载人飞船、载人空间站、航天飞机三类。载人飞船是一种承载航天员较少（3 人以下），能在太空短期运行（几天至十几天），并可以使航天员返回舱沿弹道式或升力弹道式路径返回地面垂直着陆的一次性使用无翼航天器。空间站是一种体积大、具备一定试验或生产能力，并可以供多名航天员巡访、长期工作和生活的航天器，它在轨运行期间由飞船或航天飞机接送航天员、运送物资和设备。航天飞机是一种兼有飞船与运载双重功能的载人航天器。它起飞、升空进入轨道运行，任务结束后返回地面，在机场上水平着陆，经过整修，可以再次发射上天。航天飞机是当前可以部分重复使用的航天器/运载器。

11.6.1　航天器的特点与能源控制系统

1. 航天器的内部空间结构

由于太空环境的特殊性，如微重力、高真空、强辐射等，这对航天器的内部空间结构提出了极高的要求。以空间站为例，空间站可分为单舱段空间站和多舱段空间站两大类。单舱段空间站是指用运载火箭一次就能送入太空轨道运行的空间站，后者则是由多个舱段在轨道上组装而成的空间站。如图 11-30 所示，该多舱段空间站主要由几个单舱段空间站组成，包括核心舱、载人飞船、货运飞船以及实验舱等。空间站的内部空间各功能区域通过高强度的轻质材料制成的隔舱壁进行划分，这些材料不仅具有优异的力学性能，还能有效隔绝太空中的辐射与温度变化。同时，这些区域也通过精密的隔舱与通道相连，确保了航天员在太空中的高效移动与任务执行。如图 11-30 所示，该空间站的核心舱便为单模块空间站。单模块空间站的基本组成是以一个载人生活舱为主体，再加上有不同用途的舱

图 11-30　空间站结构示意图

段，如工作实验舱、科学仪器舱等。一个单模块空间站一般由结构与机构系统、电源与供配电系统、温度控制系统、制导系统、导航与控制系统、推进系统、机械臂系统、测控和通信系统、环境控制与生命保障系统、乘员系统、对接机构系统、仪表与照明和数据管理系统等多个系统组成。

如图 11-31 所示，核心舱由节点舱、生活控制舱（包括小柱段和大柱段）和资源舱等组成。节点舱是空间站的对接枢纽，用来连接各个舱段及飞船。生活控制舱是航天员生活和工作的主要场所，它最大直径为 4.2m（大柱段），最小直径 2.8m（小柱段），发射升

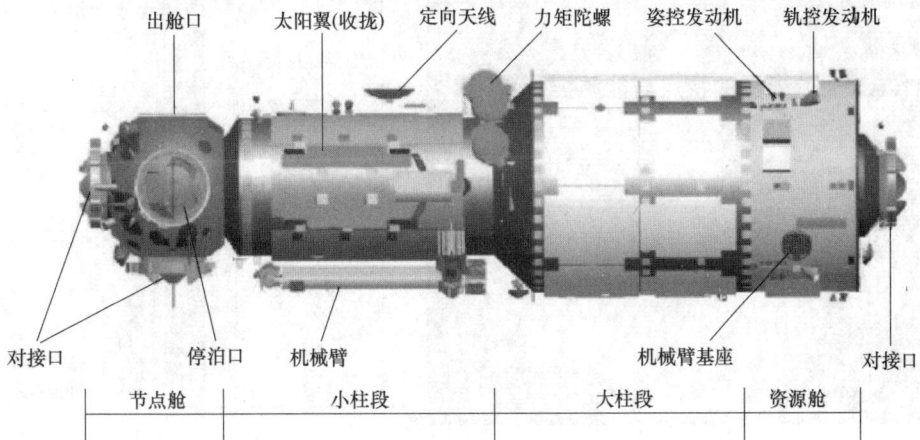

图 11-31　核心舱结构示意图

空后，它可为航天员提供太空科学和居住环境，支持长期在轨驻留。资源舱为空间站提供电力、燃料等必需资源。

2. 航天器的能源动力系统

航天器的能源动力系统是确保其正常运行、实现飞行及轨道调整的核心组成部分，该系统通常由推进系统、发电系统、储能系统以及电源管理和分配系统四大模块协同工作，共同为航天器供给必要的能源与动力。

推进系统作为航天器实现空间飞行与轨道机动性的核心，依据推进方式的不同，可细分为化学推进、电推进、太阳帆推进及核推进等多种类型。具体而言，化学推进系统常采用火箭发动机（图 11-32），通过氧化剂与燃料的混合燃烧，生成高温高压燃气，该燃气在发动机内部膨胀并迅速排出，从而产生推力，使航天器克服地球引力或实现高速飞行。当前，我国已成功研发出电推发动机，该发动机无需依赖化学燃烧即可产生推力，其工作原理是将太阳能转化为电能，再将电能转换为机械能，具有比冲高、推力小但持续稳定、精度高及寿命长等显著优势。由于电推发动机无需携带固体或液体燃料，因此大幅简化了航天器的结构，显著降低了对燃料的需求及航天器的整体重量。以"天和"号核心舱为例，其配备的大功率 LT-100 型霍尔电推系统，使得在空间站建成后，每年仅需发射一艘13t 级的"天舟"货运飞船即可满足燃料补给需求，相较于国际空间站每年需发射 4 艘货运飞船的情况，这一优势尤为突出。

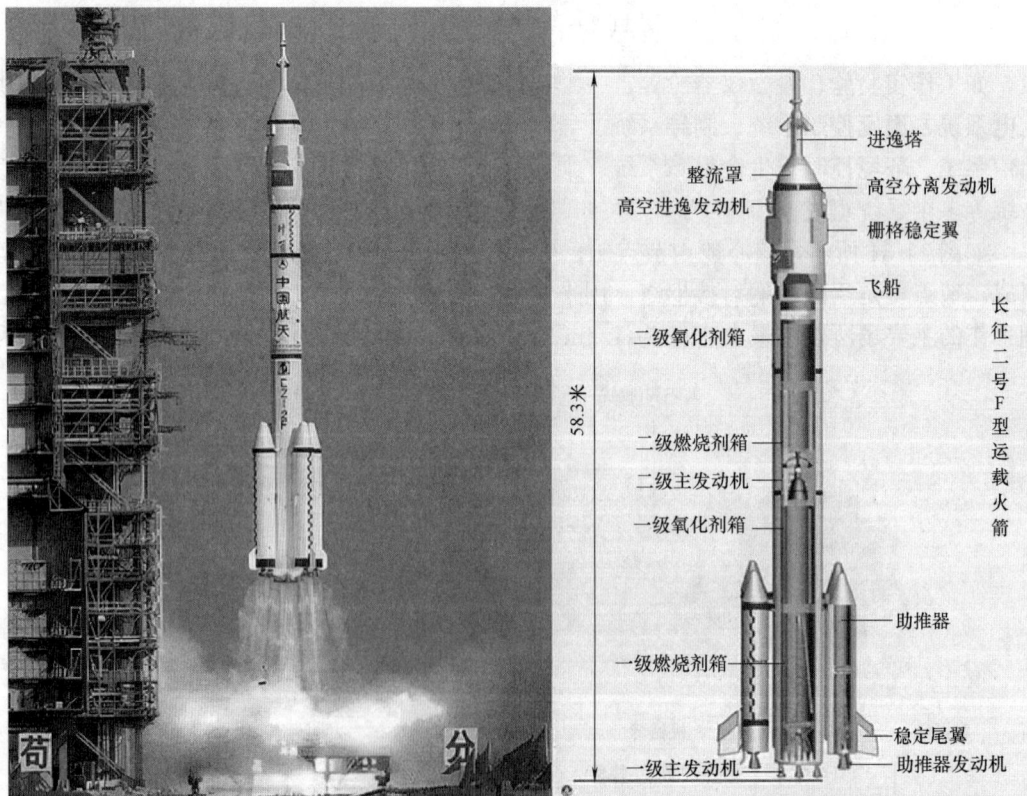

图 11-32　火箭发动机结构图

（图片来源：新华社）

242

发电系统则负责将航天器外部（如太阳能）或内部（如化学反应）的能源转化为电能。其中，太阳能电池阵是航天器上常用的太阳能收集装置，而氢氧燃料电池则通过特定的化学反应产生电能。储能系统则用于储存发电系统所产生的电能，以便在需要时释放。常见的储能设备包括蓄电池和超级电容器等，它们能够确保航天器在光照不足或能源需求高峰时仍能持续供电。电源管理和分配系统则承担着对储能系统中电能的监测、管理、调节及分配任务，以确保航天器各系统能够稳定、高效地运行。该系统通过实时监测电能的使用情况，动态调节电能的输出，并具备处理电能故障的能力，从而保障航天器整体的安全与可靠性。

从能量转换与耗散的角度来看，航天器在运行过程中所消耗的能源，最终会以多种形式转化为热能并逐渐消散。一部分能源转化为航天器的动能，用于克服空气阻力（在太空环境中主要为克服微重力下的微小阻力和进行轨道调整所需的能量）以及因摩擦产生的热量、振动与噪声。值得注意的是，在太空真空环境中，空气摩擦阻力几乎为零，因此，这里的"克服空气摩擦阻力"更多是指航天器在穿越大气层或进行某些机动操作时产生的热量与力学效应。另一部分能源通过发电机及电力系统转化为电能，供给航天器内部的照明、空调及其他设备系统使用。这些电能在使用过程中，无论是驱动电机、加热元件还是其他电子器件，最终都会以热能的形式耗散掉。还有一部分能源在发电机和蓄电池的运行过程中，通过冷却介质（如冷却液）带走热量，并通过热辐射等方式释放到航天器外部环境（在太空环境中，由于缺乏大气介质，热辐射成为主要的散热方式）。

由于热能总是遵循从高温向低温传递的自然规律，航天器在运行过程中散失的热量可能既向寒冷的太空环境传递，也可能通过航天器的围护结构传导至其内部空间，从而对室内环境产生不利影响，并增加环境控制系统的能耗。从能源高效应用的角度出发，减少动力能耗（即功能性能耗）对内环境造成的不利影响，特别是通过提升航天器的保温隔热性能，是一项至关重要的任务。同时，积极探索如何主动利用动力系统中不可避免的废热（例如发动机、发电机等产生的热量）来调控航天器内部环境，实现能源的循环利用，其中蕴含着丰富的科学与技术挑战。

除此之外，航天器在高空或太空中作为一个相对独立的生态系统，必须配备全面且高效的生命维持系统，这包括但不限于氧气供应系统、水循环系统以及废物处理系统。这些系统的有效运行是确保航天员在太空环境中长期生存与健康的关键所在。通过不断优化这些系统的设计与性能，不仅可以提高航天员的生活质量与工作效率，还能进一步降低航天任务的总体能耗与资源消耗，推动航天科技的可持续发展。

11.6.2　航天器核心设备的冷却

1. 空间站的热控系统

在轨道运行的空间站，围护结构外表面既受高强度的太阳辐射和极低温的宇宙辐射的双重影响，运转时还消耗大量的电能。以国际空间站为例，它满载运转时采集多达140.5kW的电能，这些能量将转换为热能，导致相关部件温度升高。因此，必须对整个空间站进行热管理，以确保其本体及携带重器的安全可靠运行，确保宇航员的生存所需。

国际空间站热控系统由主动热控系统（ATCS）和被动热控系统（PTCS）组成，见图11-33。其中，主动热控系统又根据应用的位置不同分为内部主动热控系统（IATCS）、外部主动热控系统（EATCS）和光伏热控系统（PVTCS）。被动热控系统采取的措施包

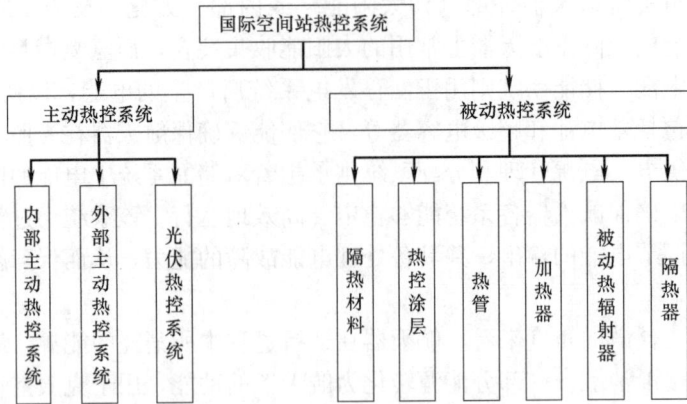

图 11-33　国际空间站热控系统

括隔热材料、热控涂层、热管、加热器、被动热辐射器和隔热器等。

国际空间站热控系统具有多个功能。一是为有效载荷提供适宜的热环境，保持所有载荷设备的温度在要求范围内。当载荷设备的环境不会导致其温度超过限制，而且通过向空间辐射冷却就能满足热排放要求时，采取被动热控方法；当上述条件之一不能满足时，需要采取主动热控方法。二是为电源设备排热。国际空间站采用太阳能光伏阵列发电，其产生的直流电必须进行适配才能使用，然后配电到国际空间站的各个设备。适配和配电过程会产生无效的热量，而且大多数电源适配和配电设备产生的热量都大于被动热控技术的排热能力，因此这两种设备需要采取配备主动冷却系统，也就是光伏热控系统。三是为航天员提供能够在最佳的生活和实验操作环境。热控系统需要采用主动热控对密封舱内的循环空气进行热控制和成分控制，使其具备生命保障功能，适合航天员生活和工作。另外，主动热控系统也为国际空间站上的湿度控制设备和许多气体成分控制设备提供所需的温度环境。

在美国"命运号"实验舱的内部主动热控系统中，废热可以从有效载荷机柜被高效地传递到水-氨中间换热器。如图 11-34 所示，该系统巧妙地设计了低温回路和中温回路，两者在正常运作时各自独立工作，但当其中一路发生故障时，通过交叉连接可以实现冗余，确保系统的稳定性和可靠性。

以中温回路为例，其工作原理是泵组驱动高温水在回路中循环流动。这些高温水首先经过三路混合阀的调节，以确定流向再生换热器和直接流向中间换热器的比例。随后，工质流向中间换热器，将热量传递给外部热控系统，再次经过一个三路混合阀的调节，以控制从中间换热器流出的流体温度。接着，工质流经再生换热器，吸收热量后达到适宜的温度，再进入实验机柜收集废热。最后，这些工质通过系统流量控制组件返回到泵组，开始下一轮的循环。关于废热的最终去向，它实际上是通过中间换热器被传递到外部热控系统，然后可能进一步被空间站的热辐射系统或其他散热装置排放到太空中。

2. 火箭发动机的冷却

火箭发动机作为火箭的"心脏"，其工作环境极为恶劣，需要在高温、高压、高速的燃气环境下长时间稳定运行。火箭发动机在工作时，主燃烧室内的气体温度可高达3500K，远超过绝大多数材料的熔点。这种高温环境会对发动机造成严重的热损伤，甚至

244

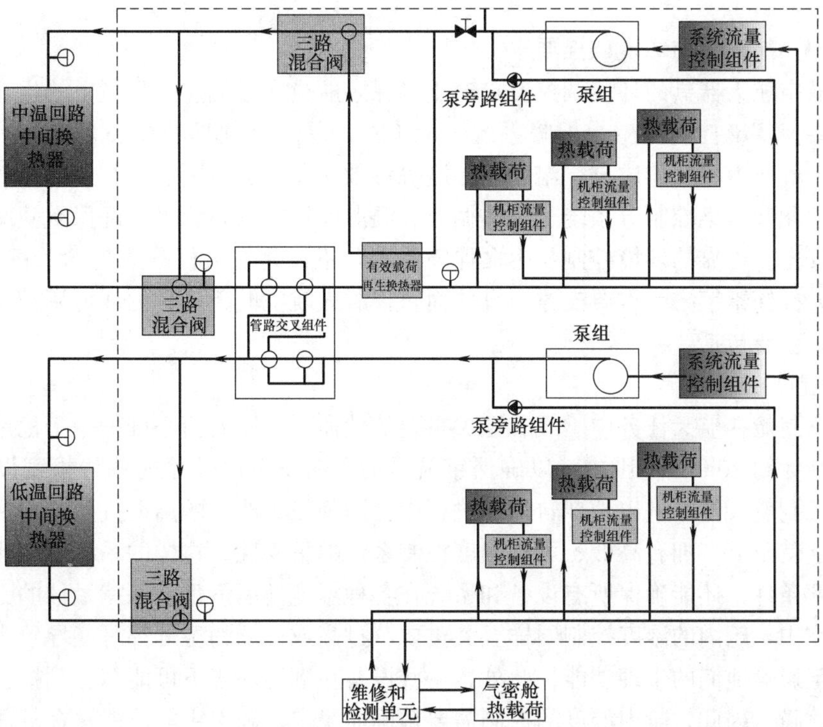

图 11-34 美国"命运号"实验舱内部主动热控系统的双回路系统布局示意图

导致发动机失效。为了确保火箭发动机能够正常、平稳地工作，必须采取有效的冷却手段对喷管等关键部位进行冷却。当前主要的冷却技术为：

（1）烧蚀冷却：采用熔点极高的烧蚀材料作为保护壳。当炽热的气体冲击这层材料时，会发生烧蚀和汽化，从而吸收并散发掉大量的热能。

（2）再生冷却：利用液体燃料本身作为冷却液。在燃料进入燃烧室之前，先流经发动机的冷却管道，吸收管壁上的热量并预热，然后进入燃烧室参与燃烧。这种方法提高了燃料的燃烧效率，同时为发动机起到了降温作用，是当前火箭发动机冷却的主流方法。早期的再生冷却发动机运用外部管道，燃料从管道中流过并吸收热量。但随后的优化改进，将管道整合在管壁中以减小重量，如图 11-35 所示。

（3）辐射冷却：利用炽热物体的热辐射向外散热。通常用于火箭发动机中热流密度较小的喷管延伸段、燃气温度较低的燃气发生器和单元推进剂分解的推力室。

（4）薄膜冷却：在受热壁面上形成一层薄膜，阻止高温燃气向壁面传热。这层薄膜可以由液体推进剂或气体形成，分别称为液膜冷却和气膜冷却。液体火箭发动机的推力室在热流密度最大的喷管喉部附近通常采用液膜冷却；涡轮喷气发动机的涡轮叶片和火焰筒则常用气

图 11-35　RL-10 发动机测试图片

膜冷却。

11.6.3 航天器内环境调控要求

载人航空航天器具的环境调控要求对于确保宇航员在极端空间环境下的生命安全和舒适至关重要。环境控制与生命保障系统（ECLSS）是航空载具的核心系统之一，负责维持舱内的大气压力、气体成分、温度、湿度等参数在适宜的范围内。它包括供气调压分系统、气体净化和污染控制分系统、气体循环和温湿度控制分系统等，确保空间站内部环境的稳定和安全。可靠的环境控制与生命保障系统，不仅是航天任务成功的关键因素之一，也是推动人类探索宇宙的重要支撑。具体而言，载人航空航天器具的环境调控要求涵盖了多个方面，主要包括：

1. 温湿度控制

载人密封舱在航天任务中承载着至关重要的使命，它需要精心维护一个稳定的温度环境，通常在大约 20℃ 的范围内，以确保宇航员的生命安全以及舱内各种精密设备的正常运行。考虑到航天器在进出地球轨道的过程中会面临极为严峻的温度挑战，包括急剧的冷热交替，这就凸显了拥有高效、可靠温度控制系统的重要性。这样的系统不仅能够有效应对极端温度条件，还能确保所有设备和系统在各种温度环境下都能保持最佳的工作状态。

在太空中，舱内的湿度控制同样至关重要。过高或过低的湿度都可能导致宇航员感到不适，甚至影响他们的生理功能。此外，一些设备在潮湿环境下可能会受到损害，导致性能下降或故障。因此，舱内湿度的控制需要精确而稳定，确保宇航员能够在舒适的环境中工作和生活。为了实现舱内湿度的精确控制，航天器通常配备了先进的湿度调节系统。这些系统能够实时监测舱内湿度，并根据需要自动调整湿度水平，确保宇航员和设备的最佳状态。

2. 压力与气体控制

太空作为一片深邃且严苛的真空环境，要求航天器必须拥有卓越的密封性能。这种密封性对于航天器来说至关重要，因为它能够有效防止气体泄漏以及由此带来的压力变化，从而保护舱内人员安全以及设备、系统的正常运行。因此，航天器的设计者和工程师们必须致力于构建一个坚固且密封的舱体，并配备精密的压力调节系统。

为了确保宇航员的生命安全，舱内的总压力和氧分压必须被精确地控制在人体可接受的范围内。通常，空间站的座舱压力控制系统采用与地面大气压力一致的压力制度，以保障宇航员的生理需求。该系统通过气源、气路管阀件及执行部分实现精确的压力调节，确保在轨道运行过程中和紧急情况下的压力稳定。并且，航空载具的压力与气体控制过程是高度自动化的，通过计算机和传感器进行实时监控和调节，这不仅提高了控制精度，也降低了宇航员的操作难度和劳动强度。

3. 有害气体控制

在航天器内部，随着宇航员的正常生理活动，可能会产生一些有害气体，如硫化氢、二氧化碳等。这些有害气体的积累会对宇航员的健康构成威胁，因此需要通过专门的系统及时去除，以确保宇航员的生命安全。

为了有效去除这些有害气体，航天器通常配备了先进的气体净化系统。这些系统能够实时监测舱内空气质量，一旦检测到有害气体浓度超过安全标准，就会立即启动净化程序。先进的空气过滤和净化系统能够去除空气中的有害微粒、细菌和病毒，保持空气的清洁度。气体净化系统通常采用多种方式去除有害气体。对于二氧化碳等常见的有害气体，系统会使用化学反应或物理吸附等方法将其去除。此外，系统还会通过通风循环等手段，保持舱内空气的新鲜度和流通性，进一步减少有害气体的积累。同时，乘员的生活和工作区域也经过精心设计，以减少污染物的产生。

除了去除有害气体外，气体净化系统还需要确保舱内氧气的充足供应。在航天任务中，宇航员需要消耗大量的氧气来维持生命活动。而电解制氧子系统可以为乘员提供氧气，实现空气生态的保障。此外，环控系统需要精确地控制氧气的生成和消耗，以确保舱内氧气浓度的稳定和安全。

值得一提的是，目前我国航天载具上所设计构建的先进二氧化碳还原系统能够实现再生，把人体呼出的二氧化碳通过子系统再进一步充分重新利用。二氧化碳转化后，重新利用的最终形式是什么？答案就是：水，可供航天员饮用的生活用水。这样的废气的一个循环利用的过程，就能够有效保障一个长期的载人飞行任务。

4. 微重力环境适应

航天器在地球轨道上运行时，会面临一个独特的挑战——微重力环境。这种环境对航天器的设计和系统运行提出了新的要求，需要工程师们精心设计专门的设备和控制系统，以确保液体、气体和固体材料在微重力环境下能够正常操作。

首先，微重力环境会影响液体的流动和分布。在地球上，液体由于重力的作用会自然地流向低处，形成稳定的液面。但在微重力环境下，液体失去了重力的约束，会形成球状或其他不规则形状，甚至飘浮在空中。因此，航天器需要设计特殊的液体管理系统，包括泵、阀门和管道等，以确保液体在微重力环境下的正常流动和分配。

其次，微重力环境对气体的分布和流动也产生了影响。在地球上，气体由于受到重力的作用会聚集在底部，形成稳定的气体层。但在微重力环境下，气体分子会均匀地分布在整个空间内，形成均匀的气体混合物。这就要求航天器的气体管理系统必须具备更高的精度和可靠性，以确保宇航员和设备的正常呼吸和运行。

最后，微重力环境对固体材料的影响也不容忽视。在地球上，固体材料受到重力的作用会保持稳定的形状和位置。但在微重力环境下，固体材料可能会失去原有的形状，甚至产生飘浮或移动的情况。因此，航天器的结构设计需要考虑材料的稳定性和固定性，以防止固体材料在微重力环境下产生不必要的运动和破坏。

为了应对这些挑战，航天器设计师们会采用一系列先进的技术和策略。例如，他们会使用先进的材料和工艺来制造能够在微重力环境下正常工作的设备和系统；他们还会设计专门的控制系统来监测和调节液体、气体和固体材料在微重力环境下的状态和行为；此外，他们还会进行大量的地面测试和模拟实验，以确保航天器在微重力环境下的可靠性和安全性。

5. 水资源循环利用

对于远离了地球生态系统的航天空间环境，水资源极为宝贵，稳定可靠的循环利用至关重要。除了前文提及的二氧化碳去除子系统贡献了一部分水资源循环利用途径，此外，还有尿处理系统的运行，综合实现了水资源的再生，水资源的物质闭合度已经超过了80%，而这次经过二氧化碳还原子系统的稳定运行，空间站水资源的物质闭合度可以提高到90%以上。

不过，通常由人体呼出的二氧化碳、尿液、汗液等途径回收的水分，是循环系统生成的还原水，还属于中间水，后续还要经过水处理系统净化才可以喝，其水质所有指标都是合格的，完全符合饮用水要求。目前，在轨航天员喝的水，已经有 90％以上都是再生水。当然也有一小部分是由地面通过货运飞船上行补给的，这部分只占不到 10％。

此外，乘员的废物和排泄物也经过特殊处理，以减少对太空环境的污染。

扫码查看"工程案例——天宫空间站的环境调控与能源保障系统"

思 考 题

1. 载人航空航天器具对于环境调控的要求有哪些特殊性？
2. 高铁运行过程中，环境调控的核心需求是什么？
3. 高铁运行过程的能源保障的要素是什么？
4. 新能源汽车的能源供应核心是什么？
5. 如何解决新能源汽车的能源供应问题？
6. 潜艇舱内环境调控的要求有哪些特殊性？
7. 邮轮环境调控的核心需求是什么？如何实现邮轮能源效率的提升？
8. 还有哪些运载工具的内部环境需要环控技术的支撑？

第 12 章　建筑自动化与建筑智能化

随着人类社会的不断发展，人们对建筑物的内外环境要求越来越高；另外，科学技术和生产力的迅速发展，系统设备越来越复杂，投资、运行能耗和维护费用也越来越高。为了充分、有效地发挥设备潜力，提高系统的整体效能，降低设备运行能耗和系统运行、维护费，实现建筑物设备自动控制的建筑自动化系统（Building Automation System，BAS，又译为：建筑设备自动化系统）成为建筑技术不断发展的必然要求和自动化技术在建筑领域应用的必然结果。在建筑自动化技术的基础上，结合通信技术、计算机技术和其他科学技术而形成并迅速发展的智能建筑（Intelligent Building，IB），则能更好地满足人们对建筑环境与能源应用的安全、舒适、便捷、高效等要求，实现低碳、节能、绿色生态的目标。

12.1　建筑环境与能源应用的自动控制

自动控制（Automation Control）是指机器设备、系统或过程（使用、管理过程）在没有人或较少人的直接参与下，按照人的要求，经过自动检测、信息处理、分析判断、操纵控制，实现预期目标的过程。采用自动化技术不仅可以把人从繁重的体力劳动、部分脑力劳动以及恶劣、危险的工作环境中解放出来，而且能扩展人的器官功能，极大地提高劳动生产率，增强人类认识世界和改造世界的能力。

对于建筑环境与能源科学领域，自动控制主要针对建筑、小区或城区的设备及系统，以下介绍几种常见的自动控制。

12.1.1　空调系统的自动控制

人们正常的生活、工作环境或一些行业的生产环境，对空气温度、湿度、洁净度和风速都有一定的要求，空气调节就是为了满足这些要求出现的。对空调末端设备进行实时自动监控，不但是系统正常工作和保证空调环境参数满足要求的需要，也是整个系统优化管理、节约人力、降低能量的需要，因为空调设备运行时间长，耗能巨大。

为了创造一个温度适宜、湿度恰当、空气洁净的舒适环境，以满足生活、工作和生产的要求，空调系统的控制一般包括如下内容：

（1）空气温度控制：空调系统通常会配备温度传感器，监测室内外温度，并根据设定的目标温度自动调节空调设备的运行。这种自动控制可以保持室内的舒适温度，同时节约能源。

（2）空气湿度调节：除了温度控制外，一些先进的空调系统还可以监测室内湿度，并根据需要调节湿度水平。在湿度过高或过低时，系统会自动启动加湿或除湿功能，以确保室内环境的舒适性和健康。

（3）动态调节：包括空气气流速度调节、空气质量调节和空气压力调节。一些高级的空调系统可以根据室内外温度、湿度、人员数量等因素进行动态调节。

（4）时间控制：空调系统通常可以设置定时开关机功能，根据预定的时间表自动启动或关闭。这可以在不需要空调时节约能源，并确保在需要时自动启动，提供舒适的室内环境。

（5）智能控制：利用人工智能和大数据分析技术，空调系统可以学习用户的习惯和偏好，并根据实时数据进行智能化调节。例如，根据用户的行为模式和室内外环境变化，自动调整空调工作模式和温度设置，提供更加个性化和舒适的环境。

总之，空气调节系统自控的任务就是实时监测相关参数，当室内外的空气参数（温度、湿度等）发生变化时，调控空调空间内空气参数不变或不超出给定的变化范围。通常采取对空气进行加热或冷却达到温度调节的目的，通过加湿和除湿达到湿度调节的目的，通过过滤和调节新风量来达到空气质量调节的目的。通过这些自动控制方法，空调系统可以实现更高效的能源利用、提升室内舒适性，并减少人工干预的需求，从而降低运行成本并减少对环境的影响。

民用建筑空调系统的设计要求是确保系统能够提供舒适、健康、高效的室内环境。以下是一些常见的设计要求：

（1）舒适度要求：空调系统应能够提供稳定的室内温度和湿度，使居住者感到舒适。通常，室内温度应控制在适宜的范围内，同时保持湿度在舒适的水平。

（2）能效要求：设计应考虑空调系统的能效性能，以确保系统在提供舒适环境的同时尽可能节约能源。采用高效的设备和系统设计可以降低能源消耗。

（3）空气质量要求：空调系统应具备过滤和通风功能，确保室内空气清洁，并提供足够的新鲜空气。室内空气质量对居住者的健康至关重要。

（4）安全性要求：设计应考虑空调系统的安全性，包括避免火灾风险、电气安全、防止漏水等方面的安全考虑。

（5）可靠性要求：系统应具备良好的稳定性和可靠性，确保系统长时间稳定运行，减少因故障而造成的影响。

（6）节能要求：设计应考虑采用节能技术和措施，如热回收、智能控制等，以降低能源消耗，减少运行成本。

（7）环保要求：设计应符合环保标准和法规要求，选择环保型制冷剂和设备，减少对环境的负面影响。

（8）易维护性要求：设计应考虑系统的易维护性，包括设备的易维修性、维护周期等因素，以确保系统长期稳定运行。

工业建筑空调系统的设计要求与民用建筑有所不同，主要考虑到工业建筑的特殊环境和需求。以下是一些常见的工业建筑空调系统设计要求：

（1）温度和湿度控制：工业建筑通常需要严格控制温度和湿度，以保证生产过程的稳定性和产品质量。空调系统需要能够快速调节温湿度，并保持在特定的范围内。

（2）通风要求：工业建筑中通常会产生大量的热量和污染物，因此空调系统需要具备强大的通风能力，确保室内空气清洁，并及时排除有害气体。

（3）除尘和过滤：工业生产中会产生大量的粉尘和颗粒物，空调系统需要配备有效的除尘和过滤设备，确保室内空气质量符合标准。

（4）耐腐蚀性：由于工业环境中可能存在腐蚀性气体或化学物质，空调系统的部件和材料需要具备耐腐蚀性，以确保系统长期稳定运行。

（5）噪声控制：工业建筑中通常会有较高的噪声水平，空调系统需要设计为低噪声运行，以不影响生产和工作环境。

（6）能效要求：工业建筑通常消耗大量能源，因此空调系统的能效性能至关重要。设计应考虑采用节能技术和设备，以降低能源消耗和运行成本。

（7）安全性要求：空调系统应符合工业安全标准，包括防火、防爆等安全要求，确保系统运行安全可靠。

（8）易维护性要求：工业建筑空调系统通常需要长时间稳定运行，设计应考虑系统的易维护性，包括设备的易维修性和维护周期等因素。

12.1.2 冷热源系统的自动控制

1. 冷源系统

空调冷源系统一般由多台制冷机和冷冻水循环泵、冷却水循环泵、冷却塔、补水箱、膨胀水箱等设备组成。制冷机、循环水泵、集水器/分水器、补水箱等设备以及水处理装置等辅助设备通常安装在专用的设备间——制冷站。为了保护空调系统的设备，冷冻水在进入系统之前须经过处理（如除盐、除氧等），水处理设备也安装在制冷站。此外，大多数情况下，热源装置如锅炉、换热器同样安装在制冷站。已有制冷机组厂家推出的制冷机控制系统，除了对制冷机本身的监控外，还能与冷却塔、冷却水泵、冷冻水泵实现联动控制，从而构成更完整的冷水机组控制系统。

2. 热源系统

空调系统热源有几种常用的获取方式：通过城市热网、通过锅炉，或通过地源热泵或太阳能等可再生能源获取。由于燃煤和燃油锅炉属于压力容器，国家有专门的技术规范和管理机构，因此这类锅炉的运行控制一般不纳入建筑自动化系统，最多只对锅炉的开/停状态进行监控，它们的运行控制由专门的控制系统完成。对于电加热的空调热源锅炉和电加热的生活热水锅炉，由于其工作控制相对简单，可以纳入建筑自动化系统。热源系统监控的参数包括热水进出口水温、水流量等。

3. 冷热源系统的自动控制

冷热源系统的自动控制是指利用传感器、控制器和智能算法对系统中的冷热源进行自动化管理和优化，以提高能源利用效率和系统运行性能，同时确保室内环境的舒适性。这种自动控制通常涉及以下几个方面：

（1）温度控制：通过监测室内和室外的温度，并根据设定的温度范围调节冷热源系统的运行，保持室内温度在舒适范围内。

（2）负荷预测与平衡：利用预测算法对室内和室外的负荷进行预测，以便及时调整冷热源系统的运行，实现能源的有效利用和负荷的平衡。

（3）湿度控制：对于一些特定的场景，如实验室、医院等，除了温度外，还需要控制室内的湿度。自动控制系统可以根据湿度传感器的反馈，调节冷热源系统中的加湿或除湿设备，以维持合适的湿度水平。

（4）能效优化：自动控制系统通过优化冷热源系统的运行模式和参数设置，以降低能源消耗，提高能源利用效率。这可能涉及变频调节、节能模式切换、设备协同控制等手段。

（5）故障诊断与维护：自动控制系统可以监测冷热源系统的运行状态，及时识别出故障并进行报警，提高了系统的可靠性和稳定性。同时，还可以对设备进行定期维护和优化，延长设备的使用寿命。

12.1.3　通风系统的自动控制

通风系统的自动控制是指利用传感器、控制器和智能算法对系统中的通风设备进行自动化管理和优化，以提高室内空气质量、减少能源消耗和保障室内环境的舒适性。以下是通风系统自动控制的一些关键方面：

（1）温度控制：根据室内外温度差异和用户设定的温度范围，自动调节通风系统的运行，以保持室内温度在舒适范围内。

（2）湿度控制：对于一些需要控制湿度的场景，如实验室、生产车间等，通风系统也可以根据湿度传感器的反馈，调节通风设备的运行，以维持合适的湿度水平。

（3）空气质量监测：在现代建筑中，还有一些对温湿度无严格要求的地方，如卫生间、厨房、锅炉机房、地下车库、仓库等区域，只对空气质量有相应的要求。对这些区域，通过空气质量传感器对室内空气的污染程度进行监测，包括颗粒物、CO_2 浓度等。当空气质量达到一定阈值时，自动控制系统将启动通风设备进行通风。

（4）新风量调节：对一般的通、排风区域，根据室内外环境的变化和用户需求，自动控制系统可以调节通风设备的新风量，以实现能耗和舒适性的平衡。

（5）能效优化：自动控制系统通过优化通风系统的运行模式和参数设置，以降低能源消耗，提高能源利用效率。这可能包括定时开关、智能变频调节等功能。

（6）CO_2 浓度控制：特别是在密闭空间，CO_2 浓度的积累可能会影响人员的健康和工作效率。自动控制系统可以根据 CO_2 传感器的反馈，及时启动通风设备，排出室内的 CO_2。

（7）补风和排烟控制：当送、排风机同时兼作发生火灾时的补风和排烟机时，电气联动控制和监控程序要进行系统、全面的规划设计。这类风机有的选用双速风机，通风、排风时低速运行，补风、排烟时高速运行。

（8）故障诊断与维护：自动控制系统可以监测通风设备的运行状态，及时识别出故障并进行报警，提高了系统的可靠性和稳定性。同时，还可以对设备进行定期维护和优化，延长设备的使用寿命。

12.1.4　照明系统的自动控制

在现代建筑中，照明电量占建筑总用电量很大的一部分，仅次于空调用电量，如何做到既保证照明质量又节约能源，是照明控制的重要内容。在多功能建筑中，不同用途的区域对照明有不同的要求。因此应根据使用的性质及特点，对照明设施进行不同的控制。照明系统的监测控制包括建筑物各层的照明配电箱、应急照明配电箱以及动力配电箱。按照功能，可将照明监控系统划分为几个部分：走廊、楼梯照明监控；办公室照明监控；障碍照明、建筑物立面照明监控；应急照明的应急启/停控制、状态显示。

照明控制系统的任务主要有两个方面：一是为了保证建筑物内各区域的照度及视觉环境而对灯光进行控制，称为环境照度控制，通常采用定时控制、合成照度控制等方法来实现；二是以节能为目的，对照明设备进行的控制，简称照明节能控制，有区域控制、定时控制、室内检测控制三种方式。

小区或城区景观照明控制系统更为复杂（图 12-1），此类照明控制的技术要点有：

（1）通信功能：使用无线通信，一般使用特高频（UHF）频段。

（2）自动化功能：系统可按设计要求对任何一点进行自动开关控制，进行相应数据采集、故障检测和报警。

（3）软件功能：系统软件可按实际需要设置功能，实施图文界面的监视和控制。在此领域内，许多国内厂家开发应用了一些好的系统，如上海的城市夜景照明控制就非常实用。

图 12-1　复杂的城市商业区夜景照明控制

对于照明系统的自动控制，同样可以利用传感器和智能算法来实现自动化管理，以提高能效和舒适度。以下是一些常见的照明系统自动控制方法：

（1）光照传感器控制：安装在建筑物内或外的光照传感器可以检测周围环境的光照水平。当自然光足够亮时，照明系统可以自动降低照明强度或关闭部分灯具，以节约能源。

（2）人体感应控制：人体感应器可以检测到房间内的人员活动。当房间没有人时，照明系统可以自动关闭或调低灯光亮度，节省能源。一旦检测到有人进入房间，灯光会自动打开或提高亮度。

（3）时间控制：可以设置时间表来控制照明系统的开关时间。例如，在白天或晚上特定的时间段内自动调整照明亮度或开关灯具，以适应不同的使用需求。

（4）智能控制系统：结合传感器数据和智能算法，可以实现更精细化的照明控制。例如，根据房间使用情况、光照水平和人员活动模式等因素，动态调整照明亮度和开关状态，以提供最佳的舒适度和能效。

（5）节能灯具和技术：使用节能灯具（如 LED 灯）以及节能照明技术（如调光、色温调节等）可以进一步降低能耗，并且与自动控制系统结合使用效果更佳。

12.2　建筑自动化系统

建筑自动化系统（BAS）又称建筑设备自动化系统，是将建筑物或建筑群内的电力、照明、空调、给水排水、防灾、保安、车库管理等设备或系统，以集中监视、控制和管理为目的而构成的综合系统。建筑自动化系统通过对建筑（群）的各种设备实施综合自动化监控与管理，为用户提供安全、舒适、便捷高效的工作与生活环境，并使整个系统和其中的各种设备处在最佳的工作状态，从而保证系统运行的经济性和管理的现代化、信息化和智能化。由于建筑自动化系统在建筑环境舒适与安全、设备经济运行、设备状态监控等方面的重要性，除了作为建筑智能化系统的重要子系统之外，作为建筑设备的自动控制系统，也在智能建筑中得到广泛应用。

12.2.1 建筑自动化系统的重要作用

1. 实现实时控制

为了满足用户实时、逐日、逐年的参数控制需要以及机电设备的一些工艺要求，必须有自动化系统，例如空调系统的功能就是根据气候的变化和室内湿、热扰量的实时的变化改变送入室内的冷热量。气候和室内各种热湿干扰是不断随时间变化的，空调系统就必须不断进行实时的调节，否则不可能满足室内环境控制的要求。只有通过建筑自动化系统才能使建筑机电设备各系统的各项功能按照设计意图得以全面实施。

2. 降低能耗

在某种工况下实现房间的恒温恒湿有很多方法，例如实际需要的冷量仅为冷机制冷量的 1/3 时，可以投入冷机满负荷运行，降温除湿，再开启电加热器和电加湿器补充过多的制冷量和除湿量，从而与实际的冷负荷、湿负荷匹配，实现恒温恒湿；也可以使冷机间歇运行，恰好满足冷负荷与湿负荷，从而不需要开启电加热器和电加湿器。这两种方式尽管都实现了恒温恒湿，但耗电量却相差几倍。类似的状况在空调系统中普遍存在。

根据实际工况确定合理的运行方式和调节策略，与不适当的运行方式相比，往往在运行能耗上产生很大的区别。自动控制系统的目的之一是通过采用优化的运行模式和调节策略实现节省运行能耗。供暖、空调系统能耗一般占建筑能耗 60% 以上，也是节能潜力最大的系统，因此是优化控制和优化调节降低运行能耗的主要对象。

3. 提高效率

降低运行维护人员工作量和劳动强度也逐渐成为重要问题。176 万 m^2 的成都环球中心的酒店、海洋公园和商业区的空调、地源热泵由分布于各个区域的数千台末端或机组构成，若由操作人员对各台机组末端巡视检查调控一遍要步行数十千米，一个工作班次都不能调控一次。如果没有自动控制系统，是难以想象的。由建筑自动化系统对各空调箱进行远程监测和控制，可有效地减少运行维护人员工作量并显著降低运行维护工作的劳动强度。

4. 改善管理

采用计算机联网的建筑自动化系统的另一显著功能是有可能极大地改善系统管理水平。大型建筑的机电设备系统要求有完善的管理。这包括对各系统图纸资料的管理、运行工况的长期记录和统计整理与分析、各种检修与维护计划的编制和维护检修过程记录等。手工进行这部分管理工作需要很大的工作量，且难以获得好的效果。建筑自动化的计算机系统却可以出色地承担这部分工作，实现完善的管理。

5. 保障安全

对不同设备的各项保护措施的完善控制，是使空调机安全可靠运行的重要保障，也是自动化系统的主要目的之一。保护措施不完善，就会影响工艺系统的正常运行或导致重大事故，从而造成财产损失和重大人员伤亡。

12.2.2 建筑自动化系统的构成

建筑自动化系统就是将建筑物内的电力、照明、空调、给水排水、消防、保安、广播、通信等设备以集中监视和管理为目的，构成一个计算机控制、管理、监视的综合系统，又称作建筑设备自动化系统或建筑自动化系统。

建筑自动化系统，是对建筑物机电系统进行自动监测、自动控制、自动调节和自动管理的系统。通过建筑自动化系统实现建筑机电系统的安全、高效、可靠、节能运行，实现对建筑物的科学化管理。所谓建筑物机电系统，通常指以下：

供暖空调系统（Heating, Ventilation and Air Conditioning, HVAC），维持建筑物内各区域环境，通过控制室内温度、湿度和空气质量，以提供满足建筑物的使用要求（对于工业建筑和实验室）并向使用者提供健康舒适的室内环境。

冷热源系统，英文称为 Plant，指为满足供暖、空调系统要求而设立的冷冻站、换热站、锅炉等设备和系统，也包括为生活热水供应的换热设备和水箱。虽然冷热源系统应该是供暖、空调系统的一部分，但由于运行维护管理等方面的特殊性，在涉及建筑自动化时，往往将其单独列出。

给水排水系统，指生活用水、饮用水和其他要求的供水系统、污水处理系统和排水系统。建筑自动化系统的任务之一是对此系统状况进行监测，对水泵等设备进行控制。

照明系统，监测建筑物各照明系统状况，并对部分系统，尤其对公共区域照明系统，进行各种控制。

电梯与扶梯，也属于机电设备系统。除了电梯、扶梯自身的控制系统外，建筑自动化系统还要求监测各电梯、扶梯的状态，有些场合还要求一些必要的集中控制。

建筑自动化系统采用的是基于现代控制理论的集散型计算机控制系统，也称分布式控制系统。它的特征是"集中管理分散控制"，即用分布在现场被控设备处的微型计算机控制装置（DDC）完成被控设备的实时检测和控制任务，克服了计算机集中控制带来的危险性高度集中的不足和常规仪表控制功能单一的局限性。安装于中央控制室的中央管理计算机具有阴极射线管（CRT）显示、打印输出、丰富的软件管理和很强的数字通信功能，能完成集中操作、显示、报警、打印与优化控制等任务，避免了常规仪表控制分散后人机联系困难、无法统一管理的缺点，保证设备在最佳状态下运行。

建筑自动化系统按工作范围分广义的建筑自动化系统和狭义的建筑自动化系统两种。广义的建筑自动化系统包括建筑设备监控系统、火灾自动报警系统和安全防范系统等。狭义的建筑自动化系统即为建筑设备监控系统。建筑自动化系统的目的是使建筑物成为具有最佳工作与生活环境、设备高效运行，整体节能效果最佳，而且安全的场所。建筑设备自动化系统的整体功能可以概括为以下 4 个方面：

（1）对建筑设备实现以最优控制为中心的过程控制自动化。

（2）以运行状态监视和计算为中心的设备管理自动化。

（3）以安全状态监控和灾害控制为中心的防灾自动化。

（4）以节能运行为中心的能量管理自动化。

建筑自动化系统软、硬件资源的共享性与可升级性、可扩充性、集成性、开放性是建筑成为生活舒适环境和高效工作环境的坚实保证。

如图 12-2 所示，目前通常意义上的建筑自控系统包括：供暖、空调系统，冷热源系统，给水排水系统，照明系统，电梯与扶梯系统，建筑围护结构等。

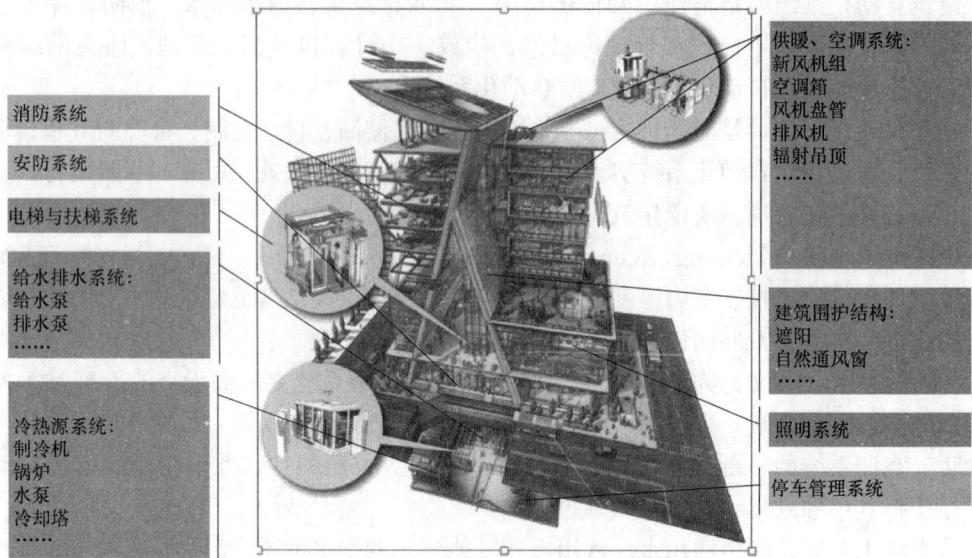

图 12-2 建筑自动化系统的构成

12.2.3 建筑自动化系统的功能

建筑自动化系统在智能建筑系统工程中的主要功能如下：

（1）自动监视和控制智能建筑各种电气与机械设备的启/停动作，可以根据需要显示或打印系统的当前运转状态。

（2）自动记录系统各种参数（温度、湿度、电流、电压等）数据和其变化趋势，并自动进行越限报警。

（3）能源管理：自动进行对水、电、燃气、热力等的计量与收费，实现智能建筑中的能源管理自动化。建筑自动化系统还可以自动提供最佳能源控制方案，以达到合理、经济地使用能源，进而实现节约能源的目的。

（4）设备管理：建筑自动化系统对智能建筑中的各项自动控制设备，提供技术和计算机管理的支持，实现设备运行状态的实时监控和参数显示，以及设备档案与维修管理等。

（5）意外灾害紧急处理：建筑自动化系统通过自身的软件系统，在智能建筑出现意外事故时，能自动发出指令（包括切断电源等措施），以保证设备及人员的安全。

12.3 建筑智能化系统

12.3.1 建筑智能化系统概念

建筑智能化系统，过去通常称弱电系统，是指以建筑为平台，兼备建筑设备、办公自动化及通信网络三大系统，集结构、系统、服务、管理及它们之间最优化组合，向人们提供一个安全、高效、舒适、便利的综合服务环境。

严格来说，智能建筑是建筑物的一种，因其安装有建筑智能化系统，能提供安全、高效、舒适、便利快捷的综合服务环境，且其投资合理，因此被称为智能建筑。建筑智能化系统是安装在智能建筑中，由多个子系统组成的，利用现代技术实现的，完整的服务、管理系统。但是，很多情况下并没有这样严格地区分"智能建筑"与"建筑智能化系统"的概念。常常用"智能建筑"代替"建筑智能化系统"。The Edge 被誉为全球最智能的写字楼之一（图 12-3），其智能化建设集成了国内外最新技术。

图 12-3　The Edge

建筑智能化系统是指利用先进的传感器、控制器、通信技术和智能算法，对建筑物内部的设备、设施和环境进行智能化管理和控制的系统。这些系统旨在提高建筑物的能效、安全性、舒适度和可持续性，同时满足用户的需求和提升用户体验（图 12-5、图 12-6）。

建筑智能化系统的一些特点：

（1）自动化控制：建筑智能化系统利用传感器和智能算法实现自动化控制，根据环境条件、用户需求和能源管理策略来调节照明、空调、通风、安全系统等设备的运行状态。

（2）数据采集与分析：智能化系统通过传感器实时采集建筑内部的各种数据，如温度、湿度、光照、能耗等，并通过数据分析和算法优化，提供智能化的决策和控制策略。

（3）联网通信：建筑智能化系统可以通过互联网实现远程监控和控制，使管理人员可以随时随地对建筑物进行监测和管理，并通过手机、平板电脑等设备进行操作。

（4）用户体验优化：智能化系统通过个性化的设置和智能化的响应，提高了建筑物的舒适度和用户体验，例如根据用户习惯自动调节照明和空调，提供智能安防功能等。

（5）能源管理与节能减排：建筑智能化系统通过优化设备运行和能源利用效率，实现能源的有效管理和节能减排，降低建筑物的运行成本和环境影响。

（6）可持续性发展：智能化系统的应用可以提高建筑物的可持续性，包括减少能源消耗、降低碳排放、优化资源利用等方面，促进建筑行业向可持续发展方向转型。

综合来看，建筑智能化系统是利用先进技术实现建筑物智能化管理和运营的重要手段，对于提高建筑物的能效和可持续性、改善用户体验、促进城市智慧化发展具有重要意义。

12.3.2　建筑智能化系统的基本组成

关于智能建筑的基本构成和子系统的划分并没有明确的标准。因此，可能会出现将智能建筑称为"3A 建筑"或"5A 建筑"，甚至"7A 建筑"的现象。智能建筑是基于建筑物环境平台基础之上的三大基本子系统的有机集成所构成的智能化系统，三基本子系统是前文提及的建筑自动化系统（Building Automation System，BAS）以及通信网络系统（Communication Network System，CNS）、办公自动化系统（Office Automation System，OAS）：

通信网络系统（CNS）：该系统用来保证建筑物（群）内、外各种通信联系畅通无阻，并提供网络支持能力。实现对声音、数据、文本、图像、电视及控制信号的收集、传输、控制、处理与利用，也把通信网络系统称为通信自动化系统（Communication Automation，CAS）。

办公自动化系统（OAS）：该系统是服务于具体办公业务的人机交互信息系统。办公自动化系统由多功能电话机、高性能传真机、各类终端、文字处理机、计算机、声像存储装置等各种办公设备、信息传输与网络设备和相应配套的系统软件、工具软件、应用软件等组成，并由这些办公设备与办公人员构成服务于某种办公目标的人机信息系统。

综上所述，智能建筑是信息时代的必然产物，是信息技术与现代建筑的有机集成。对应于上面的智能建筑定义，可以用如图 12-4 所示的图形通俗地描述智能建筑的定义。因此，智能建筑也简称为 3A 建筑，某些房地产开发商为吸引客，提出 FAS（消防自动化系统）、SAS（安全防范自动化系统）或 MAS（维保自动化系统），加上 3A，还有号称 5A、7A 建筑或更多 A 的建筑。但从国际惯例来看，BAS 也包括 FAS、SAS、MAS。因此，采用 3A 的概念比较合适。

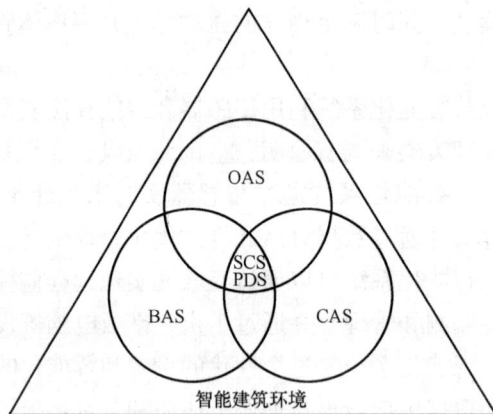

图 12-4　智能建筑的三个基本系统

12.3.3　建筑智能化系统工程

建筑智能化系统工程是一个综合性的工程项目，涉及建筑设备、自动化控制、信息技术等多个领域。建筑智能化系统工程的一般步骤：

（1）需求分析与规划：在项目启动阶段，需要与业主或项目委托方进行沟通，了解他们的需求和期望。根据需求分析，规划建筑智能化系统的功能、范围和技术方案。

（2）系统设计：根据需求分析的结果，进行系统设计，包括硬件设备的选择、传感器布置方案、控制策略设计等。设计阶段需要考虑系统的稳定性、可靠性、可维护性等方面。

（3）设备采购与安装：根据系统设计方案，进行设备采购，并进行设备安装和调试。这包括传感器、执行器、控制器等硬件设备的安装与连接，以及相关的电气工程、网络工程等。

（4）软件开发与集成：开发系统所需的软件程序，包括控制算法、用户界面、数据采集与分析等功能。同时，进行软、硬件的集成测试，确保各个组件能够正常协作。

（5）系统调试与优化：在系统安装完成后，进行系统调试和优化，确保系统能够稳定运行，并满足设计要求。这包括调整控制参数、优化算法、解决系统集成问题等。

（6）培训与交付：对项目相关人员进行培训，使其能够熟练操作和维护建筑智能化系统。同时，准备相关文档和资料，完成项目交付。

（7）运营与维护：建筑智能化系统投入使用后，需要进行系统的运营与维护，包括监测系统运行状态、定期维护设备、更新软件程序等，确保系统长期稳定运行。

智能建筑分部工程分为通信网络系统、信息网络系统、建筑设备监控系统、火灾自动报警及消防联动系统、安全防范系统、综合布线系统、智能化系统集成、电源与接地、环境和住宅（小区）智能化等子分部工程；子分部工程又分为若干分项工程（子系统）。"智能"并非绝对的面面俱到，根据设计和需要，实际的建筑智能化系统可为其中的1个或者多个分项工程和系统集成，而各项工程和系统由相应设备和仪表作为支撑，见图12-5。

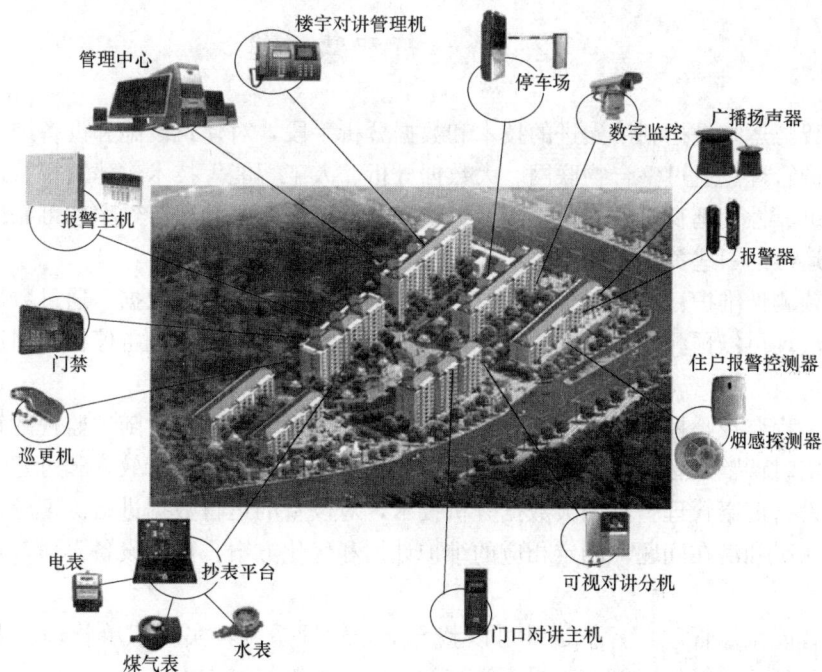

图 12-5 智能建筑小区的代表性设备设施

常见的建筑智能化系统分项工程有：卫星数字电视及有线电视系统、计算机网络系统、视频安防监控系统、入侵报警系统、出入口控制（门禁）系统、巡更管理系统、停车场（库）管理系统、空调与通风系统、公共照明系统、给水排水系统、家庭控制器系统等，见图12-6。

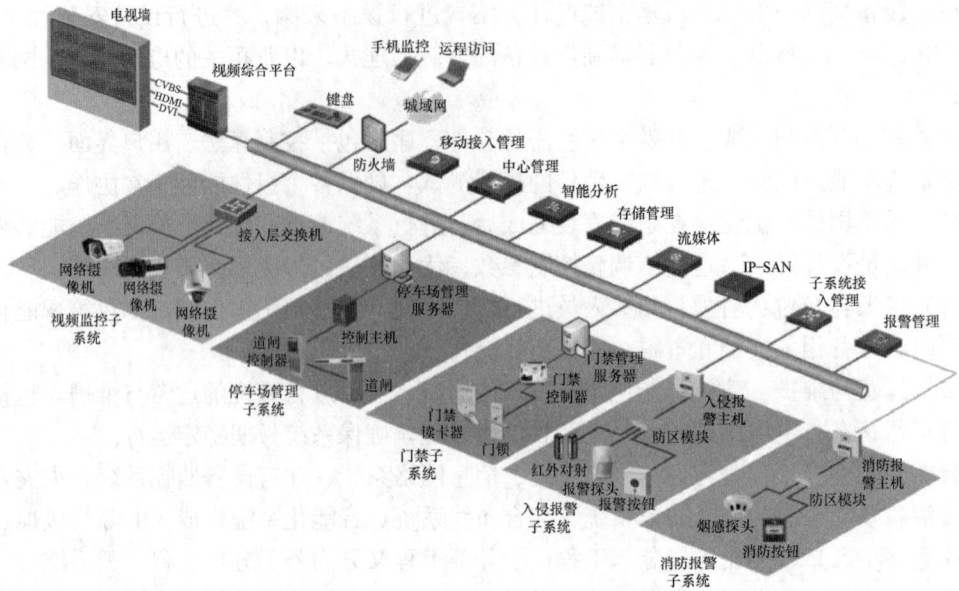

图 12-6 智能建筑系统的分项工程

12.4 建筑智慧运维

建筑智慧运维是指利用先进的技术和数据分析手段，对建筑设施和设备进行智能化的运营和维护管理。通过整合物联网、大数据分析、人工智能等技术，建筑智慧运维可以提高设备的可靠性、延长设备寿命、降低运维成本，提高建筑的运行效率和可靠性。以下是建筑智慧运维的一些关键方面：

（1）预测性维护：利用传感器和监测设备实时采集设备运行数据，通过数据分析和机器学习算法，可以预测设备故障的可能性，提前进行维护，避免设备停机时间过长，降低维修成本。

（2）远程监控与控制：通过远程监控系统，运维人员可以随时随地监视建筑设备的运行状态，实时调整设备参数，及时响应异常情况，提高设备的运行效率和可靠性。

（3）设备健康管理：利用大数据分析技术，对设备的运行数据进行深度分析，识别设备的健康状况和潜在问题，制定相应的维护计划和优化方案，延长设备寿命，提高设备可靠性。

（4）智能维修管理：智慧运维可以整合维修管理系统，实现工单管理、维修人员调度、备件管理等功能的智能化，提高维修效率，减少维修成本。

（5）数据驱动决策：建筑智慧运维依靠数据驱动，通过对大量数据的分析和挖掘，为运维决策提供科学依据，帮助优化设备维护计划、提高运维效率。

（6）知识管理与培训：智慧运维系统可以整合设备维护知识库和培训资源，为运维人员提供实时支持和培训，提升运维人员的维护水平和技能。

通过建筑智慧运维，建筑业可以实现设备运维的智能化、高效化，提高设备的可靠性和运行效率，降低维护成本，为建筑运营管理带来更大的价值和效益。

第 13 章　专业教育与职业规划

本章将告诉你更多的信息，如社会需要什么样的专业人才？你在大学期间需要学习哪些本领？本专业通过什么样的培养体系和课程体系达成预定目标？通过四年的学习你该具备什么样的职业素养？你该如何进行执业规划？

13.1　专业和个人发展须适应国家战略需求

13.1.1　专业发展须适应国家战略需求

1. 国家战略决定专业兴衰

中华人民共和国成立以后，我国开始了有计划、大规模的经济建设，制定了国民经济发展的第一个五年计划。为了解决第一个五年计划的 156 项重点建设项目（建立我国的重工业基地和国防工业基地）所在的"三北地区"供暖问题、工厂通风问题，急需大量的工程技术人才，在哈尔滨工业大学、清华大学、同济大学、东北工学院（本专业转入现西安建筑科技大学）、天津大学、重庆建筑工程学院（并入重庆大学）、太原工学院（现太原理工大学）、湖南大学八所高校先后设立了"供热供煤气及通风"专业，它们分布在华北、东北、华东、华中、西北、西南等几大区域，形成了与当时的我国社会经济发展相适应、以保障工业生产环境和城市建设结合的本专业高等技术人才培养的基本格局。可见，国家发展的战略需求是专业诞生的原动力。

经过几年实践，发现了不少问题，首先是学制太长（5 年制）、计划总学时太多，教学内容有太多不符合我国具体情况。1958 年，国内提出了"教育为无产阶级的政治服务，教育与生产劳动相结合"的方针，掀起了一场大规模的教育改革，开办暖通专业的各院校根据各自的经验和对政策的理解，解放思想，大胆改革，对专业教学进行了积极的探索。经过改革以后，课程设置有了很大的变化，在"削枝保干"思想的指导下，有关土建方面的课程，如工程结构、结构力学、测量学等课程都被省略，原"供暖通风"课程则分成了"供暖与供热工程""工业通风"和"空调工程"3 门课程；很多学校把"供煤气"这个分支也取消了，成为后来专业名称"供热通风与空调工程"的雏形。之后，随着城市煤气事业的发展，在部分学校里又另外单独设立了"燃气工程"专业。可见专业人才培养必须与国家战略需求相适应。

2. 改革开放促专业大发展

1978—1998 年是我国暖通专业教育大力发展的时期。党的十一届三中全会以后，国家进入了一个新的历史发展时期。暖通专业教育从 20 世纪 80 年代开始，经历了由弱到强、由小到大、由点到面的跨越式发展。在短短的 20 多年间，设有暖通专业本科的高等院校，从原来的"老八校"迅猛发展为 100 多所院校。在这期间，本专业国际范围的人才培养合作与学术交流越来越活跃，在国际上的影响日益扩大，地位也日渐提高。

3. 新时期呼唤专业内涵与时俱进

1998年以后，随着改革开放的深入和社会主义市场经济体制的逐步建立，特别是我国加入WTO后，知识经济和全球化的趋势越来越明显。为适应新的形势，1998年，教育部颁布了新的普通高等学校本科专业目录，根据科学规范设置本科专业、拓宽专业口径、增强适应性、加强专业建设和管理、提高办学水平和人才培养质量的要求，教育部对原有专业进行了大幅度削减和合并、调整，将原来的504种专业减少至249种。本领域密切相关的两个专业（供热通风与空调工程、城市燃气工程）进行合并，增加建筑给水排水、建筑电气等内容，形成的新专业定名为"建筑环境与设备工程"。

改革开放以来本专业的内涵和服务对象有了显著的变化，以满足工作和生活要求，使室内环境更舒适、更健康、更自然、更能提高工作效率和生产水平。因此，这段时间专业发展的黄金期是建立在经济全球化发展和提升工作生活水平的需求上。

4. 专业名称不断更新源于国家需求

近年来，随着我国经济的转型和社会结构的变化，以及市场经济体制的基本确立，人们经济收入有了空前的提高，生活工作水平大为改善，空调普及率在城市达到99%，家用电器数量及各种能耗飞速增长。一方面能源紧缺问题日益严重，另一方面建立在消耗大量化石能源基础上的发展导致环境问题越来越突出，如空气污染、酸雨酸雾、$PM_{2.5}$、水污染等。因此，2012年普通高等学校本科专业目录中把建筑智能设施、建筑节能技术与工程两个专业纳入本专业，专业范围扩展为建筑环境控制、城市燃气应用、建筑节能、建筑设施智能技术等领域，专业名称调整为"建筑环境与能源应用工程"。这不是简单的更名，它体现了国家战略需求，也意味着专业内涵大的变化。

可见，专业的荣辱兴衰与国家发展战略和社会需求密不可分。

13.1.2 个人发展须敏锐洞察国家需求

专业的兴衰脱离不了国家战略需求的制约，大学生作为专业的一分子，其成功的先决条件是能够认识这个大方向。

大学生不能"两耳不闻天下事，一心只读圣贤书"，还需敏锐洞察国家和社会需求。首先，从国际发展趋势和国家发展战略看，能源和环境问题是两个重要瓶颈。建筑的可持续性发展，要求满足室内能耗最少，对室内外环境的影响最小，舒适、健康、方便、协调、美观、合理的建筑，即"绿色建筑"将成为21世纪建筑的主流，而建筑环境与能源应用工程专业将会大有用武之地，专业学科的综合性、交叉性、边缘性会越来越明显，它的研究领域也会迅速扩大，要创建一个良好的建筑环境，越来越需要本专业的人才有综合知识和能力。其次，从社会群体需求演变看，建筑环境与人的感觉和健康密切相关。建筑最初的要求只是遮日御寒；工业革命之后，随着科技的发展，人们开始追求"豪华""舒适"的建筑环境，空调、电梯、豪华装饰日渐增多。21世纪的社会是信息化的社会，从事脑力劳动的人越来越多，相当多的人长期在建筑内生活、学习与工作。而现代建筑由于功能越来越复杂，所需要的建筑设备越来越多，加之建筑非常密闭，造成室内环境恶化而建筑能耗增加，因此，本专业将在改善建筑环境和降低能耗方面大有可为。再次，从建筑内部看，作为一个通过利用能源来创造室内环境的专业，随着时代的进步，传统的水、暖、电被赋予了越来越多的专业内涵，已不再是一般的生活供水、供暖、照明。建筑设备系统中的水系统和水质处理、室内空气质量的控制和环境的可调节性能、网络通信及建筑自动控制、保安、消防等，都扩展了本专业的专业范围。特别是以满足和实现人所需要的各种功能为主要特征的现代智能建筑，对建筑环境与能源应用系统提出了更高、更广泛的需求，而现代建筑本身也依赖良好的建筑环境与建筑设备去实现和强化日益扩大的建筑功能，现代建筑中所安装的各种设备之间的相互关联、有机整合，日益表现出密不可分的趋势，共同创造良好的室内环境。社会越来越需要综合能力和最新知识的人才。

气候变化给人类生存和发展带来严峻挑战，积极应对全球气候变化、推动绿色低碳发展已成为各国共识。作为世界上最大的发展中国家，我国将完成全球最高碳排放强度降幅，用全球历史上最短的时间实现从碳达峰到碳中和，面临经济结构、能源结构、生产生活方式的全面重塑，困难和挑战前所未有。全球变暖给人类生存和发展带来严峻挑战，其影响不局限于一个区域、一个国家，而是系统性、全局性、整体性的，应对全球气候变化成为各国共同使命。

实现碳达峰碳中和，是以习近平同志为核心的党中央统筹国内国际两个大局作出的重大战略决策，是立足新发展阶段、贯彻新发展理念、构建新发展格局、推动高质量发展的内在要求。

做好碳达峰碳中和工作必须夯实基础能力，加强人才队伍建设，构建碳排放统计核算体系和标准计量体系，提高对外合作交流水平，扎扎实实把党中央决策部署落到实处。当前，我国深入推进碳达峰碳中和工作，产业结构转型、能源结构调整等任务艰巨繁重，面临的挑战前所未有，需进一步加大专业人才培养力度，加快补齐人才短板。高水平科技自立自强是实现碳达峰碳中和目标的关键所在。要深入实施新时代人才强国战略，强化企业创新主体地位，加快建设碳达峰碳中和人才中心和创新高地。技术技能工作者所处的生产和服务岗位是碳达峰碳中和各项举措落地见效的第一线。为确保碳达峰碳中和政策扎实落地，迫切需要强化技术技能人才教育培养，壮大高水平人才队伍。

如果你对国家与社会需求了如指掌，那么你的大学学习就不会迷失方向，能够主动学习相关知识，完善知识结构，寻找长远发展的突破口，为职业生涯奠定坚实的基础。

13.2　工程师应该具备的基本素养

本专业属于工程技术领域，本科教育的培养主要目标是工程师（不排除其他选择），但工程师首先是一个社会人，要把设计意图转变成具体的工程实践，远不能仅以专业水平衡量。那么作为一名合格工程师，应该具备哪些基本素养呢？

13.2.1　个人素养

1. 思想素养好

一名合格工程师首先需具有强烈的社会责任感、科学的世界观和正确的人生观，以及求真务实、踏实肯干的工作作风和高尚的职业道德。还应具有可持续发展的理念和工程质量与安全意识。

2. 学习能力较强、适应环境较快

学习是一个广泛的概念，生活、工作本身就是一门学问，能否快速地适应环境，能否创造性地拓展思路，打开新环境下的工作局面，体现的是一个人的学习能力。综合素质强的人，继续学习的能力也强。上大学的目的是学习知识、训练思维、开启智慧，能够把所学的理论运用于实际，在工作中能用理论来解决实际问题，在实践中碰到难题能创造性地利用理论加以解决。

3. 良好的合作意识和团队精神

没有良好的合作意识和团队精神的人，绝不是一个合格的人才。建筑环境与能源应用工程专业，培养的是面向应用的实践型的工程师，现代大型的工程项目和复杂的工作环境，往往需要依靠团队的力量，团队之间需要良好的沟通和交流、合作。因此，大学生要宽容地看待周围的一切人和事，对自己严格要求，对他人坦诚相待，懂得替他人着想，懂得关心爱护他人，正确对待别人的批评意见，克服自身缺点，适时调整心态，多和老师同学交流，增进人与人的感情与理解。

如何在大学期间培养锻炼这方面的素养呢？在保证课堂学习的基础上，尽可能多参与丰富多彩的校园文化活动，包括组织和参加文艺、体育比赛活动，如演讲赛、辩论赛、篮球比赛、足球比赛、拔河比赛、接力赛、社会实践等活动，不仅对学习、生活、心理起到良好的调节作用，而且对规范学生的行为习惯，促进学生全面素质的提高也起到潜移默化的作用。抓住各种机会，尽可能地融入集体中去，增强同学之间的交流机会，搭建彼此交流和沟通的平台，在集体活动中培养团结协作的意识和拼搏精神，增强集体荣誉感和归属感。

4. 培养创新、创造、创业的精神

创新包括创新意识、创新精神、创新思维和创新能力。人类社会发展的历史，就是不断创新的历史。要创新，首先要树立创新意识，要破除创新神秘感。每个正常人生来都有创新的潜能。著名教育家陶行知先生早在20世纪40年代就提出了"人人是创造之人"的论断。在知识经济时代，创新成为人才最重要的素质之一。培养更多社会需要的创新型、创业型、复合型的高层次人才，营造良好的创新创业氛围，强化大学生的创业意识，提高创业者的综合素质，需要通过以学生自主性活动为主的实践。大学生应该努力培养自己的创新能力、创造能力和创业精神。创业是指用创新精神去开拓一种新的基业、产业或职业。因此，创业带来的直接结果就是新的企业、职业、产业的出现，而一个新的企业的诞生、一种新的职业的产生或者一个新的产业的兴起对地区经济社会发展则起着重要的推动作用。创业本身就是一种创新，有人把创业者所必备的素质要求总结为"十商"，即：德商、智商、财商、情商、逆商、胆商、心商、志商、灵商、健商，这10种能力素质较为全面地概括了创业者的综合素质能力。创业教育作为高等教育发展史上一种新的教育理念，是知识经济时代培养大学生创新精神和创造能力的需要，是社会和经济结构调整时期人才需求变化的要求。现在，很多大学都非常重视学生的"创业教育"，开设了一些"商务沙龙"之类的创业平台。但是，创业并不是头脑发热的"下海"，也不是普通的专业性比赛或科研设计，而是要求学生能结合专业特长，根据市场前景和社会需求搞出自己的创新成果，并把研究成果转化为产品，创造出可观的经济效益，由知识的拥有者变成为社会创造价值、作出贡献的创业者，其本质是"知识就是力量"，把知识转化为生产力。

5. 人格健全、心理健康

健全的人格、良好的心理素质已成为素质教育最基本的环节。由于经济、学业、情感、就业等引起的心理失衡乃至人格分裂和行为障碍，已成为扼杀大学生成才的极大阻

力，我们应倡导自信、自强、友善、诚信的生活理念和健全人格，鼓励大学生自立自强、乐观向上、艰苦奋斗、逆境成才，以正确的心态对待生活困难、挫折和社会各种现象，化生活困难为学习动力，接受价值观念多元化的趋势，靠自己的努力创造辉煌的明天。

13.2.2　知识与能力素养

1. 完善的知识结构

知识结构是指包括专业知识在内的所有知识的统称。作为一名合格的工程师，仅有专业知识是不够的，还得具备其他方面丰富的知识，才能发展得更好，做得更出色。如必须具有基本的人文社会科学知识，熟悉哲学、政治、经济、法律方面的知识，了解文学、艺术；具有扎实的数理化自然科学基础，了解现代信息环境科学的基本知识，了解当代技术发展主要方面和应用前景；掌握工程力学（理论和材料）、电子机械设计基础及自动控制等有关工程技术基础的基本知识和分析方法。诺贝尔奖获得者李政道博士曾说：我是学物理的，不过我不专看物理书，还喜欢看杂七杂八的书。我认为，在年轻的时候，杂七杂八的书多看一些，头脑就能比较灵活。大学生建立良好的知识结构，要防止知识面过窄。

2. 专业能力素养

专业知识和能力是一名合格工程师的安身立命的本领，具有扎实的专业能力体现在以下几个方面：

（1）具有应用语言（包括外语）、图表、计算机和网络技术等进行工程表达和交流的基本能力。

（2）具有综合应用各种手段查询资料、获取信息的能力，以及拓展知识领域、继续学习的能力。

（3）具有一定的国际视野和跨文化环境下的交流、竞争与合作的初步能力。

（4）具有综合运用所学专业知识与技能，提出工程应用的技术方案、进行工程设计以及解决本专业一般工程问题的能力。

（5）具有使用常规测试仪器仪表的基本能力。

（6）具有能够参与施工、调试、运行和维护管理的能力，具有进行产品开发、设计、技术改造的初步能力。

（7）具有应对本专业领域的危机与突发事件的初步能力。

每个人都有自己的优势和劣势，但一个学习能力强的人可以通过训练弥补他的不足。学生在校期间，最重要的一项任务就是学习。大学老师讲课时，需要在有限的学时中完成教学大纲要求，很难面面俱到，加上当今科学技术迅猛发展，教师可能还要补充许多课外知识。因此，知识学不尽，拥有继续学习的能力则是最重要的。

13.2.3　体质素养

一名合格工程师必须具有健康的体魄，掌握保持身体健康的体育锻炼方法，能够胜任并履行建设祖国的神圣义务，能够胜任建筑环境与能源应用工程专业的工作。否则，纵有一腔热忱和满腹经纶，也无法回报国家和社会。

13.3　专业知识教学与专业能力培养

在你大学 4 年学习中，大学将如何使你有更好的个人素养，向你传授知识、培养能力呢？对于个人素养方面，学校通过各种课外活动、专业教学和实践性教学环节中提供平台引导，但主要靠自己有意识地慢慢"修炼"；对于知识传授和能力培养，学校具有完善的专业教学体系，下面着重对专业知识和能力培养方法进行介绍。

13.3.1 专业知识教学

本专业知识体系由知识领域、知识单元以及知识点 3 个层次组成；每个知识领域（文、理、工、经、管、法）包含若干个知识单元（课程），知识单元是本专业知识体系的技术知识支撑，每个知识单元中又包含若干知识点，是学生应该重点掌握的理论与技术知识。

在实际操作层面，大学一般是按照 3 个类别组织教学的，包括：通识知识、基础知识、专业知识（表 13-1）。通识知识和工程基础知识的理论教学一般由学校统一安排，本专业主要承担专业基础知识、专业知识和部分工程基础知识的理论教学；知识体系教学的基本载体为课程，形式为课堂教学。

本专业的知识体系构成与公共知识单元的关系　　　　　　　　　表 13-1

序号	知识体系	知识领域	公共知识单元
1	通识知识	人文社会科学类知识	哲学、政治学、历史学、伦理学、心理学、法学、体育、劳动及军事理论
		数学、自然科学类知识	高等数学、工程数字、大学物理、普通化学
		工具类知识	外国语、计算机技术与应用
2	基础知识	工程基础知识 热科学原理和方法；力学原理和方法；机械原理和方法；电学与智能化控制；建筑领域相关基础；工程管理与经济	画法几何与工程制图、工程力学（理论力学、材料力学）、机械设计基础、电工与电子技术、自动控制原理、建筑概论、工程管理与经济
		专业基础知识	工程热力学、流体力学、传热传质学、建筑环境学、流体输配管网、建筑环境与能源系统测试技术
3	专业知识	建筑环境控制与能源应用技术	民用建筑环境营造技术、区域能源应用技术、建筑环境与能源系统智能化
4	其他	—	自行设置

13.3.2 专业能力培养

学生的专业能力主要是指运用专业知识解决实际问题的能力，主要通过一系列实践教学来达成培养目标。实践教学体系由实验、实习、设计、科研训练等内容（表 13-2）。实践教学体系的作用主要是培养学生具有实验基本技能、工程设计和施工的基本方法和技能、科学研究的初步能力等。

1. 实验

实验包括公共基础实验、专业基础实验、专业实验等。公共基础实验参照学校对工科学科的要求，统一安排实验内容。

专业基础实验有：建筑环境学、工程热力学、传热学、流体力学、热质交换原理与设备、流体输配管网等课程实验。

序号	教学类型	教学内容
1	实验	公共基础实验:自然科学与工科工程技术基础的教学实验
		专业基础实验:建筑环境与能源应用工程专业基础知识的教学实验
		专业实验:建筑环境与能源应用工程专业知识的教学实验
2	实习	金工实习:机械制造各工种(车/钳/铣/磨/焊/铸等)
		认识实习:专业设施、设备、运行系统的初步了解
		生产(运行)实习:专业设施与设备制作、安装或系统调适运行的工程实践
		毕业实习:专业工程设计或科研项目的课题调研
3	设计	课程设计:专业工程方案设计(或与课程对应的工程设计)
		毕业设计:专业工程方案与施工设计
4	科研训练	毕业论文:专业技术问题研究(与毕业设计二选一)
		大学生课外创新创业训练(自选)
备注		在上述教学活动中,要保证劳动相关学时不少于 10 个学时

专业实验有：暖通空调或燃气应用、建筑冷热源或燃气储存与输配、建筑设备与能源系统自动化、建筑环境与能源应用工程测试技术等课程实验。

专业基础实验、专业实验可能采用设置专门的实验课程或随课程设置,实验课程设置的学分不低于 2 学分。

实验的基本要求：（1）掌握正确使用仪器、仪表的基本方法；正确采集实验原始数据；正确进行实验数据处理的基本方法。（2）熟悉常用的仪器仪表、设备及实验系统的工作原理；对实验结果具有初步分析能力,能够给出比较明确的结论。（3）了解实验内容与知识单元课程教学内容间的关系。

2. 专业实习

专业实习包括：金工实习；认识实习；生产（运行）实习；毕业实习。各学校可以根据自身特点对实习进行统筹安排及有所侧重。

金工实习参照学校对工科学科的要求,统一安排实习内容,一般不少于 3 周。

认识实习一般不少于 1 周,基本要求为：①了解本专业建筑环境及其设备的知识要点和教学的整体安排；了解本专业的研究对象和学习内容；②增加对本专业的兴趣和学习目的性,提高对建筑环境控制、城市燃气供应、建筑节能、建筑设施智能技术等工程领域的认识,为专业课程学习做好准备。

生产实习一般不少于 2 周,基本要求为：①了解本专业施工安装过程；主要专业工种；工程设计、施工、监理、运行管理和设备生产等过程的工作内容；常用的技术规范、技术措施、验收标准等内容；②增加对建筑业的组织机构、企业经营管理和工程监理等建立感性认识；增强对专业课程中有关专业系统、设备及其应用的感性认识等。

毕业实习一般不少于 2 周,基本要求为：①了解本专业工程的设计、施工、运行管理等过程的工作内容；专业相关新技术、新设备和新成果的应用；有关工程设计、施工和运行中应注意的问题。②增强对专业设计规范、标准、技术规程应用的认识。

3. 专业设计

专业设计包括：专业课程设计总周数不少于 5 周；毕业设计（或毕业论文）不少于 10 周。

课程设计的基本要求：①掌握工程设计计算用室内外气象参数的确定方法，方案设计的基本方法，方案设计所需负荷计算、设备选型、输配管路设计、能源供给量等的基本计算方法。②熟悉设计方案、设计思想的正确表达方法；熟悉建筑参数、工艺参数、使用要求与本专业工程设计的关系。③了解工程设计的方法与步骤、所设计暖通空调与能源应用工程系统的设备性能等；了解工程设计规范、标准、设计手册的使用方法。

毕业设计的基本要求：①掌握工程设计方法，建筑负荷计算、设备选型、输配管路设计、能源供给量等的计算方法，工程图纸正确表达设计思想的方法；②熟悉工程设计规范、标准、设计手册的使用方法；③了解所设计暖通空调与能源应用工程系统的设备性能、运行调节，所做工程设计的施工安装方法及所做工程的投资与效益。

毕业论文的基本要求：①掌握科研论文的写作的基本方法和科研工作的基本方法。②熟悉科研论文正确表达研究成果的方法；使用试验研究的仪器仪表、系统装置；研究中所使用的分析方法；表达试验研究成果的基础数据。③了解所研究问题的技术背景和研究成果的用途。

4. 大学生创新训练

提倡和鼓励学生积极参加大学生课外科技创新活动和本专业组织的国际、国内大赛。

通过以上知识体系教学、实践体系教学环节，再加上个人的勤奋努力，就基本上具备一名工程师的职业素养和专业知识能力，可以步入社会从事相关工作了。

13.4　如何进行职业规划

调查结果显示，对自己将来如何一步步晋升、发展没有规划的大学生占 62.2%；有设计的仅有 32.8%，而其中有明确设计的仅占 19%。经过多年艰苦步入"象牙塔"的新生，部分人抱着大一、大二先轻松一下，到大三、大四再努力也不迟的心理，虚度了光阴，毕业找工作时，就少了一分淡定，更多的是慌乱。

13.4.1　学生职业（学业）规划的必要性

在美国等西方国家，大学的职业培训系统非常完善，各个大学都有职业指导中心。职业规划对许多中国教师和家长比较陌生，但毫无疑问，大学生需要尽早做好自己的职业（学业）规划，以便在将来的竞争中"立于不败之地"。

职业对大多数成人来说，是生活的重要组成部分。个人的职业规划并不是一个单纯的概念，每个人要想使自己的一生过得有意义，都应该有自己的职业规划，特别是对于大学生而言，正处在对个体职业生涯的探索阶段，这一阶段的职业选择对大学生今后职业生涯的发展有着十分重要的意义。乔治·肖伯纳曾这样说过：征服世界的将是这样一些人：开始的时候，他们试图找到梦想中的乐园，最终，当他们无法找到时，就亲自创造了它。但是，职业既不像家庭那样成为我们出生后固有的独特的社会结构，也不像货架上的商品那样，可以让我们随意挑选。大学生进行职业规划的意义在于寻找适合自身发展需要的职业道路，实现个体与职业的匹配，体现个体价值的最大化。一个没有计划的人生就像一场没有球门的足球赛，对球员和观众都兴味索然。

13.4.2 职业（学业）规划的方法

1. 认识自我、明确定位

大学生进行职业（学业）规划时，最重要的是清醒地认识自我，给自我进行明确的人生定位。自我定位和规划人生，就是明确"我想干什么？""我能干什么？""我的兴趣和爱好是什么？""我的特长是什么？""社会可以提供给我什么机会？""社会的发展趋势是什么？"等诸如此类的问题，使理想可操作化，为介入社会提供明确方向和定位。定位，就是给自己亮出一个独特的招牌。这就需要进行自我分析，首先是明确自己的能力大小，给自己打打分，看看自己的优势和劣势，对自己的认识分析一定要全面、客观、深刻，绝不回避缺点和短处，解决"我能干什么？"的问题。下面以即将毕业大学生进行职业规划所必须思考的问题，启发低年级大学生应该如何制定学业和自我提升规划。

（1）我学习了什么？在校期间，能从学习的专业中获取些什么收益？参加过什么社会实践活动，提高和升华了哪方面的知识、能力？专业教育是获取知识的方法和能力培养，也许在未来的工作中并不起多大作用，但在较大程度上决定自身的职业方向，因而尽自己最大努力学好专业课程是生涯规划的前提条件之一。因此，绝不能否认知识在人生历程中的重要作用，一个人所具备的专业知识是他得到满意工作结果的前提条件之一。

（2）我曾经做过什么？经历是个人最宝贵的财富，往往从侧面可以反映出一个人的素质、潜力状况。如在大学期间担任学生会干部、曾经为某知名组织工作过等社会实践活动所取得的成绩及经验的积累、获得过的奖励等。

（3）我最成功的是什么？大学期间我做过很多事情，但最成功的是什么？为何成功？是偶然还是必然？是否自己能力所为？通过对最成功事例的分析，可以发现自我优越的一面，譬如坚强、果断、智慧超群，以此作为个人深层次挖掘的动力之源和魅力闪光点，形成职业规划的有力支撑：寻找职业方向，往往是要从自己的优势出发，以己之长立足社会。

（4）我的弱点是什么？人无法避免与生俱来的弱点，必须正视，并尽量减少其对自己的影响。譬如，一个独立性强的人会很难与他人默契合作，而一个优柔寡断的人绝对难以担当组织管理者的重任。卡耐基曾说：人性的弱点并不可怕，关键要有正确的认识，认真对待，尽量寻找弥补、克服的方法，使自我趋于完善。清楚地了解自我之后，就要对症下药，有则改之，无则加勉。重要的是对劣势的把握、弥补，做到心中有数。因此，要注意经常需要安下心来，多找机会和别人交流，尤其是与自己相熟的如父母、同学、朋友等交谈，看别人眼中的你是什么样子，与你的预想是否一致，找出其中的偏差，这将有助于自我提高。对自己的弱点千万不能采取鸵鸟政策，视而不见。相反，必须认真对待，善于发现，并努力克服和提高。那么，在大学期间，要针对自身劣势，制订出自我学习的具体内容、方式、时间安排，尽量落到实处便于操作。

2. 确定职业（学业）目标

每一个人都应该知道自己在现在和将来要做什么。对于职业目标的确定，需要根据不同时期的特点，根据自身的专业特点、工作能力、兴趣爱好等分阶段制定。许多人在大学时代就已经形成了对未来职业的一种预期，然而他们往往忽视对个体年龄和发展的考虑，就业目标定位过高，过于理想化。不切实际的想法和行为不仅会影响个人的初次就业，更会对个人以后的职业发展造成不利的影响。

职业生涯目标的确定，是个人理想的具体化和可操作化。按照马斯洛的需求层次理论，人一般具有生理需求（基本生活资料需求，包括吃、穿、住、行、用）、安全需求（人身安全、健康保护）、社交需求（社会归属意识、友谊、爱情）、尊重需求（自尊、荣誉、地位）、自我实现需求（自我发展与实现）5 种依次从低层次到高层次的需求。职业目标的选择并无定式可言，关键是要依据自身实际，适合于自身发展。值得注意的是伴随现代科技与社会进步，个人要随时注意调整职业目标，尽量使自己职业的选择与社会的需求相适应，一定要跟上时代发展的脚步，适应社会需求，才不至于被淘汰出局。

3. 进行职业和社会分析

在发展迅速的信息社会，社会需求和职业前景是职业规划的重要影响因素，因此，必须根据自身实际及社会发展趋势，把理想目标分解成若干可操作的小目标或阶段目标，灵活规划自我。

（1）社会分析：社会在进步、在变革，作为即将步入社会的大学生们，应该善于把握社会发展脉搏；当前社会、政治、经济发展趋势；社会热点职业门类分布及需求状况；本专业在社会上的需求形势；自己所选择职业在目前与未来社会中的地位情况；社会发展对自身发展的影响；自己所选择的单位在未来行业展中的变化情况，在本行业中的地位、市场占有率及发展趋势等。对这些社会发展大趋势问题的认识，有助于自我把握职业社会需求、使自己的职业选择紧跟时代脚步。

（2）就业单位分析：当然这个分析可以放到找到工作后才进行。就业单位将是你实现个人抱负的舞台，就需要了解所就业单位的文化，是否具有发展前景，等等。根据职业方向选择一个对自己有利的职业和得以实现自我价值的单位，是每个人的良好愿望，也是实现自我的基础，但这一步的迈出要相当慎重。一些国际化大公司就特别鼓励优秀员工根据自身能力设定发展轨迹，一级一级地向前发展。

（3）人际关系分析：个人处于社会复杂环境中，不可避免地要与各种人打交道，因而分析人际关系状况显得尤为必要。现在，一些大学生的社会实践少，实际解决问题的能力弱，只学到书本知识，没有掌握学习方法、缺乏团队精神，也缺乏人际沟通能力和建立人际关系的能力。人际关系分析应着眼于个人职业发展过程中将与哪些人交往；其中哪些人将对自身发展起重要作用；工作中会遇到什么样的上下级、同事及竞争者，对自己会有什么影响，如何相处、对待等。

4. 明确职业方向

通过以上自我分析认识，我们要明确自己该选择什么职业方向，即解决"我选择干什么？"的问题——这是个人职业规划的核心。职业方向直接决定着一个人的职业发展。职业方向的选择应按照职业生涯规划的四项基本原则，结合自身实际来确定，即选择自己所爱的原则（你必须对自己选择的职业是热爱的，从内心自发地认识到要"干一行、爱一行"。只有热爱它，才可能全身心地投入，做出一番成绩），择己所长的原则（选择自己所擅长的领域，才能发挥自我优势，注意千万别当职业的外行），择世所需的原则（所选职业只有为社会所需要，才有自我发展的保障）和"服务社会、实现自我"的原则（应该本着"利己、利他、利社会"的原则，选择对自己合适、有发展前景的职业）。

5. 规划未来

（1）立足现在、规划未来：对一个具有良好教育背景的人，不应该只看到眼前的那么一点利益，志向应该远大一些。在工作的过程中，总有人脱颖而出，但脱颖而出的人大多不是养尊处优者。人生最大的困扰就是甘于平庸，而不是有没有深厚的家庭背景。"三百六十行，行行出状元"，在大学生的人生事业中，只要有理想、有毅力、善思考，谁能否定他们会有一个辉煌的未来？

（2）规划未来，就是如何规划和预测个人从低到高一步一个脚印拾级而上，预测工作范围的变化情况。如何应对未来工作中的挑战，如何改变自己的努力方向，以及如何分析自我提高的可靠途径。如某人想从事销售工作并想有所作为，那么他的起步可以从业务代表做起，在此基础上努力，经过数年逐步成为业务主管、销售区域经理、销售经理，最终达到公司经理的理想生涯目标。

13.4.3　学生职业规划的步骤

大学生职业生涯规划包括 4 个步骤：评估自我、确定短期和长期目标、制订行动计划和内容、选择需要采取的方式和途径等。在此，可以借鉴美国职业指导专家霍兰德所创的职业性向测验，他把个性类型分为现实型、研究型、艺术型、社会型、企业型和常规型 6 种类型，任何一种个性大体上都可以归属于其一种或几种类别的组合。通过类似的职业性向测验，我们能够更好地实现大学学业生涯与未来职业规划的匹配。

（1）第一年为试探期：要初步了解专业（职业），特别是自己未来所想从事的职业或自己所学专业对口的职业，提高人际沟通能力。具体活动可包括多和师兄师姐们进行交流，尤其是大四的毕业生，了解他们的就业情况。大一学习任务还不重，要多参加学校的活动，增加交流技巧，学习计算机知识，争取能够通过计算机和网络辅助自己的学习，多利用学生手册，了解学校的相关规定。为可能的转专业、获得双学位、留学计划做好资料收集及课程准备工作。

（2）第二年为定向期：应考虑清楚未来是继续深造还是就业，了解相关的活动，并以提高自身的基本素质为主，通过参加学生会或社团等组织，锻炼自己的各种能力，同时检验自己的知识技能；可以开始尝试兼职、社会实践活动，最好能在课余从事与自己未来职业或本专业有关的工作，提高自己的责任感、主动性和受挫能力，增强英语口语能力，增强计算机应用能力。通过英语和计算机的相关证书考试，并开始有选择地辅修其他专业的知识充实自己。

（3）第三年为冲刺期：因为临近毕业，所以目标应锁定在提高求职技能、搜集公司信息，并确定自己是否报考研究生。如果准备考研，则需要开始收集一些考研的信息，为考研做准备。可利用寒、暑假参加一些和专业有关的工作，和同学交流求职工作的心得体会，练习写求职简历、求职信，了解搜集工作信息的渠道，并积极尝试加入校友网络，和已经毕业的校友、师兄师姐谈话了解往年的求职情况；希望出国留学的学生，可多接触留学顾问，参与留学系列活动，准备 TOEFL（托福）、GRE（美国研究生入学考试）、IELTS（雅思）等考试，注意留学考试资讯，这些可向相关教育部门索取简章进行参考。

（4）第四年为分化期：找工作的就找工作、考研的就考研、出国的就出国，不能再犹豫等待，否则可能失去目标。大部分学生的目标应该锁定在工作申请及成功就业上。这时，可先对前几年的准备做一个总结：首先检验自己已确立的职业目标是否明确，前三年的准备是否已充分；然后，开始毕业后工作的求职，积极参加招聘活动。在实践中检验自己的知识积累和工作准备；最后，预习或模拟面试。积极利用学校提供的条件，了解就业指导中心提供的用人公司资料信息，强化求职技巧，进行模拟面试等训练，尽可能地在做出较为充分准备的情况下参加求职面试。

从试探期到分化期，每一年的侧重点都不同，选择需要采取的方式和途径也不尽相同，要根据自己的长期目标因人而异。人生的伟大目标都是从养活自己开始，立足生存、追求梦想，这就是从卑微的工作干起的基本意义所在。

13.5　本科毕业去向

教育部数据显示，2023届高校毕业生达到 1158 万人，较上年增加 82 万人。与此同时，2023 年我国归国留学人员人数达到 38 万~40 万人，国内就业岗位面临供不应求的困境。国内经济发展放缓，市场消费需求降低，企业降本增效，用人需求量减少，供需关系失衡，使得就业市场形势愈发严峻。

13.5.1　升学

2023 年 11 月，清华大学发布的《2022—2023 学年本科教学质量报告》显示，2023年，清华大学本科毕业生总数 3609 人，授予学士学位 3519 人。应届本科生毕业率为97.5%，应届本科生学位授予率为 97.5%。2019 级本科生免试推荐研究生工作平稳顺利进行，共推荐 2186 名本科生免试推荐攻读研究生。

该报告显示，截至 2023 年 10 月 31 日，学校应届本科毕业生总体就业率为 96.0%。毕业生最主要的毕业去向是升学，共有 2603 人赴国内外高校深造，占 80.8%。其中，2100 人在国内高校深造，占 65.2%；503 人赴国（境）外高校深造，占 15.6%。共有491 人就业，占 15.2%；其中，284 人签约就业，占 8.8%；207 人灵活就业，占 6.4%。

上海交通大学 2023 年 11 月发布的《2022—2023 学年本科教学质量报告》披露，2023 年，上海交通大学共有本科毕业生 3971 人，实际毕业人数 3848 人，毕业率为96.90%，学位授予率为 99.79%。截至 2023 年 8 月 31 日，学校应届本科毕业生总体就业率达 95.27%。毕业生最主要的毕业去向是升学，占应届毕业生总数的 72.61%，其中出国（境）留学 666 人，占 18.17%。截至 2023 年 10 月，2023 届本科毕业生赴国防科技单位及部队就业 18 人，录取定向选调生 27 人。2023 年 12 月，浙江大学发布了《2022—2023 学年本科教学质量报告》。该报告显示，截至 2023 年 11 月，浙江大学 2023 届 6094名应届本科生中，有 5942 人毕业，5900 人获得学位，应届毕业率为 97.51%，应届毕业生学位授予率为 99.28%。截至 2023 年 11 月，学校 2023 届本科毕业生中升学人数 3945，占本科毕业生的 66.39%，其中境内升学 3034 名，海外升学 911 名。学校 2023 届本科毕业生中，除深造外就业人数 1318 人，赴重点领域的学生比例连续大幅增长。

13.5.2　就业

首先看看应届生求职偏爱的企业类型及其求职最看重的因素。

1. 超七成高校毕业生求职青睐国/央企

影响毕业生的求职因素见图 13-1。

2. 薪资大于兴趣，七成左右应届生青睐高薪工作

毕业生择业取向见图 13-2。

你在求职中，更偏爱以下哪类企业？

你在求职时，最看重以下哪些因素？

比例

薪资福利	83.3%
职位发展和上升空间	75.7%
稳定性	64.0%
公司实力和规模	53.2%
工作地点	44.9%
工作价值感	31.4%
公司人才培养体系	26.0%
公司容错性和创造性	15.7%
工作挑战性	15.4%
身份性（如社会地位相对高或相对受人尊敬的工作）	15.2%

国/央企 72.6%
政府机关/事业单位 34.6%
外资企业 33.8%
民营企业 27.7%
中外合资企业 16.4%
非盈利机构 0.3%

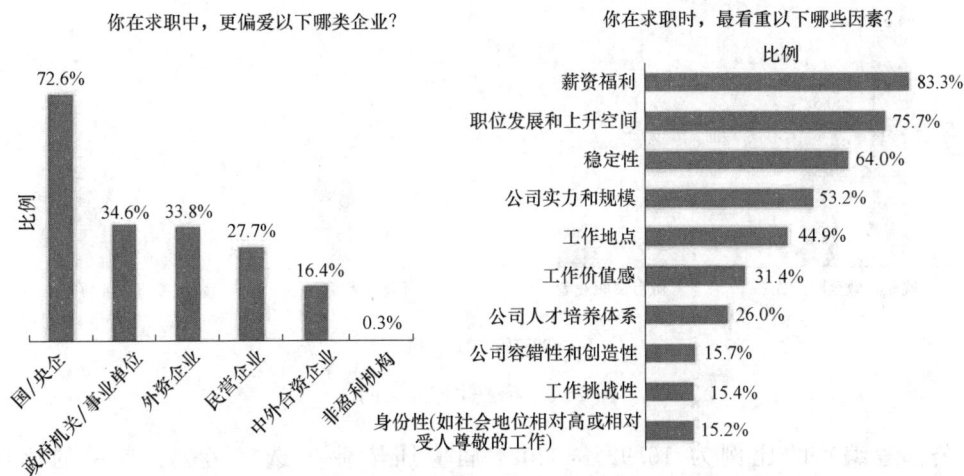

图 13-1 影响毕业生的求职因素

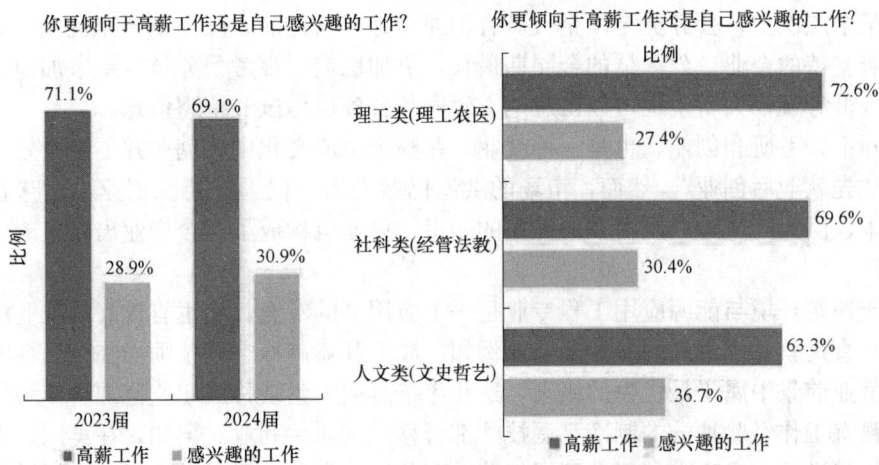

你更倾向于高薪工作还是自己感兴趣的工作？

你更倾向于高薪工作还是自己感兴趣的工作？

比例

2023届 高薪工作 71.1% 感兴趣的工作 28.9%
2024届 高薪工作 69.1% 感兴趣的工作 30.9%

■高薪工作 ■感兴趣的工作

	高薪工作	感兴趣的工作
理工类(理工农医)	72.6%	27.4%
社科类(经管法教)	69.6%	30.4%
人文类(文史哲艺)	63.3%	36.7%

■高薪工作 ■感兴趣的工作

图 13-2 毕业生择业取向

当被问及求职时倾向高薪工作还是感兴趣的工作，2023届应届生选择高薪工作的占比超 70％，2024届应届生选择高薪工作的占比亦高达 69.1％。不同学科类别应届生在就业时选择高薪工作的占比均远高于选择感兴趣工作的占比。

民营企业与私人企业，企业规模结构一般小于国企，工作任务较大，福利不是很完善，对人员要求更严格一些，压力较大。民企近来发展迅速，相当多的民企越来越规范，薪酬也很有竞争力．这为刚刚加入的大学生提供了迅速成长和接受多方面挑战的机会。

外企由中外合资企业、中外合作企业、外商独资企业以及有外商投资的对外加工装配企业组成，即通常所说的三资企业。外企待遇较好，培训完善，工作环境也较好，但相应的，对雇员的要求很高，工作压力较大，工作不稳定。在外企就业，通常还需要适应外企特定的企业文化，英语要比较流利。

3. 近五成 2024届应届生毕业后首选考公、考编和深造

当 2023、2024届应届生被问到毕业后的第一去向（图 13-3），超六成 2023届应届生选择就业、做全职工作；2024届应届生选择就业、做全职工作的比例为 40.58％。

2023届应届毕业生选择参加公务员录用考试、事业单位工作人员公开招聘考试（简

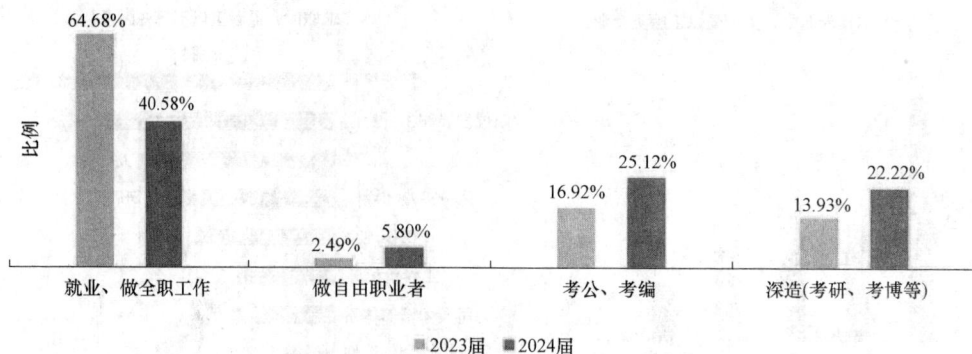

64.68%
40.58%
2.49% 5.80%
16.92% 25.12%
13.93% 22.22%

比例

就业、做全职工作　　做自由职业者　　考公、考编　　深造(考研、考博等)

■2023届　■2024届

图 13-3　毕业生就业去向

称考公、考编）的比例为 16.92％，2024 届应届毕业生选择考公、考编的比例为
25.12％，增长幅度较大，且均位居当年毕业后去向第二位。

从某个层次上，公务员与国企人员有相通之处，只是前者服务于国家机关，而后者服务于政府支持的企业。公务员的合同期最长，更加稳定。报考公务员需要参加国家统一举行的公务员考试，大学生也可以留意地方政府的公务员考试和招聘信息。

实际上，考研和创业，也是一种就业。在整个主流文化中，创业并不被看好。很多人也建议"先就业后创业"。然而，市场的洪流仍然推出一代弄潮儿。创业，意味着巨大的机会成本、巨大的风险以及潜在的优厚的回报，创业也构成了当今毕业出路上的一道独特风景线。

由于建筑环境与能源应用工程专业是一个应用型的专业，学生有较好的就业前景，最近几年一直是就业率最高的专业之一。例如，澳大利亚制冷空调技师面临全国性的人才短缺，在就业前景中属于最优先的级别。这几年一直列为紧缺移民职业范围，年龄较大或者刚工作没有工作经验加分的制冷空调技师都可移民到澳大利亚。再如，在英国，暖通空调专业维护管道的技术工人甚至拿到了年薪 8 万英镑的高薪，吸引了大量的白领转行。

随着国家能源和环境形势越来越严峻，建筑环境与能源应用工程领域的人才需求量将越来越旺盛，本专业所培养的毕业生能够胜任和建筑环境与能源应用和服务相关的工作，适合在国内外设计院、研究所、建筑工程安装公司、物业管理公司、军队营房基地、高等院校、市政园林政府部门以及相关工业企业等单位从事设计、技术支持、经营、管理、监理、概预算等工作。图 13-4 为本专业毕业生的就业情况。

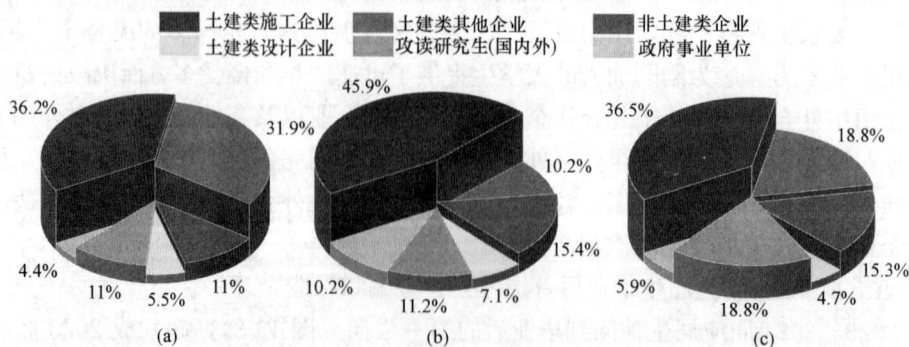

■土建类施工企业　　■土建类其他企业　　■非土建类企业
土建类设计企业　　攻读研究生(国内外)　　政府事业单位

36.2%　31.9%
4.4%
11%　5.5%　11%
(a)

45.9%　10.2%
15.4%
10.2%　11.2%　7.1%
(b)

36.5%　18.8%
15.3%
5.9%　18.8%　4.7%
(c)

图 13-4　建筑环境与能源应用工程专业毕业生的就业情况（数据来源于上海理工大学）
(a) 2019 年；(b) 2020 年；(c) 2021 年

274

13.6　如何在大学修炼提升竞争力

在介绍了上述 5 个重要问题后，最后我们谈谈如何在大学里浸润修炼，圆满完成学业，提升个人竞争力。

一个人从中学到大学，逐步迈入复杂的社会，真正开始学习如何面对竞争和合作、如何在社会上找准自己的位置、如何去实现自我全面发展。大学阶段是人生的一个重要阶段，是人生成长、知识积累、能力培养和性格塑造的关键时期。在大学里，学生将接受专门教育，主要内容包括专业的基本理论和基本技术。此外，人的和谐发展与完善人格形成也需要专门的教育，需与大学人文环境相结合。大学不仅向学生传授专业的科学知识。还要讲授人文知识。大学是小舞台，但也是人生的大舞台之一。如何利用好人生的这个专门舞台，学好专业知识，规划职业生涯，是每个学生成为一名全面发展的高级专门人才所必须解决的问题。对本专业的学生来说，还必须关注和解决科学技术的发展给人类带来繁荣物质生活的背后所伴随的环境污染、生态破坏和资源枯竭等问题。为此，必须在专业和职业的社会活动中，培养环境和伦理的价值观，正确处理人与人、人与社会、人与自然的关系。

13.6.1　顺利完成人生第一次转型

刚进入大学阶段，是人生的"断奶期"，学习、生活方方面面由自己做主，这是人生角色的第一次转型。因此，也容易发生一些问题，生理疾患、学习和就业压力、情感挫折、经济压力、家庭变故以及周边生活环境等诸多因素，是大学生产生心理问题的原因。这些问题累积起来，会产生非常大的危害。相关报告显示，有超过 60% 的大学生存在中度以上的心理问题；华中科技大学对 1010 名大学生的自杀意念进行调查，结果发现有过轻生念头的学生占 10.7%。大学阶段发生的主要问题有以下几个方面：

1. 心理失落感和自卑情绪

我国相当多的大学生在中学阶段都是佼佼者，大多习惯于领先和胜利。手捧通知书迈进校门时的基本心态更多的是自信和得意，然而，进入大学后，由于比较的参照系发生了变化，好比小池塘里"威风"惯了的小鱼游进了大海，没有任何的优势，原有的自信受到了不同程度的挑战。原来总是班里前几名，现在可能排到中游甚至下游了。另外，从农村进入繁华的都市，现代文明的强大冲击，使他们产生了精神眩晕，感到自卑。还有一些人看到其他人有的会弹琴、唱歌，有的会写诗、画画，有各种文体专长，兴趣爱好众多，待人接物成熟老练，相比之下，自己似乎一无所有，十分苍白，自卑感油然而生。因此，要正确看待个人的优势和弱点，保持良好的环境适应能力，包括正确认识大环境及处理个人和环境的关系，对这些优势的丧失要辩证地、客观地分析和对待。

2. 无法适应紧张的大学生活

在高中阶段，是以学习（分数）为中心，为了迎接高考，许多同学学习非常紧张。老师也经常加码，书本之外的活动几乎都被取消，高考的弦绷得不能再紧了。一些中学老师为了安慰和刺激同学，常说大学里学习很轻松，只要熬过高考关就好了。这使一些同学产生了不恰当的期望，甚至把考上大学作为人生的一个目的，进入大学就以为"船到码头车到站"了，以为大学学习是轻松自在的，对学习方面可能出现的问题毫无思想准备。事实上，大学一年级是基础课阶段，课程量虽不如高中，但任务也还是比较重的。一些一心想进大学喘口气、轻轻松松的同学，由于自身心态的原因一下子适应不了，加上大学学习方法方面的变化，顿感学习压力很大。甚至不堪重负，情绪一落千丈，整个生活变得灰暗起来，心情十分压抑。于是沉迷于网络游戏不能自拔，成天浑浑噩噩，翘课挂科成为常态。

3. "问题"学生增多

大学扩招后，学生素质参差不齐，教师因材施教、因人施教的难度加大，教师所受的压力空前增加，而且由于社会的变化，贫困与自卑型学生、单亲家庭型学生、独生子女型学生、娇生惯养型的学生、骄奢淫逸型的学生大幅度上升。新生刚告别了熟悉的一切，来到了一个陌生的环境，一方面充满激情、自信和好奇，但青春期的特点又使内心很敏感和细腻，怕受伤害，不愿轻易表露自己，自我封闭倾向明显。内心愿望多，实际行动少，和周围人的关系大多不远不近、若即若离，总是希望别人先伸出友情之手。这样，不少同学感到，大学里知音难觅，缺少温暖，深感孤寂，于是十分怀念中学时光，产生一种怀旧情绪，甚至把自己沉浸在过去的思念中，每天与老同学、老朋友在线聊天，减退了投入新生活的勇气和热情。

综上所述，要顺利完成学业，尽快完成第一次角色转型非常重要。

13.6.2 学好专业知识是大学生的首要任务

大学生也是学生，首要任务当然还是学习，而专业知识是其最重要的内容。要学好专业知识，不虚度大学的美好时光，除了有良好的学习态度和动机外，科学的学习方法也是不可缺少的，好的学习方法可以起到"事半功倍"的效果。

1. 了解专业，培养志趣

本专业是一个经久不衰的朝阳专业。在新的形势下，专业有了新的内涵和发展方向，就业的广度有了新的拓展。不能从专业名称上来判断专业的好恶感，要尽快了解本专业的基本情况，确定可行的努力方向。要振作精神，尽快脱离高考的状态，不要沉浸在过去的喜悦或失意之中，一切从头开始，集中精力，迎接新的挑战。实践证明：是否培养了对专业的兴趣和爱好，学习的效果大不相同。就算真的对专业不感兴趣，也完全没有必要自暴自弃、唉声叹气的，学习专业知识只是一个方面，能力培养才是最重要的；大学教育能够教给学生的是方法和能力，知识几年后也许就陈旧无用了，但方法和能力会伴你终身；你能把你并不感兴趣的知识学好，说明你的学习能力极强，你今后就可以信心满满地从事任何陌生的工作。大学生要培养的能力范围很广，主要包括自学能力、操作能力、研究能力、表达能力、组织能力、社交能力、查阅资料、选择参考书的能力、创造能力等。总之，这些能力都是为将来在事业上腾飞做准备。正如爱因斯坦所说，高等教育必须重视培养学生具备会思考，探索问题的本领。人们解决世上的所有问题是用大脑的思维能力和智慧，而不是搬书本。我们提倡"干什么，就爱什么"，但未必一定要"学什么，就干什么"。具备了能力，就是不从事本专业的工作，也是大有前途的。

2. 要珍惜时间，做时间的主人

大学四年，既是漫长的，也是短暂的。如果利用得好，可以学很多东西，做很多事情，大学时间也将成为个人美好人生的最重要的时期，为以后的人生辉煌奠定良好的基础。但是，如果不珍惜，这个时间"日月如梭"，大学时光一晃就过去了。因为没有良好定位和目标而虚度大学时光的大学生太多了。某著名大学曾经有毕业生在毕业前夕痛苦地写道："大学四年，醉、生、梦、死各一年。"要想成就事业，必须珍惜时间。大学期间，除了上课、睡觉和集体活动之外，其余的时间机动性很大，科学地安排好时间对成就学业是很重要的。吴晗在《学习集》中说："掌握所有空闲的时间加以妥善利用。"一天即使多利用 1 小时，一年就积累 365 小时，4 年就是 1400 多个小时，积零为整，时间就被征服了。因此，首先要安排好每日的作息时间表，哪段时间做什么，安排时要根据自己的身体和用脑习惯，在脑子最好用时干什么，脑子疲惫时安排干什么，做到既调整脑子休息，又能参与诸如文体活动等其他活动。一旦安排好时间表，就要严格执行，切忌拖拉和随意改变。养成今日事今日做的习惯。

3. 要制订科学的学习规划和计划，掌握学习的主动权

大学学习单凭勤奋和刻苦精神是远远不够的，只有掌握了学习规律，相应地制订出学习的规划和计划，才能有计划地逐步完成预定的学习目标。有人说过：没有规划的学习简直是荒唐的。因此，首先要根据学校的教学大纲，从个人的实际出发，根据总目标的要求，从战略角度制订出基本规划。如设想在大学自己要达到的目标，达到什么样的知识结构，学完哪些科目，培养哪几种能力等。大学新生制订整体计划是困难的，最好请教本专业的老师和求教高年级同学。先制订好一年级的整体计划，经过一年的实践，在熟悉了大学的特点之后，再完善四年的整体规划。其次要制订阶段性具体计划。如一个学期、一个月或一周的安排。这种计划主要是根据入学后自己学习情况，适应程度，主要是学习的重点、学习时间的分配、学习方法如何调整、选择和使用什么教科书和参考书等来制定的。这种计划要遵照符合实际、切实可行、不断总结、适当调整的原则。

4. 讲究学习方法、掌握学习艺术

必须做到课堂上认真听讲，提高课堂学习效率，要做到眼到、手到、心到，听、看、想、记全用；注意及时复习，找出难点、疑点，及时消化，及时解决；善于类比与联想，善于总结与对比，注意问题的典型性与代表性，起到举一反三的作用。但是，现在许多大学生依然习惯于"你说我听，你讲我背"。因此，读书时要做到以下 5 点：

第一，读、思结合，读书要深入思考，不能浮光掠影，不求甚解。

第二，读书不唯书、不读死书，理论与实际相结合，这样才能学到真知。

第三，在学习中，要注意对所学的知识进行分类，一般来讲可分为 3 类：①浏览和认知的性质，以掌握知识点，拓展知识面为主；②要求理解和熟悉的知识，以领会和熟悉为主；③属于掌握并能应用的层次，是必须重点掌握、熟透于胸并能自由运用的知识。

第四，注意和同学多交流、多讨论。讨论的好处是可以使自己对学习的内容印象深刻，不容易忘记。而交流的好处是能用最短的时间学会别人已掌握的知识。

第五，多读一些与学业及自己的兴趣有关的书籍，既广泛地了解最新科学文化信息，又能深入地研究重要理论知识，还能了解社会的发展趋势和人才需求。

13.6.3 视野开阔、志存高远

1. 充分利用大学资源

一般大学图书馆具有丰富的馆藏图书，专业期刊等可供借阅，现在所有大学图书馆都对学生开放电子图书和期刊，非常方便查询阅读，充分利用图书馆资源可以大大开拓你的专业视野，同时极大地培养你获取有用信息资源的能力。

2. 了解国际国内学科专业发展动态

除与老师和高年级同学交流了解外，还可以从浏览图书馆的专业学术刊物及专业学术研讨会了解专业发展动态、最新研究成果，只要你输入关键词，就可以非常迅速地获得大量信息。

学术刊物是专家、学者和科技工作者进行学术交流的重要平台，很多学者和专家都会把最新的研究成果发表在这些学术刊物上，近年来，随着专业领域知识更新速度的加快，学术刊物的数量越来越多，质量越来越高，已成为本领域内重要的学习资源之一。比较有名的国际刊物有：①*Building and Environment*；②*Energy and Buildings*；③*Energy*；④*HVAC&R Research*；⑤*ASHRAE Journal*；⑥*ASHRAE IAQ Application*；⑦*Indoor and Built Environment*；⑧*International Journal of Heat and Mass Transfer*；⑨*Applied Thermal Engineering*；⑩*International Journal of Refrigeration*；⑪*International Journal of Heat and Fluid Flow*；⑫*Indoor Air*。国内刊物有：①《制冷学报》；②《太阳能学报》；③《暖通空调》；④《建筑热能通风空调》；⑤《制冷空调与电力机械》；⑥《洁净与空调技术》；⑦《制冷与空调》；⑧《建筑节能》等。

专业学术会议是广大专家、学者、工程师等科技工作者面对面的学术交流形式。通过召开学术会议，既能够及时总结和交流学术领域的发展成就和研究方向，也能使参加者激发思想碰撞的火花，因而对科学研究工作非常有利，在信息迅速传播的今天，学术会议的频率将会进一步加大，对本领域的发展有更加突出的作用。国际学术会议一般由政府机关、行业协会、研究机构或大学举办，大规模、高规格的系列国际学术会议往往由全球各国相关机构轮流申办，吸引着世界各国顶尖的学者参加。国际上比较有影响的有：①ASHRAE Annual Meeting；②International Conference On Indoor Air and Climate；③International Congress of Refrigeration；④Cold Climate HVAC；⑤Indoor air quality, Ventilation and Energy Conservation in Buildings，等等。比较有影响的国内学术会议有：①全国暖通空调制冷学术年会；②中国制冷年会；③全国制冷空调新技术研讨会；④中国节能、制冷、环保与可持续发展高层研讨会，等等。

3. 了解国际国内相关大学专业情况

建筑环境与能源应用工程专业高等教育的发展已有 100 多年的历史。1985 年，当第一届世界供暖通风和空气调节大会在欧洲召开时，欧洲许多著名的大学正在庆祝他们建立本专业 100 周年。

（1）美国

美国没有独立的本专业。本专业的内容大多分布在建筑系或机械系，有的三年制地方大学设有供热通风与空调工程专业，基础理论涉及不深，着重学习应用技术，学生毕业后在暖通空调行业就业，也可以进一步学习基础理论。美国实行学分制的大学在机械系的课程体系中设有暖通空调系统的相关理论，要求学习暖通空调课程前必须先修数学、物理、流体力学、工程　热力学、传热学等课程。美国在该专业涉及的内容主要是暖通空调的冷热源设备，如制冷机、锅炉的构造原理和制造工艺等，而对本专业的工程系统设计涉及较少。所以，学生毕业后对机电一体化和新产品开发有较强的理解，这也是美国建筑设备制造业一直居于世界领先的原因。

美国的这种培养模式有如下特点：由于本科阶段实际只完成专业基础课程及设备相关

的课程，接触专业课和系统相关的课程不多。因此，毕业生就业面较宽，可以到制冷设备生产企业工作，也可到其他部门工作。这些部门先对毕业生进行专业培训后才让其工作。

美国的培养模式也有致命的缺点：学生对建筑不甚了解，不知暖通空调系统如何与建筑结构相协调。因此，美国该专业的系统理论研究和技术发展某些方面不及欧洲和日本。近年来美国已经意识到这一问题，一些美国的著名高校，如麻省理工学院（MIT）、加州大学伯克利分校（UC Berkeley），都已设立了建筑技术（Building Technology）专业，专业范围与我国建筑环境与能源应用工程专业基本相同。目前，美国开设暖通空调类专业的高校有几十所，比较知名的有：①卡内基梅隆大学；②佐治亚理工学院；③麻省理工学院；④俄克拉荷马州立大学；⑤宾夕法尼亚州立大学；⑥波特兰州立大学；⑦南达科他州立大学；⑧斯坦福大学；⑨得克萨斯 A&M 大学；⑩加利福尼亚大学伯克利分校；⑪迈阿密大学；⑫明尼苏达大学；⑬南佛罗里达大学；⑭威斯康星大学麦迪逊分校等。

（2）欧洲

英国、瑞典、丹麦等西欧及北欧国家的教学模式与美国的教学模式正好相反，学生大部分时间是学习专业课和系统相关的课程，设备相关内容不多。基础课学时压至最低限，提倡"够用为度"，其专业内容覆盖了所有形成建筑功能的环境设备系统（暖通空调、照明、音响等）和公共设施系统（供电、通信、消防、给水排水、电梯等）。在专业教学中，暖通空调与建筑电气技术所占比例很大。在英国，教学质量被认可学校的该专业毕业生可在 3 年后成为"注册设备师"。瑞典、丹麦有几所著名大学设置此专业，学习内容和范围与我国基本相同。由于学校具有雄厚的研究力量和系统的人才培养模式，欧洲一直在本领域的研究和发展中处于领先地位。英国从事暖通空调教育最著名大学有：①诺丁汉大学；②雷丁大学等。丹麦的暖通空调教育也非常有名，开创室内舒适性技术研究先河的 P. O. Fanger 教授曾任职于丹麦技术大学。另外，丹麦技术大学是丹麦开设暖通空调专业最著名的大学，专业开设于机械工程系，主要的研究方向有：室内空气质量；室内环境参数选择对可感知空气质量与 SBS（病态建筑综合征）和生产率的影响；建筑能量性能和室内环境的整体设计最优化；车辆内热气候的评价标准方法等。芬兰的阿尔托大学（Aalto University）也开设了暖通空调专业，这所大学的研究方向主要有：室内空气质量和能量使用效率的相互作用；建筑热行为和 HVAC 系统的计算建模；建筑能量系统新技术；区域供冷供热技术及其设备等。此外，比利时建筑研究学院的建筑物理和室内气候系，以及斯洛伐克工业大学的建筑设备系也比较有名。

（3）日本

日本有 40 多所高校设置本专业。1994 年，日本空调和卫生工学学会专门组织了大范围的专业教学讨论，交流和确定了本专业教学内容与教学计划。日本的本专业（建筑设备）是作为 3 个研究方向（建筑学、建筑结构、建筑设备）之一设在大学的建筑系中。进入建筑系的所有学生一年级均开设"建筑环境工学概论"，二年级均开设"建筑环境工学""建筑设备"等课程，三年级以后选择专业方向，即建筑学、建筑结构、建筑设备 3 个方向。所以，日本的建筑设备专业与建筑结合紧密，他们的建筑设备工程系统设计也严谨完善。该教学模式使得学生对建筑的认识比较全面，对建筑及建筑设备系统有较深的理解，学生不仅有建筑的整体观念，而且还有建筑室内物理环境（包括声环境、光环境、热环境）的系统知识。因此，无论学生从事设计、施工，还是管理，都能比较好地处理建筑与建筑设备系统之间的各种关系，如建筑窗墙比、机房占地、技术夹层空间、运行节能、系统优化等。雄厚的研究力量加上系统的人才培养模式，使日本一直处于本专业领域的前列，尤其在空调领域的系统研究上已达世界领先水平。日本开设暖通空调专业比较有名的大学有：①东京大学；②鹿儿岛大学；③京都大学；④名古屋大学；⑤东北大学。

（4）俄罗斯

俄罗斯的供热、供燃气与通风专业成立于 1928 年，是俄罗斯大学最早设立的专业之一，专业教育层次为本科，学制一般为 5 年。目前，他们的专业教育开设有 4 个专门方向：①供暖、通风与空气调节；②供热、供燃气与锅炉设备；③大气环境保护；④建筑能量管理。俄罗斯的专业教育特点在于综合性，供热、供燃气与通风系统是建筑物、构筑物中设备的主要部分。因此，尽管该专业在俄罗斯已有 70 多年历史，但专业主体变化不大。综合性的特点基本没有发生变化。近年来，他们的专业教育开始扩展到了大气环境保护方面。俄罗斯设立暖通空调专业的著名高校是莫斯科建筑大学。这所大学在能源利用与转换、燃气燃烧技术、暖通空调节能技术、室内空气质量等方面具有较强的实力。

而对于国内本专业的情况，在前面已有介绍，需要补充说明的是，虽然全国已有近 200 所高校开设了本专业，但具有博士后流动站、博士、硕士及本科完整培养体系的并不多，除最早创办的"老八校"外，985 大学有四川大学、华中科技大学和其余 10 余所高校。

通过上述渠道了解专业课堂以外的信息，可以大大开拓你的专业视野。无论对你本科毕业后就业，还是进一步考研、出国深造，或是全方位提升个人竞争力都是大有裨益的。

13.6.4　做好执业考试准备，提升竞争力

职业资格是对从事某一职业所必备的学识、技术和能力的基本要求。职业资格包括从业资格和执业资格。从业资格是指从事某一专业（工种）学识、技术和能力的起点标准；执业资格是政府对某些责任较大、社会通用性强、关系公共利益的专业实行准入控制，是依法独立开业或从事某一特定专业学识、技术和能力的必备标准。它通过考试方法取得。考试由国家定期举行，实行全国统一大纲、统一命题、统一组织、统一时间。执业资格实行注册登记制度。

也就是说，通过大学 4 年对本专业的学习，取得毕业证书，表明你具备了本专业的基本知识、技术和能力，取得了在本专业从业的资格；但是，你还不具备在法定技术文件上的签字权，不具备独立的执业资格，要取得执业资格，还需要通过国家统一举行的资格考试。考试分为基础课考试和专业课考试，考试大纲和内容要求在住房和城乡建设部网站可以查询，这里不再赘述。

实际上，本专业的知识教学体系和能力培养体系与执业考试要求有密切关系，只要认真学好相关内容，并进行系统复习，是不难通过执业资格考试的。一旦通过执业资格考试，无疑就为你的职业生涯插上了腾飞的翅膀，竞争力大大加强。

参 考 文 献

[1] 龙恩深. 建筑环境与能源应用专业概论 [M]. 北京：中国建筑工业出版社，2013.

[2] 范晓明. 建筑及其工程概论 [M]. 武汉：武汉理工大学出版社，2006.

[3] 张国强，李志生. 建筑环境与设备工程专业导论 [M]. 重庆：重庆大学出版社，2007.

[4] 左然，施明恒，王希麟. 可再生能源概论 [M]. 北京：机械工业出版社，2007.

[5] 王新泉. 建筑概论 [M]. 北京：机械工业出版社，2008.

[6] 龙恩深. 建筑能耗基因理论与建筑节能实践 [M]. 北京：科学出版社，2009.

[7] 龙恩深. 冷热源工程 [M]. 重庆：重庆大学出版社，2009.

[8] 曲云霞，张林华. 建筑环境与设备工程专业概论 [M]. 北京：中国建筑工业出版社，2010.

[9] 白莉. 建筑环境与设备工程专业概论 [M]. 北京：化学工业出版社，2010.

[10] 黄晨. 建筑环境学 [M]. 北京：机械工业出版社，2005.

[11] 高等学校建筑环境与设备工程学科专业指导委员会. 高等学校建筑环境与能源应用工程本科指导性专业规范 [M]. 北京：中国建筑工业出版社，2013.

[12] 朱颖心. 建筑环境学 [M]. 5 版. 北京：中国建筑工业出版社，2024.

[13] 仇保兴. 建筑节能与绿色建筑模型系统导论 [M]. 北京：中国建筑工业出版社，2010.

[14] 蔡增基，龙天渝. 流体力学泵与风机 [M]. 5 版. 北京：中国建筑工业出版社，2009.

[15] 付祥钊，肖益民. 流体输配管网 [M]. 4 版. 北京：中国建筑工业出版社，2018.

[16] 连之伟. 热质交换原理与设备 [M]. 4 版. 北京：中国建筑工业出版社，2018.

[17] 班广生，刘忠伟，余鹏. 建筑采暖与空调节能设计与实践 [M]. 北京：中国建筑工业出版社，2011.

[18] 陆亚俊，马景良，邹平华. 暖通空调 [M]. 3 版. 北京：中国建筑工业出版社，2015.

[19] 段常贵. 燃气输配 [M]. 4 版. 北京：中国建筑工业出版社，2011.

[20] 金忠燮. 科学家讲的科学故事 082 开尔文讲的温度的故事 [M]. 吴娅蕾，译. 昆明：云南教育出版社，2012.

[21] 廉乐明. 工程热力学 [M]. 4 版. 北京：中国建筑工业出版社，1999.

[22] 赵荣义，范存养，薛殿华，等. 空气调节 [M]. 4 版. 北京：中国建筑工业出版社，2009.

[23] 梅胜，吴佐莲. 建筑节能技术 [M]. 郑州：黄河水利出版社，2013.

[24] 张志军，曹露春. 可再生能源与节能技术 [M]. 北京：中国电力出版社，2012.

[25] 白润波，孙勇. 绿色建筑节能技术与实例 [M]. 北京：化学工业出版社，2012.

[26] 赵嵩颖，张帅. 建筑节能新技术 [M]. 北京：化学工业出版社，2013.

[27] 余晓平. 建筑节能概论 [M]. 北京：北京大学出版社，2014.

[28] 汪建文. 可再生能源 [M]. 北京：机械工业出版社，2012.

[29] 王崇杰，蔡洪彬，薛一冰. 可再生能源利用技术 [M]. 北京：中国建材工业出版社，2014.

[30] 石惠娴，裴晓梅. 可再生能源传播导论 [M]. 北京：化学工业出版社，2011.

[31] 齐康. 可再生能源新技术 [M]. 银川：阳光出版社，2012.

[32] 温娟，孙贻超，张涛，等. 新型生态城市系统构建技术 [M]. 北京：化学工业出版社，2013.

[33] 龙惟定，白玮，范蕊. 低碳城市的区域建筑能源规划 [M]. 北京：中国建筑工业出版社，2011.

[34] 杨沛儒. 生态城市主义尺度、流动与设计 [M]. 北京：中国建筑工业出版社，2010.

[35] 郭怀成. 环境规划方法与应用 [M]. 北京：化学工业出版社，2006.

[36] 龙惟定，武涌. 建筑节能技术 [M]. 北京：中国建筑工业出版社，2009.

[37] 中华人民共和国住房和城乡建设部. 民用建筑供暖通风与空气调节设计规范：GB 50736—2012 [S]. 北京：中国建筑工业出版社，2012.

[38] 中华人民共和国住房和城乡建设部. 公共建筑节能设计标准：GB 50189—2019 [S]. 北京：中国建筑工业出版社，2019.

[39] 中华人民共和国住房和城乡建设部. 民用建筑热工设计规范：GB 50176—2016 [S]. 北京：中国建筑工业出版社，2017.

[40] 中华人民共和国住房和城乡建设部. 夏热冬冷地区居住建筑节能设计标准：JGJ 134—2010 [S]. 北京：中国建筑工业出版社，2010.

[41] 中华人民共和国住房和城乡建设部. 严寒和寒冷地区居住建筑节能设计标准：JGJ 26—2018 [S]. 北京：中国建筑工业出版社，2018.

[42] 中华人民共和国住房和城乡建设部. 夏热冬暖地区居住建筑节能设计标准：JGJ 75—2012 [S]. 北京：中国建筑工业出版社，2013.

[43] 中华人民共和国住房和城乡建设部. 建筑设计防火规范（2018 年版）：GB 50016—2014 [S]. 北京：中国计划出版社，2014.

[44] 天津大学，清华大学，同济大学，等. 建筑环境与能源应用工程专业概论 [M]. 北京：中国建筑工业出版社，2014.